現代市場學

(第三版)

王誼、于建原、張劍渝 主編

財經錢線

再版說明

　　在保持原有特色的基礎上，這次修訂主要包括了以下幾個方面：①對原書各章節的內容都進行了完善，對闡述過多的內容作了必要的刪減，並充實了市場行銷方面最新的內容和理論；②對部分章節作了必要的調整，對篇幅作了適當的縮減，原書的第十二章和第十三章合併為一章，內容也作了相應的修改，以使整體的佈局和結構更加合理，重點更加突出；③對各個章節的核心內容進行充實和提高，進一步強調了對基本理論、方法和策略的學習和掌握；④對各個章節的錯誤之處進行了修正。

　　此外，為方便讀者對市場行銷的學習和應用，我們還編寫了與本書配套的學習輔導用書。

　　本書仍由王誼、於建原、張劍渝主編，參加本次編寫和修訂的作者是：王誼，第二、五、八章；於建原，第一、十一章；許德昌，第七章；張劍渝，第十章；謝慶紅，第四、六章；羅永明，第三章；李永強，第九章；翁智剛，第十二章。本書最後由王誼和於建原進行總纂。

　　對書中的不足之處，敬請讀者指正。

編著者

前　言

現代市場行銷學是管理學、經濟學、社會學等多學科相互滲透的一門應用性管理學科，是市場經濟中非常重要和熱門的學科。在市場經濟條件下，現代市場行銷的理念、理論、原理、方法和策略不僅適用於社會中各種營利性組織，而且廣泛地被政府部門和其他社會組織所採用。市場行銷在經濟建設中的作用不僅被更多的人所認識，而且越來越重要，已經成為整個社會活動中不可缺少的重要組成部分。市場行銷已不僅僅是企業的活動，而是整個社會的活動。隨著社會經濟的發展，人類社會已進入新的時代，信息經濟、知識經濟、服務經濟都對市場行銷提出了更高的要求，市場行銷從內容、範圍、層次等方面都要向更高的水準發展，世界已經進入了以市場行銷為核心的服務行銷時代。

（1）全面系統地闡述了現代市場行銷管理的理論和方法，注重理論性和實踐性相結合；

（2）增加了最新的市場行銷學科發展內容，如行銷能力、整合行銷、服務行銷、網絡行銷、綠色行銷、數據庫行銷等方面的內容；

（3）每章均有小結和復習思考題，以便學生掌握課程的重點，進行復習或自學，提高分析和解決問題的能力。

本書參編人員如下：王誼，第二、五、八章；於建原，第一、十一章；許德昌，第七、十二章；張劍渝，第十章；謝慶紅，第四、六章；羅永明，第三章；李永強，第九章；翁智剛，第十三章。本書由王誼、於建原總纂。

對書中的不妥之處，敬請廣大讀者指正。

編著者

目　錄

第一章　市場行銷的基本理論範疇與方法 …………………………………（1）

　　第一節　市場行銷的普遍性與重要性 ………………………………（1）
　　第二節　市場行銷的基本理論範疇 …………………………………（4）
　　第三節　經營觀念（行銷哲學）……………………………………（10）
　　第四節　市場行銷中的顧客滿意 ……………………………………（15）
　　本章小結 ………………………………………………………………（17）
　　本章復習思考題 ………………………………………………………（18）

第二章　市場行銷戰略規劃 ………………………………………………（19）

　　第一節　市場行銷戰略概述 …………………………………………（19）
　　第二節　企業總體戰略規劃 …………………………………………（23）
　　第三節　業務戰略計劃 ………………………………………………（36）
　　第四節　市場行銷計劃的內容 ………………………………………（41）
　　第五節　市場行銷管理過程 …………………………………………（43）
　　本章小結 ………………………………………………………………（47）
　　本章復習思考題 ………………………………………………………（48）

第三章　市場行銷研究 ……………………………………………………（49）

　　第一節　市場行銷研究的基本概念 …………………………………（49）
　　第二節　市場行銷研究設計 …………………………………………（54）
　　第三節　市場需求的衡量與預測 ……………………………………（61）
　　本章小結 ………………………………………………………………（69）
　　本章復習思考題 ………………………………………………………（69）

第四章　市場行銷環境 ……………………………………………………（70）

　　第一節　市場行銷環境的概念和特點 ………………………………（70）

第二節　微觀行銷環境 …………………………………… (71)
　　第三節　宏觀行銷環境 …………………………………… (76)
　　第四節　環境分析與企業對策 …………………………… (83)
　　本章小結 …………………………………………………… (86)
　　本章復習思考題 …………………………………………… (87)

第五章　消費者市場和購買行為分析 ………………………… (88)
　　第一節　消費者市場 ……………………………………… (88)
　　第二節　影響消費者購買行為的主要因素 ……………… (92)
　　第三節　消費者購買決策過程 …………………………… (101)
　　本章小結 …………………………………………………… (111)
　　本章復習思考題 …………………………………………… (111)

第六章　競爭分析與競爭戰略 ………………………………… (112)
　　第一節　競爭者分析 ……………………………………… (112)
　　第二節　選擇競爭者與一般戰略 ………………………… (115)
　　第三節　市場領導者戰略 ………………………………… (118)
　　第四節　市場挑戰者的競爭戰略 ………………………… (122)
　　第五節　市場追隨者和市場補缺者的競爭戰略 ………… (124)
　　本章小結 …………………………………………………… (126)
　　本章復習思考題 …………………………………………… (127)

第七章　市場細分與目標市場行銷戰略 ……………………… (128)
　　第一節　市場細分與細分因素 …………………………… (129)
　　第二節　目標市場與行銷策略選擇 ……………………… (144)
　　第三節　市場定位策略 …………………………………… (156)
　　本章小結 …………………………………………………… (163)
　　本章復習思考題 …………………………………………… (164)

第八章　產品策略 ……………………………………………… (165)
　　第一節　產品的概念、層次及分類 ……………………… (165)
　　第二節　產品組合決策 …………………………………… (169)
　　第三節　品牌決策 ………………………………………… (173)
　　第四節　包裝決策 ………………………………………… (183)

第五節　產品生命週期 …………………………………………………（186）
　　第六節　新產品開發 ……………………………………………………（196）
　　本章小結 …………………………………………………………………（205）
　　本章復習思考題 …………………………………………………………（206）

第九章　價格決策 …………………………………………………………（207）

　　第一節　制定價格 ………………………………………………………（207）
　　第二節　修訂價格 ………………………………………………………（225）
　　第三節　價格變動與對價格變動的反應 ………………………………（234）
　　本章小結 …………………………………………………………………（240）
　　本章復習思考題 …………………………………………………………（241）

第十章　行銷渠道的選擇與管理 …………………………………………（242）

　　第一節　行銷渠道的概念、分類與功能 ………………………………（242）
　　第二節　行銷渠道的演化 ………………………………………………（246）
　　第三節　渠道設計決策及任務分配 ……………………………………（248）
　　第四節　行銷渠道的管理 ………………………………………………（255）
　　第五節　零售商、批發商的類型與行銷決策 …………………………（259）
　　本章小結 …………………………………………………………………（268）
　　本章復習思考題 …………………………………………………………（269）

第十一章　行銷溝通與傳播 ………………………………………………（270）

　　第一節　行銷溝通原理與基本的行銷傳播工具 ………………………（270）
　　第二節　行銷傳播過程與組織 …………………………………………（273）
　　第三節　整合行銷傳播（IMC）…………………………………………（285）
　　第四節　廣告 ……………………………………………………………（287）
　　第五節　人員銷售 ………………………………………………………（296）
　　第六節　銷售促進與公共關係 …………………………………………（303）
　　本章小結 …………………………………………………………………（307）
　　本章復習思考題 …………………………………………………………（308）

第十二章　行銷演進 ………………………………………………………（310）

　　第一節　服務行銷 ………………………………………………………（310）
　　第二節　關係行銷與顧客關係管理 ……………………………………（321）

第三節　網絡行銷 …………………………………………………（327）
本章小結 ……………………………………………………………（338）
本章復習思考題 ……………………………………………………（339）

第一章　市場行銷的基本理論範疇與方法

第一節　市場行銷的普遍性與重要性

一、市場行銷的普遍性

在市場經濟中，無論是個人還是組織，都需要通過交換來滿足自己的各種需要和慾望。在商品經濟或市場經濟中產生的交換，是滿足需要的最基本、最普遍的方法。用交換的方式來滿足不同組織與個人的需要，為經濟社會中的分工奠定了運行基礎。隨著社會分工的逐漸固定化，交換將一個經濟形態中處於不同分工的組織或個人聯結起來，以至於人類社會一旦離開了交換就無法正常運轉。迄今為止，人們可以改變的只是交換活動的具體方法，而不能改變對它的依賴。

自從以機器大工業為主要生產方式的社會（工業經濟社會）建立以來，企業便是這樣的社會形態中基本的也是主要的經濟組織形式。在工業經濟社會建立之初，由於生產力低下，社會成員能獲得企業生產的產品就已經不錯了。那時，產品在市場實現交換並不困難。隨著生產力的不斷提高，市場供給變得充足，企業之間的競爭壓力加大，這樣，作為接受企業產品一方的顧客的選擇機會便增加了，作為產品提供者一方的企業就面臨越來越激烈的市場競爭。在競爭的環境中，企業並不總是能保證交換會按預期那樣發生。交換如果不能成功，企業就無法生存。因此，企業及其經理人員就需要瞭解如何成功地與目標顧客實現交換。為此，市場行銷學（Marketing）作為一門專門研究市場交換規律，並根據這些規律來管理整個企業交換活動的科學便應運而生了。

市場行銷學將企業等經濟組織的市場交換問題作為研究對象。但市場行銷學所表明與揭示出來的核心觀念與基本原則——凡是需要同他人進行交換活動的任何組織與個人，只要處於競爭環境中，就需要首先從交換對方的利益、觀點和立場出發來考慮問題，將對方的利益和要求作為本組織或個人活動的出發點，卻是普遍適用的。政治領域的政府與選民，教育領域的學校與學生，醫療領域的醫院與病人等，都適合採用市場行銷學揭示出來的定律與規律。非企業組織或不謀求經濟性盈利的所有組織也有行銷問題。這些組織內的行銷問題屬於非營利組織的行銷問題。

2001年中國加入世界貿易組織（WTO）標誌著中國的市場經濟已經融入到世界經濟中。中國企業的行銷問題也越來越受到世界市場競爭的影響。無論是在國內還是在國外市

場中，中國企業的競爭能力將受到世界最先進企業的挑戰。在這些挑戰中，我們首先需要學習和掌握這些國外先進企業的管理知識和方法。同時也要與之進行面對面的競爭，而中國企業經理人員就必須「向全世界的最好的觀念打開它的大門」[①]。

二、市場行銷的重要性

現在，一個普遍流行的觀點認為，企業能在市場經濟中生存和發展，所依靠的是其競爭能力或競爭實力。但是，無論什麼企業，其競爭能力都不是由單一的某種因素或能力決定的，而是由以下三個基本能力綜合起來決定的。

（一）管理能力

不同管理者在管理自己的企業時，總會表現出種種差異，如不同的管理方式、管理風格、決策偏好等。對同一個企業的管理，也可依其管理人格化的代表——企業家或主要經理人員不同而不同，並且都有取得成功的可能；同樣一種管理方法，施行於某個企業能夠獲得成功，但放到另外一個企業，卻可能導致災難性的結果。這說明一個非常明顯的事實：管理本身是不能說明管理是否先進，而只能通過結果來說明其有效性與先進性。管理是一種能力，這種能力的高低必須通過是否能形成企業競爭優勢反應出來。管理能夠形成的競爭優勢只有通過成本優勢表現出來，即在向市場提供相同的產品時，一個企業的最終成本是否比競爭對手的成本更低。管理本身是一種能力，這種能力的高低，必須通過是否能形成企業競爭優勢反應出來。比如，日本豐田公司長期實行的「看板管理」，就是以在製品、原材料庫存、成品庫存「向零進軍」為主要目標來盡量降低企業生產製造成本的管理方法。也就是說，管理能力的高低最終是以能否形成最低成本為衡量標準的。如果企業採用的是行業中通行的產品/技術方案，最好的管理效果就是能形成全行業最低成本。產品的綜合成本是一個企業管理水準高低的最終判斷標準。若一個企業能夠獲得產品生產成本最低，它在行業市場上就有能力與提供相同產品的任何企業進行基於成本優勢的價格競爭。

通常，管理是指對企業內部資源的使用情況的管理。管理能力構成企業競爭能力的第一個基本競爭能力。

（二）市場行銷能力

擁有生產成本優勢的企業，並不一定能將此產品以最低的銷售費用和最快的速度銷售出去。當一個企業的產品不能在較短時間內銷售出去，或者需要花費很高的銷售費用才能銷售出去時，管理能力所形成的成本競爭優勢就將被高昂的銷售費用抵消。這是因為在產品從企業向顧客轉移的過程中，由於企業行銷能力的不同，需要增加的成本是不一樣的。也就是說，企業實現交換的產品成本，不單單由生產製造成本構成，也包括銷售費用。而

---

① 【美】科特勒·P. 行銷管理——分析、計劃與控制 [M]. 梅汝和，等，譯. 3版. 上海：上海人民出版社，1990.

且，由於行銷能力不同，企業產品的定價也不同，相同的產品可能為企業帶來不同的收入，並最終決定企業的盈利。在銷售相同產品時，擁有名牌和高市場聲譽的企業可以更高的價格銷售與更低的銷售費用（如較少的廣告支出、較少的銷售折扣費用）將產品售出。在現代市場中，某些缺少品牌和市場聲譽的企業根本不能自己獨立銷售產品，而必須借用別的知名企業的品牌來進行銷售。這就是所謂的「貼牌」生產（OEM）。這類企業往往處於市場競爭價值鏈的最低端，其盈利能力非常低。

依靠管理能力可以形成成本優勢，但是對企業而言，成本優勢只預示著潛在利潤，能否將其轉化成現實利潤，及能轉化多少，就要取決於企業的市場行銷競爭優勢。企業行銷能力形成的競爭優勢，主要由品牌地位、市場聲譽、渠道能力、顧客關係管理等體現出來。企業的行銷競爭優勢決定了企業現實的盈利能力。

(三) 技術創新能力

一個企業，不管其在何時擁有過再好的產品，也不能指望幾年甚至幾十年一貫制地提供一成不變的產品。如果這樣的話，顧客將會最終放棄對這種產品的需求。任何企業，既不可能始終用低價格來銷售，也不可能始終銷售一成不變的產品。在中國，20世紀90年代彩電行業的幾個巨頭——長虹、海爾、TCL等產品的價格始終高昂，都具有不相上下的管理能力和行銷能力。由於產品、技術的同質化，上述幾家企業都只能採用低價格方法在國內市場進行競爭。與此同時，日本索尼公司卻在中國市場上，以不到20%的市場佔有率獲取了中國彩電市場近50%的利潤。這說明，如果企業的管理能力、行銷能力與競爭對手的能力相同時，最後的競爭優勢就要由產品/技術創新能力來決定。

在國內洗衣機市場上，海爾最先生產出只洗1千克衣物的小容量洗衣機產品。海爾推出這種產品後，在許多地方市場上，顧客都爭相購買。通過產品創新，海爾在一種已經飽和的產品市場上，獲取到了創新利潤。不久之後，幾乎所有國內洗衣機生產企業都能提供小容量洗衣機產品了，而這種僅僅由產品創新提供的盈利就不復存在了。

由此可見，構成企業核心競爭力的三個基本能力之間的關係是：行銷能力是構成企業競爭能力的中心能力，它上承管理能力形成的成本優勢，使之變成利潤優勢；下載創新能力形成的產品、技術優勢，使之成為保持和增長利潤的競爭優勢。

在本書的第一章，我們的主要任務就是學習和瞭解市場行銷學的一些基本概念、思想與原理。它們是本書以後各章論述對行銷活動進行有效管理時最基本的理論。

第二節　市場行銷的基本理論範疇

一、市場行銷的定義[①]

現代行銷之父，美國西北大學教授菲利普·科特勒提出了一個簡明市場行銷的定義：滿足他人的需要且自己盈利[②]。根據此定義，市場行銷不僅是指將產品銷售出去，或是銷售的數量；而且還要追求能以可以盈利的價格將產品銷售出去。也就是說，我們所說的市場行銷，不僅僅是指的產品的銷售數量，同時還有一個更重要的義項：企業在市場中的盈利水準。要取得高盈利水準，企業及其經理人員就必須能夠對行銷活動開展卓有成效的、全面的管理。

美國行銷協會（American Marketing Associations，AMA）2004年提供了一個更詳盡和全面的市場行銷的定義：市場行銷是一項有組織的活動，它包括創造價值，將價值溝通輸送給顧客，以及維繫管理公司與顧客間關係，從而使得公司及其相關者受益的一系列過程[③]。

根據此定義，我們知道，市場行銷包括四個基本義項：①市場行銷首先是有組織的活動，因而它需要被管理；②市場行銷是創造價值的活動，這個價值既不是單獨指向顧客的，也不是單純指向企業的，而是與所有利益相關者都有聯繫；③市場行銷的本質是顧客關係管理，而不是銷售，銷售是行銷中需要使用的眾多工具中的一種，但銷售不是行銷；④市場行銷具有過程性，是從確定提供什麼價值生產價值、溝通價值到傳送價值的一系列活動過程的組合。

（一）需要、慾望和需求

1. 需要（Need）

就社會整體的狀態來說，需要是指人類為了自身的生存和發展對物資和精神的基本要求；就個人而言，需要則是指沒有得到的基本的物質和精神滿足的一種感受狀態，如口渴時對水的需要，饑餓時對於食物的需要，孤獨時對於交友的需要。任何一種需要沒有被滿足，人就可能處於不安、煩躁、緊張甚至痛苦的感受狀態。需要的基本性質是它不依賴於行銷活動而發生。任何行銷組織和個人既不能創造需要也不能改變人的需要。需要是人類一切活動的出發點。

2. 慾望（Want）

---

　① 市場行銷，簡稱行銷，該詞譯自英語 Marketing，作為學科名詞時，也譯為市場行銷學。在中國港、臺地區則譯為市場行銷、簡稱行銷。
　② 【美】科特勒·P，凱勒·K．行銷管理［M］．梅清豪，譯.12版．上海：上海人民出版社，2006；6．
　③ 【美】科特勒·P，凱勒·K．行銷管理［M］．梅清豪，譯.12版．上海：上海人民出版社，2006；6．

慾望是指想獲得某種滿足需要的具體的物的願望。當一個人饑餓時，可以通過米飯、饅頭、麵包或其他任何一種食品來得到滿足。但究竟要通過什麼具體的食物來滿足對食品的需要，不同的人可以有不同的選擇，但滿足的需要——對食物的需要——是相同的。

如果人們的需要是屬於精神方面的，滿足這種需要的載體可能不再是有形物，而是一種精神性的享受過程，比如對音樂的需要，就要通過聽音樂作品來滿足。可見，滿足人們需要的「物」可以是「有形」的，也可以是「無形」的。通常，「無形物」表現為由某人為有需要的人提供的一種活動（如音樂家的演奏或用一種記錄媒體對存在的音樂作品的播放）。同樣的需要，可以由不同的物或活動方式來進行滿足。這種滿足方式上的差別，來源於人們的社會、經濟、政治、文化生活等方面的差異。

3. 需求（Demand）

需求是指人們有能力購買並願意購買某個（種）具體產品的慾望。

慾望使一個人對能滿足需要的物或活動有獲得的意願，但當他能通過購買方式來獲得某種物時，慾望就成為需求了。比如，普通中國人，在多少年前就想擁有汽車——這是慾望；但是這些人對汽車產品沒有需求，因為那時普通中國人的收入是不能支持其購買汽車的。進入 2001 年後，中國市場上的汽車產品甚至出現了供不應求的局面。這說明隨著改革開放和實行社會主義市場經濟，中國人民的收入大幅度提高了，從而具有了對汽車產品的需求。

由上述概念可以知道，任何企業要想進行行銷活動，都必須以需要為前提。任何行銷活動都不能創造需要，也不能消滅需要；但行銷活動能夠影響慾望的產生，經過行銷者的努力，能使慾望轉變為需求；只有當人們有了需求，行銷者才能將自己的產品出售給客戶。因此，市場行銷就是創造需求的活動。這就是所謂好的企業滿足市場需求，優秀的企業則創造市場需求。

(二) 行銷對象

在市場行銷學中，凡是可以用於進行價值交換的事物都可以成為行銷對象。行銷對象可以是一個有形物體，如電視機、小汽車等；也可以是無形的，如醫療服務、教育服務、遊樂活動等。在市場行銷學中，我們可以把所有的行銷對象稱為產品，因為產品有兩種基本的形態——有形物與無形物。無形物通常習慣性地被稱為服務（活動）。

作為行銷對象的產品是滿足需要和慾望的媒介物。

一個人或一個組織購買別人創造的產品/服務，是因為這個產品/服務可以滿足其需要和慾望；一個生產產品的個人或組織，又為什麼要將自己的產品出售給別人呢？因為這個產品不能滿足生產者的需要和慾望，只有將其交換出去，才能換回能滿足生產商需要和慾望的別的產品、服務。

在這個過程中，顧客要求得到的是滿足其需要和慾望。這就是說，產品對於購買它的顧客具有價值；而生產者或產品出售者只有售出自己生產的產品或提供的服務，才能得到

對自己有價值的產品、服務。因此,在市場行銷中,產品對於顧客來說,是需要和慾望的滿足;而對於出售者來說,是用一種價值物換回另一種價值物。在行銷活動中,產品的使用價值是對顧客而言的,產品的交換價值是對生產者而言的。生產者生產產品、服務就是提供一個可供交換的價值。所以,無論行銷者生產或經營的是什麼產品、服務,都不是用來滿足行銷者自己的需要的。生產產品不是行銷活動的目的,行銷者的直接目的是為了交換,因此,在市場行銷學中,有一個重要的定理——產品價值是由顧客來決定的!無論採用任何行銷技巧,都不能使顧客接受或購買對其來說沒有價值的產品。

這就產生了一個重要的行銷觀念:任何企業經營者的眼光,都不能只盯在自己的產品身上,而要盯在滿足顧客的需要和慾望上(顧客導向)。市場行銷活動也不是以產品為中心;相反,市場行銷活動是以滿足預期顧客的需要為中心。如果企業經營者不是這樣看待自己的產品,就必定會在行銷活動中患上「行銷近視症」(Marketing Myopia)[1]。

(三)交換和交易

人的需要與生俱來,滿足需要的方式也很多,但只有用交換這種特定方式來滿足需要與慾望時,行銷活動才可能產生。交換是市場行銷活動的本質,交換的概念也是市場行銷學中的核心概念。

交換(Exchange)是指個人或集體通過提供某種東西作為回報,從別人那兒取得其所需要的東西的行為與過程[2]。

通過交換來滿足需要或慾望,與其他能滿足需要與慾望的方式相比,最大的不同在於:參與交換的每一方,通過交換以後,都能得到自己需要的東西;任何一方的需要與慾望的滿足,都不是以另一方的利益受損或受到傷害為代價的。參與交換的任何一方,在交換之後,其利益一般都能夠增加,至少不會降低。因此,交換成為人類社會用於滿足需要與慾望最普遍的方式。

菲利普‧科特勒指出,只有滿足五個充分且必要的條件,交換才能發生[3]:

(1)至少要有兩方存在,即要有參加交易的人,自己和自己不能進行交換。
(2)每一方都要有被對方認為是有價值的東西,即有交易物。
(3)每一方都能夠溝通信息和傳送貨物,即信息與貨物能流通。
(4)每一方都可以自由地接受或拒絕對方的東西,即權力平等。
(5)每一方都要認為與另一方進行交易是適當的、稱心如意的,即各方通過交換,其境況都比沒有交換之前能得到改善。

只有具備上述所有條件後,交換才能進行。這些條件也是在現代行銷中,企業經理人員必須遵守的基本原理。企業經理人員對市場行銷活動所實施的任何管理,從本質上講,

---

[1] Theodore Levitt. Marketing Myopia [J]. Harvard Business Review, 1960 (5-6).
[2] 【美】科特勒‧P,凱勒‧K. 行銷管理 [M]. 梅清豪,譯. 12版. 上海:上海人民出版社,2006:7.
[3] 【美】科特勒‧P,凱勒‧K. 行銷管理 [M]. 梅清豪,譯. 12版. 上海:上海人民出版社,2006:7.

都是不斷創造或完備這五個充要條件的過程。

　　交換本身是一個過程，它由一系列事件組成。既便一項最簡單的交換活動，也需要參與方進行貨物查看、價格談判、轉移貨物和支付與結算。只有當所有參與者交換都對上述條件達成一致時，各方才會將原來屬於自己的東西轉讓給對方，並從對方手中獲得作為回報的東西，也就是發生交易。交易（Transaction）就是指參與交換的雙方之間的價值交換[1]。

　　交換實際是由交易的準備（尋找和達成雙方同意的交換條件）和交易（價值物易手）兩個部分組成。但是，在實際交換中，還需要確立一系列交易規則才行。比如，在完成已達成的交易協議前，如果任何一方反悔且對對方造成了損失，反悔一方將做出賠償。一項交易最終是否能夠完成，首先要取決於雙方對於交換是否有相同的基本要求，這種要求是建立在雙方都想獲得對方手裡的東西上的。從這個意義上講，行銷活動的實質就是變潛在交換為現實交換的活動和過程。交易的準備階段正是行銷者做出努力的階段；交易是這種努力取得的結果。

　　交易可以以貨幣為媒介，也可以不以貨幣為媒介。經濟學中也指出過，以貨幣為媒介的交易是最方便和最有效率的交易。但實際情況是，交易如果在一個國家內部進行，則主要是以貨幣為媒介；如果交易在不同國家之間進行，受各國貨幣相互之間可接受性的影響，也往往以貨幣為媒介。如果交易雙方都不能接受對方的貨幣下，那就不得不採用物物交易了。所以，在國際市場上或國際貿易領域，現在也經常會採取以物易物、半貨幣半實物交易的方式，如「三來一補」、「商品返銷」、「補償貿易」、「反向購買」、「產品回購」等。這些也就是所謂的「對銷貿易」。

　　就行銷活動而言，無論發生在那個領域，如工商企業對顧客的行銷、政治候選人對選民的行銷、學校對學生的行銷，行銷者期待的都是能得到某種反應：期待顧客的購買、選民的投票、學生的就讀。因此，行銷就是誘發交換對象產生一系列預期反應的行為。

　　要想產生行銷者希望的反應，行銷企業就要對目標顧客的需要進行瞭解、確定被行銷的對象希望得到什麼，並為之做好準備。在接近對方的過程中，行銷企業要向其傳達其希望得到的東西的信息，並與對方達成雙方能接受的交換條件。可見，在行銷活動中，要與交換的對方建立某種實現交易所需的行銷關係。這種關係就是一種交換雙方或多方以相互承認利益為基礎而建立的相互信任、瞭解和關心的信任關係。當這種關係建立起來後，就可以明顯地縮短每次交易的談判過程，以及避免由於需要相互防犯增加約束條件而導致的交易費用的增加（如交易擔保）。這就是說，當交換雙方具有相互信任的關係或建立起這種關係後，就可以降低交易成本，減少交換雙方進行交易的時間，甚至使交易成為一種買賣雙方無需再進行選擇的慣例化的行為。人們所熟悉的購買「名牌」產品的市場現象，

---

[1] 【美】科特勒・P，凱勒・K. 行銷管理 [M]．梅清豪，譯. 12 版. 上海：上海人民出版社，2006：7.

可以說是一種典型的慣例化交易。在這樣的交易中，行銷者與顧客都能節約精力和時間。這就出現了關係行銷的概念。與關係行銷相對應的那種在市場中隨機的、偶然接觸的行銷方式則屬於交易行銷。表1-1表明了這兩種行銷方式的典型差別。

表1-1　　　　　　　　　　交易行銷與關係行銷的主要區別

交易行銷的特點	關係行銷的特點
顧客平均化	顧客個別化
顧客匿名	顧客具名
標準化產品/服務	定制化產品/服務
大眾分銷	個別分銷
大眾化促銷	個別刺激
單項信息	雙向信息
規模經濟	範圍經濟
市場份額	顧客份額
全部顧客	有盈利的顧客
吸引顧客	維持顧客

（四）市場、細分市場和目標市場

交換需要在一定的空間和時間下進行，傳統的市場就是指商品交換的場所。菲利普·科特勒將傳統的市場稱為市場地點（Marketplace）[1]。

在現代的交換活動中，買賣雙方並不一定需要在同一空間聚齊後才能進行交換。比如，20世紀90年代後期開始出現的電子商務，就是通過計算機信息網絡（虛擬的交易空間）進行的。因此，上述概念只是描述市場空間物理性，而不能反應市場概念的全部。行銷學中關於市場的概念採用的是經濟學的定義：一個市場是由對特定或某類產品進行交易的買方與賣方的集合[2]。

正是交換將不同的市場聯繫起來（如圖1-1所示）。

```
            溝通
        ┌────────→
        │ 商品/服務
┌─────┐ ├────────→ ┌─────┐
│行業 │ │          │市場 │
│(賣方│ │←────────┤(買方│
│集合)│ │  貨幣    │集合)│
└─────┘ │←────────┘└─────┘
            訊息
```

圖1-1　簡單的行銷系統

---

[1]　【美】科特勒·P，凱勒·K．行銷管理［M］．梅清豪，譯．12版．上海：上海人民出版社，2006：12．
[2]　【美】科特勒·P，凱勒·K．行銷管理［M］．梅清豪，譯．12版．上海：上海人民出版社，2006：10．

由於採用機器大工業的生產組織方式（福特製），現代企業以極高的勞動生產率生產產品，生產具有集中化和專業化的趨勢。但是因為每個市場顧客的需求都有差別，單一生產一種產品是不能滿足所有顧客的要求的；如果按照顧客的不同要求提供每個顧客需要的產品，又不能滿足成本經濟性要求。這就需要將具有不同需求的顧客區分開來，也就是對市場進行細分。當市場被細分後，企業就可以根據自己的資源情況、技術專長和競爭能力，選擇只為其中一些細分市場提供產品或服務。被企業選為提供產品或服務的那些細分市場就是目標市場。細分市場（Segmentation Market）和目標市場（Target Market）是現代行銷學中的重要概念和理論範疇。因為，在現實社會中，沒有任何一個企業可能滿足市場所有顧客的要求，而只能滿足一部分顧客的要求，集中為企業能滿足的顧客提供產品或服務，使生產者的成本經濟性和顧客需求的差別性得到一個較好的平衡。

(五) 行銷者

市場行銷是交換活動。交換是為了滿足人們的需要與慾望。通過交換，參與交換的各方可以獲得自己所需、所欲之物。但有的時候，交換的各方對於交換的態度、要求、期望性等並非完全一樣。此時，多個賣方可能爭取與一個買主進行交換，由於買主有多個選擇，如果其中某個賣主實現了交換，則另外的賣主就不可能再與這個買主進行交換。這就是說，處於競爭中的賣方會更積極、主動地參與交換，並期望交換能夠成功；相反，對於一個特定的賣方來說，買方則不一定會積極、主動地進行交換。行銷者則是指在交換中積極、主動地參與交換的一方。

在交換中，誰是行銷者不取決於誰是產品的出售者，而是取決於競爭在哪一方發生。當企業面臨競爭時，企業（賣方）就是行銷者；如果顧客（買方）進行競爭，那麼顧客就是行銷者。在沒有競爭的情況下，一個企業也可以利用壟斷來迫使消費者在交換中順從它，從而使顧客成為行銷者。現代行銷研究的就是企業作為行銷者的問題。因此，當我們說一個企業是行銷組織時，就是說它在交換中要面對市場競爭。有時候，在一次交換中，可能參與交換的各方都在積極爭取實現交換。這時，我們稱交換的雙方（各方）都是行銷者，他們相互進行行銷。

有了行銷者的概念，我們得到一個重要的行銷學結論：由於行銷者在交換中處於更想實現交換的地位，因此，行銷者必須在交換活動中，事先為交換成功創造條件。這樣才能使預期的交換成為現實的交換。

在行銷活動中，競爭是一個永恆的主題，行銷活動的成功，也是在競爭中取得成功。圖1-2表明了現代行銷活動中的主要力量和構成系統。在這個系統中，競爭會促使企業不斷向顧客輸送價格越來越低而質量和價值越來越高的產品或服務。

圖 1-2　現代行銷系統中的主角與力量

二、市場行銷的基本思想

綜上，要從事市場行銷活動，企業及其經理人員就應具備如下基本思想或觀念：

1. 消費者或顧客導向

市場行銷要求行銷者時刻瞭解消費者的需要和慾望，按消費者的需要與慾望生產和銷售產品或提供服務。因為行銷發生在有競爭的情況下，作為行銷者的企業必須首先準備被顧客認同為願意追求和接受的產品或服務，並要作出行銷努力爭取交換成功。

2. 活動一體化和整體性

企業從事的所有經營活動都必須服從市場的需要。企業要按照一個統一的市場目標來規劃和約束企業中不同職能部門和人員的行為。行銷決不僅是行銷部門的事，而且是整個企業的事。

3. 主動適應環境

顧客的需求會不斷發生變化，競爭者也會不斷追求對自己有利的行銷環境和結果，這些都不是以某個企業的意志為轉移的，因此，企業必須預見這些變化，並不斷調整自己的行銷方法，改變自己的競爭策略，不斷地主動適應外部環境的變化。

第三節　經營觀念（行銷哲學）[①]

在行銷活動中，企業的具體行為方式千差萬別，但都反應的是對行銷的總體看法或思想。我們將這種對行銷的總體看法或認識，稱為經營觀念或行銷哲學。

從企業的發展歷史來看，企業的行銷活動都先後經歷了若干不同的經營觀念。通過剖析這些經營觀念，我們可以更好地理解現代行銷活動應奉行的經營觀念。

一、生產觀念（Production concept）

生產觀念是最古老的經營觀念。生產觀念認為：消費者喜愛的是那些隨處可得、價格

---

① 【美】科特勒·P，凱勒·K. 行銷管理 [M]. 梅清豪，譯. 12版. 上海：上海人民出版社，2006：14-23.

低廉的產品。所以經營者應該致力於提高勞動生產率，增加銷售覆蓋面。這個觀念的實質是賣方導向。

生產觀念認為消費者需要的是價廉物美的產品。所謂價廉物美，就是便宜和大量銷售的東西。遵循這樣的經營觀念，企業的努力方向是致力於提高勞動生產率。通過提高勞動生產率，既可以提高產量，又可以降低成本。因此，奉行生產觀念的組織，往往單一地生產某種產品，並希望通過擴大規模，使用效率更高的機器或用其他的方法，使產品的產量增加，成本降低；同時，採用廣泛的銷售渠道將產品盡量多地銷售到顧客手中。美國福特汽車公司的創始人亨利·福特被認為是這種觀念的創始人。他曾說過，「我不管消費者需要什麼，我只生產黑色T型車」。可口可樂公司原董事長伍德·魯福也曾「得意」地說過「可口可樂就是可口可樂，只有這種味道」。

圖1－3為生產觀念示意圖。

致力於提高產量 → 增加銷售覆蓋面 → 提高生產率 → 降低成本 → 降低價格

圖1－3　生產觀念示意圖

直到現在，某些企業組織仍然奉行生產觀念，尤其是那些排斥行銷觀念的組織。

生產觀念的弊病在於：以生產者為中心，無視人的存在，對消費者的需要冷漠無情。「我生產什麼你就要什麼，你也才能得到什麼」是對奉行生產觀念的企業組織中的經理人員的最典型的寫照。同時，這種觀念產品數量的關心更勝於對產品質量的關心。因此，在產品供應量充足、出現了競爭的市場上，奉行生產觀念的企業將遭受行銷失敗。

二、產品觀念（Product Concept）

產品觀念是繼生產觀念後出現的經營觀念。產品觀念認為：消費者需要的是高質量、多功能、有特色的產品，所以企業應該致力於生產高質量和高價值的產品，並不斷地改進產品。

與生產觀念相比，產品觀念是企業經營者對向市場的輸出物——產品本身更為重視的觀念。奉行這種觀念的經理人員，對於質量好、製作精緻、有特色、功能多的產品非常迷戀和欣賞。因此，奉行這種觀念可能導致企業以產品為中心，迷戀自己的產品，而對消費者的需求變化視而不見。

產品觀念的產生，是由於在市場上產品供應比較充裕後，以數量取勝的生產觀念難以成功實現交換，特別是，當產品積壓時，增加產量的做法甚至會給企業帶來災難性的後果。

在西方，對產品觀念比較典型的表述是：「產品即顧客」。其意思是只要企業生產的產品好，就不愁沒有銷路，有好的產品，自然就有大量的顧客會找上門來搶購。這與中國過去經商者所尊崇的「酒好不怕巷子深」的思想或觀念完全相同。

從本質上講，產品觀念與生產觀念是相同的，仍然屬於生產者或賣方導向的經營思想，仍然是以生產者為核心的。產品觀念可能導致「行銷近視症」，即行銷者的眼光總是向內而不是向外看，總是看向自己的產品，而不是去看消費者或顧客的需求是否得到了很好的滿足，顧客的需要和慾望是否已經發生了變化。

三、推銷/銷售觀念（Selling/Sales concept）

推銷觀念出現於產品觀念之後，曾經為許多企業經營者奉行，至今仍有相當數量的企業採用這種觀念，特別是那些不能正確區別行銷與推銷的企業組織。推銷觀念認為：若不對消費者施加影響，他們都不會購買足夠的某企業的產品，只有通過積極促銷和推銷，才能增加消費者的購買量。

推銷觀念之所以認為消費者不會購買足夠的產品，是以下列推論為前提的：消費者普遍存在購買惰性和對賣主的抗衡心理。購買惰性使消費者不願尋求不熟悉的產品，不願對市場上的好產品額外加以注意；抗衡心理則使消費者總認為賣主是想「騙取」他的錢財，所以對賣方缺乏信任。解決的辦法就是通過更多地向消費者做說服工作，施加影響，來解決消費者對產品不熟悉的問題，從而使消費者建立對企業產品和服務的信任。在這樣的企業組織裡，推銷與促銷的力度和方式被看成是決定經營成敗的關鍵。

不可否認，在現代市場經濟中，當企業面臨市場需求不足或產品有較大市場過剩時，推銷能發揮相應的作用。在這種情況下，企業需要多向消費者做說服工作，多向市場傳達產品和服務的有利信息。但是，「世界上最偉大的推銷員也不能將顧客不需要的產品賣出去」。

四、行銷觀念（Marketing concept）

(一) 行銷觀念

行銷觀念的出現被認為是對上述觀念的「革命」[1]。行銷觀念認為：實現企業組織的目標的關鍵在於正確地確定目標市場的需要和慾望，並且比競爭對手更有效、更有力地傳送目標市場所期望滿足的東西。

行銷觀念所表達的基本意思是：企業要滿足交換對方——目標市場的需要和慾望，然後，還要用比競爭對手更好的作法，向目標市場輸送產品或服務。只有當目標市場的需要和慾望得到滿足時，企業組織才能實現其目標和利益。

顧客觀點與競爭觀點是行銷觀念的核心思想。顧客觀點表明，企業首先要從滿足顧客的需要出發，即從交換對方的要求出發；競爭觀點表明，企業為目標市場所做的一切，都需要時刻與競爭對手在同樣的市場範圍內進行比較，只有當顧客認為一個企業提供的產品

---

[1] Keith J. The Marketing Revolution [J]. Journal of Marketing, 1960 (7): 35-38.

和服務優於競爭對手時,企業才可能與這些顧客達成交易。

人們通常用「顧客是上帝」或「用戶是帝王」來通俗地表達行銷觀念。

(二) 市場行銷與推銷的區別

市場行銷與推銷(Selling),無論在觀念,還是在實際做法上,都具有重要的區別(如圖1-4所示):

(1) 推銷強調和注重的是賣方的需要和利益;行銷強調和注重的是買方的需要和利益。

```
出發點      重點        方法          目的
工廠        產品        推銷和促銷    通過銷售來
                                    獲得利潤
                    a 推銷觀念

市場        顧客需求    整合行銷      通過顧客的滿意
                                    獲得利潤
                    b 行銷觀念
```

圖1-4 推銷觀念與行銷觀念的區別

(2) 推銷將賣方的需要作為活動的出發點,主要考慮如何將既有的和能生產的產品售出,得到收入;行銷則以滿足顧客的需要作為活動的出發點,通過不斷滿足顧客的需要和慾望來獲得企業的利益。

(3) 推銷是以生產者為主導的,在觀念上認為「我生產什麼,顧客才能得到什麼」,因此顧客應服從生產者;行銷是以顧客為主導的,在觀念上認為生產者應服從消費者或顧客,顧客需要什麼才應生產什麼。

五、全面行銷觀念

行銷觀念並非完美的行銷思想,因為行銷觀念把滿足消費者的需要置於前所未有的高度,盡力在行銷活動中使消費者滿意,這樣會導致強調滿足個別消費者,而忽視其他消費者和社會的整體利益。也就是說,正確的行銷思想應在公司利益、消費者利益和社會整體利益上取得平衡,應該貫穿於事情的各個方面。由此便產生了全面行銷觀念。

全面行銷觀念強調公司的行銷應當包括四個行銷主題:

(一) 關係行銷

關係行銷要求企業不僅要與顧客建立持久的關係,還要同所有利益相關者——公司的業務合作者(如供應商)、渠道成員、股東(投資者)、其他社會組織(政府、社會群體)建立長期的相互關係。企業只有很好地協調與這些關係者的利益,通過建立和諧的利益關係,才能贏得社會的支持和顧客的忠誠。

在建立的這些關係中,企業與供應商和業務合作者建立的關係,將形成「行銷網絡」

(Marketing Network)。這使得競爭從過去以企業為獨立的市場競爭者之間的競爭變成行銷網絡的競爭。在這樣的網絡化利益結構中，企業之間的競爭是群體性的，而群體競爭會帶來價值鏈的分工。這將促使企業從過去追求一個企業最優變為爭取整個網絡的最優。因為只有產生整體價值最大化，才能使一個行銷網絡比其他競爭行銷網絡得到更多的收入和利潤。

關係行銷的另一個核心是使顧客的滿意程度得到最大限度的提高。需要採取的方法是與顧客進行「個別接觸」並滿足顧客對產品的個性化要求。這被稱為是將過去的「一對多」的行銷變成「一對一」的行銷。企業採取定制行銷的做法，需要依賴更多的條件。但是，在當今市場上，由於消費者對市場的控制權增強，不能提高個性化產品和服務的企業，就會越來越缺乏市場競爭力。

(二) 整合行銷

在整合行銷觀念的指導下，就整合如何對行銷進行操作的問題，企業採用了行銷組合(Marketing Mix)的概念。它包括四個基本的行銷工具，簡稱4Ps：產品(Products)、價格(Price)、渠道(Place)和促銷(Promotions)。過去人們認為這些行銷組合工具是「獨立變量」。但整合行銷則認為企業要通過不同的具體行銷活動和工具向顧客傳遞和溝通價值，同時，這些行銷組合工具產生的效果必須使顧客對企業的行銷有統一的認識。因此，各種行銷職能或因素，如推銷、生產、產品設計、廣告、行銷調研等都必須相互協調，通過相互配合產生出顧客願意購買企業的產品或服務的效果。企業行銷管理部門應與其他職能部門相互協調，使其他部門都認識到，企業的一切工作，都是為了顧客。如果整合行銷能產生減少企業內非行銷部門與行銷部門的衝突，將會有效地提高整個行銷活動的效率。

(三) 內部行銷

整合行銷的實現，還需要依賴內部行銷的方法。內部行銷的基本思想是通過訓練和激勵，使企業的所有員工都能很好地為顧客服務，將顧客滿意作為自己的工作目標。

整合行銷還提出了對企業組織機構的新看法，即在一個樹立了行銷觀念並能真正將其貫徹的企業組織內，應該建立如圖 1-5 所示的組織關係。

(四) 社會責任行銷

對行銷觀念提出批評的人認為，推行行銷觀念的企業，難以做到在滿足個別消費者需要的同時兼顧其他消費者的利益和社會的整體利益。企業在滿足消費者當前利益的時候，可能損害人類社會的長遠利益。所以，正確的行銷觀念應在公司利潤、消費者需要和社會利益上取得平衡。由此便出現了像「人道主義行銷」、「綠色行銷」、「可持續行銷」等觀念。這些觀念都可以被統稱為社會行銷觀念。社會行銷觀念反應出，在現代社會中，人們更重視社會各個階層成員的和諧、人與自然的和諧、社會發展的可持續性等認識和訴求在行銷活動中得到反應。因此，這使得行銷超越了公司實現產品銷售的狹隘領域，將行銷活動引入到更為廣闊的人類社會生活和發展空間中。

圖1-5　樹立整合行銷觀念的企業的組織機構關係示意圖

第四節　市場行銷中的顧客滿意

正確的行銷方法是「吸引」顧客，而不是「強迫」顧客接受產品和服務。因此，市場行銷就是圍繞如何提高顧客價值來展開的——這是市場行銷的基本方法論。

一、顧客價值

顧客的購買行為，是選購一個產品的過程。在這個過程中，顧客會按照「價值最大化」原則，從眾多的品牌和供應商中選擇自己所需要的產品和服務。其中，「價值最大化」是顧客每次交易力爭實現的目標，也是顧客評判交易成功與否的標準。所以，顧客在選擇願意與之進行交易的行銷者時，會事先形成一種價值期望。將期望的價值與獲得的實際價值進行比較，是顧客衡量是否得到了「最大化價值」的現實評判方法。

顧客價值包含兩個相聯繫的概念：總顧客價值和總顧客成本。

總顧客價值是指顧客期望從某一特定產品或服務中獲得的一系列利益構成的總價值。總顧客價值包含四個方面的內容：①產品價值，即顧客購買產品或服務時，可以得到的產品所具有的功能、可靠性、耐用性等；②服務價值，即顧客可能得到的使用產品的培訓、安裝、維修等服務；③人員價值，即顧客能與公司中的訓練有素的行銷人員建立相互幫助的夥伴關係，或者能及時得到企業行銷人員的幫助；④形象價值，顧客通過購買產品與服務，使自己成為一個特定企業的顧客，如果企業具有良好的形象與聲譽，顧客則可能受到他人的讚譽，或者通過與這樣的企業發生聯繫而體現出一定的社會地位。

總顧客成本是指顧客在評估、獲得和使用產品與服務時預計會發生的全部耗費。顧客不可能無償地獲得上述一系列價值，一般有四種耗費會發生：①貨幣成本，即顧客購買一個產品或服務，需要支付的貨幣或者服務價格；②時間成本，即顧客在選擇產品時，學習使用、等待服務等所需付出的成本或損失；③精力成本，即顧客為了學會使用和保養產

品，為了聯絡行銷企業的人員，或者為了安全使用產品而付出的擔心等；④體力成本，即顧客為了使用、保養和維修產品而付出的體力。

與上述兩個概念緊密相關的一個概念是顧客讓渡價值。顧客讓渡價值（Customer delivered value）是指總顧客價值與總顧客成本的差額。總顧客價值越大，總顧客成本越低，顧客讓渡價值越大（如圖1-6所示）。

```
產品價值 ┐
服務價值 ┤
人員價值 ┼── 總顧客價值 ┐
形象價值 ┘              ├── 顧客讓渡價值
貨幣成本 ┐              │
時間成本 ┼── 總顧客成本 ┘
精力成本 ┤
體力成本 ┘
```

圖1-6　顧客讓渡價值與增值

顧客讓渡價值包含的思想與傳統的觀念有根本的不同：顧客購買產品所獲得的不僅僅是產品具有的功能和質量；顧客購買產品所付出的也不僅僅是購買價款。讓渡價值可以看成是顧客購買產品時所獲得的「贏利」。現在我們知道，如同任何廠家希望通過銷售產品獲得盡可能高的利潤一樣，顧客也希望通過購買產品實現利益最大化。

需要說明的是，限於不同顧客具有的知識、經驗等的差異，一個特定的顧客爭取最大讓渡價值的過程是一個「試錯」的過程，是逐漸逼近最大讓渡價值的過程。也就是說，一個特定顧客的某次購買活動，也許並沒有使他實現讓渡價值最大化。但是，當這位顧客重新購買時，他會通過累積的經驗和知識，來增加其獲得的讓渡價值。只有那些能夠比競爭對手提供更大的顧客讓渡價值的企業，才能保持住已有的顧客；只有不斷提高顧客讓渡價值的企業才會擁有忠誠的顧客。

提高顧客讓渡價值有三種渠道：①盡力提高顧客價值；②盡力減少顧客成本；③在提高顧客價值和減少顧客成本兩個方面都作出努力。

二、顧客滿意

顧客讓渡價值很好地說明了顧客的購買選擇與行為取向。但顧客的讓渡價值僅僅是其選擇購買哪個廠家的產品時作出的一種價值取向和判斷。顧客對於任何企業的產品或服務的信任，不是建立在一次性的購買和使用上的，顧客對其每次購買活動，是按照其滿意程度給予評價的。滿意的顧客是企業最大的行銷財富，因為顧客通常反覆購買令其感到滿意的企業的產品或服務。同時，滿意的顧客將影響別人的選擇，是企業最好的廣告。

顧客滿意（Costumer satisfaction）是指顧客通過對一個產品的可感知績效（Perceived performance）與預期績效（Expectation performance）的比較而形成的感覺狀態。

顧客的可感知績效是指購買和使用產品以後可以得到的好處，實現的利益，獲得的享受和被提高的個人生活價值。

顧客的預期績效指顧客在購買產品之前，對於產品具有的可能給自己帶來的好處、利益及提高自己生活質量的期望。

顧客滿意可以通過上述二因素的函數來表示，如圖1-7所示。

$$顧客滿意 = f(可見績效, 預期價值) \begin{cases} 很滿意（可見績效 > 預期績效）\\ 滿意（可見績效 = 預期績效）\\ 不滿意（可見績效 < 預期績效）\end{cases}$$

圖1-7　顧客滿意函數示意圖

本章小結

在任何以交換作為需要與慾望滿足方式的社會中，行銷具有普遍性。市場行銷從需要出發，通過影響慾望的產生和創造需求，用產品或服務來滿足顧客。在行銷活動中，積極、主動地想實現交換的一方為行銷者，行銷者通過創造性的努力，完備交換必需的五個條件，用比競爭對手更有效的方法來向目標市場傳送希望滿足的東西，使潛在交換變為現實交換。

歷史上先後出現過五種不同的行銷思想或觀念。行銷觀念是一種革命性的觀念。這種觀念要求企業要從顧客的需要和利益出發來考慮和安排整個企業的行銷活動。但行銷觀念也具有時代的局限性，因此，當今的企業應該奉行全面行銷觀念。

行銷活動的基本方法是使顧客滿意，因此創造和提高顧客價值是行銷的基本方法。要增加或提高顧客價值，就要提高顧客讓渡價值，從而達到提高顧客滿意度的目的。行銷者

要從適當降低顧客對企業產品或服務的預期績效與提高可感知績效的角度，來提高顧客的滿意度。這要求不斷提高顧客讓渡價值系統的效率。為此，企業需要在行銷活動中採用和實施全面質量行銷。

本章復習思考題

1. 什麼是市場行銷？
2. 市場行銷在決定企業的競爭能力中應該處於怎樣的地位？為什麼？
3. 試舉一例，說明需要、慾望與需求有什麼區別。
4. 如果有這樣兩個企業：一個盡力降低產品價格來增加銷售量以提高企業的收入；另一個則不斷提高產品質量，通過提高產品價格來提高收入。你認為哪種行銷做法才是正確的？
5. 為什麼說行銷不是推銷？
6. 試以一個你瞭解或熟悉的企業為例，說明如何才能實行社會責任行銷。
7. 質量好、定價高的產品是否就一定是好的產品並能為企業帶來更多的盈利？為什麼？

第二章　市場行銷戰略規劃

在環境多變、競爭日趨激烈的市場條件下，企業的生存和發展在很大程度上取決於企業是否能適應環境的變化、是否能根據環境的變化來調整自己的行為並對企業的市場行銷活動從時間上和整體上進行有效的規劃和管理。

第一節　市場行銷戰略概述

一、市場行銷戰略的概念

(一) 市場行銷戰略的含義

「戰略」一詞原為軍事術語，原意是指對任何一個組織的全局性和決定性的謀劃或規劃。把「戰略」的概念應用在企業的行銷活動中，就稱為行銷戰略。一個企業要想有效地開展經營活動，實現其發展目標，就必須在現代市場經營觀念的基礎上，制定有效的市場行銷戰略。

市場行銷戰略（Marketing Strategy）是指在市場行銷活動中，企業為實現自身的任務和目標，通過分析外部環境和內部條件，為求得企業的長期發展而制定的總體的、長遠的規劃。

行銷戰略強調了兩點：①企業必須根據環境狀況、資源供應和利用情況來確定未來一定時期內的合理的經營目標；②為完成所確定的目標，企業需要規劃實現目標的行動方案。實現企業目標的方法和途徑一般不止一種，相對而言，在現有的資源條件下，總存在一種最好或最有效的方法和途徑，這就需要在能夠實現目標的多個方案中，選擇對本企業來說相對最好的方案。也就是說，為達到預定的經營目標，企業要確定一個能使本企業的資源被充分利用，使市場需要被充分滿足的行動方案。

(二) 市場行銷戰略的特徵

企業市場行銷戰略的關鍵是把握環境變化的趨勢和自身的能力，在充分分析條件的基礎上，確立正確的戰略經營思想，進行科學的戰略決策，制定合理的發展方針、目標、產品結構發展方向，實現企業環境、企業能力與企業經營目標的動態平衡和統一，謀求良好的經濟效益。企業市場行銷戰略著眼於整個企業發展的全局，目的在於解決對全局有長期決定性影響和帶方向性的重大問題。因此，企業市場行銷戰略是企業全部行銷活動中最高

層次的行銷決策，具有如下特徵：

（1）長遠性。企業行銷戰略是企業長遠發展的綱領，是企業為適應未來環境變化，實現其長遠目標的對策。它不是為了維持企業的現狀，而是為了創造企業的未來。

（2）全局性。企業行銷戰略是全局性的策略，確定行銷戰略就要從企業的生存和發展來考慮。企業行銷戰略包括企業對自身發展的總體規劃和整體策略手段，它是企業在市場經營中做出的事關企業全局和未來發展的關鍵性戰略。

（3）對抗性。正像沒有戰爭就沒有戰略一樣，沒有激烈的市場競爭，也就不需要行銷戰略。企業行銷戰略總是要針對特定的環境和對手制定，它是為戰勝競爭對手而制定的一整套行動方案。

（4）風險性和應變性。行銷戰略是確定企業未來行動的總體規劃，而未來企業的外部環境總是發展變化著的，能否把握環境變化，做出重大戰略決策，帶有很大的風險性。任何行銷戰略都具有某種風險，但成功的行銷戰略具有承受更大風險的能力。在條件變化的情況下，企業應適時對行銷戰略加以調整，以適應變化後的環境，實現的預期目標。

（5）特殊性。戰略行銷不同於具體的管理手段，它沒有一個固定不變的通用模式，而是依據各個企業的不同情況而制定的。每個企業的行銷戰略只適合來企業的特點。正因為如此，研究企業行銷戰略問題是相當複雜的。當然，不同企業的行銷戰略雖不盡相同，但是，確定一個戰略及選定戰略方法是有規律可循的，企業在制定行銷戰略時應研究和遵循這些規律。

（6）創新性。不斷變化的企業內外部條件，企業行銷戰略本身的特殊性和複雜性，都要求企業在制定行銷戰略時要勇於創新。創新是成功制定一個行銷戰略的基本要求，故步自封、以不變應萬變是無法適應市場變化和時代發展要求的。

（7）相對穩定性。企業行銷戰略一經制定，在一個戰略週期內要保持相對穩定，以便企業能夠執行規劃的行動方案，實現戰略目標。

二、行銷戰略規劃的關鍵與層次

企業行銷戰略決定企業的發展方向，它涉及三個重要的問題：

第一，要把企業的業務管理作為一項投資組合來管理。企業每項業務的利潤潛力都是不同的，企業應當把有限的資源分配給更有發展潛力的業務。

第二，要準確地預測企業每項業務的利潤潛力。僅憑當前的銷售量和利潤來評價業務的利潤潛力是顯然不夠的，企業要根據產品的市場成長率、企業的市場地位和對市場的適應性來預測每項業務將來的獲利能力。

第三，企業要為每一項業務制定戰略計劃。企業應根據企業應在市場中的地位以及其目標、機會、技能和資源為每一項業務確定一個最有效的戰略，從而實現長期發展的目標。

第二章 市場行銷戰略規劃

現代大型企業一般都是由四個組織層次構成，分別是公司（決策）層、部門（職能）層、業務層和產品層，每個層次都制定各自的戰略計劃。企業總部負責制定總體戰略計劃，以指導整個企業的發展方向，並決定資源的分配和發展新的業務計劃等。企業每個業務單位必須在總體戰略的指導下，制定自己的戰略計劃，以便有效地利用各種資源，取得良好的經濟效益。每個業務單位內的產品層應該為每個產品、產品線、品牌制定一個行銷戰略計劃，以求實現某個特定產品的市場預定目標。這些戰略的層次是不同的，整個戰略的制定、執行和控制過程如圖2-1所示。

圖2-1 戰略的制定、執行和控制過程示意圖

企業行銷戰略結構體系和不同層次的戰略需要完成的主要工作內容如圖2-2所示。

圖2-2 企業戰略的層次示意圖

三、制定企業行銷戰略的意義

制定企業行銷戰略，從總體上對企業的市場行銷活動進行規劃、指導和約束，對於現代企業來講，具有重要的意義。

1. 企業行銷戰略是企業生存和發展的根本保證

企業能否在激烈競爭的市場上求得長期的生存和發展，在很大的程度上取決於企業的經營活動是否能適應外部環境的變化。結合企業的資源情況，適應環境的變化，是企業在競爭中求生存、求發展的關鍵。企業行銷戰略確定了企業經營活動的方向、中心、重點和發展模式，是企業生存和發展的根本保證。

2. 企業行銷戰略將企業的市場經營活動進行整體的規劃和統一的安排

通過行銷戰略的總體規劃，才能實現行銷活動所要求的企業活動目標一體化。也就是說，企業行銷戰略使企業的各部門、各環節都能按朝著一個協調性的運轉機制，一個統一的目標來運行，從而為企業經營活動的有效性提供保證。

3. 企業行銷戰略能提高企業對資源的利用效率

企業行銷戰略計劃本身就是從諸多可以達到既定目標的行動方案中選擇的對於企業來說最好的方案，因此，凡是制定得合理、正確、並得到了正確執行的戰略計劃，就能夠保證企業的資源得到最有效的配置和最充分的利用。

4. 企業行銷戰略能增強企業活動的穩定性

由於企業外部環境的不斷變化，企業應相應地不斷調整其經營戰術活動。任何調整都不應是盲目的、隨心所欲的或倉促被動的。只有在企業行銷戰略計劃的指導下，企業才能主動地、有預見性地、方向明確地根據行銷環境的變化來調整自己的戰術活動，主動適應環境變化，減少行銷活動的盲目性，使企業始終能夠在多變的環境中按既定的目標穩步前進。

5. 企業行銷戰略是企業參與市場競爭的有力武器

在激烈的市場競爭中，企業與競爭對手的競爭，不僅是企業現有實力的較量，而且是經營者智慧和才能的較量。如同在軍事上存在著無數以少勝多、以弱勝強的戰例一樣，在市場競爭中企業主要還是同競爭對手進行謀略的較量。要想在市場競爭中取得勝利，企業必須要有正確的、高人一等的、出奇制勝的戰略謀劃。

6. 企業行銷戰略能夠增強企業的凝聚力

讓員工參與和瞭解戰略決策的制定，瞭解企業的發展方向和目標，能最大限度地激發員工的主動性、積極性和創造性，從而在組織內部產生極大的凝聚力和向心力，這有利於方案的貫徹實施和目標的實現，進而取得企業的長期發展。

第二節　企業總體戰略規劃

企業的市場行銷工作應遵循企業總體戰略所規定的戰略方向。企業的總體戰略是企業最高管理層指導和控制企業行為的最高行動綱領，是企業行銷戰略中最高層次的戰略。企業總體戰略規劃是一個在組織目標、資源和各種市場機會之間建立與保持一種可行的適應性管理的過程。戰略規劃工作的目標是幫助企業不斷選擇、組織和調整業務，合理配置企業經營所必需的資源，使各項經營業務相互協調、相互支持，從而使企業獲得滿意的目標利潤和持續的發展。

企業總體戰略規劃主要包括四項戰略計劃活動：①確定企業使命；②建立戰略業務單位；③為戰略業務單位分配資源；④發展新的業務。

一、確定企業的使命

一個組織的存在和發展是為了在一個更大的環境中完成某些任務，一個企業必須要明確自己應該完成的使命。所謂企業的使命是指企業應該完成的目標、任務和必須履行的社會責任。為了完成自己的使命，企業應該明確：自身的任務是什麼？目標顧客是誰？顧客的價值是什麼？企業的業務將是什麼和應該是什麼？

這些聽上去很簡單的問題正是企業時時必須做出答復的行銷戰略問題。成功的企業經常向自己提出這類問題，並慎重而全面地做出回答。企業市場經營環境的不斷變化，會使企業原來的發展方向與已發生變化的經營環境發生衝突；企業的組織、產品、資源和人員的變更，會使企業原定的任務變得模糊不清；新的市場機會的出現也會使企業變更原來的經營方向以利用新的市場機會。企業行銷戰略任務是企業全面發展提出的要求或目標。因此，企業的戰略任務就是企業的使命或宗旨，是企業為其經營活動所下的定義，它是企業經營哲學的具體化。

(一) 影響企業使命的主要因素

一個組織的戰略任務通常由五個關鍵性要素決定。企業在制定行銷戰略任務時，應考慮這五個因素的影響。

(1) 企業的發展歷史。企業是從過去發展至今的，每個組織都有自己的目標、方針和發展歷史。在其發展過程中，企業累積了許多經驗和財富。所以，在制定新的戰略任務時，企業不能忽視其發展歷史。只有瞭解和尊重自己歷史上的顯著特徵，企業才能充分發揮其現有的和潛在的優勢。

(2) 管理者和所有者的當前偏好。企業的主要管理決策人員有他們自己個人的目的和觀念，有其獨特的性格、業務專長、文化背景和管理風格，由此形成其對企業當前發展和管理的偏好，這種偏好會影響企業行銷戰略的制定。

（3）市場環境。市場環境會影響企業的目標。這些環境構成了企業發展的主要機會和威脅，企業在制定行銷戰略時必須加以考慮。企業的戰略發展方向應該能充分利用出現的市場機會，避開環境的威脅，尤其是那些對企業發展可能具有毀滅性的威脅，必須具有切實的措施或對策來防止其可能對企業造成的危害。

（4）資源。企業的資源使企業能夠完成某些任務，同時又會限制另外一些任務的完成。企業的資源不僅是指傳統意義的人、財、物等資源，也包括企業的人員素質、管理水準、社會形象、品牌的知名度、使用和開發新技術的能力等。企業所制定的戰略任務，最終能否完成，必定受企業資源的限制。所以，規定企業的戰略任務，必須要有資源的保證，又能充分利用企業的資源。

（5）企業獨有的能力。企業應根據自己獨有的能力來選擇其經營業務。企業經營目標的選擇也應該建立在其獨有的和核心的能力上，從而保證在競爭中立於不敗之地。

（二）制定任務說明書

為了使企業任務更加明確，企業應編寫任務說明書，全面和具體地闡述企業的發展目標、方向和機會，使企業的每個成員都負有一種使命感，都能為了實現企業的目標努力工作。任務書包括以下幾個方面的內容：

1. 所涉及的主要競爭範圍及企業的主要經營業務領域

（1）行業範圍。有的企業只在某一個行業內經營。

（2）產品與應用範圍。這是指企業生產的產品和應用領域。企業可以限制產品的應用對象，例如輪胎製造商可以將其業務限制為為航空業生產輪胎。

（3）能力範圍。這是指企業能夠掌握和支配的技術與其他核心能力所涉及的範圍。例如海爾公司在家用電器方面建立了核心能力，它就能提供洗衣機、電冰箱、空調等產品。

（4）市場細分範圍。這是指企業想要服務的市場或顧客類型。

（5）縱向範圍。這是指企業滿足自己需要的供應程度。縱向範圍的一個極端是企業完全依靠自己的力量，滿足全部生產和經營的需要；另一個極端是企業完全沒有縱向的結合，只有「一個人守著一部電話和一張寫字臺」，與各種供應商聯繫，包括設計、製造、行銷和實體分配，這就是所謂的「純粹的行銷公司」。

（6）地理範圍。這是指企業希望活動的區域範圍，分為地區性的、全國性的和世界性的三種。

2. 產品導向與市場導向

企業在確定其任務時應該從產品導向轉向市場導向，因為企業的市場定義遠比企業的產品定義更加重要。企業必須將其經營活動看成是一個滿足顧客的過程，而不是一個生產產品的過程。產品是短暫的、有生命週期的，而顧客群和顧客的需要則是永恆的。一家生產人力運輸車的企業在汽車問世後不久就會被淘汰，但如果它能明確規定其任務是提供交

通工具，它就會從生產人力運輸車轉向生產汽車。

企業在制定任務時要切實可行，注意避免兩種傾向：一種是對企業業務範圍的規定過於狹窄，這將導致企業不能把握市場上出現的有利於其發展的機會，從而限制企業的進一步發展；另一種是將企業的業務範圍定義得太過廣泛，這將使企業在發展過程中目標不明確，經營無重點，從而使企業喪失有利的市場。

企業的戰略任務將規定企業在今後十年或二十年的奮鬥方向或發展前景。它應有充分實現的可能，又能極大地激勵企業員工的士氣，使企業的全體人員願意為完成此任務同心同德、群策群力地努力奮鬥。企業行銷戰略任務不是能隨意改變的，要保持相對的穩定性；但也不是一成不變的，當企業的任務或使命已經不適應客觀形勢或不符合經濟發展的趨勢時，企業必須重新考慮其任務。

二、建立戰略業務單位

企業在確定了戰略任務後，就要建立戰略業務單位。為了順利實施和管理控制企業戰略，必須將企業的戰略任務具體化，所以有必要明確界定企業的業務範圍。企業的業務範圍可以從以下三個方面加以確認：

（1）明確企業所要服務的顧客群，即明確市場類型。
（2）明確企業所要滿足的顧客需要，即明確市場需求類型。
（3）明確企業用以滿足顧客需要的技術和方法，即明確適宜的產品類型或產品服務形式。

在劃分了不同的業務範圍後，就可以建立戰略業務單位，每一個獨立經營業務的單位就是企業的一個戰略業務單位（Strategic Business Units，SBU）。一個戰略業務單位應當是企業能為其制定專門的行銷戰略計劃的最小經營單位。有時候戰略業務單位就是企業的一個部門或幾個部門，或者是某部門的某類產品，或者就是某種產品或品牌。一個戰略業務單位有三個基本特徵：

（1）一個戰略業務單位是一項或幾項相關業務的集合。這些業務在性質上可以和企業的其他業務分開，進行獨立的運作。
（2）每個戰略業務單位有自己的競爭者。
（3）每個戰略業務單位有專職的經理，來負責實施戰略計劃、控制利潤業績，並且有能力控制影響利潤的大多數因素。

戰略業務單位的建立，使企業能對戰略的實施實行有效的管理，從而實現企業的戰略目標。

三、為戰略業務單位分配資源

企業建立戰略業務單位的目的就是要將企業有限的資源在各個戰略業務單位之間進行

合理的分配。在新的戰略任務的規定下，企業需要放棄原有的某些業務，需要對某些正在經營的業務進行調整，或擴大，或縮小。在一定時期，企業擁有的資源是有限的，企業必須以有限的資源來充分保證企業重點發展的業務的順利開展。為每個戰略業務單位分配資源，就是將企業的資源在各戰略業務單位之間，按戰略任務進行規劃和投資組合，對有效的資源進行合理的分配，從而決定企業將要建立、維持、收縮和淘汰哪些現有的業務。

制定企業業務組合計劃，有兩個著名的方法，即波士頓諮詢公司法和通用電氣公司法。

(一) 波士頓諮詢公司法 (Boston Consulting Group model，BCG)

1. 方法概述

波士頓諮詢公司（Boston Consulting Group）在 20 世紀 60 年代初期首創和推廣了成長—份額矩陣（Growth-share Matrix）法，用來分類和評價其現有的戰略業務單位，並進行戰略投資分配。由於該方法構造了一個四個象限的分析矩陣，也被稱為波士頓矩陣法，或被直接簡稱為 BCG 法（如圖 2 - 3 所示）。

圖 2 - 3　波士頓矩陣法示意圖

這種方法假定所有企業都是由兩個以上的戰略業務單位組成的，每個業務單位都有明顯不同的產品市場，因此企業必須為每個業務範圍制定目標和戰略，而目標和戰略又是由相對競爭地位（相對市場佔有率）和市場增長率這兩個因素決定的。

圖 2 - 3 中的縱坐標表示市場增長率。市場增長率一般是指某項業務所在市場的年銷售增長率。習慣上以 10% 的增長率作為高、低增長率的分界線，10% 以上為高市場增長率，10% 以下為低市場增長率。市場增長率反應了產品在市場上的成長機會。

圖 2 - 3 中的橫坐標表示相對市場佔有率，這是指該戰略業務單位的市場份額與該市場最大競爭者的市場份額之比。用公式表示為：

$$相對市場佔有率 = \frac{企業某項業務的市場佔有份額}{最大競爭對手該項業務的市場佔有份額} \times 100\%$$

如果相對市場佔有率為 0.5，就表示企業的市場佔有率是同行業最大競爭者市場佔有

率的50%；若相對市場佔有率為2，則表示企業的市場佔有率為同行業最大競爭者市場佔有率的2倍。這就是說，當相對市場佔有率大於1時，本企業是市場上的領先者；當相對市場佔有率小於1時，本企業在市場上處於相對落後的地位；當相對市場佔有率等於1時，表示市場上有和本企業實力相當的競爭者，它與本企業同為市場的領先者。

矩陣圖中的圓圈代表戰略業務單位，圓圈的位置（圓心）是由戰略業務單位的市場增長率和相對市場佔有率值所確定的。圖2-3中每一個圓圈表示一個戰略業務單位（圖2-3中一共有八項），圓圈的大小表示每個戰略業務單位銷售額的多少。波士頓矩陣圖把企業的戰略業務單位的業務分為四種不同類型：

（1）問題類（Question marks）。這類業務的特點是具有較高的市場增長率和較低的相對市場佔有率。企業的大多數業務都是從問題類開始的。存在這類業務的原因一般包括兩個方面：一是這類業務的市場需求發展很快，而企業在這些業務上，過去的投資額較少，因而其市場份額小；二是企業經營的這類業務較之競爭對手相同的業務來講，可能缺乏競爭優勢。所以如果要進一步發展問題類業務，企業就需要投入大量的資金，添置廠房、設備和人員，以跟上迅速成長的市場需求和趕超市場領導者。問題是如果企業在這些業務上繼續增大投資，而最終不能獲得一個有利的市場競爭地位，將無法收回投入的資金或者不能達到預期的投資回報率。所以企業必須認真考慮是否要對問題類業務進行大量投資或者及時從「問題」中擺脫出來，放棄這類業務。圖2-3中有三個問題類業務。

（2）明星類（Stars）。問題類業務一旦經營成功就會變成明星類業務。明星類業務是企業在當前經營得比較成功，具有市場領先地位的業務。這類業務有很高的市場需求，因而具有較高的市場增長率。但是這類業務需要企業投入大量的資金來維持市場增長率（如擴大產量、保持或提升品牌的堅挺性）和擊退競爭者的各種進攻。所以明星類業務常常是現金消耗者而非現金生產者。不過隨著市場增長速度的放慢，這類業務有可能成為企業未來的金牛類業務，成為企業的高贏利業務項目。一個企業如果沒有適量的明星類業務，企業的發展就缺乏後勁。

（3）金牛類（Cash cows）。當某項明星類業務的年市場增長率下降到10%以下，而繼續保持較大的市場佔有率，該類業務就成了金牛類業務，這類業務能給企業帶來大量的現金。由於市場增長率低，企業不必大量投資，同時由於該業務是市場領先者，享有規模經濟和較高利率的優勢，企業可以從這類業務上得到大量的現金。企業還常用金牛類業務帶來的收入來支付當前行銷管理活動中發生的各種費用，支持明星類和問題類業務的發展或者維持狗類業務。如果企業的金牛類業務過少，說明企業的業務投資組合不健康，因為維持企業生存和發展的金牛類業務收入太少。從圖2-3中可看到，企業只有一個大金牛類業務，其財務狀況就很脆弱，如果這個業務的市場佔有率突然下降，企業就必須把大量的現金投入到該金牛類業務中以維持其市場領導地位；如果企業把大量的現金用來支持其他業務，強壯的金牛有可能變成一頭病牛，企業的發展將面臨危機。

（4）狗類（Dogs）。這類業務是指市場增長率低、相對市場佔有率也很低的業務。一般來說，它們的利潤很低，甚至虧損，發展前途暗淡。狗類業務可能是進入了市場衰退的業務，企業經營得不成功的業務，或者是企業不具備和競爭對手進行競爭的業務。狗類業務的存在必須有足夠的理由，如市場增長率可能回升、有可能重新成為領導者等，如果僅僅是出自某種情感上的緣故，就應下決心放棄這類業務，尤其是狗類業務太多時，企業必須堅決地加以清理。

2. 資源占用及投資組合分析

將企業戰略業務單位在矩陣圖上進行定位後，企業就可以對其業務組合是否合理，投資組合的狀態（即經營狀態）是否健康進行分析。分析可從兩個方面進行：

（1）靜態分析。在企業現有的業務組合中，如果有太多的狗類和問題類業務，或者太少的明星類和金牛業務，企業的業務投資組合就是不合理的。尤其是當金牛類業務過少且又過小時，企業就處於十分不利的狀態中。

（2）動態分析。企業任何一個業務的發展，基本都是從問題類開始，沿著明星類、金牛類，直到狗類的軌跡而發展變化的。因此，成功的戰略業務單位都有一個業務生命週期。隨著時間的推移，戰略業務單位在矩陣圖中的位置將發生變化，首先從問題類進入組合，然後轉向明星類、金牛類，最後成為狗類，從而走向業務生命週期的終點。所以企業應將當期的矩陣圖與過去的矩陣圖進行比較，對各項業務在未來的矩陣圖中的可能出現的變化情況做出預計，從而做出正確的投資決策。如果某項業務現在處在圖中的問題類業務位置，但在上期的波士頓矩陣圖中處於明星類業務的位置，而上期企業又對其作過較大的投資，就說明這一業務沒有按企業預期的要求發展或沒有取得成功。這要麼反應了投資的失誤，要麼反應了競爭者的經營策略更加有效。因此，企業就應對失誤的原因進行檢查，以便糾正投資錯誤，避免在本戰略週期內再次出現相同的錯誤。

3. 戰略規劃

經過上面的分析，企業的下一步工作是為每個戰略業務單位確定目標和適當的戰略，以決定需要在本戰略週期內為哪些業務增加投資，不再需要為哪些業務投資，以及要收回哪些業務占用的投資。企業一般有四種戰略選擇：

（1）發展（Build）。這種戰略的目的是擴大戰略業務單位的市場佔有率，提高其市場佔有率。這就意味著要對該項業務進行大量的追加投資，甚至不惜放棄近期收入和贏利來達到這一目的。發展戰略特別適用於問題類業務。因為要使其成為明星類業務，其市場份額必須有較大的增長。

（2）維持（Hold）。該戰略是指保持某一戰略業務單位的市場佔有率，既不縮減規模，也不再擴大其規模。這一戰略主要適用於金牛類業務，尤其是較大的「金牛」，以使它們產生大量的現金。

（3）收割（Harvest）。收割戰略的目的在於在不影響某項業務的長期地位的前提下，

增加戰略業務單位的短期現金收入。這一戰略適用於處境不佳的金牛類業務，及那些目前還有利可圖的問題類和狗類業務。

（4）放棄（Divest）。放棄戰略意味著對某項業務進行清理或出售，目的是盡可能收回資金，把資源轉移到更有利的投資領域。它適用於狗類和問題類業務。

在應用波士頓矩陣法評價企業的戰略業務單位時，需要注意下述幾個問題：

（1）當產品的成本隨著產量增加而下降時，產品的價格也會隨之下降，從而可以提高該產品的市場佔有率。如果產品的價格不隨成本下降而減少，就會有大量的競爭者加入。

（2）當產品開始按照其生命週期的軌跡運行時，初期的領導者有機會通過降低成本和價格在其進入成熟期後建立起企業的優勢。

（3）某個企業的未來戰略效果，取決於企業現在的地位和現行的戰略以及企業追求的地位和改變後的戰略。

（4）波士頓矩陣法是建立在經驗曲線理論基礎上的，有其局限性。一方面，如果成本行為不按照經驗曲線的模式運行，企業的現金流動將會受到影響，如當較小的競爭者以較低的成本購買原材料和先進的技術或者其經驗曲線下降更快及經驗的差異對成本的影響不大時，就會出現上述情況。另一方面，確定相對市場佔有率比較困難，而且用相對市場佔有率來表示企業的競爭地位和相對成本，並非與事實完全相符。

（二）通用電氣公司方法（The General Electric Model，GE）

1. 方法概述

通用電氣公司法是美國通用電氣公司在波士頓矩陣法的基礎上加以改進而提出並推廣應用的一種戰略業務投資組合評價方法，又稱「多因素投資組合矩陣法」，簡稱「GE法」。此方法主要通過兩類因素對企業戰略業務單位進行綜合的評價，即市場吸引力（Market attractiveness）和業務能力（Business strength）。一旦企業的某項業務進入了富有吸引力的行業，並且企業擁有此業務在特定市場所需要的具有優勢的業務能力或資源，這項業務就有可能取得成功。如果企業的某項業務缺乏市場吸引力和（或）企業缺少發展此項業務所必需的資源和競爭條件，就很難取得預期的行銷成果。對於這樣的業務企業不應投入更多的資金或乾脆放棄它。顯而易見，一個實力雄厚的公司不可能在一個夕陽行業中大展宏圖，同樣一個弱小的企業也不可能在一個朝陽行業中大有作為。

GE法是通過市場吸引力和業務能力這兩類因素來綜合分析和評價企業戰略業務單位的實際狀況，每一類因素都包含了若干的變量。市場吸引力包括的主要變量有：市場大小、年市場增長率、利潤率、競爭強度、技術要求、通貨膨脹、能源要求、環境影響等。業務能力包括的變量有：市場佔有率、市場佔有率增長、產品質量、品牌信譽、銷售網、促銷能力、生產能力、生產效率、單位成本、物質供應、研究與開發實力、管理人員等。市場吸引力和業務實力是企業戰略業務單位實際情況的綜合反應。多因素投資組合矩陣法的矩陣圖如圖2-4所示。

圖 2-4 通用電氣公司多因素投資組合矩陣法示意圖

　　分析和評價這兩類因素的實質就是要正確衡量這兩個變量。一般的做法是將這兩類因素劃分為高、中、低三個檔次。劃分點是「滿分值」的平均值，即如果評分採用的滿分是 5 分，則以 3 除以 5 所得的平均數來劃分。具體的做法是以市場吸引力為縱坐標，企業的業務實力為橫坐標，將企業當前所經營的每項戰略業務單位，按兩類因素所包含的變量逐一進行評定。表 2-1 就是對圖 2-4 中的業務 A 評定的情況。將每項因素的評分值和其權數相乘，再將它們進行相加求和，得到被評定業務的綜合評分值。以每項業務所得到的兩個變量的綜合評分值為圓心，以該業務所在市場的銷售總規模為直徑，在多因素投資組合矩陣圖中標出該業務的位置和圓的大小。再在圓圈中以相同的比例，標出本企業該項業務的市場佔有規模，就可以畫出多因素投資組合矩陣圖。圖 2-4 標出了某企業的七個戰略業務單位，圓圈的大小表示市場規模，圓圈中的陰影部分則代表該企業戰略業務單位所佔的絕對市場份額。

表 2-1　　通用電氣公司多因素投資組合矩陣的分析因素

變　數		權　數	評分值	加權值
市場吸引力	市場大小	0.20	4	0.8
	年市場成長率	0.20	5	1.0
	歷史利潤率	0.15	4	0.6
	競爭強度	0.15	2	0.3
	技術要求	0.15	4	0.6
	通貨膨脹	0.05	3	0.15
	能源要求	0.05	2	0.1
	環境影響	0.05	3	0.15
	社會、政治、法律等	必需可以接受		
		Σ1		Σ3.7

表 2-1（續）

	變　數	權　數	評分值	加權值
業務能力	市場佔有率	0.10	4	0.4
	市場佔有率增長	0.15	2	0.3
	產品質量	0.10	4	0.4
	品牌信譽	0.10	5	0.5
	分銷網絡	0.05	4	0.2
	促銷效果	0.05	3	0.15
	生產能力	0.05	3	0.15
	生產效率	0.05	2	0.1
	單位成本	0.15	3	0.45
	原材料供應	0.05	5	0.25
	研究與開發	0.10	3	0.3
	管理人員	0.05	4	0.2
		∑1		∑3.4

2. 戰略規劃

根據企業每個戰略業務單位在矩陣中的位置，可以為處於不同象限中的業務確定適宜的戰略。

多因素矩陣實際上分為九個方格和三個區域。從右上角到左下角為對角線，處在對角線左上部的三個方格裡的業務的吸引力和實力均處於較高的水準，它們處在理想的區域，是企業最強的經營業務。對於此類業務，企業宜採取發展戰略，即增加投資，提高市場佔有率。處在對角線上的三個方格裡的業務的市場吸引力和業務實力都處於中等水準。對於此類業務，企業宜採取維持或收割策略。處在對角線右下部的三個方格裡的業務的吸引力和業務實力都處於較低的水準，它們處在失望的區域。對於此類業務，企業一般都採取收割或放棄策略。企業也可以根據戰略業務單位的具體位置做出不同的戰略選擇，如圖 2-5 所示。

與 BCG 法相比，GE 法有較多的優點。首先，多因素分析法包括了各種影響因素，可以更準確地反應實際情況；其次，在特定的條件下，特定的企業可以選擇特定的因素進行分析，從而更具針對性；最後，GE 法包括了 BCG 法的優點，而 BCG 法只可以看作是 GE 法的一個特例。

業務能力

	強	中	弱
高	保持優勢： ★以最快的可行速度發展 ★集中努力,保持力量	鞏固投資： ★向市場領先者挑戰 ★有選擇地加強實力 ★加強薄弱環節	有選擇地發展： ★集中有限力量 ★努力克服缺點 ★如無明顯增長就放棄
中	選擇發展： ★重點投資最有吸引力的市場 ★加強競爭力 ★提高生產能力,增強贏利能力	選擇和維持： ★維持現有投資水準 ★對贏利能力強、風險相對低的戰略業務單位進行集中投資	有限發展和縮減： ★尋找風險小的發展方法,否則盡量減少投資,合理經營
低	鞏固與調整： ★保持現有收入 ★集中力量於有吸引力的戰略業務單位 ★保存力量	保持現有收入： ★大部分贏利戰略業務單位的優勢 ★產品升級 ★盡量減少投資	放棄： ★在贏利機會最小時售出 ★降低固定成本,避免投資

(市場吸引力)

圖 2-5　GE 法分類戰略選擇示意圖

四、新業務發展計劃

對企業現有的經營業務做了投資組合分析並擬定了戰略業務計劃後，將現有各戰略業務單位所制定的業務經營組合計劃匯總，就可以對企業的現有戰略業務單位在本戰略週期內的銷售額和盈利潛力做出預測了。通常，預期的銷售額和盈利都低於企業所希望達到的水準，即在未來所希望達到的銷售水準和預計銷售水準之間出現了缺口，通常將其稱之為戰略計劃缺口。企業的決策者必須創造性地填補這一戰略計劃缺口。這就需要制定一個新業務的計劃，開闢新的業務，擴大企業現有的經營領域。

某企業的戰略計劃缺口如圖 2-6 所示。最下面的一條曲線表示企業以現有的業務經營狀況為出發點，預期在今後 10 年中可以達到的銷售量；最上面的一條曲線是企業希望或戰略目標要求該企業在 10 年後應達到的水準。從圖 2-6 可以看出，按照企業現有的業務水準是不可能完成預期的戰略任務和目標的，這就導致了戰略計劃缺口的出現。在這種情況下，企業必須以快於目前業務所允許的發展速度成長，制定新的業務發展計劃，才能填補這個戰略計劃缺口，完成和實現企業的戰略任務和經營目標。企業可以通過三個途徑來填補戰略計劃缺口：

（1）從企業現有的業務領域內尋找未來的發展機會（密集型成長機會）。

（2）建立或收買與目前企業業務有關的新業務（一體化成長機會）。

（3）增加與企業目前業務無關的富有吸引力的新業務（多樣化成長機會）。

這也是企業發展新業務的三種基本戰略。

圖 2-6　戰略計劃缺口示意圖

1. 密集型增長戰略

這是一種在現有的業務領域內尋找未來發展機會的戰略。企業的經營者在尋求新的發展機會時，首先應該考慮現有產品是否還能得到更多的市場份額，然後，考慮是否能為現有產品開發新市場，最後考慮是否能為現有的市場發展若干有潛在利益的新產品，以及為新市場開發新產品的種種機會。圖 2-7 是產品與市場發展戰略矩陣。

	現有產品	新產品
現有市場	1. 市場滲透	2. 產品開發
新市場	3. 市場開發	4. 多樣化

圖 2-7　產品市場發展矩陣示意圖

密集型成長戰略有三種類型：

（1）市場滲透。市場滲透是指企業在現有的市場上增加現有產品的市場佔有率。要增加現有產品的市場佔有率，企業必須充分利用已取得的經營優勢或競爭對手的弱點，進一步擴大產品的銷售量，努力增加產品的銷售收入。市場滲透有三種主要的方法：

一是盡力促使現有顧客增加購買，包括增加購買次數和購買數量。如牙膏廠可以向顧客宣傳餐後刷牙是護齒、潔齒的最好方法，宣傳保護牙齒的重要性。如果能增加顧客的刷牙次數，也就能增加牙膏的使用量，從而增加顧客購買牙膏的數量。

二是盡力爭取競爭者的顧客，使競爭者的顧客轉向購買本企業的產品。如提供比競爭對手更為周到的服務，在市場上樹立更好的企業形象和產品信譽，努力提高產品質量等，盡可能把競爭對手的顧客吸引到本企業來。

三是盡力爭取新顧客，使更多的潛在顧客，從未使用過該產品的顧客購買本企業的產品。由於支付能力有限或其他原因，市場上一般總存在沒有使用過本企業的產品的消費

者。企業可以採取相應的措施，如分期付款、降低產品價格等，使這些消費者成為本企業的顧客。

（2）市場開發。市場開發是指企業盡力為現有的產品尋找新的市場，滿足新市場對產品的需要。市場開發有三種主要方法：

一是在當地尋找潛在顧客。這些顧客尚未購買該產品，但是他們對產品的興趣有可能被激發。

二是尋找新的細分市場，使現有產品進入新的細分市場。如一家以企事業單位為目標市場的電腦商，可以向家庭、個人銷售電腦。

三是擴大市場範圍，建立新的銷售渠道或採取新的行銷組合，發展新的銷售區域，如向其他地區或國外發展。

（3）產品開發。產品開發是指向現有市場提供新產品或改進的新產品，以滿足現有市場不同層次的需求。具體的作法有：利用現有技術開發新產品，在現有產品的基礎上，增加產品的花色品種，改變產品的外觀、造型或賦予產品新的特色，推出不同檔次、不同規格、不同式樣的產品。

發現密集型成長機會，企業就有可能從中找到促進銷售增長的途徑。然而這還遠遠不夠，企業還應該研究一體化成長的可能性。

2. 一體化增長戰略

在尋求新的發展機會時，企業應認真分析其每一項業務，發現各種一體化增長的可能性。一體化增長戰略是指企業為了增加某項業務的銷售和利潤，常常通過後向一體化、前向一體化或本行業水準一體化，將其業務範圍向供和（或）銷的領域發展。這樣做的好處是可以有效地為企業建立較為穩定的行銷環境，使企業能對由供、產、銷組成的行銷鏈進行有效的控制。圖2-8顯示了企業的核心行銷體系。

圖2-8　企業的核心行銷體系示意圖

一體化增長戰略包括三種類型：

（1）後向一體化。企業收購或兼併一個或幾個原材料供應商，以增加盈利或加強對供應系統的控制。實行後向一體化的企業通過把原材料供應納入其經營範圍，既可以使企業有穩定的原材料供應保證，又可以獲得供應商過去攫取的高額利潤。

（2）前向一體化。企業收購或兼併若干個經銷商，以控制分銷系統和提高企業的贏利水準。實行前向一體化的企業把產品分配渠道納入其經營範圍，即自己建立銷售渠道和

網點，自產自銷。當市場行銷受銷售渠道流通效率影響太大，或者產品的銷售必須與生產保持緊密同步時，企業往往實行這種戰略。

（3）水準一體化。企業收購一個或幾個競爭者，擴大其產品的生產能力和生產規模，從而增加產品的銷售量，提高企業的市場佔有率，使企業在本行業中成為強者。

如果通過一體化戰略還不能達到其戰略目標，企業就必須考慮多樣化的發展戰略。

3. 多樣化增長戰略

多樣化增長戰略是指企業進入目前所未涉足的經營領域和業務範圍。如果企業在目前業務範圍以外的領域發現了好的經營機會，就可以採用多樣化增長戰略，也就是採取跨行業的多種經營模式。當然，好的經營機會是指新行業的吸引力很大，企業也具備各種在新行業取得成功的業務實力。一般來講，如果企業實力雄厚，在現在的經營領域內沒有更多或更好的發展機會，或者企業在目前的經營領域內繼續擴大業務量，會使風險過於集中時，就可考慮採取多樣化增長戰略。多樣化增長也有三種類型：

（1）同心多樣化。這種戰略是指企業利用現有的技術、生產線和行銷渠道開發與現有產品或服務相類似的新產品或新的服務項目。這是多樣化增長戰略中較容易實現的一種戰略，因為它不需要企業進行重大的技術開發和建立新的銷售渠道，而只是從同一圓心逐漸向外擴展其經營範圍。實施這種戰略時，企業並沒有脫離原來的經營範圍，因此能夠借助原有經驗、特長等優勢來發展新的業務，經營風險小，易於成功。如生產電熱器的企業，過去只生產電爐類產品，而現在可以生產電滅蚊器、電褥、電烘干器等。

（2）水準多樣化。這種戰略是指企業為了滿足現有市場顧客的需要，採用不同的技術開發新產品，以增加產品的種類和品種，提高為現有顧客服務的能力。所採用的技術與生產現有產品所採用的技術沒有必然的聯繫。這使企業在技術和生產上進入了一個新的領域，有一定的風險性。如生產玩具的企業開發電子游戲機，生產錄音的企業開發生產 MP3 等就實施了水準多樣化增長戰略。

（3）複合多樣化。這種戰略是指企業開發與現有產品、技術和市場毫無關係的新業務，開闢新的經營領域。通常也將此稱作「多角化經營」或「跨行業經營」。國際上許多大型集團公司，大都採取複合多樣化的發展戰略。在中國，近年來也有不少的大企業採取了這種發展戰略。如「健力寶集團」不僅增加了飲料的新品種，還向服裝業、旅遊業、房地產業等領域擴展業務。複合多樣化增長戰略可以擴大企業的經營領域，有效地分散經營風險，提高企業適應環境變化的能力。但跨行業經營使企業涉足到自己過去毫無經營經驗和經營資本的新領域，所以其投資風險，一般要前兩種多樣化增長戰略大。複合多樣化增長戰略的管理難度遠遠大於前兩種戰略。由於資金分散，能否得到理想的平均利潤率是決策時必須認真考慮的。

第三節　業務戰略計劃

企業的業務戰略計劃是指在制定企業總體戰略計劃後要進一步制定的各戰略業務單位的戰略行銷計劃。它是在總體戰略計劃的指導下，由企業的各戰略業務單位經理具體完成的。業務戰略單位行銷計劃任務的制定由八個步驟組成，如圖2-9所示。

圖2-9　業務戰略計劃過程示意圖

一、明確業務任務

在企業總任務範圍內，各戰略業務單位應明確自己的任務，必須在總任務的規定下，對本單位的業務範圍做出更為詳盡的界定：本單位準備滿足的具體需求，提供的產品，依靠的技術，產品的性能，市場細分和目標市場，垂直定位和地理範圍以及作為獨立業務單位要達到的特定目標等。

二、SWOT 分析

SWOT 分析是指對企業的優勢（Strengths）、劣勢（Weaknesses）、機會（Opportunities）和威脅（Threats）的全面分析和評價，它是企業制定戰略行銷計劃的重要步驟和分析方法。只有通過 SWOT 分析，企業才有可能制定出正確的戰略和目標。SWOT 分析包括兩個重要的方面：一是外部環境分析；二是內部環境分析。

（一）外部環境分析

外部環境分析就是對企業所面臨的機會與威脅進行分析。企業的生存和發展，與企業的外部環境和環境的變化有著密切的關係。企業的外部環境包括宏觀的環境因素（人口、經濟、技術、政治或法律、社會和文化等）和微觀環境因素（顧客、競爭者、分銷渠道、供應商等）。環境因素的變化會對企業產生某些機會或威脅，會嚴重影響企業在市場上的贏利能力。企業分析環境的目的就在於能發現和辨別潛在的機會和威脅，以提高企業對環境的適應能力。

分析環境的一個主要目的就是發現新的市場機會。優秀的市場行銷就是能不斷地發現

和利用各種市場機會，並從中獲取滿意的利潤。

在市場上只要有沒有被滿足的需要，就可能存在企業行銷的機會。市場機會一般有三個來源：

（1）某種產品的供應短缺。

（2）使用新的方法或更好的方法向市場提供現有產品或服務。

（3）向市場提供全新的產品或服務。

企業應進行市場機會分析（Market Opportunity Analysis，MOA），以辨別不同機會的市場吸引力和取得成功的可能性。

另一方面，分析外部環境的目的還在於發現各種可能的威脅。如果不採取果斷的行銷行動，這些威脅將導致企業市場地位的削弱。

企業在做了以上的環境分析後，就可以對該戰略業務單位在市場上的地位和發展情況進行客觀的評價，從而為其制定相應的策略。

（二）內部環境分析

分析外部環境是為了發現有吸引力的機會。要利用這些機會，企業必須具有相應的能力，這樣才有可能取得成功。內部環境分析就是對企業的優勢和劣勢進行分析。企業要認真分析每項業務的優勢和劣勢，預測現有的經營能力與將來環境的適應程度。優勢和劣勢分析的重點是將現有能力與利用機會所需要的能力進行對比，從中找出差距，並制定提供所需能力的措施。內部環境分析可以利用表格形式（如表 2-2 所示），找出反應企業業務能力的各項因素，進行等級判定，然後對每一因素的相對重要性進行評分和比較分析。

表 2-2　　　　　　　　　　　　內部環境分析表

能力因素		現有能力的績效					所需能力的重要性		
		強	較強	中	較弱	弱	高	中	低
營銷能力	1. 企業的知名度及信譽								
	2. 市場份額								
	3. 產品質量								
	4. 服務質量								
	5. 定價效果								
	6. 分銷效果								
	7. 促銷效果								
	8. 銷售人員								
	9. 創新能力								
	10. 市場覆蓋區域								

表 2-2（續）

能力因素		現有能力的績效					所需能力的重要性		
		強	較強	中	較弱	弱	高	中	低
資金能力	11. 資金成本								
	12. 現金流量								
	13. 資金穩定								
生產能力	14. 設備								
	15. 規模經濟								
	16. 生產能力								
	17. 員工素質								
	18. 按時交貨的能力								
	19. 技術和製造工藝								
組織能力	20. 領導者的能力								
	21. 員工的奉獻精神								
	22. 適應能力和應變能力								
	23. ……								

　　通過以上分析就可以發現業務單位的優勢和劣勢，根據所需能力的要求，企業就可以採取措施，改進現有的業務能力。

三、制定目標

　　各業務單位的戰略任務還必須轉化為具體的目標，即制定業務單位在戰略週期內要達到的目標。從總體上來講，企業最常見的目標有贏利、增長銷售、提高市場份額、分散風險、創新等。為了使目標易於執行，企業所確定的戰略目標應符合以下要求。

　　1. 重點突出

　　對企業或業務單位來說，想要實現的目標有時往往不止一個，但在一個戰略週期內，受各種條件的限制不可能將多個目標都實現。而且有時候，有些目標放在一起本身就會發生衝突。因此，應該確定一個對企業當前更為重要、迫切需要實現的或者對實現企業戰略任務更為有利的目標。

　　2. 層次化

　　企業在戰略計劃工作中制定出的戰略目標往往是一個目標體系。這一目標體系不僅包括總目標，也包括許多子目標；不僅包括為不同活動環節規定的目標，也包括為不同部門和人員設制的目標。企業不僅應該按輕重緩急將這些目標進行排序，而且應對總目標進行層層分解，逐步落實，使目標的完成有可靠的保證。

3. 數量化

目標必須是具體的和唯一的，即能夠被執行者理解，而且此種理解應是唯一的。因此，要求一般能夠定量化的目標應定量化，不能定量化的目標也應清楚地加以說明。例如「提高投資報酬率」就不如「提高投資報酬率到12%」明確。把目標具體化和唯一化能促進經營管理計劃的制定、執行和控制。否則，所制定的目標既無法真正得到執行，也無法對其執行結果進行檢查。

4. 現實性

一個企業選擇的目標水準應該切實可行，即在企業現有資源條件的基礎上，通過企業自身的努力是可以完成和實現的。一方面，目標不應成為「口號」，可望而不可即。沒有實現可能的目標是毫無意義的。另一方面，目標也應對其執行者具有一定的挑戰性，必須付出了相應的努力才能完成。輕鬆就能完成的目標對企業的發展是絕無助益的。

5. 協調性

企業的各項目標之間應該協調一致。目標涉及對企業經營活動的諸多方面的要求和規定，它們必須相互協調和相互補充。相互衝突、相互矛盾的目標是無法實現的，如「成本最小化和利潤最大化」、「以最少的銷售費用獲得最大的銷售量」、「在最短的時間設計出最好的產品」等。企業必須對各種目標進行權衡，抉擇取捨。企業面臨的戰略權衡和抉擇還包括：高收益與高市場份額，現有市場滲透與新市場開發，利潤目標與非利潤目標，高速增長與低風險。在這些互相矛盾的成對目標之間，企業必須決定相對重要的一面，否則目標將失去指導作用，並且也不易於執行。

6. 時間性

對於所確定的經營目標，均應明確規定完成時間，這樣才便於進行檢查和控制。不對目標提出明確的完成時間和沒有目標幾乎是沒有差別的。

四、戰略的制定

戰略目標表明企業的發展方向，戰略內容則說明企業如何達到目標。企業應為每項業務制定達到目標的戰略，包括技術戰略和資源戰略。一般來說，有三種基本的戰略類型：

（一）總成本領先戰略

該戰略的核心是不斷降低產品成本，使企業在某個領域內處於成本領導地位，從而以較低的價格取得競爭中的優勢，爭取最大的市場份額。

採取這種戰略的企業必須在生產工藝、採購、製造和分銷等方面具有優勢，而在行銷方面可以相對弱一些。實施這種戰略的條件主要包括四個方面：

（1）規模經濟效益，即單位產品的費用根據生產規模的擴大按比例降低。

（2）市場容量大，有一定的發展潛力，銷售增長率高，企業能不斷提高其產品的市場佔有率。

（3）企業具有較高的管理水準，能不斷提高產品質量，加強成本控制，降低產品成本，而且能從多方面降低成本，如產品設計成本、工藝成本、採購成本、倉儲費用、運輸費用、資金占用、銷售成本等。

（4）不斷更新技術設備，在擴大生產時不斷採用效率最高、技術領先的加工製造設備。

這四個方面是成本領先的可靠保證。通常企業採取低成本戰略是在競爭者採用差異化和集中戰略時才更為有效。

(二) 差異化戰略

該戰略的核心是通過對市場的全面分析，找出顧客最重視的利益，集中力量開發不同經營特色的業務，從而比競爭者更有效地滿足顧客的需求。

實施實行差異化戰略的主要條件有：

（1）企業在產品的研究和開發上具有較強的創新能力。

（2）企業在生產技術上具有較高的適應能力和應變能力。

（3）企業在經營上具有較強的行銷能力，能採取有效的行銷手段和方法。

如不具備這三個條件，企業就很難取得差異化戰略的成功。但一旦此種戰略獲得成功，由於差異化的優勢，企業在競爭中就處於有利地位，能夠取得良好的收益。

(三) 集中戰略

成本領先戰略和產品差異化戰略都是將整個市場作為經營目標，而集中戰略卻是將經營目標集中在整個市場的某一個或幾個較小的細分市場上。企業通過在這部分市場上提供最有效和最好的業務來建立自己在成本和產品差異上的優勢。

集中戰略依據的前提是：企業能比競爭對手更有效或效率更高地為某一特定的目標市場服務，在這一特定的市場上取得產品差異或低成本優勢，處於有利地位，獲得良好的效益。實行集中戰略時，由於企業把力量集中在市場的某一部分，風險便會隨之增加，有時可謂孤註一擲，一旦市場發生變化，後果難以想像，甚至不堪設想。

五、戰略計劃的形成與執行

基本的戰略確定以後，就要根據這一戰略的要求，考慮和採取相應的措施，制定執行戰略的具體計劃或支持計劃，以保證和支持經營戰略的順利實施。

戰略和計劃的制定並不能保證市場行銷的絕對成功。戰略只是企業成功經營的要素之一。美國一流的諮詢企業麥肯錫公司認為，只有戰略計劃是不夠的。他們提出了一個7S結構，即戰略（Strategy）、結構（Structure）、制度（Systems）、作風（Style）、人員（Staff）、技能（Skills）和共同的價值觀（Shared values）。戰略、結構和制度被認為是企業取得成功的「硬件」；作風、人員、技能和共同的價值觀被認為是企業取得成功的「軟件」。「硬件」為這些「軟件」的運行提供平臺或架構，而只有這些「軟件」能成功運

行，計劃才能得到落實並實現預期目標。

六、反饋與控制

在制定戰略計劃的過程中，企業要不斷追蹤計劃的執行結果，並對環境中出現的變化進行監測。如果在執行戰略計劃的中出現了偏差，可以對計劃進行必要的調整，以保證目標的實現。如果環境中出現了重大的變化，企業就要重新進行戰略評價，對計劃、戰略進行修正，必要時甚至要對戰略目標進行修正。一旦一個企業因為沒有適應變化的環境而失去市場地位，要恢復其原來的地位是非常困難的。對任何企業來講，生存和發展的關鍵是對環境的適應性。在環境動盪的年代，企業必須具有較強的適應能力和應變能力。

第四節 市場行銷計劃的內容

在戰略業務單位內，企業為了實現經營目標，必需制定產品行銷計劃。制定產品的市場行銷計劃是企業的一項非常重要的工作，也是企業行銷計劃管理最重要的成果之一。企業產品市場行銷計劃的內容如表2-3所示。

表2-3　　　　　　　　　　產品市場行銷計劃的內容

計劃步驟	目　的
1. 計劃概要	對擬制定的計劃進行扼要的綜述
2. 目前的行銷狀況	提供有關市場、產品、競爭、分銷以及環境的相關資料
3. 機會與問題分析	確定主要的機會、威脅、優勢、劣勢和產品面臨的問題
4. 目標	確定銷售量、市場份額和利潤等要完成的目標
5. 市場行銷戰略	提供實現計劃目標的主要行銷手段
6. 行動方案	要做什麼？誰去做？什麼時候做？費用是多少？
7. 預測損益表	預測期望的財務收支
8. 控制	如何監測計劃的執行

（一）計劃概要

在行銷計劃的開始應對計劃的主要內容進行一個簡明扼要的概括，以便企業的決策者能迅速地瞭解計劃的主要內容。在概要之後應附上計劃的內容目錄。

（二）目前的行銷狀況

這一部分包括市場、產品、競爭、分銷及宏觀環境的背景資料。

（1）市場狀況。在這裡主要提供有關目標市場的主要數據，如市場的規模和成長情況。上述市場情況可以通過過去幾年的總銷售量，各細分市場、區域市場的銷售情況來反應。數據要反應顧客的需求、觀念和購買行為的發展趨勢。

（2）產品狀況。產品狀況的相關數據要反應過去幾年中主要產品的銷售量、價格、邊際收益和淨利潤。

（3）競爭狀況。競爭狀況的相關數據要反應主要的競爭對手及他們的規模、目標、市場份額、產品質量、行銷戰略和行動。

（4）分銷狀況。在這一項下，要對企業的銷售渠道規模和現狀進行描述。

（5）宏觀環境。這一部分要對影響企業產品前途的各種宏觀因素進行分析，包括人口、經濟、技術、政治和法律、社會和文化等。

（三）機會與問題分析

在這一部分，企業的產品經理要從產品線出發，找出產品面臨的主要機會與威脅，其優勢和劣勢及產品線面臨的問題。

（1）機會與威脅分析。產品經理要通過各種渠道來明確產品面臨的主要機會和威脅。

（2）優勢與劣勢分析。企業必須辨別自身的優勢和劣勢。

（3）問題分析。確定企業面臨的主要問題。

（四）目標

企業必需確定產品市場行銷計劃要實現的各種目標，包括財務目標和行銷目標兩類。

（1）財務目標，如投資收益率、利潤和現金流量等。

（2）行銷目標。財務目標必需轉化為行銷目標，才具有可操作性。行銷目標包括銷售收入目標、產品價格目標、產品銷量目標、市場份額目標以及產品知名度、分銷範圍目標等。行銷目標要盡量具體化、數量化。

（五）市場行銷戰略

企業或產品經理要制定市場行銷戰略。戰略可以用下述結構來表現：

● 目標市場，如中等收入的家庭；
● 定位，如最好的質量、最可靠的性能；
● 產品線，如增加兩種高價格的產品；
● 價格，如高於競爭品牌；
● 分銷，如專業電器商店，力爭進入百貨商店；
● 銷售人員，如擴大10%；
● 廣告，如推廣一個新的廣告活動，支持兩款高價新產品，增加20%的廣告預算；
● 銷售促進，如促銷預算增加15%，增加POP廣告；
● 研究與開發，如增加25%的費用用於開發更好的產品。

在制定戰略時，產品經理要與企業的其他部門進行協商，以保證戰略的可行性。

（六）行動方案

行動方案是指企業為了實現業務目標所採取的主要行銷行動。行動方案應該能回答以下問題：將要做什麼？什麼時候做？誰來做？成本是多少？

（七）預測損益表

在產品市場行銷計劃中，要表明計劃的預算。如收入要反應預計的銷售量和價格，費

用要反應成本的構成和成本的細目，兩者之差就是預計的利潤。企業要對計劃的預算進行核查，預算如果太高，就要適當削減。

(八) 控制

產品市場行銷計劃的最後一個內容是控制，主要用來監測計劃的實施進度。通常目標和預算是按月或季度來制定的。企業要對計劃的執行結果進行核查，出現問題要及時彌補和改進。對預先難以做出預測的問題，要制定應急計劃。

第五節　市場行銷管理過程

對企業來講，制定一個合理的、能充分利用企業現有和潛在資源並能抓住市場機會的戰略計劃，僅僅是取得成功的一個方面；企業的經營活動最終能否實現其預定的戰略目標，更重要的還在於企業的行銷戰略計劃是否得到了有效的、正確的貫徹和執行。因此，企業就有必要對其戰略計劃的實施全過程實行管理，對整個經營戰略計劃的執行過程，進行精心的組織，恰當的協調和適時的控制。市場行銷管理過程就是分析市場行銷機會，規劃行銷戰略，制定行銷計劃，執行和控制市場行銷工作，從而完成企業戰略任務，實現戰略目標的過程。

一、分析市場機會

在現代社會，市場需求不斷變化，任何產品都有其生命週期，任何企業都不能永遠依靠一個永恆不變的產品盈利。每一個企業都必須經常尋找、發現和識別新的市場行銷機會，才能正確確定企業的發展方向，制定可行的戰略目標。發現市場機會對企業的整個經營活動來講至關重要。在某種意義上可以說，企業的全部經營活動都是圍繞著如何利用市場機會來進行的。如果企業不能經常地尋找到可供企業利用的市場機會並善加利用，企業就很難取得長期、穩定的發展。

所以，企業面臨的首要任務就是分析市場上的各種長期機會，以不斷提高企業的經營業績。

要發現企業今後長期投資的市場機會並不是一件容易的事。為了保證企業能夠長期生存和發展，保證企業戰略方向和計劃的正確性，企業必需建立善於發現和評價各種可利用的市場機會的市場行銷信息系統。市場調研是現代市場行銷必不可少的有力武器，因為只有通過市場調查和研究，企業才能瞭解顧客的需要、慾望、消費者的地理分佈和購買行為，才能更好地為他們服務。企業應積極開展各種形式的調研活動來收集各種市場信息，包括從第二手資料中獲得的各種信息，如小組座談會、電話訪問、郵寄或人員調查等。通過對信息進行分析和整理，發現各種有用的資料和機會。

為了瞭解市場的變化的長期趨勢，企業還應研究行銷環境可能發生的各種變化。企業

的宏觀環境包括人口、經濟、物質、技術、政治法律和社會文化等。企業的微觀環境包括供應商、銷售中間商、顧客、競爭者和各類公眾。有關環境的信息還包括市場潛力和需求的變化趨勢。各種環境的變化都會對企業的發展形成威脅和機會。

現代市場行銷的出發點是滿足顧客的需要和市場需求。瞭解市場需求的變化情況，消費者和組織的購買行為、購買原因、購買特徵、購買方式及影響其購買行為的主要因素可以幫助企業發現許多的市場機會。此外，企業還要對競爭者有充分的認識，密切註視競爭者的動向，預測競爭者的行動和反應。

通過對各種市場機會進行分析，企業就可以準確地選擇目標市場。現代市場行銷要求企業對市場進行細分，評價每一個細分市場，並且選擇和確定目標市場。只有這樣企業才能更好地發揮自身的優勢和特長，更好地向市場提供產品或服務。

二、制定行銷戰略

企業在選擇了目標市場之後，就要為其產品開發和制定適當的戰略，並在目標市場確定產品的定位。一般來說，企業有多種可供選擇的戰略。一旦做出了產品定位決策，企業就要組織開展開發產品、測試和投入市場等一系列工作。在產品進入市場後，企業要為產品制定不同生命週期的行銷策略，選擇和確定其在市場上的不同地位，迎接各種機會和挑戰。

三、制定行銷預算與行銷組合

企業的行銷戰略規定了企業的目標和活動計劃，為了在預期的環境和競爭條件下完成企業的戰略任務，企業必須把行銷戰略轉變為可執行的行銷計劃。因此，企業必須就行銷預算、行銷組合和行銷費用的分配做出決策，以保證企業行銷戰略的順利實施。

（一）市場行銷預算

為了貫徹市場行銷戰略，實現戰略目標，企業必須規劃行銷支出，進行資源分配的預算。進行市場行銷支出預算決策的一般做法是根據過去的行銷預算與銷售額的比率做出行銷預算，即通過上一期的行銷預算和銷售額之比，來進行本期的行銷預算。為了做出合理的行銷預算，企業還必須瞭解競爭者的行銷預算和銷售額之比。此外，如果企業期望獲得較高的市場佔有率，其行銷預算比率可能要比通常的比率高些。企業還要分析實現戰略目標所規定的銷售額和市場佔有率所必須進行的行銷活動以及做這些活動的費用，並在此基礎上做出最終的行銷預算。

（二）行銷組合（Marketing Mix）

市場行銷組合是現代市場行銷理論的重要概念之一。市場行銷組合是指企業為在目標市場實現預期的市場行銷目標所使用的一整套行銷工具。行銷組合也就是企業對可以控制的、對行銷活動能發生影響的行銷變量的組合運用，從而在特定的目標市場上形成相適應

的行銷方式。

市場行銷組合這一概念是由美國市場行銷學者、哈佛大學的尼爾‧波頓教授在20世紀50年代提出的。1960年，美國另一名著名的市場行銷學家杰羅姆‧麥卡錫將之歸納為著名的四個「P」，使之得以完善並在現代市場行銷活動中得到企業界的高度重視和廣泛應用。市場行銷組合中所說的行銷變量被概括為4個「P」，即產品（Product）、價格（Price）、地點（Place）和促銷（Promotion），其中每個P下面又包括若干個特定的分變量。

產品包括質量、設計、性能、式樣、品牌、包裝、規格、服務、保證、退貨等分變量。

價格包括目錄價格、折扣、折讓、付款期限、信用條件等分變量。

地點包括渠道、市場覆蓋區域、市場位置、存貨、運輸等分變量。

促銷包括廣告、人員推銷、銷售促進、公共宣傳、直接行銷等分變量。

每個產品在某一時間 t 內的行銷組合可以用向量來表示：

行銷組合 = (P_1, P_2, P_3, P_4) t

式中，P_1 為產品質量，P_2 為價格，P_3 為地點，P_4 為促銷。

例如，某產品的質量為1.2（平均質量1.0），價格為1,000元，每月分銷費用為30,000元，促銷為20,000元，則該產品在 t 時間內的行銷組合可以表示為：

（1.2，￥1,000，￥30,000，￥20,000）

市場行銷組合有多種選擇。當然，不是所有的行銷組合變量都可以在短期內調整。一般來講，企業在短期內通常只能對行銷組合中的少數幾個變量進行變更，如修訂價格，擴大銷售力量和廣告開支等。從長期來看，企業可以開發新產品和改變銷售渠道。

市場行銷組合這一概念的提出，主要包括三方面的思想：

（1）市場行銷組合是若干變量的組合，而這些變量應如何組合，是由企業自己確定的，即企業是可以控制的。

（2）這些變量組合的意義在於，企業面臨的外部市場環境是企業所不能控制的，企業要適應外部環境的變化，就必須利用可控制的行銷變量來調整企業的經營活動方式。

（3）企業在確定行銷組合時，有多個變量可以選擇，這些變量一經選定，就構成企業在某一市場的經營方式。

（三）行銷費用的分配決策

企業必須決定如何將行銷費用分配給不同的產品、渠道、促銷媒體和銷售區域。企業要給每一個產品提出一個具體的分配方案，如某企業確定某一產品的質量為1.2，價格為1,000元，每月的分銷預算為5,000元，每月的廣告預算為10,000元，其中雜誌廣告和直接郵寄廣告各占50%。

為了考察行銷費用分配決策的實施效果，企業可以利用銷售反應曲線來瞭解產品的銷

售額是如何受到所分配的資金數額的影響的。

在行銷組合中，最基本的行銷組合工具是產品。企業必須要確定產品的各相關因素，如產品的質量、特色、功能、品牌、包裝和服務等。

在行銷組合中，最關鍵的行銷組合工具是價格。企業需要為其向市場提供的產品制定一個合理的價格，並在適當的時候對價格水準進行調整。

地點是另一個重要的行銷組合工具。它包括企業為使目標市場的顧客能接近和得到產品所進行的各種活動，如對中間商的選擇，對產品和服務的銷售場所的確定，銷售渠道和銷售網點的建立以及儲運方式的選擇等。

促銷是第四個行銷組合工具。企業必須對如何與目標市場進行有效的溝通做出適當的決策。促銷包括廣告、人員推銷、直接行銷、公共關係、銷售促進等一系列活動。

4Ps是企業市場行銷的有效工具，但它是從行銷者，即賣方的角度提出來的。從顧客，即買方的角度來看，每一個行銷工具都是用來向顧客傳遞利益的。羅伯特·勞特伯恩（Robert Lauterborn）從顧客的角度提出了與4Ps相對應的4Cs，如圖2-10所示。

4Ps	4Cs
產品	顧客的需要和慾望
價格	對顧客的成本
地點	方便性
促銷	溝通

圖2-10　4Ps與4Cs的對應關係示意圖

在競爭激烈的市場上，只有能滿足顧客需要並與顧客保持有效溝通的企業才有可能取得成功。

四、執行和控制

行銷管理的最後一個環節是對戰略計劃進行實施和控制。任何計劃都必須轉化為行動，否則就毫無意義。之所以對計劃付諸實施後，還要花大力氣對其進行控制，是因為：①在企業的整個經營活動中，存在許多環節，有許多的人員和部門參與，其中某一個環節或某一個部門、人員出現了偏差，就有可能影響到其他的環節和方面。這些偏差甚至會對全局產生影響，如果不實施動態的控制，並對偏差及時地進行糾正，其後果是不堪設想的。②戰略計劃是事前制定的，是否符合實際情況，只能通過實際來檢驗。因此，在戰略計劃的執行過程中，需要進行監督和控制，以便對出現的偏差或失誤進行糾正或調整。③經營環境的不確定性往往會超出事先的預計，所以，對戰略計劃進行控制，也是為了在環境出現變化時，能對戰略進行動態的調整，以保證戰略任務的順利完成。

為了有效地進行控制，在管理過程中，企業需要制定控制計劃。控制計劃主要包括對戰略計劃所規定的各項任務的完成情況、完成的質量、計劃執行的偏差進行檢查的方法、

檢查的時間及檢查的頻率。行銷控制計劃一般有三種類型：

1. 年度控制計劃

年度控制計劃包含了對企業在年內的銷售、盈利和其他目標的實現情況的控制。這一任務可分為四個步驟：

（1）明確規定年度計劃中每月、每季的行銷目標。

（2）明確規定檢查計劃執行情況的手段。

（3）確定執行過程中出現嚴重問題的原因。

（4）確定最佳的修正方案，以彌補目標和執行之間的缺口。

2. 利潤控制

企業需要對不同的產品、顧客群、銷售渠道和訂貨量大小的實際盈利率進行定期分析和檢查。分析盈利率是衡量各種經營活動效率的最好、最直接的方法。通過對盈利情況進行檢查，可以及時地發現問題，採取相應的措施。

3. 戰略控制

由於市場行銷環境變化迅速，企業必須不時地檢查本企業的總體經營計劃，以決定其計劃是否繼續具有良好的戰略意義。因此企業必須經常檢查原定的戰略是否與外界環境的變化相適應。

本章小結

市場行銷戰略就是指企業確定的在未來某個時間將要達到的市場經營目標以及為達到這一目標所需採取的行動方案。

企業行銷戰略是企業全部經營活動中最高層次的戰略，對企業的生存和發展具有明顯的決定性，具有長遠性、全局性、對抗性、應變性和特殊性的特點。

企業制定市場行銷戰略的意義主要有：①它是企業生存和發展的根本保證；②它使企業的市場經營活動有整體的規劃和統一的安排；③它能提高企業對資源的利用效率；④它能增強企業經營活動的穩定性；⑤它是企業參與競爭的有利武器；⑥它能夠增強企業的凝聚力。

企業行銷戰略包括不同的層次。企業總體戰略為企業的市場行銷活動規定了戰略方向。它包括：①確定新業務發展計劃。確定企業的戰略任務，即規定企業在一個比較長的時間內所要取得的發展結果，它是企業全面發展所提出的要求和目標。一個組織的戰略任務受到五個關鍵性要素的影響：企業的發展歷史、管理者和所有者的當前偏好、市場環境、資源和企業獨有的能力。②建立戰略業務單位。企業必須進一步規定企業的業務範圍，使企業的戰略任務更加具體，以便進行戰略管理。一個戰略業務單位通常具備三個基本特徵。③將企業有限的資源在各個戰略業務單位之間進行分配。這可以通過採用波士頓

諮詢公司法和通用電器公司多因素矩陣分析法來實現。通過分析，可以決定企業將要建立、維持、收縮和淘汰的業務。④確定企業新業務發展計劃。通常，當預期目標低於企業所希望達到的水準時，企業就需要制定一個新增業務的計劃，開闢新的業務，擴大企業現有的經營領域。企業可以通過三個途徑來制定新業務發展計劃：在企業現有的業務領域內尋找未來的發展機會（密集型增長戰略）；建立或收買與目前企業業務有關的業務（一體化增長戰略）；增加與企業目前業務無關的富有吸引力的業務（多樣化增長戰略）。

企業的業務戰略計劃是在制定企業總體戰略計劃之後進一步為各戰略業務單位制定的戰略行銷計劃。業務戰略單位的業務戰略計劃的制定由八個步驟組成：明確業務任務、分析外部環境、分析內部環境、制定目標、制定戰略、制定計劃、執行計劃和反饋與控制。各戰略業務單位必須開發針對具體產品的行銷計劃。制定產品的市場行銷計劃是企業行銷計劃管理最重要的成果之一。

把企業和部門的戰略計劃與業務單位的計劃組成一個整體，就構成了企業的市場行銷管理過程。企業市場行銷管理過程就是分析市場行銷機會，規劃行銷戰略，制定行銷計劃，執行和控制市場行銷工作，從而完成和實現企業戰略任務和戰略目標的過程。

本章復習思考題

1. 市場行銷戰略的主要特點是什麼？
2. 試分析制定行銷戰略對企業發展的重要意義。
3. 試說明企業總體戰略規劃的主要內容和制定企業總體戰略規劃的基本步驟。
4. 試說明確定企業使命時要注意的影響因素有哪些。
5. 什麼是戰略業務單位？為什麼要建立戰略業務單位？
6. 為什麼要為戰略業務單位分配資源？分配資源時主要採取的方法有哪些？
7. 新業務發展計劃的主要類型有哪些？
8. 什麼是密集型發展戰略？它主要包括哪些類型？
9. 什麼是一體化增長戰略？
10. SWOT 分析包含什麼內容？有什麼意義？
11. 什麼是市場機會？企業應該如何去發現各種市場機會？
12. 什麼是行銷組合？

第三章　市場行銷研究

　　市場行銷管理需要科學的市場行銷研究為基礎，如市場行銷環境分析、消費者行為分析、競爭分析、STP（市場細分、目標市場、定位）研究和 4Ps（產品、價格、渠道、促銷）研究等，這一切都應當建立在對市場信息進行客觀地收集、分析和研究的基礎上。也就是說，市場行銷管理需要以客觀事實為依據，研究和落實行銷決策，確定在什麼地點、什麼時間、用什麼樣的產品或服務，以什麼價格、促銷方式，最好地滿足什麼樣的消費群體（目標市場）。在日益激烈的市場競爭環境中，企業只有運用市場行銷研究手段，科學地進行行銷決策，才能實現既定目標。國際商用機器公司（IBM）的全球商業情報機構總經理本‧班斯說：「商家越來越在信息基礎上進行競爭。他們正在開採數量龐大的商業和辛迪加數據並通過企業內部網和因特網提供接入寶貴數據的通道。這些商家發掘新構想，並用這些知識來制定讓他們的公司更有競爭力的決策。」

　　本章主要介紹市場行銷研究的概念，包括的具體內容，進行市場研究活動的步驟和提高行銷研究工作質量和衡量產品市場需求的方法。

第一節　市場行銷研究的基本概念

一、什麼是市場行銷研究

　　市場行銷研究（Marketing Research）也被稱為市場調查與預測、市場信息調查與分析、市場調研、銷售研究等，有時也被簡稱為市場研究。由於社會、經濟的不斷發展，市場行銷研究的概念、內容、作用和研究範圍也在不斷地擴大。目前，被廣泛接受的市場行銷研究的定義為：市場行銷研究是組織和個人為診斷特定行銷問題及最終為企業的市場行銷決策提供依據而進行的系統的、客觀的、科學的、有計劃的信息資料的收集、分析、判斷、解釋和傳遞的活動。其主要活動是收集和分析企業經營活動信息以及其他與經營活動相關的信息，其實質是信息的收集和處理。美國市場行銷協會將市場行銷研究定義為「行銷者通過信息與消費者、顧客、公眾進行聯繫的一種職能。這些信息用於識別和確定市場行銷機會和問題，計劃、完善、控制和評價行銷活動，改進人們對行銷活動的理解」。從實際操作層面上看，市場行銷研究就是要提供足夠的、正確的信息以解決企業在行銷活動中遇到的問題，設計收集信息的方法，管理和實施數據的收集過程，分析數據，

就研究結論與決策者進行溝通。

二、市場行銷研究與統計學和市場行銷學的關係

市場行銷研究的實質是信息的收集和處理，因此它離不開統計方法。進行市場行銷研究需要利用統計方法準確地描述市場行銷活動，分析其中隱藏的市場運行規律，結合其他相關信息，為行銷管理決策提供科學依據。但是，持有不同行銷理念的行銷者的決策思路、模式和所需要考慮、分析的信息大不相同，因此，市場行銷研究不是統計方法在市場行銷中的簡單應用，還必須以市場行銷學原理為指導。中國的市場行銷實踐還在起步階段，市場行銷學理論流派眾多。用不同的市場行銷學理論為指導，針對相同的行銷管理決策問題可以演繹出完全不同的市場行銷研究設計，行銷管理決策的結果也就不同。但是，最優決策肯定只有一個。因此，市場行銷研究要以正確的市場行銷學理論為指導，運用恰當的統計學方法剖析市場現象。它是市場行銷學和統計學的有機結合。

三、市場行銷研究與信息系統的關係

行銷信息系統是由人、機器和程序組成的，為行銷決策服務的收集、整理、分析、評估和處置數據的一個企業信息系統。今天的社會是一個以信息為基礎的社會，開發、利用好市場信息能使一個企業超越其他的競爭者，企業的高效率運行離不開信息。企業需要獲得作出正確決策所需要的信息，評估這些信息以衍生出可供選擇的多個方案，根據其既定目標作出最優化的行動計劃。在執行計劃時，企業還應該收集信息對計劃的執行過程進行控制和調整。

由於企業所處的環境和條件不同，不同的企業會構架不同的市場行銷信息系統，但是，一個有效的市場行銷信息系統一般應包括四個子系統：內部報告系統、行銷情報系統、行銷研究系統、行銷決策支持系統。圖3-1反應了這四個子系統的相互關係。

圖3-1 企業的信息流示意圖

(一) 內部報告系統

在企業生產經營活動中產生的信息被稱為內部信息。內部信息可以準確地反應企業的

經營活動全貌，廣泛地被企業經營管理者所利用。企業需要設計一個內部報告系統來收集內部信息，有的放矢地組織企業經營計劃的執行。與內部報告系統的無明確目的性相比，市場行銷研究有明確的目的性——為特定的行銷決策提供依據（數據）。

(二) 行銷情報系統

行銷情報系統用於收集企業外部環境產生的、對企業有重大直接影響的個別個體的個別信息。企業必須根據這些信息調整企業的經營行為。與行銷情報系統相比，市場行銷研究更傾向於對眾多個體（而不是個別個體）的特徵進行統計分析，找出其中的規律，指導行銷做出決策。

(三) 行銷決策支持系統

20世紀60年代以來管理學的諸多學派，如決策理論學派、系統管理學派、科學管理學派等，大量地將數學、統計方法運用到管理上。同時，為了完成越來越大量的數據收集和複雜的運算工作，他們又引入計算機作為工具，形成了一個完善的行銷決策支持系統，為日常行銷活動的決策服務。與行銷決策支持系統相比，市場行銷研究只為特定的行銷管理決策服務，一個市場行銷研究活動完成後可能再也不會重複。

四、市場行銷研究的主要內容

市場行銷研究最主要的職能是收集和分析信息，最主要的任務是識別問題和解決問題。市場行銷研究的內容就是市場行銷者從事市場行銷活動所涉及的全部領域。由於市場行銷活動是整個企業的活動，市場行銷研究的內容是相當廣泛的。

市場行銷研究的內容可以按研究目的被分為兩大類：

(一) 問題識別研究

提供關於行銷環境和診斷行銷問題的信息，是為了識別存在的問題。這些問題表面上也許並不明顯，但是確實存在或即將出現。找出問題的過程也是發現機會的過程。市場行銷活動的中心工作是滿足消費者的需求，找問題的過程就是分析需求的過程。在這個過程中，研究人員可以找準市場的需求，發現沒有得到滿足的需求點。當然，將市場機會變成企業贏利還需要進一步的深入研究，包括：

(1) 市場潛力研究。企業要進入某一個行業或市場，需要估計目前的市場需求。企業可以用已有的參數、先進國家的消費水準、人均消費量統計資料等對潛在的市場容量進行測算。

(2) 市場份額研究。企業的銷售量關係到企業的短期效益和經營目標，而其市場份額則關係到企業的長遠利益。一個銷售量不斷上升，而市場份額卻不斷下降的企業將逐步被邊緣化，最終必將被淘汰出局。

(3) 形象研究。企業的形象可以設計，但是，消費者不一定就按企業的設計來認識和接受企業的形象。企業需要進行形象研究，密切關注企業的文化環境和消費者，用特定

的方式、方法樹立企業的良好形象。

（4）市場特徵研究。市場的特徵主要包括競爭者、流通產品和顧客的特徵，市場特徵研究也就是對上述因素進行的研究。

（5）預測研究。預測研究的目的是希望研究得到的規律會延續，企業可以照此規律進行相應的操作。

（6）商業發展趨勢研究。商業發展趨勢研究可以幫助企業把握正確的發展方向，制定正確的市場行銷戰略。

(二) 問題對策研究

當企業在問題識別研究中發現問題（或機會）或在實際經營中遇到問題時，就要為解決這些特定的行銷問題或者抓住市場機會進行行銷管理決策。要做出正確的決策就需要進行「問題對策研究」，為行銷管理決策提供科學的依據。

（1）市場細分研究。進行市場細分，首先就要確定細分標準，然後評估細分市場的潛力，最後還要對細分市場進行詳細的特徵描述。

（2）產品研究。企業提供的產品或服務是滿足消費者的手段，準確地把握消費者的需求是行銷成功的第一步。這需要先進行產品概念測試和最佳產品設計方案研究。包裝和品牌都是產品的組成部分，包裝測試、品牌定位和再定位研究也是保證產品將來能被消費者接受的重要的前期工作。產品上市後還要不斷運用市場行銷研究改進產品，使其更好地適應市場需求。試銷和控制商店試銷研究也是準確地把握消費者需求的好辦法。

（3）定價研究。要做出價格決策就要研究產品的價格彈性，分析企業提供的產品的單位變動成本與固定成本。實際市場中的消費者並不一定按經濟學原理描述的一般規律在價格下降時增加產品消費量，因此企業需要研究消費者對價格變動的反應。其實，某些消費者認為價格與品牌的優劣有直接關係。

（4）促銷研究。促銷的第一要務是保障促銷的投入產出效率高。企業需要優化促銷預算、媒體和促銷組合，還要研究消費者的心理，以便進行文案決策。廣告效果的測定也是促銷研究的重要內容。

（5）分銷研究。分銷研究主要包括確定分銷方式，渠道成員的特徵，批發、零售的覆蓋密度，渠道價差，批發、零售的選址和渠道的最優化等。

五、市場行銷研究分類

市場行銷研究的內容可以按研究對象分為六大類：

(一) 市場行銷環境研究

行銷環境是企業生存和發展的基礎，是企業不可控制的因素，企業的發展取決於企業與外部環境的適應性。如果企業的經營目標和行銷活動與外部環境相適應，企業就發展順利。相反，企業的發展就會很困難。所以對行銷環境的研究是市場行銷研究的主要內容之

一。當前的行銷環境從整體來看複雜性和動盪性都在增加，企業適應環境變得越來越困難，這使行銷環境研究變得更加重要。

一般在制定重大戰略決策時，企業都必須對行銷環境進行研究，如：①制定長期戰略發展計劃時（企業的長期戰略計劃事關企業的全局和未來）；②經營方向發生重大變化或經營方向進行戰略性轉移時；③進行業務整合和重組時；④發展和開拓新的區域性和國際市場時。

行銷環境研究的具體內容包括對經濟環境、人口環境、技術和自然環境、政治和法律環境、社會和文化環境的研究。通過環境分析，把握環境的變化趨勢，可以增強企業對環境的適應性。當然，在實際工作中還要具體問題具體分析，不是所有的環境研究都要全部包含上述內容。

(二) 市場研究

市場是企業的舞臺，企業對市場的研究應該是經常的和系統的。所謂得市場者得天下。市場研究的內容有市場潛力研究、市場規模研究、市場份額研究、市場特徵研究、市場發展趨勢研究以及市場細分和目標市場研究。

(三) 消費者研究

消費者是市場的主體，是企業和其他組織服務的最終市場。企業要在市場上立足，必須能很好地滿足消費者的需求，必須使消費者滿意。消費者研究包括消費者需求研究、購買心理研究、動機研究、購買模式和購買行為研究、影響消費者購買決策的主要因素研究、滿意度研究、消費者需求變化趨勢研究等。只有在充分認識消費者的基礎上，發現消費者的真正需要，才有可能發現更多的市場機會，不斷改進產品和行銷組合來滿足消費者的需求。

(四) 產品研究

產品是企業提供給市場通過交換來滿足客戶需求的任何東西。產品決策是企業最重要的決策之一，正確的產品決策是企業占領市場的先決條件。市場行銷學中的產品概念是多層次的，所以產品研究也應該是多方面和全方位的，包括新產品開發研究、產品組合研究、產品生命週期研究、個別產品研究、產品式樣研究、外觀研究、包裝研究、品牌研究、產品質量和服務質量研究、產品特徵和特色研究等。

(五) 行銷組合研究

行銷組合研究是指除對產品決策之外的價格決策、渠道決策和促銷決策的研究。其中每種研究都包含了更為具體的內容，如渠道決策研究包括對廣告媒介選擇、廣告效果評價、廣告策劃等的研究，而促銷研究就包括對廣告、人員銷售、銷售促進、宣傳和直銷等的研究。

(六) 競爭者研究

企業在制定任何決策時，都必須考慮競爭者這一要素。隨著市場競爭的日益激烈，企

業要在市場上取得成功，不僅要滿足消費者的需要，而且要有比競爭者更好地滿足消費者需要的能力。對主要競爭者的研究包括構成競爭者實力和競爭優勢的各個方面，如對競爭者的戰略和戰略目標、競爭者的市場、競爭者的核心能力、競爭者的產品和其行銷策略的研究等。

此外，市場行銷研究還包括媒體研究、經銷商研究等。但是，各個內容在市場行銷研究中的被關注或重視程度是不一樣的。國外統計資料表明，在所有的市場行銷研究中，重點研究銷售問題的占67%，研究產品的占65%，研究消費者的占39%，研究包裝的占30%，研究廣告的占30%，研究仿製的占21%，研究信息的占20%，研究其他問題的占20%。其他項目包括分銷渠道、價格、市場佔有率、新產品等。[1]

第二節　市場行銷研究設計

市場行銷研究設計是開展某一研究項目時所要遵循的一個框架或計劃。它詳細描述獲得所需信息和解決問題的必要程序和主要活動，是執行市場行銷研究項目的基礎。

一、市場行銷研究過程

市場行銷研究是一個由不同階段、不同步驟、不同的活動構成的有目的的連續過程。各階段、各步驟在功能上相互聯繫、互相銜接，共同構成一個整體。從功能上看，市場行銷研究過程可以分成四個階段。

第一階段是市場行銷研究的準備階段。企業應從面臨的問題出發，通過分析問題和分析企業的內、外部相關因素，提出研究的課題以及研究的目標。

第二個階段是市場行銷研究的設計階段，包括對研究項目的總體設計和對研究方案、內容、方法和手段的設計。

第三個階段是市場行銷研究的實施階段。這是行銷研究的關鍵階段，主要任務就是利用各種有效的方法，組織人員收集所需的信息資料。研究人員通過管理、組織、控制、監督和檢查數據的收集活動來保證數據的質量。

第四階段是市場行銷研究的結果形成階段。在這一階段要利用多種定量分析和定性分析方法對數據進行整理、分析和處理，做出結論性的報告，提供給有關部門和行銷管理決策者。

從操作的層面看，可以將市場行銷研究過程分為七個步驟，如圖3-2所示。

---

[1]　布魯爾·V. 市場行銷理論與實務［M］. 於華民，等，譯. 成都：西南財經大學出版社，2000：15.

```
1. 提出問題（確定研究目的）
         ↓
2. 定義問題和分解問題
         ↓
3. 選擇研究路線
         ↓
4. 設計研究方案
         ↓
5. 收集數據
         ↓
6. 整理和分析數據
         ↓
7. 分析結果和提交報告
```

圖 3-2　市場行銷研究過程示意圖

(一) 提出問題（確定研究目的）

市場行銷研究是為決策服務的，第一步就是確定市場行銷研究的目的——要解決什麼問題。在執行行銷計劃的過程中會不斷出現實際執行結果與計劃發生偏差的情況，這種偏差就是所謂的問題。出現問題的主要原因是市場行銷分析的前提條件（環境數據）和依據有誤，分析的方法不當，分析考慮不周或行銷環境發生了變化。出現問題後，行銷經理需要明確採取什麼行動（決策）才能解決問題，這也就是研究的目的。例如，一個啤酒企業在訂單增加，生產供不應求時，會面臨是否投資擴大產能的決策問題。

(二) 定義市場行銷研究的問題和分解問題

明確了市場行銷研究的目的後，就要把它轉換為一個市場行銷研究問題，即對研究的內容做一個概括性的描述。從系統論的觀點看，任何一個行銷決策問題都與企業的所有方面、所有內部、外部問題有關係，但是企業的資源、時間是有限的，我們沒有能力搞清楚所有的相關問題。此外，直接影響行銷決策的問題是有限的，我們也沒有必要搞清楚全部的問題，只要抓住主要矛盾就行了。例如，針對上述「是否投資擴大產能的決策問題」，市場行銷研究問題可能是研究「企業的顧客是否對企業忠誠」，也可能是「企業輻射市場的需求是否能持續穩定地增長」。定義市場行銷研究問題需要洞察力和創造力，它是進行市場行銷研究的前提。良好的開端是成功的一半，正確定義市場行銷研究問題將為研究提供正確的方向，對整個研究工作具有重要的意義。它決定市場行銷研究的總方向和市場行銷研究方案的設計及市場行銷研究的成敗和研究成果的價值。研究問題不同，調查內容、

方法、對象和範圍就不相同。

定義市場行銷研究問題後，必須將問題分解成許多小問題，有些小問題還可能被進一步分解。分解過程要按樹形結構進行，直到問題無法再被進一步分解為止。在這個過程中會產生一些需要驗證的假設。例如，對於上述啤酒企業是否擴產的問題，行銷人員可能認為「啤酒的消費行為存在明顯的地域性，現在企業的消費者是企業的忠誠顧客」，這就是需要驗證的假設。

在定義市場行銷研究問題的過程中，應注意下面幾個問題：

（1）發現收集信息的原因，即回答：為什麼要收集信息？要利用這些信息論證什麼問題？決策需要什麼樣的依據？哪些是最需要的信息？

（2）確定信息是否已經存在，即回答：所要收集的信息是否存在？現有的信息是否能滿足所界定的問題？是否需要收集原始數據？

（3）確定所界定的問題是否能找到答案。要考慮實際取得資料的可能性，即進行行銷研究的問題能否得到解決，所需要的數據是否一定存在及能否被收集到。

（4）定義的市場行銷研究問題應該具體、明確，範圍不能太寬，也不能太窄。這樣才有助於有效地收集高質量的信息。定義的問題的範圍太寬不能為後續的研究提供指導；範圍太窄又可能無法滿足科學決策的需要。

(三) 選擇研究路線

做市場行銷研究還要有一個清晰的思路和相應的理論作為指導——研究路線。研究路線包括用什麼樣的客觀理論、事實（證據）和模型來論證正確的決策。

客觀理論是研究人員組織研究和解釋研究結果的基礎，是與決策相關的管理學、市場行銷學以及其他相關學科的成熟理論。研究用的理論應該採用得到決策者認可的理論。

客觀證據是指客觀事物的特徵。這些證據可以用多種方法獲得，但是，在獲得證據的過程中需注意：①證據的質量是否能得到決策者的認可；②要考察二手數據的可靠性；③專家的意見是否具有權威性；④抽樣調查是否具有隨機性和樣本的容量是否足夠大。

分析模型能夠將相關的證據聯繫起來說明問題。分析模型包括文字模型圖示模型及用數學式反應變量之間的數量關係的數學模型。

(四) 設計研究方案

市場行銷研究的第四步是制定一個收集和分析信息的最有效的計劃——市場行銷研究設計。一個根據研究目的而制定的周密計劃有助於保證研究結果服務於解決最初提出的問題，有助於保證行銷研究不偏離研究目的。市場行銷研究設計一般包括以下幾個部分：

1. 研究背景

研究背景是對開展項目的原因、必要性的大致介紹和總體概括。其內容包括：簡要描述行業的大背景，闡明行業的歷史、現狀及發展趨勢，分析企業（產品）的市場現狀，面臨的內部環境和外部環境，有利因素和不利因素。

2. 研究目的

市場行銷研究是針對特定市場行銷決策問題而進行的，所以，研究項目一定有明確的研究目的，即為什麼要做這次研究。

3. 研究內容

需要對什麼內容進行調查、分析才能滿足研究目的的需要是市場行銷研究必須首先明確的。研究內容的介紹就是要概括研究的全部可能範圍。

例如，研究內容可能是：

（1）消費者研究，包括對消費心理、消費動機、消費決策及行為特性、消費觀念，消費者的媒介喜好狀態，消費者對行業與產品的瞭解程度，消費者對品牌的意識，對企業品牌及競爭品牌的觀念及行為差異，消費者分佈及特性的研究。

（2）行銷渠道研究，包括對經銷商對行業及幾大主要品牌的看法，經銷商對企業產品、品牌、行銷方式、行銷策略的看法、意見和建議，企業產品的經銷網絡狀態，企業產品主要競爭者的經銷網絡狀態，各品牌產品的銷售業績，各品牌產品的進貨渠道、方式，經銷商對各品牌 POP 廣告的認知和態度，消費者的購買行為、品牌偏好，各品牌促銷人員的認知和態度等的研究。

（3）媒體研究，包括：①廣告效果研究如對觀眾對廣告內容的意見，廣告內容的反應，廣告內容的信任程度，廣告文案的記憶，廣告標題、商標的記憶，廣告圖案的記憶的研究；②電視收視率研究，即對成員開機率、地區開機率、各臺各節目收視率、性別、年齡的收視率，職業、教育程度的收視率的研究；③媒體接觸率研究，如對媒體之接觸率，媒體的接觸動機，媒體的接觸時間，媒體的接觸階層，媒體的信任程度的研究；④報紙、雜誌閱讀率研究，如對閱讀的注意率，閱讀的聯想率，閱讀的精讀率，標題的瞭解程度，文句、圖案的瞭解程度的研究。

（4）行業研究，包括對市場容量與潛量、行業的行銷特點、行業的競爭狀況、市場的品種優勢和劣勢及品種發展趨勢的研究。

（5）競爭者研究，包括對主要競爭企業的產品與其品牌的優勢和劣勢，主要競爭企業的行銷方式與行銷策略，主要競爭者的市場概況，主要競爭企業的管理模式，主要競爭企業的促銷手段和內容的研究。

4. 確定數據（資料）來源

接下來，企業需要根據研究目的、研究對象以及研究的限制條件，確定分析問題所需要的數據來源。收集數據（資料）一般有兩個途徑：收集二手數據和收集原始數據。

二手數據是在某處已經存在，為某種目的而收集起來的信息（數據）。二手數據能為最初的研究提供方便，具有成本低、取得容易和快捷的優點。研究人員的工作通常從收集和分析二手數據開始，運用二手數據作一些試探性的研究，判斷研究問題所需的信息（數據）是否已經足夠。二手數據的來源很多，有內部報告系統提供的數據，政府公告和

出版物，報紙雜誌和書籍及商業調查公司提供的有償信息。

原始數據是研究人員為了解決當前特定的市場行銷研究問題而收集的信息（數據）。當研究人員所需的數據不存在或者現有的數據已經過時、不正確、不完全或不可靠時，研究人員就必須收集原始數據。常規的做法是先召集一些被訪者開一個專題組座談會，以對問題有一個初步的認識。然後，據此制定正式的研究計劃，並將其運用於實際調查中。原始數據雖然有適時、可靠、針對性強和極高保存價值的優點，但是，它的取得成本高，時間長。所以，一般研究二手數據就足夠時便不需要收集原始數據。

收集原始數據的方法有：

（1）觀察法。收集最新資料最簡便的方法就是觀察有關的對象和事物。觀察法是用低介入或無介入的一系列的方式記錄事物、事件特徵或人的行為模式，以獲得有關的信息的方法。例如，企業可以派員工到百貨公司實地觀察顧客的購買行為特徵。

觀察法可以分為：①結構性觀察（量化觀察結果）與非結構性觀察（不量化觀察結果）；②掩飾的觀察（被觀察對象沒有察覺觀察的存在）與非掩飾的觀察（觀察被調查對象意識到了）；③自然觀察（觀察發生在非人工控制環境中的行為）與實驗觀察（觀察發生在人工控制環境中的行為）；④人員觀察（由調查人員到現場進行觀察、記錄）、機械觀察（由機械設備進行觀察、記錄）、審計（研究人員通過檢查物理記錄或分析存貨清單來收集數據）、內容分析（所觀察的對象是人們之間的交流內容而非行為或實物）和痕量分析（痕量分析的數據收集以過去行為的物理痕跡或證據為基礎）。

（2）定性研究法。企業首先要對研究對象的內部進行識別，並闡述對象的層次和各組成部分之間的聯繫，提供對問題和背景問題的看法和理解。

定性研究法大體可以分為專題組座談法、深度訪談法和影射法，但是使用最多的是專題組座談法。具體方法是首先由調研人員邀請六到十名典型樣本，然後再由一名經驗豐富的研究人員組織他們對某產品或行銷問題進行討論，並詳細記錄討論過程，最後總結討論會，寫出調查報告。典型樣本可以是消費者，也可以是客戶代表。做定性研究時應注意：①主持討論會的研究人員要以中立的身分出現和持有保持中立的態度。在實際運用中，可以同時討論幾個產品或行銷問題，而把目標產品或行銷問題置於其中；②主持人應當努力創造一個和諧、積極的氛圍，讓每一個參與者都能主動、積極地發言。為此，組織者一般給每一位參與者一定的報酬，並保證會議現場物理環境條件良好。專題組座談法是一種非隨機抽樣調查，其結論的代表性無法推斷。

（3）調查法。觀察法和專題組座談法一般用於試探性研究，而調查法用於結論性研究。調查法是以詢問調查對象為手段，獲得調查對象的行為、意向、態度、感知、動機以及生活方式等原始數據的方法。使用調查法時，與調查對象的接觸方式有四種：電話訪談（傳統訪談、電腦輔助電話訪談），面對面訪談（入戶調查、街頭/中心區域攔截調查、電腦輔助面談），郵件訪談（傳統郵件訪談、固定樣本組郵件訪談）及電子訪談（電子郵件

訪談、網絡在線訪談)。在運用調查法收集數據時還會遇到度量與量表、問卷設計、抽樣設計和接觸方法等難題，此時企業要多收集和查閱相關資料，找出解決問題的方法。

(4) 實驗法。在做行銷決策時，企業需要瞭解引起特定行為或者問題的原因，即需要進行因果關係研究，這時實驗法就派上用場了。實驗法能夠獲得因果關係的證據。由於消費者的行為動機多數是潛意識的，在進行相關研究時，調查法不能獲得消費者的潛意行為動機，這時，實驗法就顯得尤為重要。用實驗法進行因果研究可以分為五個階段：

第一階段，選定研究的變量——因變量與自變量並將其加以區分，如銷售量與價格水準這兩個變量。

第二階段，確定因變量與自變量的關係。精確的因變量與自變量的關係非常複雜，研究人員必須要確定這種關係是否存在？是單向還是雙向的？之後，企業的相關人員可以用成熟的計量經濟模型擬合這種關係。

第三階段，設計試驗方案。設計試驗方案的主要任務是找出因變量與自變量的關係的證據，並排除干擾因素的影響。

第四階段，實施試驗方案，獲取數據。

第五階段，分析試驗數據，得出結論。

5. 抽樣調查計劃

因為費用太高和有時根本無法實現等原因，市場行銷研究一般不用普查的調查方式，而是採用抽樣調查的方式。抽樣調查有四種隨機抽樣組織形式（簡單純隨機抽樣、機械抽樣、分層抽樣和整群抽樣）和四種非隨機抽樣組織形式（便利抽樣、判別抽樣、配額抽樣和滾雪球抽樣）可供選擇。抽樣調查需要確定調查對象和調查單位。調查對象是指市場研究的抽樣總體，它能決定市場研究的範圍，與確定企業產品的目標市場有關。調查對象由研究目的、研究空間、研究方式和研究時間等共同決定。調查單位是指組成總體的個體。在確定調查對象和調查單位後，還必須明確總體單位的數量，選擇調查單位的方法和數量，調查單位的具體特徵，並做出具體的設計和安排。

6. 現場工作/數據收集管理計劃

計劃會明確如何收集數據以及由誰來收集所需的數據，同時需要說明如何保證所收集數據的質量。

7. 數據分析計劃

數據分析計劃明確用什麼統計方法分析數據以及如何解釋分析結果。

8. 報告

在一部分，要明確是否提供中期報告，最終報告以何種形式提交，是否提供關於結果的正式匯報等問題。

9. 研究進程計劃

市場行銷研究有一定的時間限制，為了加強控制、管理，研究工作需要按一個事先確

定的時間表進行。

10. 估計調研成本

研究預算與調研結果的精度是正相關關係，即研究預算越高，研究結果的精度越高。但是，研究預算的成倍增長並不能帶來研究結果精度的成倍提高，研究負責人需要根據研究目標確定一個恰當的研究預算和研究結果精度。值得一提的是，某些研究項目由於研究費用太高會使研究項目失去贏利性或大大增加項目的投資風險，這時研究就失去意義了。

11. 附錄

這是指某研究委託人可能感興趣的其他研究相關信息。

(五) 收集數據

收集數據的主要任務是採用各種收集數據來源的方法，按照研究設計的要求，收集所需數據。如果研究需要收集原始數據，數據收集過程就是獲得原始數據的關鍵工作。收集數據階段的費用開支一般會占研究項目總預算的絕大部分，同時這個階段也是最容易出差錯的階段，主要的問題可能有：試驗過程沒有排除干擾因素的影響；觀察記錄有誤；選定的被訪問者不在現場或不合作；被訪問者對問題的理解有誤；被訪問者敷衍了事或不如實回答；訪問者帶有偏見或不誠實等。如果在這個階段出了差錯，而又未及時糾正，該研究項目基本上就失敗了。因此，在進行大規模現場調查之前，企業一般需要作一個小規模的預調查，以使研究設計更加完善。此外，企業還要制定嚴格的現場調查程序和紀律，並配有抽樣檢查和復核制度。這裡給出一個抽樣調查的實例：

對某城市進行電視收視調查，其總體單位為住戶，如果已有城市的街道名單，並已依照隨機抽樣計劃確定在某條街道抽取五戶進行調查，可進一步制定一個具體入戶調查抽樣操作程序：

第一步，到達街道，找到門牌號為 1 號的第一戶住戶；

第二步，依門牌編號順序抽取樣本戶；

第三步，從第一戶開始（第一戶不作樣本），每隔二十戶確定一個樣戶。

第四步，如果一個門牌號為多戶，可繼續沿「附」號順序抽樣。如果該多戶門牌號未編「附」號，可按如下原則進行順序抽樣：

第一，進入多戶門牌號院內，沿右手方向為先的原則順序數戶；

第二，如果遇到樓房可以按其棟號、單元及門牌號順序數戶；

第三，如果連樓房也未編號，可按右手為先的原則逐棟、逐戶數戶。

第五步，記下抽取的住戶的門牌號或具體位置（對於多戶門牌號內抽取的樣本戶應畫出示意圖）。

第六步，按上述方法抽取樣本戶直至抽足五戶為止。

第七步，如果按上述方法數到街道最後一戶仍不足五戶，可以將開始的第一戶連續到數戶抽樣順序編號中繼續數戶抽樣。如果這時正好抽中第一戶，則放棄第一戶，並將抽樣

間隔調整為十二戶（或他與「二十」不重複的頻率間隔）。

第八步，對按上述方法抽中的住戶應排除一切困難進行調查。如果因該住戶無電視或長期不住等其他原因而無法接受調查，應報調查項目負責人批准後排除該住戶並重新按上述方法進行抽樣。

（六）整理和分析數據

行銷研究人員要對收集的大量信息資料進行分類整理、審核、檢驗、加工，以更好地利用這些數據。數據分析要進行單變量和複雜的多變量分析，分析的目的是對數據進行解釋並從中得出科學的結論。研究人員在這個階段可以利用統計技術和成熟的統計軟件包（SAS，SPSS 等）準確、快捷地整理和分析數據。

（七）分析結果和提交報告

研究報告是市場行銷研究成果的集中體現，行銷研究人員應該把整個研究過程、分析結果、結論和建議以書面報告的形式提交給管理決策層和相關部門。根據同一數據的整理和分析結果，研究人員可以作出不同的解釋，衍生出不同的行銷結論。市場研究報告的質量取決於研究人員擁有的專業知識、統計學、行銷學水準和其他邊緣學科知識。

第三節　市場需求的衡量與預測

企業開展市場行銷研究的主要原因之一就是要發現和確定。可以從許多方面來描述市場機會：需求量（市場規模）、成長性、利潤率、競爭環境、對環境的依賴性等，其中，最重要的是需求量。企業經營者必須以對市場需求量的估計為基礎，估計企業的產品銷售量。對企業產品銷售量的估計是企業行動計劃的基礎，有了它，企業就可以作出財務計劃、生產計劃、人事計劃、技術改造計劃等一系列支持性計劃。

一、市場需求的含義

對企業產品銷售量的估計是以需求估計為基礎的，行銷人員首先必須搞清楚需求的含義。

在產品研究和開發階段的初期可以泛泛而談某產品是否有需求，但是，隨著研發工作的深入，逐步開始考慮行銷計劃時，行銷人員就會面臨需求的具體化問題。

行銷人員必須從三個方面（變量）來具體化需求：時間（短期、中期、長期）、空間（個別顧客、地區、區域、全國、世界）和產品範圍（單一產品、一組不同型號、規格的產品、產品線、公司全部行銷產品、某一行業的產品、全國的全部產品），如圖 3-3 所示。

圖3-3　90種（6×5×3）需求量示意圖

公司可以根據需要估計90種需求量，引導公司的經營活動。同時經理們還要進一步明確需求量的具體含義。

（一）市場需求量的層次

市場是指對某一特定產品有需要和購買力的全部的實際和潛在顧客。這一概念也可以用公式更直觀地來表述：

市場＝消費者＋購買力＋需要（慾望）

我們經常說「產品的市場太小」，「產品有市場嗎」，「某產品的市場正在萎縮」等，這裡的「市場」是一個更具體的概念——市場需求量。從行銷管理的角度可以將市場的概念劃分為四個層次：

1. 潛在市場

潛在市場是由那些對某個在市場上出售的產品有某種程度興趣的人群組成的。一般情況下，行銷努力不會針對全部潛在市場，但是我們必須瞭解行銷的基本環境。

2. 有效市場

有效市場是由一群對某一產品有興趣、有收入和能通過行銷渠道被接近的潛在人群所組成。通過行銷經理的努力，公司提供的服務可以觸及到的市場是有巨大誘惑力的有效市

場。由於國家法律或社會倫理的限制，有的企業必須放棄有效市場中的一些顧客。例如，網吧不能對未成年人開發，藥品中的麻醉品不能賣給癮君子。這時，對於公司來說，可以觸及的就只能是合格的有效市場。

3. 服務市場（目標市場）

服務市場是公司決定要在合格的有效市場上追求的那部分顧客群體。事實上，行銷者運用特定的行銷手段，追求具有某（些）共同特質的顧客群體才是最有效和最經濟的經營行為。

4. 滲透市場

滲透市場是指那些已經買了某公司產品的顧客群體。公司總會在目標市場上出售一定數量的產品，這些現實的顧客應該也可以成為傳播公司價值的中堅力量。

從市場需求量的大小來看，存在如下關係：

潛在市場 ≥ 有效市場 ≥ 服務市場 ≥ 滲透市場

我們也可以用圖示來直觀地描述上述關係，如圖3-4所示：

圖3-4 各層次市場的分割

(二) 市場需求量的界定

「市場」和「需求」這兩個詞的含義都比較廣泛，我們具體化市場需求量時除了用時間、空間、產品範圍這三個方面（變量）外，還需要從其他多個方面來加以界定：

1. 時間週期

企業的行銷計劃一般分為短期（一年以內）、中期（一年至五年之間）和長期（五年以上）三個時間覆蓋段。為了加強控制，行銷經理還會把短期計劃進一步細分成半年、季度、月甚至旬計劃。與之相對應的是涵蓋不同時期的市場需求量，即市場需求量必須要有明確的時間界限。

2. 空間

企業的產品銷售可以針對某一特定的顧客（個別行銷），也可以針對某一行政地區市場（如某一省、市或自治區），某一地理範圍的區域市場（如華東地區、西北地區或沿海地區）、全國市場或世界市場。地理上的不同分佈是形成需求差異性的重要原因，分析市

場需求量應以特定的地理區域為基礎。

3. 產品範圍

差異化需求需要用不同的產品去滿足。單一產品能滿足某一特定的消費群體；不同型號、規格、包裝的一組產品（如中秋節市場上流通的各個檔次的月餅）可以滿足不同消費者的差異化需求。公司的某一產品線是為不同消費者的差異化需求設計的（如通用公司包含各檔次的轎車產品線），也可能是為同一消費者的差異化需求設計的（如寶潔公司的清潔劑產品線）；公司全部行銷產品涵蓋的顧客和需求就更加廣泛。分析某一行業的產品需求量是確定企業在競爭中的地位和確定企業目標和競爭策略的基礎。瞭解全國需求是經理站得高，看得遠的表現。

4. 量

市場需求最終會落實到「量」上，這個「量」可以是消費者的數量，也可以是對產品的需求數量，最重要的應當是產品的銷售收入。前面兩個「量」是基礎，相對比較穩定，產品的銷售收入會隨產品的價格波動產生很大的變化。例如，移動電話在中國市場推廣的初期，單價在 2 萬元左右，而功能更加強大的移動電話現在的平均單價僅 2,000 元左右，如果用當初的單價來估計現在的移動電話的需求量的做法是錯誤的。

5. 消費群

事實上，在同一地理區域內的顧客需求也必然有差異性。面對消費者需求的差異性，運用市場細分原理是有效的。對不同細分市場的需求量進行估計有更重大的意義。

6. 消費者的狀態

在公司確定的目標市場中，由於各種原因，一些消費者會立即購買，成為公司的現實顧客；而另一些消費者可能還需要等待一段時間才能成為公司的顧客，即他們只是公司的潛在顧客。公司的任務就是把潛在顧客轉化為現實顧客。

7. 行銷環境

需求雖然不是創造出來的，但是行銷努力會影響消費者的消費行為，如廣告的投入量，企業的公關活動，大量的商品投放等。在估計市場需求量時，行銷經理應當考慮行銷環境的影響。

8. 企業行銷投入

在行銷環境因素相同的前提下，企業的行銷努力直接影響企業的產品銷售量。行銷經理在估計企業產品市場需求量時一般會把企業的行銷投入作為自變量。

二、市場潛量

事實上，特定產品的市場需求量並非是一個常量，隨著時間的推移，它會受多種因素的影響，從而發生變化。市場需求量的因變量可能是消費者的收入、產品自身的價格、關聯產品的價格、消費者的合理預期和行銷費用支出等。其中，行銷費用支出是對市場需求

量造成最直接和最大影響的因素。它們的關係如圖3－5所示。

圖3－5 市場需求量—行銷費用支出曲線示意圖

圖3－5反應了在特定的行銷環境下，市場需求量與行銷費用支出的函數關係。在沒有任何行銷費用支出時，產品的信息也會通過最原始的方式（如產品研製的參與者、商店的櫃臺陳列等）在相對較小的範圍內傳播，產品會有一個市場最低需求量 Q_0。隨著行銷活動的開展，行銷費用支出的產生，在新產品引入市場的初期消費者會對其有一個逐步認識和接受的過程，這時產品的市場需求量的增長速度一般比較緩慢。隨著行銷活動的進一步深入，新競爭者的加入，行銷費用支出加大到一定程度，產品的行銷氣氛就會變得很熱烈，消費者受到更大的刺激，市場需求量的增長速度會隨之加快。但是，任何產品的市場需求量都會有一個極限，即市場潛量。無論行銷者花費多少時間，作出多大的行銷努力，市場需求量都不可能突破市場潛量這個極限。

市場潛量在市場需求量估計中有極其重要的意義，當市場需求量將要達到市場潛量時，進一步的行銷努力是不經濟的。想要突破市場潛量的行銷努力是徒勞無益的。

對產品的整個行業來講存在一個行業市場潛量。一般情況下，由於消費者需求的多樣性和差異性，企業想獨占某一產品的全部市場是不現實的，因此，企業也會有一個企業市場潛量，它往往比行業市場潛量小。

三、市場需求量的估計方法

(一) 行業市場潛量估計法

可以用下列公式對行業市場潛量進行估計：

$Q = nqp$

式中：Q——特定時期內的行業市場潛量；

n——在特定條件下市場上的產品購買者的數量；

q——每一個購買者的平均購買數量；

p——產品的單價。

在上述行業市場潛量的估計公式中，確定 n 是最關鍵的。一般的做法是從總人口入

手，考慮消費者的收入或/和地理分佈或/和產生需要等影響消費行為的主要因素，來確定 n。例如，某制藥公司開發了一種治療乙型肝炎的新藥，如何估計市場開發初期的產品市場潛量呢？首先，考慮到中國 10% 的人口是乙型肝炎病毒的慢性攜帶者，在市場開發的初期，宣傳推廣工作只能在城市進行。然後，考慮到中國城市化水準為 37%，2002 年底，中國的總人口為 12.845,3 億。最後，確定該產品的市場潛量為 4.75 千萬人（12.845,3×10%×37%）。

使用「匯總法」來估計市場潛量更為準確、方便，即先估計各細分市場的市場潛量，然後匯總計算出總的市場潛量。如針對上例，考慮市場開發初期宣傳推廣工作只能在 30 萬人規模以上的城市進行，就可以先計算各符合條件的城市的市場潛量，再匯總得到該產品總的市場潛量。

(二) 區域市場潛量估計法

在某些情況下，總的市場潛量很容易估計，而直接估計區域市場潛量卻缺乏完備的統計資料。在這種情況下，可以分別或綜合考慮使用該區域市場的人口、居民收入、社會商品零售額等主要影響因素，對總的市場潛量進行分配。

估計消費品的區域市場潛量的購買力指數法就是綜合考慮主要影響因素方法的一種：

$$Q_i = Q \times (0.5Y_i + 0.3R_i + 0.2P_i)$$

式中：Q_i——i 區域的市場潛量；

　　　Q——總的市場潛量；

　　　Y_i——i 區域的社會商品零售額占全國商品零售額的比重；

　　　R_i——i 區域的個人可支配收入占全國個人可支配收入的比重；

　　　P_i——i 區域的人口占全國總人口的比重。

上述公式用線性方法綜合考慮各主要影響因素，其中 0.5，0.3，0.2 是權重。可以根據不同的商品對上述公式中的權重進行調整。

(三) 類比法

世界範圍的消費都有趨同的傾向，經濟發達地區的消費者的產品消費行為可以作為較落後地區的消費行為的借鑑。例如，恩格爾系數是用來衡量消費者生活水準的。按馬斯洛需要層次理論，隨著消費者生活水準的提高，人們會逐步按順序追求更高層次的需要，如圖 3-6 所示。

各層次的需要會催生出特定的產品，對特定產品的消費與恩格爾系數有一定的對應關係。例如，當恩格爾系數接近 1 時，市場上流通的飲料幾乎都是含糖的，當恩格爾系數在 0.3 時，市場上流行的飲料多數是不含糖的。經濟較為發達地區的消費者的產品消費行為是其他人文條件較為接近而經濟相對落後地區的消費者將來的消費行為的借鑑。例如，據統計，2002 年美國的肉食人均消費量為 120 千克，同年，中國對肉食的人均消費量大約在 50 千克，中國的肉食人均消費量與美國相比還有很大的差距，肉類食品及相關產品的

圖 3-6　恩格爾系數與特定需要的關係示意圖

市場發展潛力還很大。

(四) 連比法

國家的職能（特別是統計）部門和一些民間機構有很多現成的統計資料可供公司經理們利用。經理們可以利用一些統計數據作為分析參數、估計市場潛量的依據。連比法的具體做法是由一個基礎數據乘上幾個參數，從而得到市場潛量，例如：

對啤酒的需求量 = 人口數 × 人均可支配收入 × 可支配收入中用於食品支出的比重 × 食品支出中用於飲料支出的比重 × 飲料支出中用於含酒精飲料的比重 × 含酒精飲料中用於啤酒支出的比重

四、估計未來的需求量

對未來需求量的預測是艱鉅而複雜的工作。用統計方法進行定量預測，先要分析影響需求的諸多因素，分析它們之間的函數關係，然後確定一個模型，最後才是收集數據，運用計算軟件得到未來的需求量。

企業通常需要經過三個階段才能預測企業的銷售量。首先，需要對宏觀經濟運行環境進行預測，穩定的宏觀經濟環境會使對需求量的預測誤差減小。然後，再預測行業的產品需求量，行業的發展狀況是企業的行銷環境因素。一般來講，行業需求量是相對穩定的。最後，預測企業的銷售量，企業把假設在行業銷售中能達到的一定份額作為其銷售預測的基礎。

在估計未來的需求量時，有許多成熟的統計預測方法（如迴歸分析、時間序列分析、計量經濟學方法等）和與之相對應的軟件（如 SPSS、SAS、STATA 等）可以借用。這裡給大家介紹幾個簡單、易學的方法。

(一) 購買者意圖調查法

市場預測是在一組規定的條件下估計消費者可能買什麼的藝術。購買者意圖調查法是通過一個量表對消費者的購買意願進行度量並分析預測需求量的方法。如果購買者有清晰

的意圖，並願告訴訪問者，這種調查法就顯得特別有價值。

表3-1是某調研機構對消費者購買汽車的意圖進行定期調查時使用的問卷中的度量表：

表3-1　　　　　　　　　　　消費者購買意圖度量表

你準備在6個月內購買一輛汽車嗎？					
0	0.2	0.4	0.6	0.8	1.00
不可能	有些可能	可能	很可能	非常可能	肯定

此外，這種調查還包括詢問消費者目前和未來的個人財務狀況以及經濟前景。各種信息的要點都綜合在消費者感情度量或消費者信任度量中。消費耐用品生產商通過瞭解這些指標，可以預料消費者購買意圖的主要轉移方向，從而能相應地調整其生產和行銷計劃。

通過度量購買概率的調查，企業可以在新產品上市之前得到部分信息反饋。

（二）銷售人員意見綜合法

當公司不能訪問消費者時，則可以要求其銷售人員進行估計。每個銷售人員估計消費者會買多少公司生產的產品，公司再對他們的估計進行綜合測評，得到預測結果。由於銷售員最瞭解客戶的意見和動向，用銷售人員意見綜合法做出的預測應該有較大的參考價值。

企業吸引銷售人員參與預測可以獲得許多好處。銷售代表在預測市場的發展趨勢上可能比其他任何人更具敏銳性。通過參與預測過程，銷售代表可以對他們的銷售定額充滿信心，從而激勵他們達到目標。而且，一個基層銷售代表的預測過程還可以產生按產品、地區、顧客和銷售代表細分的銷售估計。

（三）專家意見法

企業也可以借助專家來進行預測。專家包括經銷商、分銷商、供應商、行銷顧問和貿易協會。例如，汽車公司向其經銷商定期做調查以獲得對短期需求的預測。經銷商的估計和銷售人員的估計都存在優點和不足，許多公司從一些著名的經濟預測公司購買經濟預測和行業預測。這些預測專家處在較有利的位置。由於他們有更多的數據和更好的預測技術，因此，他們的預測優於公司的預測。

公司可以不定期召集專家，組成一個專門小組，做一個特定的預測。請專家們交換觀點並作出一個小組的估計（小組討論法）；或者可以要求專家們分別提出自己的估計，然後由一位分析師把這些估計匯總成一個估計（個人估計匯總法）；或者由專家們提出各人的估計和設想，由公司審查、修改，再反饋給專家們，這樣反覆循環幾次，使專家們的預測結果逐步趨於一致，從而更深化原估計。

（四）時間序列分析法

對銷售的預測可以以過去的銷售情況為基礎，運用時間序列分析法來估計未來的需求

量。時間序列分析（time-series analysis）法把影響銷售量的因素分解成四大類——趨勢、循環、季節和偶發事件，然後把這些因素進行再組合以產生銷售量預測。例如，指數平滑法（exponential smoothing）是對下一期的銷售進行預測，綜合過去的銷售和最近銷售平均值，越到後面的權數越重。

(五) 市場測試法

在購買者不準備仔細地作購買計劃，或在實現他們的購買意圖時表現得非常無規律，或專家們並非可靠的猜測者的情況下，直接進行市場測試是必要的。直接的市場測試特別適用於對新產品的銷售量的預測或為產品建立新的分銷渠道或地區時對其銷售量的預測。

本章小結

市場行銷研究是組織和個人為診斷特定行銷問題和最終為企業市場行銷決策提供依據而進行的系統的、客觀的、科學的、有計劃的收集、分析、判斷、解釋和傳遞信息的活動過程。市場行銷研究要以正確的市場行銷學理論為指導，運用恰當的統計學方法剖析市場現象，它是市場行銷學和統計學的有機結合。

市場行銷研究的內容包括市場行銷環境研究、市場研究、消費者研究、產品研究、行銷組合研究、競爭者研究等內容，其過程可分為四個階段、七個步驟。

企業產品銷售量估計是以需求估計為基礎的。行銷人員必須搞清楚需求的含義。市場需求包括多個層次，具體化市場需求還要從多方面進行界定。估計市場需求的方法包括行業市場潛量估計法、區域市場潛量估計法、類比法和連比法。估計未來的需求可以採用購買者意圖調查法、銷售人員意見綜合法、專家意見法、時間序列分析法等。

市場行銷研究主要有四個難題：如何解讀一個行銷管理決策問題，並將其編譯為一個研究問題；如何獲得解讀問題或者驗證假設的支撐信息（數據）；用什麼分析方法分析獲得的信息；如何解讀信息的分析結果。

本章復習思考題

1. 什麼是市場行銷研究？它的主要內容是什麼？
2. 市場行銷研究的主要步驟包括哪些？
3. 如何將一個行銷管理決策問題編譯為一個市場行銷研究問題？
4. 收集原始數據的主要方法有哪些？
5. 一個市場行銷設計主要包括哪些內容？
6. 如何衡量企業的市場需求？
7. 企業如何估計未來的需求？有哪些主要的方法？

第四章　市場行銷環境

任何企業的行銷活動都是在一定的環境下進行的，其行銷行為既要受到自身條件的限制，又要受到外部條件的限制和制約。制約和影響企業行銷活動的一系列條件和因素就是企業的市場行銷環境。企業只有主動地、充分地使行銷活動與行銷環境相適應，才能使行銷活動產生最優的效果，從而實現企業的行銷目標。

第一節　市場行銷環境的概念和特點

一、市場行銷環境的概念

市場行銷環境是指影響企業行銷能力和效果的外在的各種參與者和社會影響力。這裡所說的「外在的」，既是指企業的外部，有時亦是指企業行銷部門的外部。企業的市場行銷環境是不斷變化的，這種變化對企業的行銷活動會產生重大的影響。一方面，環境的變化對企業可能形成新的市場機會；另一方面，這種變化亦可能會對企業造成新的威脅。因此，市場行銷環境是一個動態的概念，企業必須經常調查研究環境的現狀並預測其發展趨勢，分析和判斷由環境的發展變化帶來的機會和威脅，以便結合企業自身的條件，及時採取趨利避害的對策，使企業的行銷活動能和周圍的環境相適應，以取得最佳的行銷效果，實現企業的行銷目標。

企業的市場行銷環境可以分為微觀行銷環境和宏觀行銷環境兩個層次。微觀行銷環境就是和企業緊密相連、直接影響企業為目標市場顧客服務能力和效率的各種參與者，包括企業本身、供應商、行銷仲介、顧客、競爭者和公眾。宏觀行銷環境則是指影響微觀環境的一系列巨大的社會力量，主要有人口、經濟、自然、技術、政治法律、社會文化等六種。微觀環境和宏觀環境的主要內容及相互關係如圖4－1所示。微觀環境雖然直接影響企業的行銷活動，但是這種影響是由宏觀環境所決定的。

二、市場行銷環境的特點

市場行銷環境是一個多層次、多因素和不斷發生變化的綜合體系，具有以下特點：
1. 客觀性

市場行銷環境是客觀的，是不以人和組織的意志為轉移的，也是企業不可控制的。企

圖 4-1　企業的市場行銷環境示意圖

業的行銷行為總是在一定的環境條件下發生的，這就是說，企業無法如何也無法改變和擺脫行銷環境對企業行銷活動的影響和制約，企業只能通過改變行銷組合來主動適應行銷環境的變化，來應付環境變化所造成的各種挑戰。

2. 差異性

市場行銷環境的差異性不僅表現在不同企業受不同環境的影響，而且也表現在同樣一種環境因素的變化對不同企業的影響也不相同。由於外界環境因素對企業的影響的差異性，會導致企業為應付環境的變化所採取的行銷策略各具特點。

3. 多變性

構成企業行銷環境的因素是多方面的，每一個因素又都會隨著社會經濟的發展而不斷變化。這就要求企業根據環境因素和條件的變化，不斷調整其行銷策略。

4. 相關性

市場行銷環境不是由某一個單一的因素來決定的，而是受到一系列相關因素的影響。市場行銷環境是一個系統，在這個系統中，各個影響因素相互依賴、相互作用、相互制約。

5. 複雜性

企業面臨的市場行銷環境具有複雜性，表現為各環境因素之間經常存在矛盾關係。這種複雜的相互影響程度也是使企業對難以預測和估計外部環境的重要原因。

6. 動態性

市場行銷環境總是處在一個不斷變化的過程中的。首先，社會在發展，環境在變化，企業的各個行銷環境要素都處於一種易變的、不穩定的狀態之中；其次，不同的環境要素變化的速度也不一樣；最後，行銷環境要素的變化經常是連鎖反應性的。因此，企業要不斷地研究和調整自己的行銷策略，以適應不斷發展變化的行銷環境。

第二節　微觀行銷環境

企業的行銷管理者不僅要註視目標市場的要求，還要瞭解企業行銷活動的所有微觀環境因素，這些因素將影響企業服務目標市場的能力。構成微觀環境的各種制約力量又與企

業行銷形成了協作、競爭、服務、監督的關係。一個企業能否成功地開展行銷活動，關鍵在於其能否適應微觀環境的變化。

一、企業本身

現代企業為開展行銷業務，必須設立某種形式的行銷部門。為了卓有成效地開展企業的行銷業務，行銷部門內各類專職人員需要盡職盡力地通力合作，更重要的是必須取得企業內部其他部門，如高層管理、財務、研究與開發、採購、生產、會計等部門的協調一致。所有的這些企業的內部組織就形成了企業內部的微觀環境，如圖4－2所示。

圖4－2　企業內部環境示意圖

企業內部的微觀環境應分為兩個層次。第一個層次是高層管理部門。行銷部門必須在高層管理部門所規定的職權範圍內作出決策，並且所制定的計劃在實施前必須得到高層領導管理部門的批准。第二個層次是企業的其他職能部門。行銷部門的業務活動是和其他部門的業務活動息息相關的。財務部門負責尋找和使用實施行銷計劃所需的資金；研究與開發部門研製安全而吸引人的產品；採購部門負責供給原材料；生產部門生產品質與數量都合格的產品；會計部門核算收入與成本以便管理部門瞭解是否實現了預期目標。這些部門都對行銷部門的計劃和行動產生影響。行銷部門在制定和執行行銷計劃的過程中，必須與企業的其他職能部門互相配合、協調一致，這樣才能取得預期的效果。

二、供應商

供應商是指向企業及其競爭對手供應為生產特定產品和勞務所需要的各種資源的工商企業或其他組織與個人。供應商對企業行銷活動產生的巨大影響，主要體現在以下三個方面：

（1）資源供應的可靠性，即資源供應的保證程度。這將直接影響企業的產品銷售量和交貨期。

（2）資源供求的價格變動趨勢。這將直接影響企業的產品成本。

（3）供應資源的質量水準。這將直接影響企業的產品質量。

如上所述，資源供求是影響企業競爭能力和產品銷售量的重要因素。通常，企業應向多個供應商進行採購，而不應依賴於某個單一的供應者，以免受其控制。條件許可時，企業應採取後向一體化策略，自己生產所需外購的主要資源，以增強對行銷業務的控制能

力，保證企業順利實現預定的行銷目標。

三、行銷仲介

行銷仲介是指協助本企業推銷產品給最終購買者的所有仲介單位，包括中間商、實體分配公司、行銷服務機構、金融機構等。這些都是市場行銷中不可缺少的中間環節，生產企業必須借助行銷仲介單位的協助才能經濟有效地開展行銷活動。

1. 中間商

中間商是協助企業尋找顧客或直接與顧客進行交易的銷售渠道公司。中間商包括批發商與零售商。尋找中間商並與之合作是企業的一項重要工作，也是一件比較困難的事。選擇合適的中間商，並且盡可能同有影響、有能力的中間商建立良好的合作關係，有利於企業開拓市場，增強競爭，提高行銷活動的效率。

2. 實體分配企業

實體分配企業主要是指擔任倉儲、運輸活動的所有機構，包括倉儲公司和運輸公司。實體分配企業幫助企業將產品從原產地運往銷售目的地，完成產品的空間移位工作。在與倉儲、運輸公司打交道的過程中，企業必須綜合考慮成本、運輸方式、速度和安全性等因素，決定運輸和倉儲產品的最佳方式。

3. 行銷服務機構

行銷服務機構包括市場調研機構、廣告公司、各種廣告媒介經營組織、行銷諮詢服務公司等機構。這些機構幫助企業正確地定位和促銷產品。由於這些機構在可信度、質量、服務和價格方面差異較大，企業必須小心進行選擇。現在，隨著計算機網絡使用的普及，新型的行銷仲介機構已經出現，如互聯網服務提供商（Internet Service Provider，ISP）、域名代理申報和管理機構、互聯網（Internet）廣告代理發布機構、交易監督機構、交易協議認證機構等。企業要恰當地選擇和使用這些新型的仲介機構，充分提高其行銷質量和效率。

4. 金融機構

金融機構包括銀行、信貸公司、保險公司和其他能提供融資服務的機構。它們能夠為行銷活動提供金融支持或對貨物買賣中的風險進行保險。特別是處於發展中國家的行銷企業，由於普遍存在資金短缺問題，所以需要借助金融機構來為交易提供資金。這對企業行銷活動的成功具有決定性的意義。

四、顧客

顧客是企業產品購買者的總稱，可以是組織，也可以是個人。凡是那些已經購買了企業產品的組織或個人，就是一個企業的現實顧客；而那些現在還沒有購買，但可能在將來購買企業產品的組織或個人是企業的潛在顧客。

顧客是影響企業的一個重要微觀行銷環境。任何企業的產品，如果未能被顧客認可和接受，就沒有交換對象，就不可能得到預期的行銷成果。所以，分析顧客的需要，瞭解顧客對企業所提供的產品以及對競爭對手的產品的看法和態度是企業行銷管理最重要的內容。

行銷企業的顧客一般來自五個市場：一是消費者市場，二是產業市場，三是中間商市場，四是政府市場，五是國際市場（如圖4-3所示）。企業應明確其產品市場的主要類型，以便針對目標顧客的特點，制定適當的行銷策略。

圖4-3　顧客市場的種類示意圖

五、競爭者

一個企業的競爭者是指在同一個目標市場爭奪同一顧客群體的其他企業或類似的組織。任何企業從事行銷活動都會遇到各種競爭對手。競爭者也是企業行銷的重要環境因素。用市場行銷觀念看，一個企業如果想成功，那就必須比他的競爭對手做得更好，讓顧客更滿意。企業必須時刻瞭解其競爭對手，並設法戰勝他們，才能保持顧客對本企業產品的信賴和追求。

從顧客作出購買決策的過程來看，企業在向目標市場推銷其產品時，將面臨四種類型的競爭：

1. 慾望競爭

消費者的慾望是多方面的，但其購買力是有限的。因此，消費者要經過多方考慮，才會作出購買決策。購買決策的作出，實際上就是能滿足不同消費慾望的各類消費品出售者之間為爭取消費者成為各自的顧客而進行競爭的結果，這一系列消費品的出售者就是慾望競爭者。

2. 類別競爭

為滿足相同需要而提供不同類型但可以互相代替的產品的競爭就是類別競爭，也被稱為平行競爭。

3. 產品形式競爭

同類產品也會有多種不同的品種、規格、型號，總稱為形式。購買者作出的選購決策，就是產品形式競爭的結果。

4. 品牌競爭

相同形式的產品仍會有不同的品牌。所謂品牌競爭，亦稱企業競爭，是指在質量、特色、價格、服務、外觀等方面所展開的競爭。

品牌競爭和形式競爭，是同行業之間的競爭，涉及本企業產品的市場佔有率的升降，對企業產品的銷路會產生明顯的影響。類別競爭和慾望競爭可以影響整個行業市場範圍的擴大或縮小的問題，因此，有遠見的企業經營者絲毫也不會忽視類別競爭和慾望競爭。

六、公眾

公眾是指對一個組織實現其目標的能力具有實際的或潛在的影響力的任何團體。圖 4-4 展示了七類公眾因素。

圖 4-4 公眾的種類

1. 金融公眾

金融公眾是指影響本企業融資能力的各種金融機構，主要包括銀行、投資公司和股東。企業需要同金融機構保持良好的關係，以求得金融界對企業行銷活動的最大支持。

2. 媒介公眾

媒介公眾是指報紙、雜誌、廣播電臺和電視臺等有廣泛影響的大眾傳播媒介。媒介公眾對企業的行銷活動往往會起到營造良好的輿論環境和樹立企業在公眾中良好形象的作用。

3. 政府公眾

政府公眾是指負責管理企業行銷業務的有關政府部門。企業的行銷管理部門在制定行銷計劃時，需要研究政府的各種法令和法規及各項政治和經濟發展方針、政策和措施，使企業的行銷活動符合政府的要求，以得到政府的最大支持。

4. 公民公眾

公民公眾是指國家公民為自己的某種共同利益和特殊需要而建立起來的各種社會組織，包括保護消費者利益的組織、環境保護組織等。這些組織與社會輿論對消費者行為會產生重要影響，甚至能影響到立法機構的立法、政府政策的制定等。為此，企業要與公民公眾進行經常性的溝通，求得他們的理解和支持。

5. 地方公眾

地方公眾是指企業附近的鄰里居民和社團組織。企業應和地方公眾保持良好的公共關

係，以取得良好的地方公眾印象。

6. 一般公眾

非組織形式的公眾就是一般公眾。一般公眾不會對企業採取有組織的行動，但他們對企業及其產品的認識都對廣大消費者有廣泛的影響。企業的公眾形象會影響其產品的銷售。

7. 內部公眾

內部公眾是指企業內部的全體職工。企業需要通過調動內部員工的積極性來提高企業的活力，增強企業的凝聚力。

公眾對企業的命運會產生巨大的影響，因此企業一般都設有公關部門，專門策劃建立和各類公眾的關係。需要強調的是公共關係事務並不只是公關部門的工作，而是企業全體職工都應該參與的工作。

第三節　宏觀行銷環境

不僅各種微觀行銷環境因素對企業的行銷活動會產生影響，宏觀行銷環境也會對企業的行銷活動產生重要的影響，因此，企業也需要對宏觀行銷環境因素進行研究。

宏觀行銷環境是指為企業的生存和發展創造機會和產生威脅的各種社會力量，包括人口、經濟、自然、技術、政治法律、社會文化等因素，如圖 4-5 所示。雖然這些因素有一定的獨立性，但行銷者必須注意它們之間的相互作用，如人口爆炸式的增長（人文）可能導致資源匱乏和環境污染（自然環境），從而引起消費者要求法律保護（政治法律）；政府的限制會刺激新技術和產品環境（技術），如果人們承擔得起新產品（經濟因素），又會改變人們的觀念和行為（社會文化）。

圖 4-5　企業宏觀行銷環境的主要因素示意圖

宏觀行銷環境通過形成社會和經濟發展趨勢來深刻影響企業的行銷活動。這些趨勢會形成不可阻擋和不會輕易改變的社會經濟發展趨勢，從而為那些能夠適應趨勢的企業提供大量的行銷機會，對那些不能適應這些趨勢的企業，造成毀滅性的打擊。

所謂趨勢是指具有某些勢頭和持久性事件的發展方向或演進。通過確定趨勢能發現許多機會。例如，「知識和信息技術對經濟發展能起到更大的作用」就是當前的重要趨勢。這個趨勢會為那些能夠運用先進信息技術的企業帶來更快的發展速度，更好的行銷成果；

而那些在信息技術上落後的企業，則會遇到越來越多的困難。

趨勢具有預見性和持續性的特點，能揭示未來，反應未來的社會、經濟、政治和技術的發展變化，並對人們的生活產生較長時間的影響。當前，工業經濟向知識經濟的轉變就是一種大趨勢。通過對這些趨勢進行預測，企業能找到將來的發展方向。

一、人口環境

人口是形成市場最基本的要素，企業行銷人員應該重視當前世界人口因素變化的重要趨勢以及其對行銷活動所產生的重要影響。

(一) 人口爆炸性增長

人口爆炸性增長是世界各國政府及各種社會團體極其關切的一個大問題。世界人口迅速增長，可能導致如下問題：①由於地球上的資源有限，可能不足以養活這麼多人口，特別是無法維持大多數人所渴望的生活水準，這會導致行銷企業面臨所需資源越來越短缺、生產成本越來越高的問題。②因為人口增長最快的地方恰恰正是那些最貧窮、經濟發展最慢、最缺乏能力養活過多人口的國家和地區，因此，高昂的生產成本與市場有效支付能力之間的差距將越來越大，會加劇貧窮的惡性循環。

如果人口增長伴隨著經濟的更快發展，則人口的增長意味著人類需求的增長。如果人們有足夠的購買力，人口的增長就意味著市場的擴大，這種人口增長無疑會為企業提供發展的機會。倘若人口的增長對糧食的供應和各種資源的供應形成過大的壓力，生產成本就會暴漲而利潤便會下降。

(二) 發達國家的出生率下降

西歐、北美等地區的人口出生率下降會引發兒童人數的減少。人口出生率下降，也會使現有社會成員的閒暇時間增多。究其原因有可能是人們希望提高個人的生活水準，婦女們越來越希望走出家門去從事工作以及控制生育的技術與知識的不斷進步和提高。這會為那些向市場提供用於個人更全面發展和更高享受需要的產品的企業帶來更多的行銷機會。另一方面，人口出生率下降，兒童人數的減少使一些國家的兒童用品市場出現萎縮，迫使這些企業開展多樣化經營。

(三) 人口結構發生變化

近幾十年來，隨著出生率和死亡率的下降，許多國家包括中國在內都出現了人口老齡化的現象，這就為擴大老年用品市場提供了機會，並出現了所謂的「銀色市場」的說法。毫無疑問，世界上許多國家的人口結構都趨於老齡化，對社會和工商業的影響將是十分重大的。

(四) 家庭的變化

家庭是以婚姻為基礎、以血緣為紐帶的人類社會細胞，也是發生消費行為的基本單位。由於晚婚、少子女、高離婚率、已婚婦女就業等現象的出現，家庭的特徵也在發生變

化，導致家庭規模小型化，家庭結構核心化。

家庭的變化趨勢主要有：①晚婚。這一方面會導致生產結婚用品的企業的行銷機會減少；另一方面會促使結婚用品呈現高檔化的趨勢，從而為企業提供行銷機會。②少子女。子女減少，一方面使子女在家庭中的消費地位提高，家庭中未成年子女對產品的態度和選擇，將大大影響父母的購物選擇和態度；另一方面，隨著子女的減少，兒童用品行業的行銷機會會相應減少。③離婚率增高。這將導致許多居家用品的市場需求增多，同時，對於社會化的家務勞動的需求也會不斷增加。這會為提供家庭服務行業的企業增加更多的行銷機會。④雙職工家庭增多。這種趨勢會引起消費者對方便食品、冷凍食品、節省時間的家庭用品以及其他照顧老人、兒童、洗衣、做飯等服務的需求增大，從而為相關行業帶來良好的行銷機會。

(五) 人口的年齡結構

不同年齡的人消費的內容具有差異性，因此，在分析人口的總體數量變化的時候，需要考察不同年齡結構的變化。人口可以劃分成六個年齡段：學齡前兒童、學齡兒童、青少年、青年人、中年人和老年人。不同年齡組人口的增加或減少，預示著即使在總人口不變的情況下，對於不同產品的需求也會發生變化。因此，在細分市場的時候，經常使用年齡結構來區分不同的年齡組的需求，並找到行銷機會。

二、經濟環境

市場不僅由人口組成，還需要人們有足夠的購買力。購買力取決於收入、價格、儲蓄和信貸等構成經濟環境的主要因素。

(一) 消費者收入水準

消費者的購買力來源於其收入，分析消費者的收入水準需要進行收入分配與收入量分析，如圖4-6所示。

```
              ┌ 收入分配 ┌ 自給型
              │          ├ 原料出口型
              │          ├ 發展型
消費者        │          └ 工業化型
收入          │          ┌ 名義
              └ 收入量   │
                         └ 實際──可支配收入 ┌ 生活必需品開支
                                             └ 可任意支配收入
```

圖4-6　消費者收入水準分析示意圖

1. 收入分配

各國收入的水準與分配差異很大，主要決定於該國家的產業結構。產業結構有四種類

型。不同的產業結構，對收入分配量的大小也有重要影響。

（1）自給型。在這種產業結構中，大多數人從事簡單的農業勞動，大部分產品都由生產者自行消費，剩餘的則用於交換簡單的商品與服務。這種產業結構為市場行銷人員提供的機會很少。

（2）原料出口型。在這種產業結構中，國民的大多數收入往往來自一種或幾種自然資源的出口，而其他方面則很貧乏，如中東地區的石油輸出國。

（3）發展型。在這種產業結構中，製造業占國家國民總產值的10%～20%，擁有工業化型產業結構的國家發展的現代工業主要集中在紡織、汽車、鋼鐵等傳統行業。工業化產生了富裕的階層和不斷增加的中產階層，他們需要新型的商品，其中有些只能靠進口得到。在這樣的國家中，也存在大量的貧困階層，且貧富的差距很大。

（4）工業化型。工業化型經濟是出口製成品和輸出資金的經濟。擁有工業化型產業結構的國家出口產品以換取原材料和半成品。這些國家擁有大量的富裕階層以及規模很大的中產階層，因此，國民購買力很強，是新產品、技術產品和奢侈品的主要消費國家。

現在，也開始出現知識經濟國家，即掌握了最先進的信息、通信和其他高新技術的國家。這些國家通過出口這些技術和產品，獲得大量的財富。

2. 收入量

對一個國家或特定的市場消費者的收入量進行分析，常使用如下兩個指標：個人可支配收入和個人可任意支配收入。

（1）個人可支配收入。消費者的一切個人收入並不都是可以由自己支配的。個人收入中必須扣除應由消費者個人繳納的各項稅款和其他各種政府強制執行徵收的管理費，如個人所得稅、住房公積金、退休保險等以後才是個人可支配的收入。這部分個人可支配收入是真正影響消費者購買力水準的決定性因素。

（2）個人可任意支配收入。上述個人可支配收入實際上仍不是消費者所能任意支配的，因為其中的相當一部分必須用來維持個人及家庭的生活或其他已固定的開支，如伙食、衣著、房租、分期付款、保險費用和其他固定開支。扣除以上開支後的餘額才是個人可任意支配的收入。個人可任意支配的收入是消費者用來擴大購買量及提高消費水準的基礎。

（二）消費結構

當消費者的收入逐步增加時，其消費結構也會相應地出現有規律的變化。所謂消費結構是指各類消費支出額在消費支出總額中所占的比重，因此，消費結構也稱為消費支出模式。

研究消費結構變化最主要的經濟學理論是恩格爾系數。厄恩斯特·恩格爾（Ernest Engel）是德國統計學家，他在研究消費者家庭開支變化時，發現了一個規律：家庭的收入越少，用於食物方面的費用在家庭全部支出中所占的百分比越大；當家庭所得收入增加

時，用於食物的支出在支出總額中所占的百分比就會逐漸減少。恩格爾發現的這一規律在以後的家庭收支研究中得到廣泛的證實。

恩格爾系數的求法為：

$$恩格爾系數 = \frac{用於食物的支出}{全部消費支出} \times 100\%$$

恩格爾系數可以用來衡量居民的富裕程度，也可以表明一個國家潛在購買力的大小。按照聯合國的劃分標準，當恩格爾系數≥50%時，為貧窮；當恩格爾系數在30%~50%之間時，為較富裕；當恩格爾系統<30%時，為富裕。企業從恩格爾系數可以瞭解目前市場的消費水準，也可以推知今後消費變化的趨勢及對企業行銷活動的影響。

(三) 儲蓄和信貸

在不考慮消費者儲蓄變化影響的情況下，消費者及其家庭的可任意支配收入就形成當期的全部購買力。但是，一般情況下，消費者並不是將其全部收入完全用於當期消費，而會把收入的一部分以各種方式儲存起來，如銀行存款、債券、股票等。經濟學家發現消費和儲蓄都隨收入的增加而增加，但收入增加到一定程度後，消費增加的百分比將逐漸降低，而儲蓄增加的百分比將逐漸提高。

消費信貸對購買力的影響正好與儲蓄相反，消費信貸實際上是購買力的預支，因此，消費信貸的擴大等同於購買力的擴大。西方國家的消費者信貸比較普遍，也比較發達。許多消費者家庭普遍通過借款來增加當前消費。最常見的消費信貸有短期賒購、分期付款和信用卡信貸等。中國正處於工業化發展中，由於資金的缺乏和受傳統觀念影響，消費者信貸還不發達。但近年來，中國的消費者信貸也出現了增加的勢頭，如為啟動房地產業市場，對消費者購買商品住房提供的銀行資金按揭等。

影響購買力的因素，還包括生活消費觀念的變化，社會文化風氣的變化等。市場行銷人員需要經常地觀察經濟環境變化，作出正確的分析和預見。

三、自然環境

企業行銷的自然環境是指影響企業生產和經營的物質因素，如企業生產需要的物質資料，企業生產產品過程中對自然環境的影響等。自然環境的變化，既可以為企業帶來嚴重的威脅，也可能為企業創造有利的市場行銷機會。企業行銷人員必須重視自然環境的變化趨勢。

(一) 某些自然資源會發生短缺

地球上的資源可以分為無限資源、有限可再生資源、有限不可再生資源三種。

無限資源，如空氣、陽光等，目前還未出現問題。儘管某些環保組織認為存在長遠的危機，如臭氧層遭到破壞，但目前引起世界廣泛關注的是水資源問題。如今，水資源問題已經成為某些地方的主要問題了，包括中國在內的許多國家和地區都出現了水資源短缺的情況，有些水資源甚至遭到嚴重污染。耕地面積的減少，森林的過量採伐等損害了資源的

再生能力而使可再生有限資源出現短缺。由於掠奪性開採，石油、煤、鉑、鋅和銀等不可再生資源，最後不可避免地會趨於耗竭。使用這些稀有礦藏的企業將面臨成本大幅度上升的問題，而且很難將其轉嫁給顧客。

面對自然資源日益短缺的威脅，人們對能節約資源耗用的產品和方法以及稀缺原料的有效代用的需求也更為迫切，這將為從事該方面研究和開發工作的企業帶來良好的發展機會。

(二) 能源成本上升

石油這一有限不可再生資源已經成為未來經濟增長中的一個嚴重的問題。世界上的主要工業化國家對石油的依賴很嚴重，除非能夠開發出經濟的替代能源，否則，石油將繼續主宰世界的政治、經濟局面。20世紀70年代的油價大幅上升，1991年的海灣戰爭，已促使人們去研究替代能源。煤又重新被普遍使用，許多企業還在探求太陽能、原子能、風能及其他形式能源的實用性。僅僅在太陽能領域，已有成百上千的企業、機構推出了新一代產品，用於家庭供暖和其他用途。還有一些企業，正在研究有實用價值的電動汽車。

對能源替代資源的開發和更有效地使用能源促使了1986年原油價格的下降。低價對石油勘探不利，但卻明顯地使用油企業和消費者的收入提高了。企業需更密切關注石油及能源價格的變化。

(三) 環境污染日益嚴重

發達國家工業發展的歷史表明工業發展的過程，同時也是環境污染日益增加的過程。例如，化學和核廢料的隨意丟棄，海洋中水銀的危險濃度，土壤和食品中的化學污染量，以及我們周圍散亂丟棄的大量無法被生物降解的瓶子、塑料袋和其他包裝材料等都會嚴重地污染環境。環境污染造成的公害已經引起公眾越來越強烈的關注和譴責。這種動向對一切造成污染的行業和企業會構成一種「環境威脅」，企業在社會輿論的壓力和政府的干預下，不得不採取措施控制和消除污染；另一方面，也給生產控制污染設施或不污染環境的產品的行業和企業造成新的市場機會。如淨化、回收中心、土地填充系統工程都會因此獲得巨大的市場。

(四) 政府對自然資源的管理和干預日益加強

隨著經濟發展和科學技術的進步，許多國家都加強了對自然資源的管理，制定了一系列相應的法規，如荷蘭成功地推行了「國家環保政策計劃」，該計劃以減少污染為目標；德國政府堅持不懈地追求環境的高質量；美國於1970年成立了環保署（Environment Protection Agency，EPA），負責制定和實施關於污染的標準，開展對污染的形成和影響的研究。但是，政府的管理與干預，往往會與企業的經濟效益相矛盾。比如，中國為了控制某些地區的環境污染，按照法律和合理的標準，對一些企業實行「關、停、並、轉」，這樣就可能導致該地區工業增長速度放慢。因此，一方面政府必須健全和完善環境保護的有關法規，加強治理環境的力度；另一方面，又必須統籌兼顧，有步驟地分階段治理。

四、技術環境

科學技術是影響人類前途和命運的最大力量。技術的進步對企業行銷會產生直接而顯著的影響。一方面，它可能給企業提供有利的機會；另一方面，它也會給某些企業的生存帶來威脅。一項新技術的出現，有時會形成一個新的行業，但同時也會使用某些陳舊技術的老產品遭到無情的打擊，甚至摧毀一個工業部門，如晶體管和集成電路的出現打擊了真空管工業，複印機的出現打擊了復寫紙工業等。因此，西方有人把科學技術稱為「創造性的破壞力」。新技術創造新的市場和機遇。行銷人員應注意觀察和預測技術發展的趨勢，隨時準備應變。

(一) 技術的高速發展

當今世界的科學技術迅猛發展，在生物技術、微電子、機器人和材料科學等領域都出現了令人振奮的結果。這些新技術的研究將革新我們的產品和生活方式，給人們的需求帶來更廣闊的天地。行銷者有責任加速和引導這個過程。

(二) 技術環境變化對市場行銷的影響

科學技術進步給市場行銷帶來的影響表現為：①大部分產品的生命週期有明顯縮短的趨勢；②技術貿易的比重增大；③勞動密集型產業面臨的壓力將加大；④發展中國家勞動力費用低廉的優勢在國際經濟中被削弱；⑤流通方式將向更加現代化發展。

因此，行銷人員必須密切注意技術環境的變化，瞭解新技術如何能為人類需要服務，以促進本企業的技術進步。企業應該和研究開發人員密切合作，並且鼓勵以市場為導向的研究。同時，企業也必須警惕技術發明對使用者可能造成的危害，以避免引起消費者的懷疑甚至抵制。

五、政治法律環境

企業總是在一定的社會形態和政治體制中活動的，因此，企業的行銷決策在很大程度上受政治和法律環境變化的影響。

這裡所說的政治法律環境，主要是指與市場行銷有關的各種法規以及政府管理機構和社會團體的活動。綜觀世界各國，在過去的幾年中，調節企業行銷活動的法令、法規呈現出不斷增加的趨勢。尤其是西方國家的政治法律環境，正愈來愈多地影響著市場行銷。

中國自十四大明確中國經濟體制改革的目標是建立社會市場經濟體制以來，已經明顯地加快了經濟立法的速度。迄今已陸續頒布或修訂了公司法、廣告法、稅收法、經濟合同法、反不正當競爭法、保護消費權益法等多項法律，以規範企業的行為。

政治法律環境對現代行銷活動的影響主要表現在以下幾方面：

(一) 對企業經營活動實行大量的立法

立法的目的主要有：①保護企業相互之間的利益，防止不正當競爭；②保護消費者的

利益，使其免受不公平商業行為的損害；③保護社會利益，防止社會成員受到不符合社會公德的商業活動的影響。

(二) 公眾利益團體力量增強，影響擴大

企業行銷人員除必須懂得法律外，還要瞭解有關公眾利益團體的動向。在西方，這些能夠影響立法傾向和執法尺度的非立法、執法性質的社會團體被稱為壓力集團。消費者保護和環境保護團體對市場行銷有直接影響。中國於20世紀80年代建立了消費者協會。此後，各大中城市的消費者組織也紛紛成立。消費者協會在貫徹《消費者權益保護法》，維護消費者權益方面做了大量工作，發揮著日益顯著的作用。許多企業都建立了新的公眾事務部門來應付這些組織及相關問題。企業的經營者既要善於應付消費者保護和環境保護力量的挑戰，又要善於捕捉消費者保護和環境保護力量所提供的機會。

新的法律和不斷增加的各種壓力組織使市場行銷人員受到更多的限制，他們不得不協同公司法律、公共關係和公眾事務部門一起制訂市場行銷計劃。

六、社會文化環境

文化是指在一定的社會區域內人們所具有的基本信仰、價值觀和生活準則等的總稱。文化環境是影響人們慾望和行為的重要因素。企業行銷人員需要瞭解和掌握不同市場消費者的社會文化背景，才能掌握和認識消費者的主要行為特徵和規律。

構成一個社會文化最核心的東西是人們的價值觀。價值觀又分為核心價值觀和次價值觀兩類。核心價值觀是支配人的行為的最穩固的力量。一個人的核心價值觀一經形成就具有高度的持續性。在行銷活動中，企業不要試圖做與消費者的核心價值觀相衝突的事。次價值觀是比較容易改變的。在行銷活動中，企業可以通過改變人們的次價值觀來影響消費者的某些行為，以創造一個有利的行銷環境。

除核心文化外，在一個社會中還會存在亞文化。亞文化是指在一個共同的社會文化背景下，由於某種自然或社會原因所造成的具有差異性的不同文化群體。亞文化的存在，使一個社會或國家中存在有不同行為取向的社會群體，從而，就必然出現不同的消費群體。市場行銷人員可以將這些亞文化群體作為目標市場。

第四節　環境分析與企業對策

市場環境分析的任務就是對外部環境諸因素進行調查研究，以明確其現狀和變化趨勢，從中區別出對企業發展有利的機會和不利的威脅，並且根據企業本身的條件作出相應的對策。行銷環境分析使行銷企業能識別行銷機會和發現環境威脅，以提高企業對環境的適應性。市場環境分析也被稱為機會和威脅分析。

一、環境分析的意義

分析行銷環境的主要意義在於企業可以通過分析行銷環境，識別行銷機會和發現環境威脅，提高其對環境的適應性。

環境威脅是指行銷環境中出現的不利的發展趨勢及由此形成的挑戰。如果企業不採取果斷行動，這種不利的趨勢將導致行銷企業的市場地位被侵蝕。當出現環境威脅時，行銷企業必須能預見並制定對應措施，否則，企業的行銷活動就會遇到困難，嚴重時，將使企業面臨全面的危機乃至被毀滅。

行銷機會是指在行銷環境中出現的對企業的行銷活動具有吸引力的領域。在這一領域內，企業擁有競爭優勢或有得到更多行銷成功的可能性。

對於行銷企業來說，行銷機會是企業在市場中遇到的發展機遇。如果行銷企業不能及時抓住這些機會，就不可能取得行銷活動的成功。

二、環境評價方法

(一) 列表評價法

環境事件對企業經營的影響可以分為正影響（即機會）和負影響（即威脅）兩種。正影響和負影響都有不同的強弱程度。此外，環境事件還有一個發生概率的問題。一般來說，常以某個數列來表示影響的強弱程度和概率的大小。例如，分別以 +5～-5 這 11 個數字來表示從最好的機會到最大的威脅的影響強弱程度，以 0～5 這 6 個數字表示發生概率的大小，然後將影響強弱的得分和概率大小的得分相乘，得到的乘積就表示正影響或負影響的重要程度。

例如，某工業發達國家的某造船廠，對石油漲價這一環境因素，通過分析可能引發的事件對該廠業務的影響，作如表 4-1 的重要程度分析。

表 4-1　　　　　　　　　　　環境事件重要程度分析表

事　件	對企業的影響	發生的概率	潛在的機會（＋）或威脅（－）的重要程度
石油價格上升			
1. 油輪需求量減少	－5	5	－25
2. 運煤船需求量增加	＋5	5	＋25
3. 貯油設備需求增加	＋3	3	＋9
4. 酒精燃料技術的進步	＋1	1	＋1
5. 發展中國家造船技術的提高	－3	5	－15

從表中可見，第 1、2、5 項三個事項最為重要，是制定對策時應首先予以考慮的因

素；第 3 項是次一級考慮的因素；第 4 項屬於不重要的因素，可以忽略。

(二) 矩陣分析法

利用矩陣分析法來分析環境因素的做法一般為：首先，將有關環境事件的影響區分為機會和威脅兩類，將影響的程度和發生的概率大致上分為高低兩檔。然後，以發生的概率為橫坐標，以機會或威脅的強弱程度為縱坐標，分別作出威脅矩陣和機會矩陣。最後，根據各環境事件的相應數據，在坐標平面上描點，區分其重要程度。仍以上例為例，可以分別作出威脅矩陣和機會矩陣，如圖 4－7 所示。

圖 4－7　矩陣分析法示意圖

列於威脅矩陣或機會矩陣左上角的因素，皆為重要性高的因素，企業應予以高度重視並制定對策利用機會或避開、減小威脅；列入右上角和左下角的因素，其重要程度較次，一般不需要企業立即制定對策，但經營者仍應嚴密監視其動向；至於列於右下角的因素，企業則可略而不顧。

通過對環境事件進行重要性分析，企業對所處的環境要有一個綜合的估計，即綜合考慮面臨的機會和威脅的程度。這種綜合估計可用機會威脅綜合矩陣來表示，即以機會的強弱程度為縱坐標，以威脅的強弱程度為橫坐標，並將機會和威脅分為高低兩檔，從而把企業的處境分為四種類型，如圖 4－8 所示。

	威脅程度 低	威脅程度 高
機會程度 高	理想企業	冒險企業
機會程度 低	成熟企業	困難企業

圖 4－8　機會威脅綜合矩陣示意圖

從圖4-8可知，企業可以被分為四類：
(1) 理想企業，即具有重大機會而無重大威脅的企業。
(2) 成熟企業，即面臨的機會及威脅均低的企業。
(3) 冒險企業，即面臨的機會及威脅均高的企業。
(4) 困難企業，即機會小而威脅大的企業。

三、擬訂對策

企業通過對外部環境進行分析，可以找出重大的發展機會和避開重大的威脅，以改進企業的地位，謀求企業的發展。

一些企業把行銷環境看成是「不能控制」的因素，認為企業只能去適應行銷環境。它們被動地接受行銷環境，而不試圖去改變它。這些企業分析環境因素，制定策略，以避免環境中的威脅，或者利用環境中的機會。

而另一些企業則採用了預測性環境管理的方法。這些企業不再單純地觀察環境變化，然後做出反應，而是採取積極步驟去影響行銷環境中的公眾和其他各種因素。他們雇用遊說者去影響有關本行業的立法，策劃媒體事件以獲得對其有利的報導；他們利用廣告來影響公眾的觀念，利用如法律或向管理部門上書的方式來保證競爭者不會出格；他們還利用合同管理的方式來更好地控制分銷渠道。

然而，行銷管理人員並不能永遠控制環境因素，在許多情況下，企業也只能觀察和適應環境，如企業基本上不能影響經濟環境和主要的文化價值觀。但只要有可能，行銷管理者就應對市場環境採取主動而非被動的態度。

本章小結

市場行銷環境是指影響企業行銷能力和效果的外在的各種參與者和社會影響力。市場行銷環境是一個動態的概念，企業必須善於分析和判斷由環境的發展和變化帶來的機會和威脅，以實現企業的行銷目標。

企業的市場行銷環境可以被分為微觀行銷環境和宏觀行銷環境兩個層次。微觀行銷環境就是和企業緊密相連，直接影響企業為目標市場顧客服務能力和效率的各種參與者，包括企業本身、供應商、行銷仲介、顧客、競爭者和公眾。

宏觀行銷環境是指為企業的生存和發展創造機會和產生威脅的各種社會力量，包括人口、經濟、自然、技術、政治法律、社會文化等因素。人口的數量和人口的一系列性質因素對市場需求會產生重大的影響。收入、價格、儲蓄和信貸是構成經濟環境的主要因素。企業行銷的自然環境是指影響企業生產和經營的物質因素。科學技術是影響人類前途和命運的最大的力量。技術的進步會對企業行銷產生直接而顯著的影響。行銷人員應注意技術

的發展趨勢，隨時準備應對。政治法律環境主要是指與市場行銷有關的各種法規以及有關的政府管理機構和社會團體的活動。文化是指在一定的社會區域內人們所具有的基本信仰、價值觀和生活準則等的總稱。

市場環境分析的任務就是對外部環境諸因素進行調查研究，以明確市場現狀和其變化趨勢，從中區別出對企業發展有利的機會和不利的威脅，並且根據企業本身的條件作出相應的對策。通過行銷環境分析，企業能識別行銷機會，發現環境威脅，從而提高企業對環境的適應性。市場環境分析可以通過環境評價和擬訂政策等步驟來實現。

本章復習思考題

1. 什麼是市場行銷環境？為什麼說市場行銷環境是一個動態的概念？
2. 市場行銷環境的主要特徵有哪些？
3. 什麼是企業行銷的微觀環境？構成企業的微觀環境有哪些？
4. 什麼是企業的行銷宏觀環境？其構成要素包括哪些？
5. 企業行銷環境的變化會對企業產生哪些方面的影響？企業應如何應對這些影響？
6. 請聯繫實際分析技術變革對行銷方式和行銷活動的影響。

第五章　消費者市場和購買行為分析

得市場者得天下。只有那些真正瞭解顧客的企業，才能發現和把握更多的市場機會。因此，企業必須認真研究目標市場消費者的慾望、偏好、購買行為以及影響消費者購買行為的因素，為企業的行銷決策提供客觀的依據，從而使企業在競爭中獲得優勢，取得自身的發展。

第一節　消費者市場

一、消費者市場需求的主要特徵

消費需求是隨著社會經濟、政治和文化的發展而不斷產生和發展的。消費需求儘管千變萬化，但總有一定的趨向性和規律性。市場消費需求的基本特徵，主要表現在以下幾個方面：

1. 多樣性和差異性

由於消費者在地理位置、收入水準、文化程度、生活習慣、民族傳統、職業、性別、年齡等方面存在差異，因而對產品和服務的需要無論在對象本身還是滿足方式上都不一致。消費者有各式各樣的愛好和興趣，對商品的需要是豐富多彩和千差萬別的，即使是滿足相同的需要，也存在著差異。企業應注重產品的綜合開發與整體市場的結合，以滿足消費者的需要。

2. 發展性

消費水準不會停留在一個水準上。隨著科學技術的進步，社會生產力水準的提高，消費者的經濟收入也會隨之提高，人們對市場上的商品和服務的需求也會不斷發生變化。原有的需求得到滿足，又會產生新的需求。這種需求的發展性一般是由低級到高級，由簡單到複雜，從追求數量上的滿足向追求質量上的滿足發展。這種發展性表現為曾經流行的暢銷品在一定時期後可能成為過時的滯銷品，新產品和高檔產品的比重將不斷增大。

3. 層次性

消費需求要受到貨幣支付能力和其他條件的約束。在一定的條件下，消費者對各類消費資料的需求有緩有急，有低有高，表現出層次性。一般來講，消費需求可以被劃分為三個基本層次：生存需求、享受需求和發展需求。生存需求是最基本的需求，屬於低層次需

求，享受和發展需求屬於高層次需求。只有低層次的需求得到滿足後，才會產生高層次的需求。雖然每一個消費者的需求在一定時期內處於一個層次上，但從全社會來說，則同時存在著高、中、低檔不同層次的需求。針對這一特點，企業應根據不同時期不同消費者的需求層次，適時開發出不同層次的產品。

4. 伸縮性

人們的消費需求受各種因素的影響。這些因素的變化會引起消費需求的相應改變，既可能變多，也可能變少，從而表現出消費需求的伸縮性。這種伸縮性在不同的產品上表現不同。一般來講，生活必需品的需求彈性很小，其需求的伸縮性也小；非生活必需品，尤其是高檔消費品的需求彈性很大，其需求的伸縮性也較大。根據這一特徵，企業可綜合考慮內、外部條件，確定最佳的商品供應量。實踐證明，人們隨著經濟、社會地位的改變，一般都會相應增加或減少對某些商品的需求。

5. 可誘導性

消費者的需求是可以誘導和調節的。由於大多數消費者不具備專門的商品知識，在企業廣告宣傳的誘導下，消費需求會發生轉移，本來打算購買甲產品的可轉變購買乙產品；潛在需求，經過誘導，可以上升為現實的需求；未來的購買慾望可以轉變為近期的購買行為。針對這種可誘導性，企業應該瞭解消費者的心理，搞好產品的促銷，引導消費需求向健康的方向發展。

6. 關聯性和替代性

關聯性是指一種商品的銷售可能帶來另一些相關產品的銷售。替代性是指一種商品銷售量的增加可能導致另一種商品銷售量的減少，替代性商品具有逆向關聯性。研究消費需求的關聯性和替代性，對企業選擇目標市場，確定行銷戰略十分重要。

二、消費者市場的一般特點

消費者市場又叫消費品市場，是由為滿足個人生活需要而購買商品的所有個人和家庭組成的，是組織市場乃至整個經濟活動為之服務的最終市場。

由於消費需求的多樣性，市場供求狀況的多變性，消費者市場必然是一個複雜而又多變的市場。同其他市場相比，消費品市場具有以下特徵：

（1）分散性和廣泛性。這是指消費品市場上的購買者人數眾多，消費者的分佈地域廣。從城市到鄉村，消費都無處不在，市場廣闊，潛力極大。

（2）小型化。這是指消費品是以個人和家庭作為基本購買單位的，因而每次交易的數量與金額相對較少，多屬零星購買，購買頻率較高。

（3）多變性和流動性。由於消費需求的多樣性和發展性，消費品市場必然呈現多變性，使購買力在不同的商品之間不斷發生轉移。同時，消費品的地區流動性很大，旅遊業越發達，人口流動性越大，消費品市場的流動性就越明顯。

（4）替代性和互補性。這是指消費品的專用性不強，大多數的商品有較強的替代性，有些商品可以互換使用，因而具有互補性。

（5）非專家性。消費品的購買者對所購買的每一種產品大都缺乏專門知識，容易受其他因素的影響，他們通常根據個人的感覺和喜好作出購買決策。

（6）非營利性。消費者是為了滿足自己的需要而購買，而不是為了營利。

三、消費者購買行為的內容

消費者購買行為是為滿足個人或家庭生活需要而購買所需商品或服務的活動以及與這種活動有關的決策過程。企業的行銷人員在研究消費者購買行為時，應瞭解消費行為所包含的內容和和行為方式，即：

（1）市場由誰（Who）構成，即購買者。購買主體是購買決策的執行者。企業可以根據消費者的年齡、性別、職業、收入等得消費者劃分為不同的類型，瞭解誰是企業某種產品的購買者，分析最有可能購買某種商品的消費者類型。

（2）購買什麼（What），即購買對象。這是指消費者主要購買的商品和商品的類型、品牌、規格、型號、顏色、式樣、包裝、價格等。

（3）為何（Why）購買，即購買目的。這是指消費者購買商品的目的和真正的動機。它是由消費者的需要和對需要的認識引起的。

（4）誰（Who）參與購買，即購買組織或執行購買的人。消費者購買的商品不同，購買的複雜程度就不同，所需解決的問題也不一樣，參與購買行為的人，即購買組織也不盡相同。

（5）怎樣（How）購買，即購買行動或購買方式。這是指購買主體在購買行為中的購買方法與貨幣支付方式。購買方法可分為郵購、函購、自購、托人購買、電話購買、網上購買等；貨幣支付方式可分為現金支付、信用卡、支票、延期付款、分期付款等。

（6）何時（When）購買，即購買的時機（問）。企業應該瞭解消費者購買商品有無季節性及消費者喜歡和經常在什麼時間購買商品。

（7）在何地（Where）購買，即購買地點。消費者對購買地點的選擇一般是有規律性的，企業應該分析消費者經常購買商品的地點。

一般來講，行銷企業對於目標市場顧客的購買行為中這7個「W」瞭解得越清楚，則越能掌握市場需求、顧客偏好的變化規律，也越能設計出有效的行銷戰略和行銷組合。從方法上來講，行銷企業必須要瞭解顧客購買行為的規律，通過市場調查或消費者調研來掌握瞭解目標市場消費者的購買行為。

四、消費者購買行為模式

行為模式是指一般人或大多數人如何行動的典型方式。消費者購買行為模式就是指一

般人或大多數人如何購買商品的典型方式。現代行為科學在分析人類行為時，建立了不少的分析模式，其中最著名的是「刺激—反應」模式。行銷研究人員根據這一模式建立了消費者購買行為模式，如圖 5－1 所示。

外部刺激因素		購買者「黑箱」		購買者反應
行銷	其他	購買者行	購買者決	產品選擇
產品	經濟	為特徵	策過程	品牌選擇
價格	技術			經銷商選擇
地點	政治			購買時機選擇
促銷	文化			購買數量選擇

圖 5－1　購買者行為模式示意圖

　　消費者的購買行為是在受到某種刺激後做出的一種反應。刺激因素歸為兩種類型：行銷因素，即由產品、價格、地點和促銷組成的 4Ps；非行銷因素，即經濟、技術、政治以及文化等因素。消費者在購買過程中做出的決策是對產品、品牌、經銷商、購買時間及數量作出的選擇，是對刺激因素的「反應」。現在的問題是，對於同樣的一個刺激因素，消費者做出的反應往往並不一樣。這是因為對於相同的刺激或不同的刺激，不同行為個體的心理反應不同，就會產生行為的差異。由於企業不能對特定個體的心理完全瞭解，在消費者購買行為中，這種現象被稱為購買者「黑箱」。

　　在瞬息萬變的市場上，行銷人員不可能完全瞭解市場上成千上萬的消費者的「黑箱」，但是通過對行為中帶有規律性的反應的觀察和分析，就能夠基本掌握行為的規律性。這正是建立「消費者購買行為模式」的意義。同時，通過建立這個行為模式，也能得到如何研究消費者購買行為的基本方法：通過分析「購買者黑箱」中的「購買者行為特徵（的影響因素）」和「購買者決策過程」這兩個行為心理過程，來掌握消費者購買行為的形成與變化規律。

　　消費者對各種外界影響的反應如何是企業研究消費者行為的中心問題。那些真正瞭解消費者對不同產品的特徵、價格、廣告的反應的企業，較之競爭對手有更大的優勢。因此行銷人員和科研人員一般用大量的精力去研究行銷刺激和消費者反應這兩者之間的關係。

　　消費者購買行為模式是對實際購買行為的抽象和簡化。消費者的實際購買行為是千差萬別的，但其中有許多人的購買行為卻非常相似，這就構成了這部分人的購買行為模式。在實際生活中，消費者的購買行為模式有以下幾種典型的形式：

　　（1）理智型。這類消費者頭腦比較冷靜，購買時有主見，不易受外界因素的影響。購買商品前，該類消費者會廣泛收集信息，購買時十分謹慎，反覆挑選。

　　（2）衝動型。這類消費者感情比較外露，容易受外界因素的影響，而出現隨機購買。該類消費者購買商品前沒有足夠的準備，往往憑一時感覺做出購買決策，易受促銷手段的影響，較易做出快速購買行動。

（3）習慣型。這類消費者根據長期養成的消費習慣，總是按過去購買過的某種品牌、規格等去購買商品或習慣去同一銷售點購買商品，較少受廣告宣傳和時間的影響。

（4）經濟型。這類消費者十分注重商品的價格，購買時追求實惠，常根據價格的高低來判斷商品質量的優劣，認為應該一分錢一分貨。

（5）情感型。這類消費者情感深刻，想像力豐富，審美感強，購買商品時容易受促銷和情感的誘導，對購物現場的環境反應十分敏感，通常購買符合自己感情需要的商品。

（6）不定型。這類消費者對商品的心理尺度尚未穩定，沒有明確的購買目的和要求，缺乏商品常識，沒有固定的偏好，一般是奉命購買和順便購買。

（7）疑慮型。這類消費者害怕上當，對所買商品疑心重重，導致在購買過程中猶豫不決。

認真研究消費者的購買行為模式和特點，能使企業採取有效的措施和行銷策略，提高企業為市場服務的能力，提高企業的效益。

第二節　影響消費者購買行為的主要因素

消費者的購買行為特徵是受許多因素的影響而形成的，消費者購買行為主要受到文化、社會、個人和心理因素的影響，如圖5-2所示。

文化因素	社會因素	個人因素	心理因素	
文化	相關群體	年齡與家庭生命週期	動機	購買者
亞文化	家庭	職業	知覺	
社會階層	角色與地位	性別	學習	
		經濟狀況	信念和態度	
		生活方式		
		個性與自我概念		

圖5-2　影響消費者購買行為的主要因素

一、文化因素

文化是決定人類慾望和行為的最基本要素，對消費者的行為具有最廣泛和最深遠的影響。文化因素的影響包括購買者的文化、亞文化和社會階層對購買行為的影響。

（一）文化

文化是在一定的物質、社會、歷史傳統基礎上形成的特定的價值觀念、信仰、思維方式和習俗的綜合體，是人類慾望和行為最基本的決定因素。低級動物的行為主要受本能的控制，而人類的行為大部分是學習來的。人們從小就生活在一定的文化中，學習和接受各自的文化，在成長中學到基本的價值、知覺、偏好和行為的整體觀念。文化滲透在人們的

觀念、行為和思維方式中，進而影響人們的消費觀念、消費內容和消費方式。

(二) 亞文化

每一種文化都包含著能為其成員提供更為具體的認同感和社會化的較小的文化群體，即亞文化群體。在同一文化的不同亞文化群體中，人們的價值觀念、風俗習慣及審美觀等表現出不同的特徵。亞文化群體分為四種類型。

(1) 民族亞文化群體。不同的民族還存在以民族傳統為基礎的亞文化，不同的民族有著不同的興趣、崇尚和生活習慣以及不同的消費行為。

(2) 宗教亞文化群體。不同宗教的戒律和教規不同，表現出與其特有的文化偏好和禁忌相聯繫的亞文化，在購買行為上也顯現出不同的特徵。

(3) 種族亞文化群體。不同的種族有其特有的文化風格、生活態度和生活習慣，其購買行為也各不相同。

(4) 地理亞文化群體。不同地理區域的消費者有各自的生活方式和行為特徵，當然也會表現出不同的購買行為。

(三) 社會階層

人類社會存在著社會層次。在一個社會中，社會階層是具有相對同質性和持久性的群體。他們是按等級排列的，每一階層的成員具有類似的價值觀、興趣愛好和行為方式。

社會階層有以下幾個特點：

(1) 同一社會階層的人的行為要比其他社會階層的人的行為更相似。

(2) 人們以自己所處的社會階層來判斷各自在社會中佔有的地位。

(3) 社會階層受到職業、財富、收入、教育和價值觀等多種變量的制約。

(4) 一個人能夠改變自己所處的社會階層。

在諸如服裝、家具、娛樂、汽車等領域，各社會階層表示出對不同產品和品牌的偏好。一些企業把注意力集中於某一階層，原因就在於此。社會階層是客觀存在的，但在不同的社會形態下其表現形式可能有所不同。

二、社會因素

消費者的購買行為也受到一系列社會因素的影響，主要包括相關群體、家庭、角色與地位。

(一) 相關群體 (Reference Groups)

一個人的行為受到許多群體的影響。一個人的相關群體是指那些直接或間接影響一個人的態度、看法和行為的群體。凡是直接影響一個人的態度和行為的群體就成為成員群體，這個人直接屬於這個群體，並且各群體成員相互影響、相互作用。成員群體還可以具體分為首要群體和次要群體兩種。首要群體是指對一個人經常發生直接影響和相互影響的群體，如家庭、朋友、鄰居和同事，但這種影響是非正式的。次要群體是指對一個人的影

響不是經常的和頻繁的群體，但是這種影響是比較正式，如宗教組織、專業協會、拉拉隊等。

除了成員群體，一個人的行為也經常受到非成員群體的影響，包括崇拜性群體和隔離群體。崇拜性群體是指一個人希望從屬和加入的群體，如青少年對明星的崇拜，並希望有朝一日能成為其中的一員。隔離群體是指價值觀和行為方式被一個人拒絕接受的群體。

相關群體對個人行為的影響，促使企業重視目標市場顧客的參考群體是如何對個人行為產生影響的。一般來講相關群體通過三種方式對個人行為產生影響：

(1) 相關群體使一個人受到新的行為和生活方式的影響。
(2) 相關群體影響一個人的態度和自我概念，因為人們通常希望能迎合某些群體。
(3) 相關群體會產生某種趨於一致的壓力，從而影響個人對產品和品牌的選擇。

相關群體對個人行為的影響程度在產品選擇和品牌選擇中並非都是相同的，即對產品和品牌的影響是不一樣的，如相關群體對汽車和彩電的產品和品牌選擇影響都很大；對家具和衣服的品牌選擇有較大的影響；對啤酒和香菸的產品選擇有很大的影響。

相關群體的影響力也會隨產品生命週期的不同而發生變化。在產品導入期，消費者的產品購買決策受相關群體的影響很大，受品牌選擇的影響很小；在產品成長期，相關群體對產品及品牌的選擇的影響力都很大；在產品成熟期，相關群體對品牌選擇的影響很大；在產品衰退期，相關群體對產品選擇和品牌選擇的影響都很小。

一個相關群體的凝聚力越強，群體內的溝通過程就越有效，人們越願意遵循這個群體提倡的行為取向，包括消費行為取向，則這樣的相關群體對群體成員購買行為的影響愈明顯。

(二) 家庭

家庭是以血緣或財產繼承關係組成的社會生活的最基本單位。家庭是許多消費品的基本消費單位，對消費者行為起著至關重要的影響。在家庭中，夫妻及子女在各種商品的採購中所起的作用不同，並互相產生影響。

家庭可分為兩種類型，即導向性家庭和核心家庭。

1. 導向性家庭

導向性家庭是指由父母與子女組成的家庭。在導向性家庭中，一個人主要是從父母那裡得到許多有關文化、宗教、經濟、愛情、行為習慣和消費方式等方面的影響和指導，從而影響其終身的消費行為。

2. 核心家庭

核心家庭是指由夫妻和子女組成的家庭。核心家庭是社會中最重要的消費單位，因為，社會主要是以這種家庭組成的。在核心家庭中，由於家庭分工或有經濟地位差異會造成支配力不同，從而使不同的家庭對消費品的決策權各不相同，如丈夫支配型、妻子支配型、協商型和各自做主型。另外，夫妻在產品購買行為和購買決策中所發揮的作用會隨產

品的種類不同而各異，如購買一般的生活消費品多是妻子支配型；購買高檔耐用品可能是丈夫支配型或協商型；購買個人生活用品是各自做主型。

(三) 角色與地位

一個人在一生中會加入許多的群體——家庭、俱樂部、各類組織，一個人在各群體中的作用和位置可以用他在某一群體的角色和地位來確定。角色是周圍人對一個人的要求，是指一個人在各種不同的場合中應起的作用。每一種角色都伴隨著一種地位，地位著重反應了社會對一個角色作用的總評價，有高低之分。例如一名女經理與她的父母在一起，她只扮演女兒的角色；與她的丈夫在一起，她只是一位妻子；與她的兒子在一起，她就是一個母親；但在她的企業，她就是女經理。女兒的地位相對要低些，而母親與經理的地位就要高些。

人們在購買商品時，往往結合自己在社會中所處的地位和角色來考慮，因為，許多產品已經成為地位的標誌。人們也常常選擇某些產品向社會表示他們所處的地位。但是，地位標誌會隨著不同社會階層、地理區域和時間的推移而有所變化。

三、個人因素

購買行為也受個人特徵的影響，如購買者的年齡與家庭生命週期、職業、性別、經濟收入、生活方式、個性以及自我概念等。

(一) 年齡和家庭生命週期 (Family life cycle，FLC)

人們在一生中隨著年齡的不斷變化所購買的商品也是不斷變化的。對不同商品進行選擇、評價的價值取向也會隨著年齡的改變而發生變化。不同年齡的消費者的慾望、興趣、愛好和需求也是不同的，如幼年、青年、成年、老年對衣食住行均有不同的偏好。

家庭生命週期可以劃分成不同的階段。在這些不同的階段，隨著年齡與婚姻狀況的變化，家庭需要的或感興趣的產品與服務將不斷發生變化。家庭生命週期主要分成未婚期、新婚期、滿巢期和鰥寡期。處在不同家庭生命週期階段的家庭，對商品的需求有很大的差異。正是由於存在這種差異，企業應該制定專門的市場行銷計劃來滿足處於某一或某些階段的消費者的需要。

(二) 職業

一個人的職業也會影響其消費模式。不同的職業對商品的需要和愛好往往有所不同。企業應該識別不同的職業群體，甚至專門為某一特定的職業群體生產其所需的產品。

(三) 性別

不同的性別在購買某些商品時的行為差異是十分明顯的。除了價格因素外，男性一般更注重產品的品牌、質量，女性更注重產品的外觀和感情色彩；男性受廣告等促銷手段的影響較小，而女性則受促銷的影響較大；男性顧客購買商品比較果斷和迅速，而女性顧客則往往比較挑剔。

(四) 經濟狀況

一個人的經濟狀況會嚴重地影響其對產品和品牌的選擇。人們的經濟狀況由他們的消費收入、儲蓄和資產、借款能力以及對消費與儲蓄的態度所構成。它決定個人的購買能力，在很大程度上制約個人的購買行為。消費者一般都會在可支配收入的範圍內考慮以最合適的方式來安排支出。

(五) 生活方式

一個人的生活方式是指一個人在世界上所表現的活動、興趣和看法的生活模式。

不同的生活方式會使人作出截然不同的消費行為。來自相同的亞文化群、社會階層，甚至來自相同職業的人們，也可能具有不同的生活方式。企業可以按活動、興趣和看法來劃分出各種類型的生活方式，並通過市場行銷向消費者提供實現其各種不同生活方式的產品或服務。

(六) 個性和自我概念

個性是指一個人所特有的心理特徵，它會帶來一個人對其所處的生活環境相對一致的持續不斷的反應。

通常在描述人們的個性時，會使用像自信、支配、自主、順從、交際、保守、適應、內向、外向等術語。個性是一種心理特徵並表現出比較固定的行為傾向。如果具有某種個性特徵的顧客在選擇某些商品或品牌時有明顯的相同之處，就可以將個性作為分析消費者購買行為的一個可用變量。實際上，某些個性類型同產品和品牌的選擇之間有密切的關係。也可以將消費者的個性特徵作為設計品牌形象和制定促銷策略的依據。比如，對於顏色的偏愛就與個性有關，這使得行銷人員在設計產品的外觀時，需要考慮目標顧客是以哪種個性為主。

自我概念 (Self Concept) 或稱自我形象 (Self Image) 是與個性相關的一個概念，指一個人在內心形成的關於自己的複雜的內心圖像。比如，那些認為自己很有才能，能力與眾不同的人，就喜歡選擇那些具有能體現其內心自我評定或符合自我形象的品牌或產品。企業可以通過開發品牌個性來符合目標市場顧客的自我形象。

四、心理因素

消費者的購買行為也受到動機、知覺、學習以及信念和態度等心理因素的影響。

(一) 動機

研究人的行為，經常需要探討人的行為的動機。購買行為是在一定動機的支配之下產生的。動機是指一種可以及時引導人們去探求滿足目標需要的一種需要。

人具有許多需要。但是，人們不是針對每一時刻所產生的每種需要都會做出積極的行動，去尋找如何滿足的方法。只有針對很少的一些需要，人就會積極地行動起來去尋找滿足的方法。針對另外一些需要，人們並不會一開始就尋求滿足，但隨著該需要的不斷累積，所

引起的人的某種心理和生理的不適就會達到促使購買行動的程度。動機也是一種需要，是一種已經昇華到了必須要滿足的需要。這種需要如果不能及時得到滿足的話，就會造成某種緊張和難受。由於動機是一種積極行動的需要，因此也被稱為人的行為的驅使力。

最流行和著名的需要—動機理論有：弗洛伊德的動機理論、馬斯洛的需要動機理論和赫茨伯格的動機理論。

1. 弗洛伊德的動機理論

弗洛伊德認為，形成人們行為的真正心理因素大多是無意識的。在人的成長過程中，會不斷產生大量的需要和慾望，而有些需要和慾望又會受到社會和周圍環境的壓制，因此不能得到滿足。但是這些沒有得到滿足的需要和慾望並不會消失，而是被壓抑在內心中潛伏起來，成為一種心理的「無意識」。這些「無意識」的東西，有一個最好的表現地方，即人的夢中。所以，弗洛伊德發明了通過解析人的夢來推斷一個人的行為動機的理論。除了夢以外，在人的其他行動中，也會「無意識」地表現出其曾經受到壓制的需要和慾望。因此，弗洛伊德認為，一個人的行動是在受到多種因素刺激後產生出的一種「無意識」或是「下意識」的結果。用弗洛伊德的理論來講，消費者的購買行為就是消費者在購買某種產品的時候，可能受到了多種因素的刺激，喚起了「無意識」或「潛意識」的結果。比如，購買電視機的消費者受到了電視機的顏色、聲音，或是某個節目中的事件的刺激，喚起了購買慾望，從而做出購買行為。根據弗洛伊德的理論，行銷人員需要採用多種因素來刺激消費者的購買慾望。特別是需要採取各種帶有情感色彩的因素來刺激消費者做出購買行為。

2. 馬斯洛的需要動機理論

馬斯洛認為，人是有慾望的動物，需要什麼取決於已經得到了什麼，只有尚未被滿足的需要才會影響人的行為，已經被滿足的需要不再是一種激勵因數或動因。人的需要是以層次的形式出現的，可以將其分為五個層次，按其重要程度的大小，由低級向高級逐級發展，依次為生理需要、安全需要、社會需要、尊重的需要和自我實現的需要，即需要有等級之分。只有在較低的需要得到滿足後，較高層次的需要才會出現並要求得到滿足，也就是說，需要的滿足是從低到高按秩序排列的，如圖 5–3 所示。

圖 5–3　馬斯洛的需要層次理論示意圖

根據馬斯洛的需要理論，掌握消費者的購買動機即是瞭解消費者想要滿足什麼樣的需要，從而根據消費者的需要確定恰當的行銷策略。現在，許多行銷企業都非常注意自己的產品能滿足購買者什麼類型的需要，以便為產品確定恰當的市場定位和行銷方向。

3. 赫茨伯格的動機理論

赫茨伯格的動機理論在現代的管理學科中比較流行。赫茨伯格的需要動機理論認為人的行為受到兩種因素的影響，一種是「保健因素」，另一種是「激勵因素」。因此赫茨伯格的需要動機理論也被稱為「雙因素」論。保健因素是指如果沒有得到滿足就會使人產生「不滿意」情緒的因素。激勵因素是指如果得到了滿足，就會使人產生「滿意」情緒，而沒有得到，只會產生「沒有滿意」情緒的因素。和保健因素不同的是，激勵因素在沒有得到滿足時，不會產生不滿意情緒，即保健因素的對立面是「沒有不滿意」，而「激勵因素」的對立面是「沒有滿意」，如圖5－4所示。

```
            保健因素

    得到滿足 ←→ 沒有得到滿足
    沒有不滿意      不滿意

            激勵因素

    得到滿足 ←→ 沒有得到滿足
    滿意            沒有滿意
```

圖5－4　赫茨伯格的雙因素理論示意圖

根據赫茨伯格的雙因素理論，如果一個人的保健因素得不到滿足的話，會產生破壞性的結果；而如果一個人的激勵因素得不到滿足的話，不會產生破壞性的結果。但是，保健因素得到滿足，並不會使人採取更為積極地行動，只有激勵因素得到滿足才會使人更積極地行動。在消費者的購買活動中，某些因素是看成是屬於保健因素的。例如，產品的一般性能質量是一個消費者購買產品所起碼要求得到的。因此，如果企業對質量非常負責，提出各種相應的質量保證措施的話，消費者就會放心地購買。但是，一個得到質量保證的產品，不一定會使消費者在當前就積極地做出購買行為，如果企業對這樣的產品再提供更多的附加服務或刺激（促銷）措施的話，比如，免費送貨，給予購買獎勵，價格折扣等，就會使消費者更願意立即實現購買。而如果像質量這類保健因素得不到滿足的評分，消費者會因為不滿意而有可能採取反對企業的行動。沒有激勵因素的話，消費者的行動只是緩慢些，不會對企業產生破壞性的結果。所以，行銷企業需要慎重地對待購買活動中的保健因素，以免對企業的形象和產品的形象產生難以挽回的惡果；同時，企業需要靈活地運用購買活動中的保健因素，以爭取使消費者更快做出購買行為，從而在競爭中得到一個有利的地位。

(二) 知覺

一個被激勵的人隨時準備行動，然而他如何行動則受到他對客觀事物知覺程度的影響。兩個處於相同的激勵狀態和相同的目標狀態下的消費者，會因為對客觀事物的知覺各異，而做出大不一樣的行為。

為什麼人們對同樣的刺激會產生不同的知覺？人們對刺激物的理解是透過感覺進行的。人通過五種感官——視覺、聽覺、嗅覺、觸覺和味覺對刺激物產生反應，但是每個人吸取、組織和解釋這些感覺到的信息的方式不盡相同，從而會產生不同的知覺，進而產生不同的購買行為。

通常人們會經歷三種知覺形成過程，從而產生對同一事物的不同知覺，並且出現行為的差異性。

1. 選擇性注意

人們在日常生活中總是處在眾多的刺激物的包圍下，一個人不可能對所有的刺激物都加以注意，而只會更多地注意那些與當前需要有關的刺激物，更多地注意他們期待的刺激物，更多地注意有較大差別的刺激物。

選擇性注意要求行銷人員制定有效的溝通策略，以引起消費者對企業產品的注意。

2. 選擇性曲解

選擇性曲解就是人們將信息加以扭曲，使之符合自己見解的傾向。消費者即使注意到刺激物，也不一定與企業預期的方式相吻合。消費者往往根據自己以往的經驗、見解對信息進行解釋，按照自己的想法、偏見或先入之見來曲解客觀事物。每個人總想使得到的信息適合於自己現有的思想形式。

所以，消費者對於其所信賴的產品或是印象好的企業的信息就表現出信任；反之，對於其不信賴的產品或企業，消費者就會從不利的方面來理解企業的信息和其對產品的介紹。因此，在市場行銷中，企業應努力提高自身的市場形象和地位。當面對的是對其印象不好或對企業的產品有懷疑態度的消費者時，企業就需要首先解決目標消費者的態度和「先入之見」的問題，才能取得消費者的信任。

3. 選擇性記憶

人們會忘記他們所知道的許多信息。他們只會記住那些能夠支持其態度和信念以及需要記住且能夠記住的信息。

由於存在選擇性保留，所以，要想消費者能記住一個企業的有關產品的信息，企業除了要具有良好的形象和信譽外，還需要對一些重要的行銷或產品信息，在一定的時期內經常地進行重複，以提醒消費者。

受三種知覺形成過程的影響，人們的知覺表現出明顯的主觀性，使人們對相同的外界刺激，產生不同的行為。

(三) 學習

學習是指由於經驗和知識的累積而引起的個人行為的改變。人類的絕大部分行為是通過驅使力、刺激物、誘因、反應和強化的相互影響而產生的。

驅使力是指促成行動的一種強烈的內在刺激。當驅使力被引向刺激對象時，就會成為一種動機，如某人具有自我實現的驅使力，而當他看見計算機時，就可能產生購買計算機的想法。購買計算機的反應又受其周圍各種誘因的制約。誘因是指那些決定一個人何時、何地以及如何做出反應的次要刺激物，如他的親人的鼓勵、計算機廣告、計算機特別售價等。

如果他買了一臺計算機，並選擇了 IBM 的品牌，使用後感到非常滿意，那麼他對計算機的反應也隨之加強。而後，他又想買一臺打字機，他注意了一些品牌，其中包括 IBM 的打字機。由於他認為 IBM 能生產最好的計算機，進而推斷 IBM 也能生產最好的打字機，所以，他把對計算機的反應推廣到類似刺激物——打字機上。

推廣的相反傾向是辨別。當他試用佳能公司的打字機時，他發現該機比 IBM 的打字機更好，於是他做出了辨別。辨別意味他已經學會了在一系列的同類刺激物中認識和尋找差異，並能據此調整自己的反應。

對行銷人員來說，學習理論的實際價值在於，可以通過把學習與強烈的驅使力聯繫起來，運用刺激性暗示和提供積極強化等手段來建立對產品的需求。一家新企業能採用與競爭對手相同的驅使力並提供相似的誘因形式進入市場，這是因為購買者大都容易把對原先產品的忠誠轉向與之相類似的品牌，而不是轉向與之相異的品牌。公司也可以設計具有不同的驅使力的品牌，並提供強烈的暗示誘導來促使購買者轉向其他品牌。

(四) 信念和態度

人們通過學習和累積經驗，能夠獲得了自己的信念和態度，這些信念反過來又影響人們的購買行為。

信念是指一個人對某些事物所持有的看法或評價。信念可能是建立在事實基礎上，也可能是一種偏見，也可能是出於某種感情因素而產生的。信念是對事物的一種描述性的看法，沒有好壞之分，如「雀巢奶粉是嬰兒用的奶粉」。

態度是指一個人對某些事物或某種觀念長期持有的好與壞的認識上的評價、情感上的感受和行動上的傾向。人們幾乎對所有的事物都持有態度。態度導致人們對某一事物產生好感或厭惡感、親近或疏遠的心情。與信念不同的是，態度是人對事物表現出來的價值判斷，他使人們對於事物表現出拒絕或接受的「頑固性」傾向。

態度能使人們對相似的事物產生相當一致的行為。人們沒有必要對每一事物都以新的方式做出解釋和反應。態度是難以改變的，要改變一種態度就需要在其他影響形成態度的方面作重大和長久的努力。

對企業來講，態度直接影響消費者的購買行為。消費者一旦形成對某種商品或品牌的態

度，以後就傾向於根據態度做出重複的購買決策，而不再對不同的產品進行分析、比較和判斷。消費者如果對企業的產品持肯定的態度，就會成為其產品的忠實購買者，若持否定的態度，則很難購買該產品，因此種態度很難改變。一般來說，行銷人員不要試圖做改變消費量態度的嘗試，而應改變自己的產品以迎合消費者已有的態度，使企業的產品與目標市場顧客現有的態度保持一致。因為前者需要付出的努力或花費是遠遠小於後者的。當然，如果需要，行銷企業也可以「付出艱苦的努力」來改變目標市場消費者的態度。所耗費的昂貴費用和付出的艱辛努力，在成功改變了消費者的態度後，是能得到豐厚補償的。不過，在進行這種嘗試時，應該對這個過程的艱苦性和持久性有足夠的認識和準備。

消費者購買行為受到眾多因素的影響。一個人的選擇是文化、社會、個人和心理因素之間複雜影響和作用的結果。其中很多因素是行銷人員無法改變的，但是這些因素在識別那些對產品感興趣的購買者方面是十分有用的。其他因素則受到行銷人員的影響，並提示行銷人員如何開發產品、價格、地點、促銷，以便引起消費者的強烈反應。

第三節　消費者購買決策過程

消費者購買決策過程描述了消費者是如何實際地做出購買決策的，即由誰做出購買決策、購買行為的類型以及購買過程的具體步驟。

一、購買角色

就多數商品而言，識別商品的購買者是十分容易的；然而，在購買有些商品時，所涉及的人往往不止一個，而是由多個人組成的一個購買決策單位。為此，有必要區別人們在一項購買決策過程中可能扮演的不同角色。

（1）發起者，是指首先提出或有意購買某一產品或服務的人。
（2）影響者，是指其看法或建議對最終決策者具有一定影響的人。
（3）決策者，是指對是否買、為何買、如何買、在哪裡買等方面做出決定的人。
（4）購買者，是指具體實施購買行為的人。
（5）使用者，是指實際消費或使用產品和服務的人。

企業有必要認識這些角色，因為這些角色對於產品的設計、確定信息和安排促銷預算是有關聯意義的。在生活中，我們經常可以看到這樣的事情：一個消費者（家庭）決定購買一架鋼琴，用以培養孩子的音樂才能。孩子的父母可能是發起者，家庭的其他成員、鄰居、父母親的同事、同學都對購買決策或多或少地產生影響，父母親是最後的決定者，並充當購買者，而使用者只能是孩子。瞭解購買決策過程中的主要參與者和他們所起的作用，有助於行銷人員協調其行銷計劃。

二、購買行為的類型

消費者購買決策隨其購買決策類型的不同而發生變化。在購買不同商品時，消費者決策過程的複雜程度有很大的區別，一些商品的購買過程很簡單，而有些商品的購買過程卻很複雜，如消費者在購買牙膏、網球拍和計算機、汽車時的購買過程就存在很大的不同。複雜的、花錢多的決策往往凝結著消費者的反覆權衡，而且包含更多的購買決策的參與者。根據購買者在購買過程的介入程度和產品品牌間的差異程度，可以把消費者的購買行為分為四種，如圖 5-5 所示。

購買的介入程度

		高	低
品牌差異	大	複雜的購買行為	尋覓多樣化的購買行為
	小	不協調減少的購買行為	習慣性購買行為

圖 5-5　四種類型的購買行為示意圖

購買過程的介入程度是根據消費者對購買所持的謹慎程度以及在購買過程中所花費的時間和精力的多少來劃分的。品牌差異程度是根據不同品牌的產品的同質性或產品屬性差異來劃分的。品牌差異程度是指商品在花色、品種、式樣、型號這些屬性上的差異。

（一）複雜的購買行為

當消費者面對他們不熟悉的、購買單位價值高和重複購買率低的產品時，購買行為最複雜。消費者在購買昂貴的產品，偶爾購買的產品或風險產品時的購買行為就屬這種類型。一般來說，消費者不知道產品的類型，不瞭解產品的屬性，更不知道產品的特徵和各品牌間的重要差別，並且缺少購買、鑑別和使用這類產品的經驗和知識，因此消費者需要花費大量的時間收集信息，做出認真的比較、鑑別、挑選等諸多的購買努力。

在這種類型的購買行為中，消費者經歷了一個認識和學習的過程，即首先產生對產品的信念，然後逐步形成態度，對產品產生偏好，最後做出慎重的購買選擇。

在複雜的購買中，消費者具有較大或更多的購買風險，所以需要收集很多的購買信息，花費較長的時間來進行考慮和挑選，才能做出購買決策。例如，購買計算機就比購買電視機要複雜得多。對消費者來說，複雜的購買行為意味著一個新的學習過程。行銷人員需要就如何收集滿足消費者的市場信息，如何抵禦市場風險影響等做出行銷安排。此外，企業還需要作高度介入的廣告，即利用印刷媒體刊登長文稿的廣告，以使消費者在購買活動中得到盡量多的信息。對於新產品來說，企業還需要安排比較長時間的產品介紹、市場推廣及試銷活動。企業必須瞭解消費者是如何收集信息和對其進行評價的，幫助消費者區別各品牌的特徵，利用較長的敘述廣告來描述產品的優點，加強對零售環節的促銷，以影

響購買者最後對品牌的選擇。

(二) 不協調減少的購買行為

有時，消費者對於各種看起來沒有什麼差別的產品和品牌的購買也持慎重態度，非常專心地進行選擇。消費者會到處選購商品，並可能對一個合適的價格，購買方便的時間和地點做出主要的反應。以購買家具為例，它是一項高度介入的決策，又是一種需要自我識別的購買行為。購買產品後，消費者有時會產生一種不協調的感覺，感到不滿意，比如產品某個地方不夠稱心，或者聽到別人稱讚其他同類的產品等。於是在使用、消費過程中，消費者會瞭解、學習更多的東西，並尋找種種理由來減輕這種不平衡感，對自己的選擇做出有利評價，努力證明自己的購買決策是正確的。這是消費者在做出購買行為後的一種心理調適過程。針對消費者有這一心理變化過程，行銷企業應通過有效的促銷策略，幫助消費者減少失調感，並注重運用價格策略、分銷策略來影響消費者，使其迅速做出購買決策。

合理的價格、良好的地點、有效的推銷將對產品品牌的選擇產生重要的影響。行銷溝通的主要作用在於增強信念，使購買者在購買之後對自己選擇的品牌有一種滿意的感覺。

(三) 習慣性購買行為

這是一種最簡單的購買行為。許多購買行為是在消費者低度介入、品牌間無多大差別的情況下完成的。消費者在購買大多數價格低廉，經常購買的產品時介入程度很低，不需要做什麼購買決策。消費者熟悉這些產品的類型、特徵、主要品牌，而且知道喜歡其中的哪些品牌。消費者購買某種品牌，並非出於對產品的忠誠，而只是依習慣行事。

在這種購買行為中，消費者並沒有經過正常的信念、態度、學習行為等一系列過程。消費者沒有對產品品牌信息進行廣泛地研究，也沒有對品牌的特點進行評價，對購買什麼產品品牌也不重視；他們只是在看電視或閱讀印刷品廣告時被動地接受信息。重複的廣告，會提高消費者對品牌的熟悉程度，而不是對品牌的信念。消費者不會形成對某一品牌的態度，他所以選擇這一品牌，往往不是因為偏愛而是因為對它熟悉。購買產品後，由於消費者對這類產品無所謂，也不會進行購後評價。因此這種購買行為就是通過被動的學習而形成品牌信念，隨後產生購買行為，對購買行為有可能做出評價，也可能不作評價。購買日常居家生活用品大都屬於這類購買行為，如肥皂、牙膏、洗衣粉等。

對於這類產品的銷售，運用價格和促銷手段是十分有效的，因為購買者不強調品牌。

在對低度介入產品進行廣告推廣時，要注意：①應強調視覺標誌和形象化構思，以便於消費者記憶，並跟品牌聯繫起來。②應該反覆運用廣告促銷活動，特別是電視廣告，因為電視廣告比印刷品廣告更為有效。電視是一種低度介入的宣傳媒介，適合於被動學習。③廣告計劃要根據傳統的控制理論來制定，因為購買者往往是通過廣告反覆宣傳某一產品的特點而認識產品的。

企業也可以採取行銷措施，提高低度介入產品的介入程度，使之轉變成較高度介入的

產品。如可以通過將該產品與相關的問題聯繫起來，如將牙膏同保持健康聯繫起來，或者把產品同某些涉及個人的具體情況相聯繫，或者可以通過廣告活動來吸引顧客，或者在一般產品上增加一種重要的特色，如在飲料中增加維生素等。當然，這些行銷手段只能把消費者從低介入提高到一種適度的介入，而無法將消費者的購買行為推入複雜的購買行為行列。

(四) 尋覓多樣化的購買行為

某些購買情況是以消費者低介入，但產品品牌差異很大為特徵的。在這種情況下，消費者會經常改變品牌選擇。對品牌的選擇產生變化的起因在於產品的多品種，而不是由於消費者對產品不滿意。例如，消費者在中秋節購買多種品牌的月餅，是因為想嘗嘗更多口味的月餅。因此，企業應該盡力增加自己產品的花色品種，以增加自己產品的行銷機會，使消費者在選購中，基本上能夠通過本企業的產品獲得品種效益，增加企業產品的銷售量。

不協調減少的購買行為和尋覓多樣化的購買行為屬於有限問題的解決行為。所謂有限問題是指消費者可能熟悉產品的品種、產品的品牌、產品的屬性、性能和特徵，所以消費者需要解決的問題只是有限的。

三、購買決策過程中的各個階段

消費者的購買行為是一個從產生需要到購後行為的長過程，消費者會經歷五個階段：認識需要，收集信息，評價可供選擇的方案，購買決策和購後行為。這一模式強調了購買過程早在實際購買行為前就發生了，並且購買後還會有持續的影響。這個模式強調了企業在行銷活動中應把注意力集中在購買過程中，而不是在購買決策上。圖 5-6 顯示了購買過程的各個階段。

認識需要 ➡ 收集訊息 ➡ 評價方案 ➡ 購買決策 ➡ 購後行為

圖 5-6　購買行為過程示意圖

這個模式表明消費者的每一次購買都要經歷 5 個階段。但事實上並非完全如此，低度介入的產品、不同類型的消費者的購買行為都是不一樣的，這種模式主要適用於分析「複雜的購買行為」，對於其他類型的購買行為，消費者會跳過或省略其中的某些階段。這個模式表明，消費者的購買行為發生在實際購買活動之前，並一直延續到使用過程中。

(一) 認識需要

購買過程從消費者對某一問題或需要的認識開始。所謂認識需要，就是消費者發現現實的狀況與其所追求的狀況之間存在著差異時，產生了相應的解決問題的要求。來自內在的原因和外在的刺激都可能引起需要，誘發購買動機。

內在的原因可能是由人體內在機能的感受所引發的。一個人的正常需要如饑餓、干渴、寒冷等上升到某一界限，就會成為一種驅使力。人們從以往的經驗中學會了如何對付

這種驅使力，從而激勵自己去購買所知道的能滿足這種驅使力的某一種產品。

消費者的某種需要可能是外來的刺激所引起的。例如，路過商店看見新鮮的麵包會激起人的食慾，羨慕他人購買的一輛新車或看見一則去泰國旅遊的電視廣告，都能引起消費者認識某一問題和需要。

在這一階段，企業應瞭解引起消費者產生某種需要和興趣的環境，應該研究需要和問題是如何產生的，消費者是如何認識問題和需要的，特別是對一種特定的產品的需求。找到這些刺激因素，有助於行銷人員制定有效的促銷溝通戰略。

(二) 收集信息

產生需要的消費者一般都會收集信息，消費者的信息收集有兩種狀態：被動收集和主動收集。如圖5-7所示。

消費者訊息收集狀態 { 被動收集——加強注意 / 主動收集——積極收集訊息

圖5-7 消費者信息收集狀態

如果一個被喚起需求的消費者的驅使力不大或不明顯，不急於解決問題，那麼這個消費者就處於適度或被動收集信息的狀態，即加強注意的狀態。如果有相關的信息送來，消費者會注意這些信息，但不會主動收集信息，消費者通常將把這些信息保留在記憶中。

如果消費者的驅使力很強，需求到了需要急迫滿足的程度，消費者就會處於主動收集信息的狀態。在這種狀態下，消費者會主動尋找有關的信息材料，向有關企業諮詢，參加有關的商業促銷活動等。消費者收集信息要到達什麼程度，取決於其驅使力的大小，已知信息的數量、質量和滿意程度以及進一步收集信息的難易程度。

行銷人員需要瞭解消費者對於特定產品的信息的主要來源。消費者的信息來源一般有四個方面：

(1) 個人來源，即從家庭、朋友、鄰居和熟人那裡收集信息。這是可信度最高，但信息量最少的一個來源。

(2) 商業來源，即從廣告、推銷員、經銷商、商品包裝、展覽會等收集信息，這是可信度最低、信息量最大的來源。

(3) 公共來源，即從報刊、雜誌等大眾傳播媒體的客觀報導和消費者團體評論收集信息。其可信度高於商業來源，但信息量小於商業來源。

(4) 經驗來源，即消費者親自處理、檢查、試驗和使用產品來收集信息。這是有較高可信度，但在複雜購買中總是缺少信息的來源。

這些信息來源相互影響，並隨著產品的類別和消費者的特徵不同而有所變化。一般來說，就某一產品而言，消費者的大多數信息來源於市場，而大多數有效的信息來源於個人。每一個信息來源對購買決策的影響會起到不同的作用。市場信息一般起到通知的作

用，而個人信息等非商業性來源的信息起著驗證和評價的作用。如一個醫生從商業來源知道某種新藥，但卻求助於其他使用過這種新藥的醫生對這種藥的評價信息。所以企業要在調查分析的基礎上，設計和制定適當的信息傳播途徑和溝通方式，以便有效地引導消費者的購買行為。

通過收集信息，消費品對某種產品的品牌和特徵都會有一定的瞭解，會逐步縮小對將要購買的商品品牌選擇的範圍。以購買計算機產品的決策為例（如圖 5-8 所示），如果一個消費者打算購買一臺家用電腦，市場所有的品牌構成全部品牌組，但消費者通過收集信息只知道其中的一部分品牌，即知曉的品牌組。在知曉的品牌中，消費者對那些沒有好感或缺乏瞭解的品牌將不予考慮，剩下的就是可以考慮的品牌組。在可以考慮的品牌組中，消費者在進一步收集信息，徵詢別人的意見後，只將少數品牌列入準備進行購買評價的行列，即選擇的品牌組。最後消費者將做出決策，從要選擇的品牌組中做出最後的購買決定。

很顯然，如果企業的品牌沒有處於選擇品牌組，消費者不會購買該企業的產品，因此該企業沒有行銷機會；如果企業的品牌連知曉品牌組都沒有進入，要得到行銷機會，將完全不可能。消費者信息組合的意義在於揭示了行銷溝通的原理，企業行銷人員必須在設計行銷組合時，考慮如何正確傳遞消費者所需的各種信息，以使潛在顧客熟悉、考慮其品牌，進而成為消費者選擇的對象組，否則企業將喪失機會。企業還應該瞭解消費者的信息來源和不同來源的重要程度，即消費者是如何知道某個品牌的，接受了哪些信息，他們是怎樣看待不同信息的重要程度等，這對有效地溝通目標市場非常重要。

全部品牌組	→	知曉品牌組	→	考慮品牌組	→	選擇品牌組	→	決策
IBM 公司 蘋果公司 惠普公司 長城公司 聯想公司 索尼公司 東芝公司 … …		IBM 公司 蘋果公司 索尼公司 聯想公司 東芝公司		IBM 公司 索尼公司 聯想公司 東芝公司		IBM 公司 索尼公司 聯想公司		?

圖 5-8　消費者決策過程示意圖

（三）可供選擇方案的評價

現在需要解決的問題是消費者如何在可供選擇的品牌或購買方案中做出選擇，即從備選方案中選中某一方案。令人遺憾的是，至今還沒有一種能描述消費者在所有情況下都可以運用的、簡單明確的信息評價過程。但不管怎樣，消費者對產品的評價過程應該是建立在自覺的和理性的基礎之上的，即認識導向的評價模式，也稱「期望—價值模型」。

消費者需要瞭解下面一些基本概念：

1. 產品屬性

產品屬性是指產品能夠能滿足消費者某種需要或利益的功能或性能。消費者一般都將產品看成是能提供實際利益的各種產品屬性的組合。消費者對不同的產品感興趣的屬性是不同的，如：

（1）針對筆記本電腦，令消費者感興趣的屬性是其運算能力、質量、便攜性和價格。

（2）數碼照相機，令消費者感興趣的屬性是其品牌、像素、外觀、體積和價格。

（3）口紅，令消費者感興趣的屬性是其顏色、容器、質量、聲譽和香味。

消費者對各種產品的屬性的關心程度和重視程度是不同的。消費者十分注意那些與其想要的產品相關的屬性。企業常常可以根據消費者所重視的產品屬性的不同來細分產品市場。

2. 產品屬性的重要性程度

每種產品由許多屬性組成，從產品滿足需要的角度出發，消費者對不同屬性有一定的偏重，即不會將它們看得同等重要，而消費者感興趣的屬性也不一定是最重要的屬性。也就是說，不同的屬性具有不同的重要性權數。企業應根據消費者對各種產品屬性的重視程度，對各種產品屬性進行加權，賦予不同的重要性權數。

3. 品牌形象

消費者可能會根據產品的屬性，形成不同的信念。消費者對某一品牌所具有的一組信念就被稱為品牌形象。由於受個人經驗和選擇性注意、選擇性曲解、選擇性記憶的影響，消費者對品牌的信念可能與產品的真實屬性並不一致。

4. 效用函數

效用函數是指消費者所期望的產品滿足感是如何隨著產品屬性的不同而發生變化的。消費者購買產品是期望從產品中得到滿足。消費者購買一臺筆記本電腦得到的滿足會隨其運算能力、質量、便攜性的增加而增加，會隨著電腦價格的增加而減少。對消費者來講，最理想的筆記本電腦是質量高而價格又相對很低的產品。這種理想產品在市場上實際上是不存在的，消費者只能考慮購買最接近理想產品的現實產品。

有了上面的幾個基本概念，消費者就可以對可供選擇的方案進行評價，並由此形成態度和偏好。那麼消費者是如何進行評價的？是如何應用評價程序進行決策的？這裡仍然用購買個人電腦的事例來加以說明。假定某個消費者想購買一臺筆記本電腦，選擇的對象有四個品牌，消費者感興趣的產品屬性是其運算能力、質量、便攜性和價格。消費者對每種屬性的信念通過打分來表示，如果一種屬性的滿分為10分，此屬性就是最好的。如果一個品牌被評價的所有屬性都得到10分，這個品牌就是最理想的品牌。但事實上，這種品牌往往是不存在的。假定有個品牌在其他屬性上都比競爭者的品牌好，那麼，一般而言，其價格將是最貴的。因此，理想品牌是不存在的，僅僅是提供一個評價標準，這就是此種

評價方法也被稱為「理想品牌評價法」的原因。評價如表 5-1 所示。在此基礎上，可預測消費者將要購買哪種品牌的電腦。

表 5-1　　　　　　　　　　　消費者對電腦品牌的評價表

屬性　　　　　　評分　計算機品牌	產品屬性				選擇
	運算能力	質量	便攜性	價格	
	0.4	0.3	0.2	0.1	
A	10	8	6	4	8.0
B	8	9	8	3	7.8
C	6	8	10	5	7.3
D	4	3	7	8	4.7

如果某一品牌的各種屬性都優於其他品牌，就能預測消費者會購買這臺電腦。如果消費者最重視產品的某一種屬性，僅僅根據一種屬性來購買產品，這也比較容易預測消費者的購買選擇，如消費者最重視產品的運算能力，他就會購買 A 品牌的電腦；如果消費者最重視產品的價格，就會購買 D 品牌的電腦。實際上，大多數購買者都綜合考慮產品的幾個屬性，並對不同屬性給予不同的重要性權數，為此就可以比較準確地預測消費者的選擇了。

為了確定對每一種電腦的理解價值，用重要性權數乘以每臺電腦的信念，再相加，便可以得出以下理解價值。

電腦 A：$0.4 \times 10 + 0.3 \times 8 + 0.2 \times 6 + 0.1 \times 4 = 8.0$

電腦 B：$0.4 \times 8 + 0.3 \times 9 + 0.2 \times 8 + 0.1 \times 3 = 7.8$

電腦 C：$0.4 \times 6 + 0.3 \times 8 + 0.2 \times 10 + 0.1 \times 5 = 7.3$

電腦 D：$0.4 \times 4 + 0.3 \times 3 + 0.2 \times 7 + 0.1 \times 8 = 4.7$

經過計算和分析，會得到不同品牌的期望值，根據期望值的大小，可以推測消費者將購買 A 品牌的計算機。所以這種方法也被稱為消費者選擇的期望值模式。

如果消費者根據自己的需要設想出一種理想品牌，每一屬性的理想水準不一定是最高分。假定消費者給這四種產品屬性的理想分是 6 分、10 分、10 分、5 分，然後將四種實際品牌與理想品牌進行對比，同這種理想品牌最接近的實際品牌就是消費者最偏愛的品牌，這種方法就成為消費者選擇的理想品牌模式。

對於其他沒有被選擇的企業來講，如果面對的大多數顧客都是通過上述期望值形成產品偏好，這些企業就可以做大量工作來影響購買者的決策。現在以生產 C 品牌筆記本電腦的企業為例，該企業可以採用的行銷策略有：

（1）改進現有的計算機，即對產品行重新設計，以達到消費者期望的產品屬性特徵，使產品更適應消費者的要求和偏好。這種策略被稱為實際再定位，如品牌 C 可以提高運算

能力，降低便攜性。

（2）改變品牌信念，這是指改變品牌在一些重要屬性方面的購買者信念。一般當消費者低估了品牌屬性的時候，就可以採取這種策略。這種策略也被稱為心理再定位策略，如品牌C可以告訴消費者其質量被低估了。

（3）改變對競爭對手品牌的信念。企業可以設法改變消費者對競爭對手品牌在不同屬性上的信念，特別是在消費者誤認為競爭者品牌的質量高於實際的質量時，如提供C品牌的企業可以告訴消費者A品牌的質量實際並沒有那麼高。這種策略被稱為競爭性反定位，常常通過連續的比較廣告來達到這一目的。

（4）改變重要性權數，即說服消費者把他們所重視的屬性更多地放在品牌C具有優勢的屬性上，強調這一屬性才是消費者最應注重的品牌屬性。如提供品牌C的企業如果能讓消費者將「便攜性」置於比「質量」更重要的地位，則可能使品牌C得到比品牌A更高的評價期望值。

（5）喚起對被忽視的屬性的注意。設法引導消費者重視某些被忽視的屬性，而這些屬性也正是該品牌具有的優勢。如提供C品牌的企業可以告訴消費者筆記本電腦的耗電量、重量都是需要注意的屬性，如果品牌C正是在耗電量與重量上具有比其他品牌更多的優勢，則可以提高自己產品的消費者期望值。

（6）改變購買者的理想品牌。企業可以試圖說服消費者改變其對一種或多種屬性的理想標準。如使消費者在購買計算機時，按「便攜性」、「質量」、「運算能力」這樣排列，將使品牌C有最高的評價期望值。

（四）購買決策

經過選擇評價，消費者就形成了購買意圖，並大都會購買最喜歡的品牌。但是在購買意圖和購買決策之間，有兩種因素會相互作用，影響消費者的最終決策，如圖5-9所示。

圖5-9　購買意圖向購買決策轉化過程示意圖

第一個因素是他人的態度。其他人的態度會影響一個人的選擇，其影響程度取決於其他人對購買者所喜歡的品牌持否定態度的強烈程度及購買者願意遵從旁人願望的程度。

第二個因素是未預期到的意外情況，即偶然因素。未預期到的意外情況也許會突然出現，比如接到即將下崗的通知，從而會改變消費者及家庭對收入的預期而改變購買意圖。

另外，消費者的購買決策還受到可察覺風險的影響。可察覺風險的大小隨著購買需支付的貨幣數量、產品屬性不確定性的比例以及消費者的自信程度而變化。行銷人員只有通過一定的方法和途徑來減少消費者的這種可察覺風險，才能促使消費者積極採取購買行動。

所以購買意圖還不是完全可以信賴的，不能作為購買行為的可靠預測因素。國外一項研究表明，100個人開始說在未來12個月會購買品牌A的某種產品，最後僅有51個人購買了這種產品，其中只有37個人購買了A品牌，14個人購買了其他品牌。

如果在購買意圖與購買決定之間存在某種規律性的束西，或企業能夠掌握明顯的影響因素，行銷人員就可以預測顧客的購買取向和購買行動可能發生的時間。

消費者一旦決定實現購買意圖必須做出五種子決策：①品牌決策，最終決定購買哪種品牌；②經銷商決策，在哪家商店購買；③數量決策，購買幾個產品；④時機決策，什麼時間購買；⑤付款方式決策，採用什麼方式付款。

(五) 購後行為

消費者在購買產品後會通過使用來體驗自己的購買決策，確認產品的滿意程度，衡量購買決策是否正確，以便為今後的決策活動提供參考。所以說，企業的行銷工作一直要延伸到產品售出以後。

1. 購買感受

消費者購買產品後是否感到滿意，取決於消費者購前的預期績效與產品購後的可見績效之間的差異：如果產品的可見績效達到了預期績效，消費者就會感到滿意；如果可見績效超過了預期績效，消費者將感到非常滿意；如果可見績效沒有達到預期績效，消費者將會感到不滿意。

由於消費者是根據收集到的各種信息，特別是市場信息形成的期望，如果企業誇大了產品的性能，就會使消費者的預期績效過高，從而導致消費者產生不滿的感覺。這二者的差距越大，消費者的不滿會越大。當然，有些消費者會誇大這種差距，這就表示消費者極度不滿；有些消費者會縮小這種差距，表示消費者有較少的不滿。根據這一理論，企業應當如實宣傳產品，甚至不要隱瞞產品的缺陷和不足之處，使消費者的預期績效與可見績效能保持盡量一致。有的企業在進行廣告宣傳時，採取留有餘地的做法，目的在於在消費者購買產品後產生可見績效大於預期績效的感受。

2. 購後行動

消費者對產品的滿意或不滿意會影響購買以後的行為。一個滿意的消費者可能會在以後重複購買，並為企業的產品做活廣告，「滿意的顧客是企業最好的廣告」。

不滿意的消費者的反應則截然不同，他可能在做出行動和不做出行動之間進行選擇；如果做出行動，可以做出公開行動或私下行動。公開行動包括向企業要求賠償，採取法律行動索賠，向各種社會群體申述、抱怨等。私下行動包括停止購買該產品，向其他消費者

進行反面宣傳，詆毀該產品等。

企業應採取各種措施，盡可能減少消費者購後的不滿意程度，如向顧客徵求改進產品的意見，加強售後服務，提供產品使用諮詢等。

瞭解消費者的需要和購買過程是企業市場行銷成功的關鍵。企業瞭解消費者的購買行為和影響因素，就能為其目標市場制定有效的市場行銷計劃。

本章小結

在正式制定市場行銷計劃之前，企業必須瞭解消費者市場和消費者的購買行為。

分析消費者的購買行為，主要依靠採用「刺激—反應」行為分析模式建立的消費者購買行為模式。認識消費者購買特徵和購買決策過程，是掌握消費者購買行為的規律性的關鍵。

影響或形成消費者購買行為特徵的因素主要有文化因素、社會因素、個人因素和心理因素。這些因素可以使企業瞭解目標市場的顧客的購買行為的特徵，有助於企業占領市場和更好地滿足消費者的需要。

消費者的購買決策過程表明消費者的購買活動是在實際買賣產品之前很早就開始，並延續到購買後的使用過程中。購買活動分為認識需要、收集信息、評價可供選擇方案、購買決策和購後行為五個階段。

本章復習思考題

1. 請說明消費品市場消費者需求的主要特徵。
2. 影響消費者購買行為的主要因素有哪些？
3. 為什麼說文化對消費者行為有最廣泛、最深刻的影響？
4. 什麼是相關群體？相關群體是如何影響個人的消費行為的？
5. 請說明消費者購買決策包括哪些主要階段。

第六章　競爭分析與競爭戰略

市場行銷不僅要求企業提供能滿足顧客需要的產品或服務，而且還要求企業比競爭對手做得更好。如何戰勝競爭對手，實現企業預定的行銷目標，是行銷管理最重要的內容之一。

第一節　競爭者分析

為了制定一個有效的行銷戰略，一個企業必須研究其競爭者。企業實際的和潛在的競爭者的範圍是很廣泛的。一個企業最密切的競爭者是那些試圖滿足相同的顧客和需求，並提供相同產品或服務的企業。一個企業也應當關注其潛在的競爭者，即可能會提供其他新方法來滿足同樣的需求的競爭者。

一、辨別企業的競爭者

企業可以從不同的角度來辨別其競爭者。
（一）根據產品的替代程度來辨別
根據產品的替代程度可以區分四種類型的競爭：
1. 品牌競爭
當其他企業以相似的價格向相同的顧客提供類似的產品或服務時，企業將其視為競爭者。例如，長虹公司的主要競爭者有康佳、創維、TCL等彩電製造商。
2. 行業競爭
企業把製造同樣或同類產品的企業都視作競爭者。例如，長虹公司認為所有彩電製造商都是其競爭者。
3. 形式競爭
企業廣泛地把所有製造並提供相同產品或服務的企業都作為競爭者。
4. 一般競爭
企業還可進一步更廣泛地把所有爭取同一消費者的人都視作競爭者。
（二）從行業觀點來辨別
行業是一組提供一種或一類相互密切替代產品的企業群，如汽車行業、石油行業、醫藥行業等。決定行業結構的主要因素有：

1. 銷售商的數量及其差別程度

描述一個行業的出發點就是要確定是否有許多銷售商，產品是否同質或高度差異的。這一特點產生了四種行業結構類型：完全壟斷、壟斷、壟斷競爭和完全競爭。行業競爭的結構會隨時間的變化而變化。

2. 進入障礙

從理論上說，企業應該可以自由進入具有利潤吸引力的行業。他們的進入會使供給增加，而且最終會使利潤下降到正常報酬率的水準。然而，進入各個行業的難易程度差別很大。進入的主要障礙包括對資本的要求高、規模經濟、專利和許可證條件、缺少場地、原料或分銷商、信譽條件等。其中，一些障礙是某些行業所固有的，而另一些障礙則是企業採取了單獨的或聯合行動所設置的。即使一家企業進入了一個行業，當它要進入行業中某些更具吸引力的細分市場時，可能會面臨阻礙其流動的障礙。

3. 退出障礙

從理論上講，企業應該可以自由退出利潤無吸引力的行業，但它們也面臨退出的障礙，包括：對顧客、債權人或原有職工在法律和道義上的義務，政府限制和社會壓力集團的影響，資產的再利用性，即過分專業化或設備技術陳舊引起的資產利用價值低，可供選擇的機會太少，企業中下層人員的反對等。

進入和退出障礙共同決定了企業參與行業市場競爭的「自由度」。

4. 成本結構

每個行業都有驅動其戰略行為的一定的成本組合。企業將把最大的注意力放在其最大成本上，並從戰略上來減少這些成本。

5. 縱向一體化

在某些行業，後向和前向一體化是非常有利的，如石油行業。石油生產者進行石油勘探、石油鑽井、石油提煉，並把化工生產作為他們經營業務的一部分。縱向一體化可以降低成本，還能使在所經營業務的細分市場中控制價格和成本。無法進行縱向一體化的企業將處於劣勢地位。

(三) 從市場競爭觀念來辨別

從市場競爭觀念來辨別企業的競爭者是指把競爭者看做是滿足相同顧客需要或服務於同一顧客群的企業。例如，打字機製造商的競爭對手不僅是其他打字機製造商，還包括鉛筆製造商、鋼筆製造商、計算機製造商等，因為它們都滿足的是顧客「寫字能力」的需要。市場競爭觀念能開闊企業的視野，使其看到還存在著更多的、實際的和潛在的競爭者，以促使其制定出更長遠的戰略性計劃。

識別競爭者的最佳方法是把行業分析和市場分析結合起來。

二、識別競爭者的戰略

企業最直接的競爭者是那些為相同的目標市場推行相同戰略的群體。一個戰略群體就

是在一個特定行業中推行相同戰略的一組企業。

通過對戰略群體的識別可以發現以下情況：①各戰略群體設置的進入障礙的難度不盡相同。②如果企業成功地進入一個戰略群體，該組別的成員就成了其主要的競爭對手。如果企業希望取得成功，應在進入時就具有某些戰略優勢。

競爭不僅僅在戰略群體內展開，在群體與群體之間也存在著對抗，因為：①某些戰略群體所吸引的顧客群相互之間可能有所交叉。②顧客不能區分不同群體的供應品的差異。③各個群組可能都想擴大自己的市場細分範圍，特別是在規模和實力相當以及在各群體之間流動障礙較小的時候。

三、確定競爭者的目標

在識別了主要競爭者及其戰略後，企業還必須瞭解競爭者的目標，即每個競爭者在市場上追求什麼？每個競爭者的行為驅動力是什麼？

一般來說，競爭者都將盡量爭取利潤最大化，但利潤存在長期利潤與短期利潤之分。此外，有些企業是以「滿足」為市場目標，即它們會建立目標利潤指標，只要這些目標能夠達到企業便感到滿足了。

有時候，競爭者追求的不是單一的目標，而是目標組合，只是側重點不同。我們需瞭解競爭者對目前的獲利可能性、市場份額增長、現金流動、技術領先和服務領先等所賦予的相對權數。瞭解了競爭者的加權目標組合，我們便可以瞭解競爭者是否對其目前的財務狀況感到滿意，它對各種類型的競爭性攻擊會作出何種反應等。

四、評估競爭者的優勢與劣勢

競爭者能否實施它們的戰略並實現其目標，這取決於每個競爭者的資源和能力。企業需要識別每個競爭者的優勢與劣勢。首先，企業應當收集每個競爭者近期業務的關鍵數據，特別是銷售量、市場份額、毛利、投資報酬率、現金流量、新投資及設備能力的利用情況。每種數據的獲得都有助於企業更好地評估每個競爭者的優勢和劣勢，並幫助新競爭者決定向誰發起挑戰。其次，企業通過二手資料、個人經驗或傳聞來瞭解有關競爭者的優勢和劣勢。它們可以通過向顧客、供應商和中間商進行第一手行銷調研來增加對競爭者的瞭解。最後，在尋找競爭者的劣勢時，企業應設法識別競爭者為其業務和市場所作的假想有哪些已經不能成立。如果企業知道競爭者已在按照一個嚴重錯誤的設想在經營，就可以設法超過競爭者。

五、評估競爭者的反應模式

單憑競爭者的目標和優勢與劣勢不足以說明其可能採取的行動以及對諸如削價、加強促銷或推出新產品等作出的反應。此外，每個競爭者都有其經營哲學、企業內部文化和某些起主導

作用的信念。一個企業需要深入瞭解競爭者的思維體系，並預測競爭者可能作出的反應。

下面是幾種常見的反應類型：

(一) 從容型競爭者

某些競爭者對某一特定競爭者的行動沒有做出迅速反應或反應不強烈。企業必須弄清競爭者的行為從容不迫的原因，如它們的業務需要收割榨取，它們對其他競爭者的行動反應遲鈍，它們缺乏作出反應所需要的資金等。

(二) 選擇型競爭者

競爭者可能只對某些類型的攻擊作出反應，而對其他類型的攻擊則無動於衷。瞭解主要競爭者會在哪些方面作出反應可以為企業提供最為可行的攻擊類型。競爭者可能對削價作出反應以表明對手是枉費心機，但它可能對廣告費用的增加不作任何反應，認為這並不會構成威脅。

(三) 凶猛型競爭者

這類企業對向其所擁有的領域發動的任何進攻都會作出迅速而強烈的反應。它意在向其他企業表明最好不要向其發動進攻，因為防衛者將奮戰到底。

(四) 隨機型競爭者

有些競爭者並不表露可預知的反應模式。這一類型的競爭者在任何特定情況下，可能會也可能不會作出反應，而且根據其經濟、歷史或其他方面的情況，都無法預見其反應。

瞭解競爭者的基本反應模式，有助於企業選擇和確立行動時機。

第二節　選擇競爭者與一般戰略

一、選擇競爭者

企業不僅需要識別和瞭解自己的競爭者，而且還要明確與誰競爭對自己有利，因此，存在一個選擇競爭對手的問題。對競爭者進行分類，有助於企業挑選合適的競爭對手。競爭者的分類如下：

(一) 強競爭者和弱競爭者

大多數企業一般願意選擇弱者為攻擊對象。攻擊弱競爭者可以在較短時間內提高市場份額，所耗費的資源也較少，但在提高自身能力方面，沒有多少幫助。攻擊強競爭者，有助於企業提高自己的生產、管理和經營能力，更大幅度地擴大市場份額和利潤，但需要付出的代價較高。

(二) 近競爭者和遠競爭者

多數企業會同那些與其地域相近、行業相同的競爭者競爭。例如，膠卷生產商可能會與其他品牌的膠卷生產商競爭，而對數碼照相機、攝像機的發展反應麻木。然而，企業必

須識別當前的競爭者。例如，可口可樂將礦泉水當作最大的競爭者，而不是百事可樂。

因此，企業一方面要避免「競爭者近視症」；另一方面還要避免陷入「螳螂捕蟬，黃雀在後」的境地。例如，在「消滅」容易對付的競爭者的同時，又招來了更強大的競爭對手。

(三)「良性」競爭者和「惡性」競爭者

每個行業都會有「良性」競爭者和「惡性」競爭者。企業應理智地支持良性競爭者，攻擊惡性競爭者。一般來說，「良性」競爭者遵守行業規則和市場秩序；根據行業增長的潛力，提出切合實際而不是「非分」的設想；依照與成本的關係來合理定價；把自己限制在行業的某一部分或某一細分市場；推動他人降低成本，提高差異化程度；接受為它們的市場份額和利潤規定的大致界限。而「惡性」競爭者則會違反行業規則，破壞市場秩序；企圖靠花錢購買而不是靠努力去擴大市場份額；敢於冒大風險；生產能力過剩仍然繼續投資；打破行業平衡，給全行業帶來「麻煩」。

二、市場競爭的一般戰略

競爭戰略是企業對通過什麼途徑形成相對競爭優勢的打算。成功的企業在市場競爭的整體作戰中，都能尋找出一個獨特的市場定位，並在這種差異化策略中獲取競爭優勢及市場空缺。策略大師邁克爾‧波特（Michael Porter）在《競爭戰略》一書中指出，競爭策略有三種基本形式：總成本領先戰略、差異競爭戰略和目標集中戰略。

(一) 總成本領先戰略

總成本領先戰略是指企業盡可能降低自己的生產和經營成本，在同行業中取得最低的生產成本和行銷成本的做法。降低總成本能加強企業同競爭者的抗衡，因為降低成本，可比競爭者獲取相對多的利益；可以對付買方行使討價還價的能力；可以為新競爭者的進入設置巨大障礙；有利於對付競爭者的替代品等。

企業要想實現總成本領先，需要具有相對高的市場佔有率或其他優勢，諸如獲得有利的原材料途徑。

企業要實施這一競爭戰略需要的基本條件是：持續的資本投入和取得資本的途徑，一定的加工工藝技能，嚴格的勞工監督，設計容易製造的產品，建立低成本的分銷系統。

總成本領先戰略需要的基本組織條件是：嚴密的組織結構和責任，嚴格的成本控制，嚴格的控制報告。

總成本領先戰略具有的風險有：①技術上的變化使以往的投資或知識無效；②新的競爭者通過仿效對尖端技術水準的設施進行投資而使成本降低；③由於注意力集中於成本上，無法看到所需產品的變化或市場行銷的變化；④成本的飛漲可能降低公司維持足夠的價格差異以抵制競爭者品牌形象及其差異化的能力。

(二) 差異競爭戰略

差異競爭戰略是指企業提供差別化的產品或服務，以便有可能成為本行業的等級領

袖。使產品或服務差異化的途徑很多，如創造產品款式或品牌形象、產品技術、產品特點、客戶服務、零售網及其他方面的差異性。

差異競爭戰略是企業對付競爭者強有力的武器，是當前在市場行銷活動中占主流的競爭作法。其競爭特點為：產品差異化可以造成競爭者進入的障礙，能有效地抵禦其他競爭對手的攻擊，能削弱買者討價還價的能力，產品的差異化還有獲取超額利潤的可能。

差異競爭戰略需要的一般條件為：企業有相應的技能和財力，諸如很強的市場行銷能力；企業擁有很強的基礎研究能力；企業具有高質量及高技術的聲譽；企業有獨特的，具有明顯優勢的產品工藝設計和產品加工技術；企業擁有善於吸收其他技能的獨特組合方式；企業具有很強的分銷渠道的合作等。

差異競爭戰略也存在一系列風險：①實行產品差異戰略的企業，其成本高於實行總成本領先戰略的企業，因此，可能導致差異對顧客的吸引力喪失；②顧客偏好的變化可能導致差異不能對顧客再有吸引力；③競爭對手的模仿會縮小產品的差異。

(三) 目標集中戰略

目標集中戰略是指企業集中力量於某幾個細分市場，而不是將力量均勻投入到整個市場。

目標集中戰略的主要特點是：所涉及到的細分市場都是特定的或專一的，也就是說，企業是為一個特定目標服務的。採用這種競爭戰略的最後結果是企業在一個較小的細分市場獲得一個較大的市場份額，如美國 AFG 玻璃公司主要集中生產和銷售有色的鋼化玻璃。廠商在為特定目標市場服務時，或採取產品差異，或降低成本，或兩者兼而採用，取得這種針對狹隘市場目標的優勢地位。

目標集中戰略需要的市場條件與組織條件，隨集中的目標不同而不同。

目標集中戰略具有一定的風險：①覆蓋整個市場的競爭對手因為規模經濟大幅度降低成本，可能導致採用目標集中戰略的企業的成本優勢不再存在；②競爭者從戰略目標中找到了分市場，可能使原來企業的目標集中戰略經營缺少特色；③集中目標指向的特定細分市場的需求可能變得太小、而轉移產品到其他的細分市場相當困難。

三種競爭戰略的區別如圖 6-1 所示。

戰略目標	對顧客來說的獨特性	低成本地位
全產業範圍	差異競爭	總成本領先
特定的細分市場	目標集中	目標集中

圖 6-1　按行銷組合因素區分的三種競爭戰略示意圖

三、按不同競爭地位劃分的行銷者類型

根據企業在目標市場所處的地位，可以把市場行銷者分為四類：市場領導者、市場挑戰者、市場追隨者和市場補缺者。

（一）市場領導者

市場領導者是指在相關的產品市場中佔有最大市場份額的企業。絕大多數的行業都有一個被公認的市場領導者，它在價格變化、新產品開發、分銷渠道的寬度和促銷強度上，起著領導作用，並受到同行業的承認。它是競爭者的一個導向點，是其他企業挑戰、模仿或躲避的對象，如美國汽車市場的通用公司、相機市場的柯達公司、計算機市場的IBM公司、洗化市場的寶潔公司、軟飲料市場的可口可樂公司、快餐食品市場的麥當勞公司等。這種領導者幾乎各行各業都有，它們的地位是在競爭中形成的，但是是可以變化的。

（二）市場挑戰者和追隨者

市場挑戰者和市場追隨者是指那些在市場上處於次要地位，在行業中佔有第二、第三和以後位次的企業。這些次要地位的企業可以採取兩種態度中的一種：爭取市場領先地位，向競爭者挑戰，即市場挑戰者；安於次要地位，在「共處」的狀態下求得盡可能多的收益，即市場追隨者。每個處於市場次要地位的企業，都應根據自己的實力和環境提供的機會與風險，來決定自己的競爭戰略是「挑戰」還是「追隨」。

（三）市場補缺者

市場補缺者是指那些在市場上選擇不大可能引起大企業的興趣的市場的某一部分從事專業化經營的小企業。由於這些企業是對市場的補缺，可以使許多大企業集中精力生產主要產品，也使這些小企業獲得很好的生存空間。

第三節　市場領導者戰略

市場領導者如果沒有獲得合法的壟斷地位，必然會面臨競爭者無情的挑戰。因此，企業必須時時保持警惕並採取適當的策略，否則就很可能喪失領先的地位，而降到第二位或第三位。市場領導者想要繼續保持第一位的優勢，就需要在三個方面進行努力：一是擴大市場總需求量；二是保持現有的市場份額；三是擴大其市場份額。

一、擴大市場總需求量

當市場總需求量擴大時，處於領先地位的企業得益最大，因為其市場佔有率最高。例如，消費者如果增加對火腿腸的需求量，受益最大的將是春都集團，因為它佔有整個火腿腸市場銷售量的70%以上。

一般說來，市場領導者可以從三個方面來擴大市場總需求量。

1. 尋找新用戶

每種產品都有吸引新顧客，增加新使用者的潛力。

領導者企業可以從三個方面來尋找新的使用者：①新市場戰略，即企業針對從未用該產品的群體用戶，說服他們使用本企業的產品，比如說服男子使用香水；②市場滲透戰略，這是針對現有細分市場中還未使用產品或只偶爾使用產品的顧客，說服他們使用產品，比如說服不用香水的婦女使用香水；③地理擴展戰略，即將產品銷售到國外或其他地區市場去。

2. 開闢產品的新用途

為產品開闢新的用途，也可以擴大其市場需求量，使產品銷路久暢不衰。杜邦公司用尼龍提供了一個以開闢新用途來擴大市場的典型事例。杜邦公司最初將尼龍用作降落傘的合成纖維；然後作為婦女絲襪的纖維；再後來，將其作為男女襯衣的主要原料；最後，又將其用於製作汽車輪胎、沙發椅套和地毯。

3. 擴大產品的使用量

增加消費者使用量是擴大市場需求的重要途徑。例如，寶潔公司勸告用戶每次用兩份飄柔洗髮精比使用一份會取得更好的洗頭效果。

二、保持市場份額

處於市場領導地位的企業，必須時刻防備競爭者的挑戰，保衛自己的市場陣地。例如，可口可樂必須防備百事可樂；麥當勞必須提防漢堡王；通用汽車必須提防福特。

市場領導者如何防禦競爭者的進攻呢？最根本的一點是領導者不要滿足於現狀，而要不斷創新，並在產品創新、提高服務水準、提高分銷渠道的有效性和降低成本等方面做出努力，使其真正處於該行業的領先地位。同時，企業也要抓住競爭對手的弱點，實行進攻。在軍事上有一條原則：進攻是最好的防禦。

市場領導者如果不發動進攻，就必須實行防禦策略，即防備其他競爭者的進入。堵塞漏洞的代價可能很高，但是放棄一個細分市場的代價會更高。市場領導者應當權衡哪些陣地應不惜一切代價防守，哪些陣地可以放棄而不影響大局，並將其資源集中用於關鍵的地方。

市場領導者可以採用以下六種軍事防禦策略，如圖6-2所示。

1. 陣地防禦

陣地防禦是指在企業的四周建造一個牢固的守衛工事，這是防禦的基本形式，屬於靜態防禦工事。簡單地防守現有地位或產品是一種行銷近視的方式。例如，當年的亨利·福特關於T型汽車的近視，使一個有著10億美元現金儲備的福特公司從頂峰跌到了崩潰的邊緣。所以，受到攻擊的領導者把他的全部資源用於建立保衛現有產品堡壘的做法是錯誤的。

圖6-2　防禦戰略示意圖

2. 側翼防禦

這是指市場領導者不僅守衛自己的陣地，還建立一些側翼或前沿陣地，作為防禦陣地，必要時可作反擊的基地。例如，某食品公司為了保持超級市場的領導地位，不斷增加食品零售花色品種的搭配組合，以迎接新的挑戰。

3. 先發制人的防禦

這是指在競爭對手向企業發動進攻前，先向對手發動進攻，這是一種比較積極的防禦策略。

有時候，先發制人的戰略是在心理上展開的，而並不付諸實踐。市場領導者發出市場信號，勸告競爭對手們不要進攻。有些市場領導者享有高的市場資源，能平安地度過某些攻擊，也可以沉著應戰，不輕易發動進攻。

4. 反擊式防禦

這是指當市場領先者受到攻擊時，反攻入侵者的主要市場陣地。這是一種有效的防禦戰略。

5. 運動防禦

這是指領導者不僅防禦目前的陣地，而且還要擴展到新的市場陣地，作為未來防禦和進攻的中心。市場擴展可以通過市場拓寬和市場多樣化兩種方式實行。

6. 收縮防禦

這是指市場領導者為了加強實力，放棄薄弱的市場而增強其市場競爭力，集中企業的優勢對應競爭者。

三、擴大市場份額

在一定情況下，市場領導者不可以通過進一步增加市場份額來提高其利潤率，以維持其領導者的地位。相關研究表明：盈利率是隨著市場份額線性上升的。市場份額在 10% 以下的企業，其平均投資報酬率在 9% 左右，而市場份額超過 40% 的企業將得到 30% 的平均投資報酬率，是市場份額在 10% 以下企業的三倍。投資報酬率與市場份額的關係如圖 6-3 所示。

圖 6-3 市場份額與利潤率之間的關係示意圖

並不是任何企業提高市場佔有率都會使其投資報酬率增長，這還取決於企業為提高市場佔有率而採取的策略。為提高市場佔有率所付出的代價，有時會高於它所獲得的利益。因此，企業提高市場佔有率要考慮以下三個因素。

（1）引起反托拉斯行動的可能性。當企業的市場佔有率超過一定限度時，就有可能受到指控和制裁。

（2）經濟成本。在市場份額達到某個水準以後，還繼續增大投資，企業的盈利能力可能反而會下降。有研究表明，最佳市場佔有率是 50%，如果繼續提高市場份額，所花費的成本可能超過其價值。

（3）企業在奪取市場份額時所採用的行銷組合策略是否正確。某些行銷組合變量可以增加市場份額，卻不能增加利潤。只有在下面兩個條件下，高市場份額才會帶來高利潤：一是單位成本隨著市場份額的增加而減少；二是產品價格的提高大大超過為提高產品質量所投入的成本。

總之，市場領導者必須善於擴大市場的總需求量，保衛自己現有的市場領域，並有利可圖地增加他們的市場份額，這樣才能持久地占據市場主導的地位。

第四節　市場挑戰者的競爭戰略

在市場上居於次要地位的企業，如果要向市場領導者和其他競爭者挑戰，必須確定自己的戰略目標和競爭對手，並選擇適當的進攻策略。

一、確定戰略目標和競爭對手

大多數市場挑戰者的戰略目標是增加他們的市場份額，因為這將帶來較高的盈利率。市場挑戰者在確定自己的戰略目標時，要明確誰是競爭對手，並採取不同的策略。

1. 攻擊市場領導者

這是一個既有高度風險但又具有潛在的高報酬的戰略。如果市場領導者不是一個「真正的領先者」，而且也沒有很好地滿足市場需求，那麼攻擊將會產生重大的意義。因此，挑戰者應仔細調查研究領先企業的弱點和失誤，有哪些未滿足的需求，有哪些使顧客不滿意的地方。發現了實際未被滿足或不滿意的市場，就可以將其作為進攻的目標。此外，還可以在整個細分市場上，創新產品，超過領導者，以奪取市場的領導地位。

2. 攻擊與自己實力相當者

這是指挑戰者將一些與自己規模相仿，而目前經營的業務不良、財力拮據的企業作為進攻對象，設法奪取它們的市場陣地。

3. 攻擊地方性小企業

這是指對一些經營不善、財力拮據的本地小企業，進行吞並。

總之，選擇對手和選擇目標的問題是相互影響的。如果進攻的企業是市場領導者，則進攻企業的目標是奪取一定的市場份額。如果進攻的是一個小的本地企業，則進攻企業的目標是把這個小企業搞掉。企業必須遵守一條軍事上的原則：「每一個軍事行動必須直接指向一個明確規定的、決定性的和可達到的目標」。

二、選擇進攻策略

在明確了戰略目標和競爭對手之後，挑戰者還需要考慮採取怎樣的進攻策略。一般來說，企業有五種進攻策略可供選擇，如圖6-4所示。

1. 正面進攻

這是指進攻者集中全力向對手的主要方面發動進攻，即進攻對手的實力而不是弱點。在這個純粹的正面進攻中，攻擊者必須在產品、廣告、價格等方面超過對手，即進攻者需要有超過競爭者的實力和持久力，才能使正面進攻獲得成功。正面進攻的常用作法就是用減價來同對手競爭。這種進攻可以採用兩種方式：①針對領導者的價格制定較低的售價；②降低生產成本，以價格為基礎攻擊競爭對手。因此，價格進攻是建立持續的正面進攻戰

圖 6-4　進攻戰略

略的最有效的基礎之一。

2. 側翼進攻

現代進攻戰的主要原則是：「集中優勢兵力打擊對方的弱點」。當市場挑戰者難以採取正面進攻時，就可以考慮採用側翼進攻，即採用避實就虛的戰術來制勝。側翼進攻可以分兩種情況：①地理性進攻，即在本國或世界上選擇績效水準不佳的對手發動進攻。②細分性進攻，即尋找未被市場領導者服務覆蓋的細分市場需要，在這些小市場上迅速填補空缺。

側翼進攻符合現代行銷觀念——發現需要並設法滿足它們。側翼進攻也是一種最有效和最經濟的策略形式，較正面進攻有更高的成功機會。

3. 包圍進攻

如果說單純的側翼進攻是指集中力量填補競爭者在現有市場上無法覆蓋的缺口，那麼包圍進攻則是通過「閃電」戰術，奪取對手大片陣地的一個策略。這種進攻是全面性進攻，即同時從正面、側面和背面向對手同時發動的一個大的進攻。當一個進攻者擁有優於對手的資源，並確信包圍計劃的完成足以擊敗對手時，這種包圍戰略才有意義。精工公司對手錶市場的進攻就是一個包圍戰略的實例。精工公司的流行款式、特徵、使用者偏好以及繁多的種類等壓倒了其他的競爭者，徵服了消費者。但必須指出，並非所有包圍進攻都能奏效。

4. 迂迴進攻

這是指進攻者避開所有針對競爭對手的現有市場陣地，而是繞過對手攻擊較容易進入的市場，以擴大自己的市場。這是一種最間接的進攻戰略。迂迴進攻可以採取三種方法：

123

①多角化經營，即經營無關產品；②用現有產品打入新市場，實行多角化經營；③以技術替代現有產品。此種作法最容易獲得進攻成功。

5. 遊擊進攻

這是指對競爭對手的不同陣地發動小的、斷斷續續的進攻，其目的是騷擾對方，拖垮對手，並鞏固自己所占領的陣地。適應能力較差、缺乏資金的小企業，在向大企業發動進攻時常採用這種戰略。遊擊進攻可以採用減價、密集促銷等方法，而且最好進攻小的、孤立的、防守薄弱的市場。

遊擊進攻不可能徹底地戰勝競爭對手，它必須有較強大的進攻為後盾。所以，市場挑戰者往往是在準備發動較大的進攻時，先依靠遊擊進攻作為全面進攻的戰略準備。因此，遊擊進攻並不一定是低成本的作戰活動。

上述市場挑戰者的進攻策略是多方面的，一個挑戰者不可能同時運用所有的策略，但也很少有只依靠一種策略取得成功的。企業通常需要將幾個策略組成一個進攻戰略，並隨時間推移而改進，借以改善自己的市場地位。但並不是所有屬於次要地位的企業都可以充當挑戰者，如果沒有充分把握企業不應貿然進攻領先者，最好採用追隨而不是挑戰戰略。

第五節　市場追隨者和市場補缺者的競爭戰略

一、市場追隨者戰略

大多數居於第二位的企業喜歡採用追隨戰略而不是向市場領導者發起挑戰。市場追隨者與挑戰者不同，它不是向市場領導者發動進攻，而是跟隨在市場領導者之後，維持和平共處的局面。這種「自覺共處」的狀態在資本密集且產品同質的行業，如鋼鐵、化工中是很普遍的。在這些產品差異化和服務差異化很小、價格敏感性很高的行業，價格戰隨時都可能爆發，並造成兩敗俱傷。因此，大多數企業不以短期的市場份額為目標，彼此不互相爭奪客戶。它們常常效仿市場領導者，為購買者提供相似的產品，以穩定高的市場份額。

但是，這不等於說市場追隨者沒有戰略。一個市場追隨者必須知道如何保持現有的顧客和如何爭取新顧客；必須設法給自己的目標市場帶來某些特有的優勢，如地點、服務、融資；追隨者是挑戰者攻擊的主要目標，因此，市場追隨者必須保持低成本和高產品質量及服務質量。追隨戰略並非被動追隨，而具有自身的策略，並選擇既跟隨市場領導者，又不會引起競爭性報復的策略。追隨戰略可以分為以下三類：

1. 緊密追隨

緊密追隨是追隨者在盡可能多的細分市場和行銷組合方面模仿市場領導者的做法。在這種情況下，市場追隨者很像是一個市場挑戰者，但只要它不從根本上侵犯到主導者的地

位，就不會發生直接衝突。有些追隨者甚至寄生於市場領導者的投資下生活。

2. 有距離的追隨

這種策略是追隨者總是和市場領先者保持一定距離的策略，如在產品的質量水準、功能、定價的性能價格比、促銷力度、廣告密度以及分銷網點的密度等方面。市場領導者十分歡迎這種追隨者，而且樂意讓它們保持相應的市場份額，並使自己免遭獨占市場的控訴。這種追隨者一般靠兼併更小的企業來獲得增長。

3. 有選擇的追隨

這種策略是追隨者在某些方面緊密地追隨領導者，而在另外一些方面又走自己的路的做法。也就是說，它不是盲目追隨，而是擇優追隨。這類企業具有創新能力，但是它的整體實力不如市場領導者，需要避免與領導者的直接衝突。這類企業可望在以後成長為市場的挑戰者。

二、市場補缺者的戰略

幾乎每個行業中，都存在一些小企業，或大公司中存在一些小的業務部門專營某些細小的細分市場，它們不與主要的企業競爭，而只是通過專業化的經營來占據市場的小角落，為那些可能被大企業忽略或放棄的市場進行有效的服務，並通過出色的補缺戰略來獲取高利潤。

作為市場補缺者，它們常設法去找一個或幾個既安全又有利的補缺市場。一個理想的補缺市場應該具有以下特徵：

（1）有足夠的規模和購買力；

（2）有成長潛力；

（3）被大的競爭者所忽視；

（4）企業有市場需要和能有效地為補缺市場服務的技能和資源；

（5）企業能依靠已建立的顧客信譽，保衛自己，對抗大企業的進攻。

補缺戰略的關鍵是專門化，即在市場、顧客、產品或行銷組合方面實行專業化。一般而言，在下列幾個方面可以找到專業化的競爭發展方向：

（1）最終使用者專業化，即企業專門為某一類型的最終使用顧客服務。如計算機行業有些小企業專門針對某一類用戶，如銀行進行行銷。

（2）縱向專業化，即企業專門在行銷鏈的某個環節上提供產品或服務，如專業化的清潔公司。

（3）顧客規模專業化，即企業可集中力量專為某類顧客服務。許多補缺者專門為小客戶服務，因為某些小客戶往往被大企業所忽視。

（4）地理區域專業化，即企業把銷售集中在某個地方、地區或世界的某一區域。市場補缺者可以把行銷範圍集中在交通不便的地理區域，即大企業所不願經營的地方。

(5) 產品或產品線專業化，即企業只生產一種產品線或產品，而所涉及的這些產品，是被大企業所放棄的。這為補缺者留下了發展的空間，如家用電器維修安裝業務。

(6) 定制專業化，即企業按照客戶的訂貨單定制產品。這是一個很有希望的市場，如在住房裝修、家具等方面提供產品或服務。

(7) 服務專業化，即企業專門提供某一種其他企業沒有的服務項目。例如，銀行進行電話貸款業務，並為客戶送錢上門。

(8) 渠道專業化，即企業只為一種分銷渠道服務。例如，某一軟飲料公司只生產超大容量的軟飲料，並只在加油站出售。

市場補缺者有三個任務：創造補缺、擴展補缺和保衛補缺。市場補缺者要承擔的主要風險是補缺市場可能耗竭企業的資源或使企業遭到攻擊。所以，企業必須連續不斷地創造新的補缺市場，而且要選擇多個補缺市場，以確保企業的生存和發展。總之，只要企業善於經營，小企業也有許多機會在獲利的條件下為顧客服務。

本章小結

要制定一個有效的行銷戰略，企業必須研究其競爭者。一個企業最接近的競爭者是哪些滿足相同的顧客和需求並提供相同產品或服務的企業。企業還應注意潛在的競爭者，他們可能提供其他新方法來滿足同樣的需求。企業應該用行業的和以市場為基礎的分析方法來識別其競爭者。

企業應該收集有關競爭者的戰略、目標、優勢和劣勢以及反應模式的信息。企業應該知道每個競爭者的戰略，以便能識別其最接近的競爭者，並採取相應措施。企業應瞭解競爭者的目標，以預測其下一步的舉動和反應。企業應該瞭解競爭者的優勢和劣勢，改進其戰略，以利用競爭者的局限性。瞭解競爭者的基本反應模式，有助於企業選擇和確定行動時機。

企業面對激烈的市場競爭應當採取有效的競爭戰略。競爭戰略有三種：總成本領先戰略、差異競爭戰略和目標集中戰略。

各企業因其經營目標、資源及實力不同，在市場中處於不同的競爭地位，從而採取不同的競爭戰略，即市場領導者戰略、挑戰者戰略、追隨者和補缺者戰略。

一個市場領導者的競爭戰略主要有：擴大市場總需求、保持市場份額和擴展市場份額。為了擴大市場規模，領導者總會尋找產品的新用戶和新用途，每當市場的銷售額增加時，領導者是市場的主要受益者。為了保護現有的市場份額，市場領導者可以採用多種防禦方法：陣地防禦、側翼防禦、先發制人的防禦、反擊式防禦、運動防禦和收縮防禦。領導者還應努力擴大市場份額，在能增加盈利率和不會引起反托拉斯行動的前提下，擴大市場份額是有意義的。

市場挑戰者主要奉行進攻戰略以擴大其市場份額，其中包括正面進攻、側翼進攻、迂迴進攻、包圍進攻和遊擊進攻。

市場追隨者需要保持現有份額並謀求一定的發展，其主要戰略有緊密追隨戰略、保持一定距離的追隨戰略和選擇追隨戰略。

市場補缺者是從事專業化經營的小企業，他們選擇不大可能引起大企業興趣的市場作為補缺基點，以獲得生存和發展的機會。

本章復習思考題

1. 如何識別企業的競爭者？
2. 競爭者的反應模式有哪幾種主要類型？
3. 什麼是市場競爭的一般戰略？
4. 什麼是市場領導者、挑戰者、追隨者和補缺者？
5. 市場領導者應該如何保持已有的市場份額？
6. 市場挑戰者的競爭戰略有哪些？

第七章 市場細分與目標市場行銷戰略

市場行銷活動是以消費者的需要為基礎的，而消費者或用戶對某種產品或服務的期望和要求是不同的。尤其是在買方市場條件下，消費者購買或使用商品，除了考慮商品的功能等效用特徵外，往往追求商品的個性化，從而形成不同消費者群體對同類商品或服務的需求偏好差異。因此，在現代社會中千篇一律、千孔一面的商品必然受到消費者的冷落。行銷活動實踐證明：成功經營的企業，不僅要明確為什麼樣的需要服務，尤其要明確為誰的需要服務。為誰的需要服務是企業的一種經營選擇，這種選擇就是選擇目標市場。正確地選擇目標市場，明確企業特定的服務對象，是企業制定行銷戰略的首要內容和基本出發點。市場細分是企業選擇目標市場的基礎和前提，在現代企業行銷活動中佔有重要的地位。

現代企業行銷戰略的核心被稱為「STP行銷」，即細分市場（Segmenting）、選擇目標市場（Targeting）和產品定位（Positioning）。STP行銷，即目標市場行銷能夠幫助企業更好地識別市場機會，從而為每個目標市場提供適銷對路的產品。

目標市場行銷分為三個基本步驟（如圖7-1所示）：①細分市場，即根據購買者對產品或行銷組合行為的不同需要，將市場劃分為不同的顧客群體，並勾勒出細分市場的輪廓；②選擇目標市場，即選擇要進入一個或多個細分市場；③產品定位，即為產品和行銷組合確定一個富有競爭力的、與眾不同的質量和特性。

市場細分	目標市場	市場定位
1. 市場細分因素和細分市場 2. 勾勒細分市場輪廓	3. 評估每個細分市場的吸引力 4. 選擇目標市場	5. 為每個細分市場確定可能的定位概念 6. 選擇、發展和溝通所選擇的定位概念

圖7-1 目標市場（STP）行銷步驟示意圖

第一節　市場細分與細分因素

一、市場細分概念

(一) 市場細分概念的界定

市場細分（Marketing Segmentation）是指行銷者利用一定需求差別因素（細分因素），把某一產品的整體市場消費者劃分為若干具有不同需求差別的群體的過程或行為。行銷者細分市場的過程亦稱市場細分化。

在細分後的市場上，對於進行細分市場的行銷企業來說，每一個消費者群體就是一個細分市場，亦稱子市場。每一個細分市場都是由具有類似需求傾向或要求、行為等的消費者群體構成的。

分屬不同細分市場的消費者對於同一產品的需要和慾望存在明顯的差別，而屬於同一細分市場的消費者對於同一產品的需要和慾望則較為相似。

市場細分是對需求和慾望各異的消費者進行分類，而不是對產品進行分類。

市場可細分的基礎是對同一產品在需求上存在差異性。由於需求的差異性形成了市場需求的多樣性和消費的個性化，企業通過滿足這種個性化的消費，可以提高對需要的滿足程度。因此，細分市場越細，消費者的需求滿足程度越高，同時，也會增加企業的行銷費用和行銷難度。

市場細分的目的在於把消費行為，即需求類似的消費者加以分類，以便行銷者瞭解顧客需求的差異，發現有利的行銷機會。市場細分並不總是意味著把整個市場進行分解，實際上細分常是一個聚集與分解共同作用的過程。所謂聚集，就是把最易對某種產品特點作反應的人們或用戶集合成群。聚集的過程可以依據多種變量連續進行，直到鑑別出其規模是實現企業利潤目標的某一顧客群。分解則意味著在共同的、普遍的或基本的需求中，找到差別化的東西，由此得到更多的行銷機會，提高顧客的滿意程度。

(二) 細分一個市場的通常方式

市場細分化方式依其細分的程度可以分為三類（如圖7-2所示）：

1. 完全無細分

在圖7-2中，a表示的是一種無市場細分的狀態，也就是市場行銷者將整個市場視為一體，並以此設定行銷戰略，圖中每個點代表一個消費者或用戶。

2. 完全市場細分

在圖7-2中，b表示的是一種完全市場細分的狀態。六位顧客可以成為一個潛在的獨立市場，行銷者可以針對每位買主來設計不同的產品，制定相應的行銷計劃。例如，波音公司只為少數幾家航空公司製造飛機，並根據它們各自的特殊要求單獨定制產品。針

a 沒有細分市場　　b 完全細分市場

c 按收入的三個　　d 按性別　　e 按收入（A）和
　 等級細分市場　　 細分市場　　 年齡（B）細分市場

圖 7-2　細分市場的一般方式

對這種細分市場的行銷活動也被稱為定制行銷。

3. 群級式市場細分

在圖 7-2 中，c 表示的是按收入這一因素，分別根據高、中、低的衡量標誌，將市場消費者劃分為三個細分市場。企業可以提高、中、低三個檔次的產品來分別滿足三個細分市場的不同需求。通過採用不同細分因素或組合使用不同細分因素，會有多種細分結果。例如，圖 7-2 中 d 表示了按性別這一因素，以男、女性別為標誌將消費者市場劃分男、女兩個細分市場。行銷者可以分別為男、女消費者提供相應的產品。在圖 7-2 中，e 表示按「收入（A）」、「年齡（B）」因素，並且將這兩個因素區分為三個等級的市場細分，其結果是對市場的劃分更細小了，市場可以被劃分成五個細分市場，即：1A，2A；3A；1B；2B；和 3B。

也就是說，當行銷企業運用更多的特徵來細分市場時，那麼它所獲得的細分市場的需求差別區分精確度就越高，但是，它所付出的代價也隨著細分市場的增多而成倍地遞增，並且每個細分市場的人數越來越稀少。

二、市場細分的必要性和重要性

市場細分是目標市場行銷的基礎和前提。在市場行銷活動中，市場細分的必要性和重要性體現在：

1. 能區分市場中消費者的需要差別，並從中選取目標市場

通過市場細分，行銷者可以詳細地瞭解市場結構、市場規模及本企業在市場上的位置，從而有利於企業更好地利用有限的資源生產目標市場所需的產品。

2. 能發現市場行銷機會

通過市場細分，行銷者可以有效地分析和瞭解各個消費者群的需求的滿足程度和市場

競爭狀況；可以發現哪些消費的需求已經得到滿足，哪類需求滿足不夠，哪類需求尚需適銷的產品去滿足；可以發現哪些細分市場的競爭激烈，哪些競爭較少，哪些細分市場尚待開發。滿足程度低的市場通常存在著極好的市場機會，不僅銷售潛力大，競爭者也較少。企業如果能抓住這樣的市場機會，結合企業的資源狀況，形成並確立宜於自身發展的目標市場，並以此為出發點設計出相應的行銷戰略，就可能迅速贏得市場優勢地位，提高市場佔有率。

3. 有助於提高企業的競爭能力和經濟效益

市場細分能夠增加企業的適應能力和應變能力，在較小的細分市場上開展行銷活動可以增強市場調研的針對性。細分市場上的市場信息反饋較快，有利於企業掌握消費需求的特點及變化趨勢，這有利於及時、正確地規劃和調整產品結構、產品價格、銷售渠道和促銷活動，使產品保持適銷對路並迅速達到目標市場，從而達到擴大銷售的目的。建立在市場細分基礎上的企業行銷，可以避免在整體市場上分散使用力量。企業有限的財力、人力、物力資源能夠集中使用於一個或幾個細分市場，揚長避短，有的放矢地開展針對性行銷，不僅費用低，競爭能力也會因此而得到提高。

4. 它是制定市場行銷組合的基礎

企業的市場行銷活動是依據相應的行銷組合工具，即產品、價格、地點和促銷來進行的。只有能向消費者提供使之滿意的產品或服務，行銷工具的使用才是有效的。設計這些行銷組合，必須依據細分市場的要求，即消費者或顧客的需求來進行。市場細分有助於企業提高產品開發的科學性和適用性，價格的合理性和渠道選擇的針對性，促銷方式的有效性。在現代市場行銷活動中，沒有細分市場，就不可能設計出合適的行銷組合。

5. 有利於增進社會效益，推動社會進步

市場細分有利於滿足不斷變化的、千差萬別的社會需要。眾多的企業奉行市場細分化策略，尚未滿足的消費需求就會逐步成為企業一個又一個的市場機會，即目標市場。這樣，新的產品或服務就會層出不窮，同類產品的花色、品種就會豐富繁多，消費者或用戶也就有可能在市場上購買到稱心如意的商品。

三、市場細分的模式

按顧客對產品兩種主要屬性的重視程度來劃分，就會形成不同偏好的細分市場。以消費者對酒類產品的香型（細分因素 A）及酒精濃度按（細分因素 B）這兩個屬性的重視程度來進行市場細分為例，可以形成三種市場細分模式，如圖 7-3 所示。

圖7-3　三種市場細分模式示意圖

1. 同質偏好

消費者的偏好非常明顯而且相似。在圖7-3（a）中，市場上的消費者都表現出對酒的偏好為香型適中，酒精濃度適中。這樣，所有的消費者具有大致相同的白酒偏好，不存在自然形成的細分市場。可以預見，在同質偏好的市場上，現有的品牌基本相似，且集中在偏好的中央。對於這類市場企業通常採用無差異行銷策略。

2. 擴散偏好

消費者對白酒的需求偏好非常分散，正所謂「蘿蔔白菜各有所愛」。在圖7-3（b）中，消費者的需求偏好散布整個空間，各自的偏好相差很大。企業無論將產品定位於何處都只能使很少部分的消費者得到很好的滿足，而其他消費者的需求滿足程度極低。進入該市場的第一家品牌很可能定位於偏好的中心，以迎合大多數消費者。定位於中央的品牌可以將消費者的不滿足程度降到最低。第二個進入該市場的競爭者應定位於第一品牌附近，以爭取市場份額，或定位於某個角落，以吸引對中央產品不滿的消費群體。如果市場上同時存在幾個品牌，那麼他們很可能定位於市場上的各個空間，分別突出自己的差異性來滿足消費者的不同偏好。在這類市場上，企業通常採用差別性行銷策略。

3. 集群偏好

市場上消費者對白酒的需求偏好形成了某種類型的相對集中，形成具有不同偏好的消費者群體。在圖7-3（c）中，消費者的需求偏好呈現集群式的分佈。在這種類型的市場上，進入市場的第一家公司將面臨三種選擇：①定位於偏好的中心，以迎合所有的消費者，即實行無差異行銷；②定位於最大的細分市場，即實行集中性行銷；③同時開發幾種品牌，分別定位於不同的細分市場，即實行差異性行銷。

四、市場細分的程序

細分市場的過程分為三個階段：①市場調研階段；②市場分析階段；③市場描述階段。

1. 市場調研階段

在這一階段，通過對一手和二手資料的調查，企業可以搜集到顧客的需求偏好、購買產品的屬性及重要性排列；品牌知名度、品牌聲譽、品牌等級；產品使用方式、使用頻率和使用量；對產品類別的印象和態度；被訪者的人文變量、心理變量和傳媒變量等資料。例如，中國建設銀行深圳分行根據客戶對金融產品的需求類型，在市場細分的基礎上創辦了全國第一家特色銀行——女子銀行。該銀行針對現代女性對金融服務產品的需求的特殊性和共性把已有的服務品種整合成理財、個人卡、個人貸款、代收費、女士沙龍五個服務組合，專門為女性提供金融服務。在女子銀行裡，從行長到職員、行警，全為女性；辦公室、服務區的布置處處散發著女性的柔美氣息。

2. 市場分析階段

在這一階段，研究人員採用定性分析法和定量分析法分析和研究所搜集到的原始資料和二手資料，剔除相關很大的變量，然後用集群分析法劃分一些差別較大的細分市場。例如，一家住宅出租公司打算建造一幢簡樸的小公寓。從產品特性，如房間大小、簡樸程度等出發，該公司可能認為這幢小公寓是以低收入家庭為對象的，但從市場需求的角度來分析，便可以看到許多並非低收入的家庭，也是潛在顧客。舉例來說，有的人收入並不低，他們在市區已有寬敞、舒適的居室，但又希望在寧靜的空間再有一套房間，作為週末生活的去處。所以，企業可以把這幢普通的小公寓，看作整個住宅出租業的一部分，而不應孤立地將其看成只是提供給低收入家庭居住的房子。例如，這家住宅出租公司通過對市場調查資料進行分析，確定潛在需求後會發現，人們希望小公寓住房能滿足的基本需求包括：能遮蔽風雨，停放車輛、安全、經濟、設計良好、方便工作、學習與生活，不受外來干擾，足夠的起居空間，滿意的內部裝修，公寓管理和維護等。上述需求哪些對他們更為重要？進一步分析結果顯示：在校外租房住宿的大學生，可能認為最重要的需求是能遮風避雨、停放車輛、經濟、方便上課和學習等；新婚夫婦的需求是能遮蔽風雨、停放車輛、不受外來干擾、滿意的公寓管理等；較大的家庭的需求是能遮蔽風雨、停放車輛、經濟、足夠的兒童活動空間等。這一步至少應進行到有三個細分市場出現。

3. 市場描述階段

在這一階段，企業應根據顧客不同的態度、興趣、行為、需求偏好、人文變量、心理特徵、媒體選擇等劃分每個群體，然後對各細分市場進行詳細的說明和清楚的表述，並根據主要的不同特徵為每個細分市場命名。雖然描繪、刻畫的是細分市場中典型消費者的一般形象，但是它有助於行銷人員發現和瞭解產品的潛在使用者，從而有利於企業開發出針對這類客戶的最好行銷組合。

結合上述案例，針對各類顧客的小公寓住宅的需求特徵，為各細分市場命名並進行描述與刻畫如下（如表7-1所示）：

（1）好動者——年輕、未婚、活潑愛玩。

（2）老成者——比好動者稍年長，更成熟，收入與教育程度更高，更希望追求舒適與個性。

（3）新婚者——暫住，未來希望另找住房，夫妻都有工作，房租負擔不重。

（4）工作為主者——單身，希望住所離工作地點近，經濟。

（5）度假者——在市區有住房，又希望節假日過一點郊外生活。

（6）向往城市者——在鄉區有住房，但希望能靠近城市生活。

（7）家庭住戶。

表 7-1　　　　　　　　　　顧客住宅市場細分表

	設計良好	經濟	一般方便	不受干擾	方便	房間大小	內部裝修	管理良好
好動者								
老成者								
新婚者								
工作為主者								
度假者								
向往城市者								
家庭住戶								

五、細分消費者市場的因素

受年齡、性別、收入、家庭人口、居住地區、生活習慣等因素的影響，不同的消費者群有不同的慾望和需要。這些不同的慾望和需要是企業據以進行消費者市場細分的依據，即「細分因素」。這些細分因素能概括一群具有相同需求的消費者，是細分消費者市場的基礎。

細分消費者市場的依據可以概括為四類：地理因素、人口因素、心理因素和行為因素。以上四類因素，要根據消費者需求的差異，綜合運用。需求差異大的產品，應該用較多的細分因素進行區分，反之，則可以運用較少的細分因素。凡是需求差異大、市場競爭激烈的產品，往往要經過多次細分，才能從中篩選出符合本企業條件的細分市場，以此作為企業的目標市場。

（一）地理細分

地理細分是指企業根據消費者所在的地理位置、地形氣候等因素來細分市場，然後選擇其中一個細分分市場作為目標市場。對於銷路廣闊的消費品，地理細分往往是進行市場細分的第一步。中國幅員遼闊，人口和民族眾多，風俗差異很大，地理細分便是市場細分的第一步。

1. 地理和行政區

按照地理位置或經濟區域的不同，消費者的需求會有很大差異。例如，對食品的消費，不同地區有不同的口味，所謂「東甜南辣西酸北咸」；南方以米飯為主食，北方以面粉為主食。

2. 城市或鄉村

工商業與交通業發達與否，人口密度的稠密或稀疏，是區分大中小城市的主要依據。通常可以將地理區域分為大城市、中小城市、鄉鎮和農村四類。大城市與中小城市、城市與農村、城市與鄉鎮等，都有不同的消費需求。

3. 地形與氣候

按地形可以將地理區域分為山區、平原、丘陵；按氣溫可以分為熱帶、溫帶、寒帶；按濕度可以將地理區域分為干旱區、多雨區。不同的地形，對許多消費品都有不同的要求。

4. 交通運輸

交通運輸是地理環境的主要內容之一。按運輸方式可以將交通運輸方式分為陸運、水運和空運。陸運又可以分為鐵路運和公路運；水運也可以分為海運、內河線運等。交通工具有先進落後之分，裝卸效率也有高低之別。交通運輸細分，對於有時間性和有保質期要求的產品尤為重要。

從對以上地理因素的典型分類來看，處在不同地理位置的購買者群有不同的需要和慾望。他們對企業所採取的市場行銷戰略，即對企業推出的產品、產品價格、銷售渠道、促銷方式等措施的反應也有所不同，這就是按地理細分的依據。

(二) 人文細分

人文細分就是指企業按照人口調查統計的內容和相關的人文因素，如年齡、性別、收入、職業、教育水準、家庭大小、生活階段、宗教信仰等「細分變量」來細分市場。由於消費者的慾望和使用程度與人文因素有因果關係，而且人文因素比其他因素更容易衡量，因此，人文因素一直是細分市場的重要依據。

1. 年齡

根據中國的習慣，可以按年齡將人們大致分為學齡前兒童、小學生、中學生、大學生、少年、青年、中年和老年幾個階段。學齡前兒童通常是指不滿 6 週歲的兒童，小學生一般是指 6～12 歲的人群，中學和大學生是 13～24 歲的人群。至於少年、青年、中年和老年則很難截然割分。按對消費品的消費來割分，通常少年為 16 歲以下的未成年兒童，16～35 歲的人群為青年，中年為 35～60 歲的人群，60 歲以上的人群算作老年。經營服裝、食品、書刊等的企業，往往是以年齡來細分市場的。

2. 性別

雖然按性別來將人們分為男性和女性兩類，但理髮、化妝品和服裝等行業，長期以來

一直是按照性別來細分市場的。譬如在化妝品行業，過去一提化妝品，好像就是女用的，近幾年來，已細分出男用化妝品市場。

3. 家庭大小

由於計劃生育成為中國的一項基本國策，目前在中國，核心家庭一般由三口人組成。同時，受傳統文化的影響，中國社會仍有大量的導向性家庭存在，人口多至10多人。一般可以把家庭分成2以下人、3~4人、5~6人和6人以上等。細分任何市場，需要瞭解核心家庭的人口數量，因為這是家庭的主要形式。

4. 生活階段

這是根據人生的各個年齡階段來細分市場的。成人自立後，可以分為未婚、已婚無子女、已婚有學齡前子女、年長、子女獨立、鰥寡單身等。在西方國家，汽車、住房等行業基本上是按生活階段細分市場的。在正常情況下，隨著生活階段的推進，收入、地位都隨之相應提高，這樣，在不同生活階段的需求和偏好差異很大。在中國，房產行業同樣可以按生活階段來細分市場。人們處在單身和新婚階段，住房小一些問題不大。有了子女以後，在學齡前還可以將就，但隨著子女的成長，住房的矛盾就突顯出來，這時就需要大一些或多一些的房間。

5. 收入

按照當前的平均收入水準，可以將人群區分為高收入群、中等收入人群和低收入人群。需要時，可以就一種產品可能形成的購買力來確定收入水準。比如，對於電視機來說，家庭月收入達到1,000元，就可以算有購買能力了，但是，對於汽車、住宅等產品，家庭月收入達到3,000元，也不具備購買能力，因此，劃分不同等級的收入標準必定不同。細分市場時，企業應該通過市場調查或顧客調查，來確定哪種收入水準的人群是適合的細分市場顧客。因為，有支付能力的購買力有時又與收入不是按同一比例增減的。

6. 生活習慣

對於衣、食、住、行、用等所有行業的企業，幾乎都應考慮按消費者的生活習慣來細分市場。以罐頭食品為例，豬肉類罐頭千萬不能銷往回族居住地區，因為回族居民不吃豬肉，且不論是否是宗教信仰，作為該民族的傳統生活習慣，也應得到尊重。

7. 多因素人口細分

在行銷活動中，許多企業是按照兩個或兩個以上的人口因素來細分市場的。例如，中國服裝出口行業具有勞動充沛、工藝精良的相對優勢，細分市場時必然要考慮服裝的穿著者是男是女、多大年齡、收入高低、教育程度、職業類別、社會地位以及穿著場合等。細分市場之後，還要調查研究每個細分市場的平均購買率和競爭程度。綜合分析這些資料，就可以估計每一個細分市場的潛在價值，然後權衡得失，選擇其中一個或幾個自己力所能及的、最有利的細分市場作為企業的目標市場（如表7-2所示）。

表 7-2　　　　　　　　　　用多個人口因素細分市場

性別	年齡	收入	教育程度	職業
男	學齡前	高	初小以下	技術人員
女	小學生	中	小　學	企業管理人員
	大中學生	低	中　學	機關工作人員
	青　年		大　學	操作工人
	中　年			農　民
	老　年			離退休人員
				學　生
				家庭主婦
				待業人員

(三) 心理細分

心理細分是以社會階層、生活方式以及個性等因素為基礎來劃分消費者群體的。一個人口因素相同的群體，可以展示出不同的心理現象。

1. 社會階層

社會階層對於人們在汽車、服裝、家具、閒暇活動、閱讀習慣等方面的偏好有較強的影響。有些企業專為特殊的社會階層設計產品或提供服務，打造足以吸引目標社會階層顧客的某些特色。

2. 生活方式

生活方式是指一個人或群體對消費、工作和娛樂的特定習慣和傾向性的方式。生活方式會影響人們對各種產品的興趣，而他們所消費的產品也能反應出他們的生活方式。各種不同產品和品牌的生產企業是根據消費者的生活方式細分市場的。例如，有的汽車製造商就按生活方式設計了汽車。他們為「奉公守法」者設計、製造了強調經濟、安全和污染環境程度較小的汽車；為「玩車者」設計製造、操縱靈敏度高、花哨的汽車。又如，有些婦女服裝企業為「樸素型婦女」、「時髦型婦女」和「有男子氣質的婦女」分別設計和生產不同款式和顏色的服裝。化妝品、酒類飲料、家具等行業也都是以生活方式來細分市場的。

3. 個性

企業經營者們使用個性因素來細分市場，他們試圖賦予其產品以適合消費者個性的「品牌個性」，以樹立品牌形象。20 世紀 50 年代後期，美國的福特和通用兩家汽車公司就以不同的「個性」進行促銷宣傳。福特車的購買者被認為是「獨立的、易衝動的、男子氣概的、機靈善變和自信的」消費者；而通用公司的雪佛蘭車的擁有者被認為是「保守的、節儉的、計較信譽的、較少男子氣質的和避免狂熱的」消費者。

(四) 行為細分

行為細分是指以購買者對產品的知識、態度、使用或反應為基礎來劃分消費者群的。不少經營者相信行為因素是創建細分市場的最佳起點。

1. 使用時機

這是指根據購買者對產品產生需要、購買或使用的時機來細分市場。譬如，航空服務與人們出差、度假或探親等時機有關，航空公司可以在這些時機選擇為人們的特定目的服務。

2. 追求利益

這是根據購買者對產品所追求的不同利益所形成的另一種有效的細分市場的方式。例如，同樣是購買牙膏，有的消費者重視保護牙齒、防止齲齒的作用；有的追求保持牙齒的潔白光澤；有的對牙膏的味道很注意；有的則強調經濟實惠。因此，生產牙膏的企業，假如要以追求利益來細分市場，就必須使自己的牙膏突出某種特性，並分別確定各自的品牌，最大限度地吸引某一個或幾個消費者群。

3. 使用者情況

有時，可以按照使用者對產品的情況將市場細分為：非使用者、曾經使用者、潛在使用者、初次使用者和經常使用者。對於不同的使用者，企業在促銷工作中，顯然要採用不同的手段和內容。一般來說，市場佔有率較高的企業，致力於使潛在使用者變為實際使用者；而規模較小的企業則希望使用者從使用競爭者的品牌轉向使用本企業的品牌。

4. 使用程度

這是指按消費者對產品的使用頻率來細分市場，即將市場分為：少量使用市場、中量使用市場和大量使用市場，所以這種方式也被稱為「數量細分」。大量使用者通常占市場總人數的比重不大，但其消費量占消費總量的比重卻很大。以美國的啤酒為例，在被調查對象中，不喝啤酒的占68%；在喝啤酒的32%的調查對象中，有一半人只喝少量啤酒，其消費量占消費總量的12%；另外20%的人是大量喝啤酒者，其消費量卻占消費總量的88%，即少量喝啤酒者消費量的7倍。顯然，啤酒公司寧願以其品牌去吸引一個大量喝啤酒者而不是幾個少量喝啤酒者。美國的有關部門還發現，「大量喝啤酒者」大多數是工人，年齡約在25~50歲之間，他們每天收看電視3~5個小時以上，而且對電視體育節目有偏好。掌握了這種市場信息，有助於企業合理定價、撰寫廣告詞和選擇廣告媒體。

5. 信賴情況（品牌忠誠度）

消費者的信賴型式同樣可以用來細分市場。消費者的信賴可以表現在對品牌、商店以及其他方面的信賴上。假設有A、B、C、D、E五種品牌，以消費者對品牌的信賴程度為依據，將購買者分成四組不同的消費者群：

（1）堅定的品牌信賴者。消費者在任何時候都只買某一種產品，一貫信賴某一種品牌，其購買型式表現為A、A、A、A、A。

（2）多核心的品牌信賴者。消費者信賴二、三種品牌，其購買型式表現為 A、A、B、B、A、B。

（3）轉移的信賴者。消費者從信賴某種品牌轉移到信賴另一種品牌，其購買型式表現為 A、A、A、B、B、B，表示消費者從信賴 A 轉移到信賴 B。

（4）不信賴者。消費者並不信賴某一種品牌，其購買型式表現為 A、C、E、B、D、B，表示出消費者是「分配傾向」者（凡是出售的產品都買）或者「變化傾向」者（需要不同的東西）。

每個市場都包含有上述四種消費者群。在購買者中，如果堅定的品牌信賴者比重大，這就是「品牌信賴市場」，牙膏和啤酒市場基本上屬於這一類。顯然，要進入這種市場是困難的，即使已進入，要提高市場佔有率也不容易。企業通過對信賴型式的分析可以採取不同的措施。對於瞭解了堅定的品牌信賴者所屬的階層後，企業可以精確地確定目標市場。對於多核心的品牌信賴者，企業可以掌握哪些品牌對本企業品牌有競爭力，從而針對性地改進其定位。如果發現有轉移的信賴者，企業可以改進本企業市場行銷策略的薄弱環節。對於不信賴者，企業也應採取措施吸引他們，使本企業的品牌得到銷售量。但是，企業應該瞭解品牌信賴的購買型式很可能由「購買習慣」、「低價」等引起的或「不關心」、「不能得到」其他品牌等引起的。因此，品牌信賴的概念有時模棱兩可，企業必須慎用。

6. 購前階段

在任何時候，消費者總是處在對某種產品的購前階段。有的消費者不知道有這種產品，有的已知道，有的已得到信息，有的感興趣，有的想買，而有的正準備購買。企業按照處於不同購前階段的消費者進行細分，然後運用適當的市場行銷措施。例如，對於不知道本企業產品的消費者，企業要加強廣告宣傳，以引起他們的注意；對於已經知道本企業產品的消費者，企業應著重宣傳使用本企業產品將會帶給他們的利益；對於感興趣的、想買的或準備購買本企業產品的消費者，要告訴他們經銷商店、地點及服務項目。

7. 對產品的態度

企業還可以按消費者對產品的熱情態度來細分市場。通常可以把消費者的態度分成五種：熱情的、肯定的、漠不關心的、否定的和敵對的態度。企業對待不同態度的消費者應當分別採取不同的市場行銷措施。譬如，對熱情者和肯定者，應感謝他們的支持；對漠不關心者，要通過適當的媒體進行宣傳介紹，使他們從不關心轉為關心；對於否定和敵對者，也應進行必要的宣傳解釋，以緩和他們的情緒，改變他們的態度。

總之，細分消費者市場是一個以調查研究為基礎的分析過程。上面對消費者市場細分的因素的說明，雖然並不完全，但似乎已經十分繁複。實際對每種產品進行細分時，仍是可行的。因為市場細分可以循序漸進，越分越細，而每一次細分可以只取兩個或幾個因素作為依據。下面舉個實例予以說明。

一個生產洗髮液的企業，按照表 7-2 對市場進行細分，得到表 7-3 的細分結果。

表 7-3　　　　　　　　　　　洗髮液市場細分結果表

產品性質 \ 年齡組		男性			女性			幼兒
		青年	中年	老年	青年	中年	老年	
美容	中性				△			
	干性				△			
	油性				△			
醫療	中性							
	干性							
	油性							

這家企業細分市場運用了四個因素，即：購買者性別、購買者所處的生活階段、購買者的頭髮性質和購買的著眼點。前三項是人口因素，後一項是行為因素。通過這樣的細分，該洗髮液市場會有42個細分市場。企業可以經過進一步的調研，然後根據自己的資源條件和銷售力量，選擇其中的一個或幾個細分市場乃至全部市場作為自己的目標市場。中國市場上銷售的「達爾美」洗髮液開始時就是選擇了表中標有「△」符號的三個細分市場。當然，如果是出口產品，還要加上對地理因素的考慮。

六、細分產業或組織市場的因素

產業市場或組織市場與消費者市場相比最顯著的特徵是中間消費和組織購買。細分產業市場的因素與細分消費者市場的因素有一部分是相同的。對產業市場的購買者進行細分可以按地區以及行為因素來進行，如追求利益、使用者情況、使用程度、對品牌的信賴程度、購前階段、使用者對產品的態度等。

細分產業市場的具體因素包括：

（1）人文變量，即所屬行業、公司規模、組織類型和地理位置。

（2）經營變量，即技術、使用者情況及使用數量、顧客能力、採購方式、結構組織、現有客戶關係、採購政策、購買標準。

（3）情景變量，即緊急程度、特別用途、訂貨數量等。

（4）個性變量，即購銷雙方的相似點、對待風險的態度、忠誠度等。

細分產業市場較為常見的方法是使用「最終用戶」這個因素。不同的最終用戶往往有不同的利益要求，企業對不同類型的最終用戶要相應地運用不同的市場行銷組合。以橡膠輪胎為例，豪華汽車製造商比一般標準的汽車製造商需要更優質的輪胎；飛機製造廠所需要的輪胎，必須達到的安全標準較之農業拖拉機的要求要高得多。

「顧客規模」是細分產業市場的另一個因素。許多企業分別建立聯繫和接待大顧客與

小顧客的制度，例如，美國有一家辦公室家具製造商，就將其顧客分成兩類：一類是大顧客，如國際商用機器公司、標準石油公司等，這種顧客由全國性客戶經理會同現場區域經理負責聯繫；另一類是小顧客，由外勤銷售人員會同特約經銷商負責聯繫。有許多企業往往用幾個因素來細分產業市場，並確定他們的目標市場機會。

　　現以一家鋁製品公司為例說明。這家鋁製品公司首先按最終用戶因素把鋁製品市場細分為汽車製造業、住宅建築業和飲料裝罐業三個細分市場，然後決定選擇其中一個本企業能服務得最好的子市場為目標市場。假設該企業選擇住宅建築業這個子市場為目標市場。第二步，按照產品應用因素把住宅建築業市場細分為原料半製品、建築部件和鋁製活動房屋三個子市場，企業選擇了建築部件市場為目標市場。第三步，按顧客規模因素把建築部件市場細分為大顧客、中顧客和小顧客三個子市場，企業選擇了大顧客為目標市場。最後，企業進一步按大顧客追求的不同利益（價格、服務、質量等）來細分市場，因為大、中、小顧客的購買動機或購買著眼點往往有差異，有的追求價格合適，有的追求質量可靠，有的則側重於服務周到。大顧客一般特別重視服務周到，而該企業的銷售力量很強，服務十分周到，所以企業最終決定選擇為大顧客提供服務。這樣，根據細分市場的結果，企業的目標市場就十分具體了，如圖7-4所示。

圖7-4　鋁製品公司細分市場過程示意圖

七、有效細分市場的標準

　　細分市場採用的方法非常靈活多變，細分因素也有許多，但無論用哪種方法或採用什麼細分因素，並不一定就能保證細分市場的有效性。譬如，如果將食鹽市場割分為老年人、中年人或青年人，就看不出年齡與購買食鹽有什麼必然關聯。而且，如果所有的食鹽購買者每月購買相同數量的食鹽，並確信所有的食鹽都一樣，價格也相同，那麼從市場行銷的觀點來看，完全沒有必要對這個市場地行細分。要使市場細分對企業有用，則細分市場必須具有以下特徵：

1. 可衡量性

這是指各個細分市場的購買力和規模大小能被衡量（用包括定量的或非定量的標誌值度量）的程度。有些細分因素是很難被衡量的，譬如，年輕人飲料細分市場究竟有多大，就不易衡量。

2. 可進入性

這是指企業有能力進入被細分後的市場的程度。假設一個生產香水的企業，發現其品牌的主要使用者是一些晚上出門的獨生子女，除非這些使用者群居住在一定的地點，在一定的地方選購以及被一定的宣傳工具所吸引，否則，要進入這個細分市場是比較困難的。

3. 可盈利性

這是指企業所選定的細分市場的規模達到足以使企業有利可圖的程度。一個細分市場至少應該是適合為之設計獨立的市場行銷組合或行銷計劃的最小單位。如汽車製造商不會掏錢出來發展一種適合於身高不足 1.2 米的特殊人群使用的汽車。因為，在市場中，找不到多少那樣的顧客，因而是不切實際的。

4. 可行動性

這是指企業的有效的市場行銷計劃可以用來系統地說明細分市場的可行性和符合細分市場的程度。例如，一家小型航空公司，雖然可以區別出七個細分市場，但是該企業的組織規模有限，職工太少，不足以為各個細分市場制定個別的市場行銷計劃。

八、評價細分市場

企業對不同的細分市場進行評價時，要考慮以下三個因素：細分市場的規模和發展前景、細分市場結構的吸引力、企業的目標和資源。

（一）細分市場的規模和發展前景

評價細分市場時，企業要提出的首要問題是：潛在的細分市場是否具備適度的規模和發展特徵。「適度」規模是個相對的概念。大企業一般比較重視銷售量大的細分市場，而常常忽視或避免進入銷售量小的細分市場。而小企業則避免進入規模較大的細分市場，因為需要太多的資源投入。

細分市場的發展前景通常是一種期望值，因為企業總是希望銷售額和利潤能不斷上升。但要注意，競爭對手會迅速地搶占正在發展的細分市場，從而抑制本企業的盈利水準。

（二）細分市場結構的吸引力

有些細分市場雖然具備了企業所期望的規模和發展前景，但可能缺乏盈利潛力。波特指出經理人員應當識別決定某一市場或細分市場結構和利潤吸引力的五種力量。企業要評價五種群體對長期盈利的影響，即同行競爭者、潛在的競爭加入者、替代產品、購買者和供應商。

(三) 企業的目標和資源

即使某個細分市場具有較大的規模、良好的發展前景和富有吸引力的結構，企業仍需要結合自己的目標和資源進行綜合考慮。企業有時會自動放棄一些有吸引力的細分市場，因為它們不符合企業的長遠目標。當細分市場符合企業的目標時，企業還必須考慮自己是否擁有足夠的技能和資源，能否保證在細分市場上取得成功。任何細分市場都有一定的成功條件，如果企業缺少這些必要條件，而且無法創造這些條件，就應放棄這個細分市場。企業即使具備了必要的能力，還需要發展自己的獨特優勢。只有當企業能夠提供具有高價值的產品或服務時，才有可能進入這個細分市場。

九、反細分策略

實行市場細分是必要的，但是在現代市場經濟中，由於競爭的加劇，出現了過渡細分的情況。市場並不是分得愈細愈好，例如對化纖商品市場實行細分，若以年齡為標誌，並將其極端化，就只會徒增產品的種類而使其產量大減，庫存量大增，行銷績效降低。實際上，這是對市場細分化的一種誤解。真正的市場細分化不是以分小市場為目的的，而是為了找到可供行銷的機會；如果企業過度細分市場，則有可能導致在任何市場都將無利可圖，這與細分市場初衷就相去甚遠了。

在強調市場細分化的過程中，有些企業曾實行了「超細分策略」。過分的細分會導致產品的價格不斷增加，從而影響產品的銷售數量和利潤，從而促使「反細分策略」應運而生。反細分策略並不反對市場細分，而是將許多過於狹小的細分市場組合起來，以便能以較低的價格去滿足這一市場的需求。實行這種策略的出發點，是基於許多消費者的價值觀和態度正在發生變化。某些產品雖然不能適合某些特殊需要，或者在經濟增長、物價穩定時期不能被接受，但在經濟蕭條、通貨膨脹時，消費者對購買所獲得的滿足與價格之間的關係變得更為敏感，為了獲得較低的價格，消費者寧願購買稍低於他們期望的產品。

反細分策略可以有效地降低生產成本與行銷成本，其具體條件如表 7-4 所示。

表 7-4　　　　　　　　反細分策略下生產成本與行銷成本的降低

對成本的影響	生產成本	行銷成本
降低單位變動成本	降低直接人工成本，由於：減少準備時間，生產過程合理、學習的效果 降低直接原料成本，由於：減少廢料、採購數量折扣	降低包裝成本
降低產銷費用	降低製造費用，由於：較低的購買成本、較低的材料處理成本、較低的存貨控制成本、較低的生產管理成本 降低促銷成本	降低行銷計劃成本、較低銷售成本，由於：較少的通路，較少的推銷員降低資金支出

143

表 7 - 4（續）

對成本的影響	生產成本	行銷成本
降低資金支出	由於：較少的機器設備、較少的存貨、降低運用資金的成本，由於：生產過程自動化、材料處理自動化	降低分配路線投資

實施反細分策略可以採用兩種方法：一是由縮減產品線來減少細分市場。這種方法適用於擁有廣大產品線的企業，如有些企業因過度講求產品差異化，使生產和行銷成本迅速增加。減少產品線，能爭取較長的櫥窗生命，同時仍能以不同品質、不同特色的產品來吸引不同的目標顧客。主動放棄較小或無利的細分市場，並不會影響企業的市場佔有率。二是將幾個較小的細分市場集合起來，形成較大的細分市場（市場超級細分）。有的企業通過提供標準化產品，能有效地降低成本和價格，如建築公司推出由基本件構成的可拆卸的房屋，在房屋造價越來越高的情況下，就能獲得較大的優勢。

圖 7 - 5 說明了 12 個單獨的細分市場，在價格一定的協同作用下，可以重組為五個超級細分市場，如依據同樣的原材料市場、生產設備或銷售渠道重新組合。企業明智的作法應是選擇超級細分市場，而不是在超級細分市場內選擇一個單獨的細分市場。否則，企業在與已占領該超級細分市場的其他企業競爭時就會處於劣勢。

圖 7 - 5　細分市場和超級細分市場

行銷的核心是交換，因此企業具體的行銷活動總是圍繞目標市場開展的。選擇和確定目標市場，明確企業的具體服務對象關係到企業目標的落實，是企業制定行銷戰略的首要內容和基本出發點。

第二節　目標市場與行銷策略選擇

一、選擇有利的目標市場

（一）目標市場的概念

目標市場（Target Market）是行銷者準備用產品或服務以及相應的一套行銷組合為之服務或從事經營活動的特定市場。

簡單地講，目標市場就是企業行銷活動所要滿足的市場，或者說是企業為實現預期經

營目標而要進入並從事行銷活動的市場。

對一個整體市場來說，目標市場可能覆蓋了該整體市場的全部，也可能只是其中的一個或幾個細分市場。因此，企業確定目標市場的途徑有兩種：一是先進行市場細分，然後選擇一至數個細分市場，即子市場作為自己的目標市場；二是不進行市場細分，而是以市場消費者對一個特定產品的共同需求部分為目標市場。

隨著社會生產力的提高和科學技術的進步，消費者的需求和慾望得以滿足的程度越來越高，市場需求就表現業多樣性和複雜性。尤其是買方市場的到來，競爭加劇，一個企業受到其資源和能力的限制，不可能滿足消費者多方面的需求，或為一個市場的所有消費者提供使其滿意的商品或服務。因此，進入 20 世紀 50 年代以後，在細分市場的基礎上進行目標市場的選擇，即目標市場行銷成為現代市場經濟條件下企業最普遍的行銷活動方式。

(二) 選擇目標市場的過程

企業決定要進入的行業，並對未來的市場實施細分以後，還要分析各細分市場是否具備經濟價值，以便選擇有利的目標市場。只有既能發揮企業相對優勢，又能提供足夠獲利機會的市場，才值得占領。

選擇目標市場一般要經過三個階段：

1. 分析全市場

假設有一家服裝公司，通過對市場狀況和本企業特點的研究，決定用顧客收入和產品類別兩組因素來細分市場（如表 7－5 所示）。顧客收入分高、中、低三個層次，產品有男裝、女裝和童裝三類。細分的結果是，全市場區分為九個單元，每個單元代表一個細分市場。各個細分市場，列出當年企業的銷售實績（企業尚未進入過的細分市場，其銷售實績為零）。比如，在中等收入顧客的女裝細分市場上，企業的銷售額為 20 萬元，為企業在全市場銷售額的 $\frac{1}{6}$。

表 7－5　　　　　　　　　服裝市場分析示例

單位：萬元

類別＼收入	高收入顧客	中等收入顧客	低收入顧客	總銷售額
男裝	10	10	20	40
女裝	10	20	10	40
童裝	20	10	10	40
小計	40	40	40	120

2. 分析細分市場

各個細分市場已經實現的銷售額，不能說明該細分市場的相對盈利潛力，企業還必須進一步瞭解各個細分市場的需求趨勢、競爭狀況及企業實力，以決定取捨。

我們以中等收入顧客的女裝細分市場為例。企業當年的銷售實績為 20 萬元，約占全行業銷售額的 $\frac{1}{4}$。預計下一年在這個分市場，全行業的銷售額會增長 6%，企業的銷售額會增長 15%（如表 7-6 所示）。

表 7-6　　　　　　　　　　　中等收入女裝市場分析表

單位：萬元

市場情況＼銷售預測	當年銷售實績	次年銷售預測	年增長率（%）
行業銷售	80	85	6
企業銷售	20	23	15
企業市場佔有率（%）	25	27	2

這一步可重複用於分析其他所有細分市場。最後，企業再對各個細分市場的情況進行比較，便可以看出哪些細分市場對企業是有利的。

(三) 分析市場行銷組合與企業成本

當企業初步決定一個或若干個細分市場作為目標市場以後，還要針對這個或這些細分市場，研究和制訂一套市場行銷方案。

仍以上述案例為例，假定該服裝企業選擇了中等收入顧客的女裝細分市場為目標市場。現在，該企業就要進一步考慮用以激勵顧客購買的促銷組合和將產品送抵目標市場的分銷組合。表 7-7 表示出了該公司準備採用的促銷、分銷組合。

表 7-7　　　　　　　　某服裝公司準備採用的促銷/分銷組合

	廣告	人員推銷	公共關係	銷售促進
直接銷售				
零售商		×	×	
批發商		×		

在表 7-7 中，各單元裡的預算數字（包括金額與人員），既表示企業在這個方面使用的力量，又表示這方面所費的成本。將成本數據與上一階段得到的銷售預測數據進行比較，便可以瞭解該細分市場的潛在利潤，以幫助企業決定其目標市場。我們這裡以「×」取代具體數字，但仍可以看到企業的戰略重點：促銷重點在人員推銷、銷售促進等方面；分銷則側重於零售商和批發商方面。

二、選擇目標市場的意義

依據上述程序評價和確定目標市場的意義在於：

1. 能夠系統地考慮每一個細分市場，更好地發掘市場機會

研究各個細分市場的大小、需求被滿足的水準、競爭者的活動等情況，可以確定本企業在該細分市場的銷售潛力。這麼做可以發現哪些市場尚未開發，哪些已經飽和，從而幫助企業掌握機會，避開威脅。

2. 有利於企業判斷該細分市場的機會和成本

分析對各細分市場可以採用的市場行銷組合，並據以判斷該細分市場的機會是否足夠收回所費成本，對企業具有重大的意義。要是企業的資源有限，可以集中力量於一個或少數幾個能賺錢的細分市場，實行集中市場行銷；反之，企業的資源豐富，擁有廣度和深度較大的產品組合，便可以依據不同細分市場的相對吸引力來分派力量，覆蓋全市場。

3. 有利於企業建立市場行銷目標和分配預算

市場行銷人員可以依據不同市場的需求和吸引力，從下到上，一步一步地建立起可行的市場行銷目標和決定預算分配。相反，如果企業由上至下，硬性地制定市場行銷目標，不分輕重地隨意分派力量到各細分市場，不僅會浪費企業的資源，還會使企業做出錯誤的市場行銷努力，嚴重影響企業的收益。

三、目標市場行銷的作用

目標市場行銷主要有以下幾個方面的作用：

1. 目標明確，有利於企業的經營活動

每個企業都有其經營目標。這個戰略目標應該建立在滿足顧客需要與慾望的基礎上，否則，企業很難在市場上立足，也經不起競爭，更不可能提高其經濟效益。影響市場的因素既多又複雜，人口、地理、心理和行為類型很不一樣，需求也各異。一個企業的資源——人力、物力、財力、信息和技術水準總是有限的，如果市場行銷目標不明確，「全線出擊」，勢必分散企業的整體力量，導致自己處於被動的地位。譬如，一個企業片面追求顧客多、銷區廣，市場行銷人員必定陷入窮於應付的境地，而顧客仍會感到服務不周，生產部門也會因品種、規格過於繁多而難以組織生產。目標市場行銷的重要意義在於經過市場細分後，企業能夠充分認識並分清市場的消費需要與慾望，從而使企業有限的資源發揮最大的經濟效益。

2. 發揮優勢，有助於企業參與競爭

一個企業總有其長處和短處，如何揚長避短，便成為一個企業應該經常探討的重要課題。譬如，中國的工農業生產雖然比不上工業發達國家，但中國幅員遼闊，有些資源很豐富，有充足的勞動力、人員吃苦耐勞，有精湛的傳統技藝，只要善於對國內外市場進行細分，發揚我們的優勢，能滿足市場需要的產品和勞務就會大量湧現。若干年來，在世界造船業不景氣的情況下，中國船舶出口業務反而有所發展，足以證明發揮優勢的重要性。企業之間，同樣需要揚長避短，發揮優勢，以求在競爭中立於不敗之地。

3. 針對性強，便於調整市場行銷組合

生產什麼樣的產品，輔以哪些服務工作，選擇、建立和培植什麼樣的渠道，需要運用何處促銷手段，價格應如何確定等，這一系列的問題都需要企業不斷進行調查、分析和研究，並作出決策。如果經過市場細發後，目標市場一旦明確，企業便可以有針對性地進行調查研究，制定決策。只有這樣的決策才有可能符合客觀實際或者比較接近實際。

4. 分析細緻，易於發掘市場機會

一個成功的企業必定要善於發掘市場機會，甚至創造市場機會。市場細分實際上就是一個以調查為基礎的分析過程。對市場進行細分，有可能發掘很多市場機會，從而確定目標市場。例如，隨著生活水準的提高，人們對保健的需求越來越殷切。中草藥是祖國的寶貴遺產，既能治病、防病，副作用又較少。通過市場分析，某些企業發掘到了這個市場機會，於是中草藥不僅在國內藥物市場有相當高的市場佔有率，而且還進入了國際市場。又如，目前在西方國家，減肥和降低膽固醇已成為社會的普遍需要。茶葉出口部門認識了飲茶者的這個細分市場，而中國的烏龍茶和普洱茶具有上述功能，於是根據這個市場機會，確定了出口目標市場，使這類茶葉終於旺銷於日本和法國等國。

四、選擇目標市場範圍戰略

企業通過市場細分後，根據自己的任務、目標資源和特長等，權衡利弊，決定進入哪個或哪些細分市場或子市場。企業決定進入的細分市場或子市場，就是該企業的目標市場。企業可以在五種目標市場範圍戰略中進行選擇（如圖 7-6 所示）。

圖 7-6　5 種目標市場選擇類型

1. 產品/市場集中

企業的市場行銷管理者決定只生產某一種產品，只供應給某一個顧客群。小企業通常選擇這種戰略，如圖 7-6 中的 a 圖。

2. 產品專業化

企業的市場行銷管理者決定只生產某一種產品，但將此產品供應給各種不同的顧客群，如圖 7-6 中的 b 圖。

3. 市場專業化

企業的市場行銷管理者決定生產多種產品，但只將這些產品供應給某一個顧客群，如圖7-6中的c圖。

4. 選擇性專業化

企業的市場行銷管理者決定同時進入若干互不相關的細分市場，因為這些細分市場都能提供有吸引力的市場機會。這種形式往往是一種市場機會增長戰略的產物，如圖7-6中的d圖。

5. 整個市場（全面進入）

企業的市場行銷管理者決定生產多種產品，並將這些產品供應給不同財力和不同個性的顧客群。這是較典型的某些大企業為謀求領導市場而採取的戰略，如圖7-6中的e圖。

五、確定目標市場戰略

企業細分市場的目的是為了實行目標市場行銷。因為通過市場細分，可以發現一些理想的市場機會，諸如潛在需求和未被滿足的需求，這就為目標市場行銷準備了條件。企業決定選擇哪些細分市場為目標市場，實際上是取決於它能進入哪些目標市場戰略。

可供企業選擇的目標市場戰略有三種（如圖7-7所示）：

```
企業行銷組合 ──→ 市場
```
無差別市場行銷

```
企業行銷組合1 ──→ 細分市場1
企業行銷組合2 ──→ 細分市場2
企業行銷組合3 ──→ 細分市場3
```
差別市場行銷

```
企業行銷組合 ──→ 細分市場1
                 細分市場2
                 細分市場3
```
集中市場行銷

圖7-7 三種不同的目標市場戰略

1. 無差別市場行銷

企業經過市場細分之後，雖然認識到同一類產品有不同的細分市場，但權衡利弊得失，不去考慮細分市場的特性，而注重細分市場的共性，決定只推出單一產品，運用單一的市場行銷組合，力求在一定程度上適合盡可能多的顧客的需求。如早期的美國可口可樂公司，由於它擁有世界性專利，因此，在相當長的時間內，只生產一種口味的可樂，用一

種瓶子盛裝，甚至連廣告詞也只有一種，試圖以一種產品和一種市場行銷組合去滿足所有消費者市場的需求。

採用這種戰略的優點是產品的品種、規格、款式簡單，有利於標準化與大規模生產，提高工效，降低成本，節省儲存、運輸、調研、促銷等費用。而其主要的缺點是單一產品要以同樣的方式進行廣泛銷售並能受到所有的購買者歡迎，這幾乎是不可能的。特別是當同行業中如果有數家企業都實行無差別市場行銷時，在較大的細分市場中的競爭將會日益激烈，而較小的細分市場上的需求就得不到滿足。

2. 差別市場行銷

企業決定同時為幾個細分市場服務，設計不同的產品，並在渠道、促銷和定價等方面都作出相應的調整，以適應各個細分市場的需求。例如，美國通用汽車公司針對各種不同「財力、目的和個性」的消費者試產標準車、賽車、豪華車、小型車、超小型車等各種不同的汽車，通過推出新型汽車和運用不同的市場行銷組合，期望達到高銷售額，以及在各個細分市場中的比較穩固的定位。企業的產品種類如果同時在幾個細分市場都佔有優勢，就會提高消費者對企業的信任感。目前越來越多的企業都採用差別市場行銷。但是，由於產品種類和市場行銷組合的多樣化，這種戰略會使企業的生產成本和市場行銷費用相應增加，如產品翻改費用、生產費用、管理費用、存貨費用以及促銷費用等。

3. 集中市場行銷

某些小企業，受到資源或能力的限制，往往作出第三種戰略選擇，即僅選擇一個或較少的幾個細分市場，爭取在這些細分市場上取得較大的產品或服務的市場佔有率，以替代在較大市場上較小的產品或服務的市場佔有率，這就是集中市場行銷。前面提到的無差別市場行銷和差別市場行銷，都是以整體市場作為目標市場的；而集中市場行銷，卻是集中企業的所有力量，以一個或幾個性質相似的細分市場或子市場作為目標市場的。例如，兒童食品廠以嬰兒和兒童食品市場作為其目標市場；古籍書店以古典作品市場作為其目標市場等。實行集中市場行銷的企業，一般是本身資源力量有限的中小型企業，或是初次進入一個新市場的大企業。由於經營對象比較集中，對一個或幾個特定的細分市場有較深的瞭解，而且在生產和市場行銷方面進行專業化，採用集中市場行銷戰略的企業比較容易在這一特定市場取得有利地位。因此，細分市場選擇得恰當的話，企業可以獲得較高的投資收益率。但是，另一方面，實行集中市場行銷有較大的風險性，因為這個目標市場的範圍比較狹窄，一旦市場情況突然變壞，如消費者的偏好發生轉移、價格猛跌，或者出現強有力的競爭者等，企業就可能陷入困境。所以，許多企業寧可實行多角化經營，把目標分散到幾個細分市場中去，以減少風險。

六、確定目標市場應考慮的因素

企業在確定採用何種目標市場戰略時應該考慮如下因素：

1. 企業的資源

當企業的人力、物力、財力、信息等資源不足，無力把整體市場作為自己的目標市場時，最好採用集中市場行銷戰略；如果企業的資源雄厚，就可以考慮採用差別市場行銷。

2. 產品的同質性

同質性產品的差異較小，如鋼鐵、大米、食鹽等，比較適合採用無差別市場行銷戰略。如果產品設計的變化較多，如照相機、汽車、服裝、食品等，則適合採用差別市場行銷戰略或集中市場行銷戰略。

3. 產品所處的生命週期階段

當企業向市場推出新產品時，通常只介紹單一款式，因此適宜採用無差別市場行銷戰略或者集中市場行銷戰略。當產品進入成熟期後，企業應轉向採用差別市場行銷戰略，以開拓新的市場。

4. 市場的同質性

如果所有購買者的愛好都相似，每一時期的購買數量相近，對市場行銷刺激的反應也相同，就說明市場是同質的或相似的，企業可以採用無差別市場行銷戰略；反之，則宜採用差別市場行銷戰略或集中市場行銷戰略。

5. 競爭對手的目標市場行銷戰略

當競爭對手已進行積極的市場細分，即已經實行差別市場行銷戰略時，企業如果再採用無差別市場行銷戰略來競爭，則無異於自殺。此時企業應當用更為有效的市場細分，尋找新的市場機會，實行差別市場行銷戰略或集中市場行銷戰略。反之，當競爭對手採用無差別市場行銷戰略時，企業應跟蹤追擊，實行差別市場行銷戰略或集中市場行銷戰略。當然，如果競爭對手較弱，企業也可以實行無差別市場行銷戰略。

七、選擇差異化策略

企業一旦選擇了目標市場，就要在目標市場進行產品定位。市場定位的最終目標是提供差異化的產品或服務，使之區別和優越於競爭對手提供的產品或服務。反過來講，在細分市場的基礎上實現產品或服務的差異化是產品定位的前提，沒有差異化就談不上產品的定位。差異化和市場定位是企業全面戰略計劃中的重要組成部分，它關係到企業及其產品是否與眾不同、與競爭者相比是否突出的問題。消費者會對行銷企業向目標市場提供的產品有一個特定看法和印象，這主要決於企業是如何實現產品或服務的差異化和產品市場定位的。

（一）產品差異化方法

產品差異化是指企業設計和突出一系列產品差別，使之區別於競爭對手提供的產品的行銷行為。

1. 產品差異化的途徑

在日趨激烈的買方市場條件下，企業贏得競爭優勢的有效途徑是產品或服務的差異化，即做到「別人不做的我做，別人沒有的我有，別人做不到的地方，我做得到」。產品差異化有助於企業依據為顧客創造附加價值來提高產品的競爭能力。

企業可以通過四種主要途徑來突出產品的差異化，即提供更好、更新、更快、更便宜的產品來創造附加價值。更好是指企業的產品性能、品質優於競爭對手，一般是通過對現有產品稍作改進來實現。更新是指開發前所未有的產品。它比對產品進行改進要承擔更大的風險，但一旦成功，就可以獲得更高的收入，例如生產出能治療癌症的藥物。更快是指企業能減少產品在工作時消耗的時間以及送貨上門的時間。例如，佳能印刷機的工作速度比惠普更快。更便宜是指只需要更低的價格就能購買相似或相同的產品。例如，「高路華」彩電的價格相當於同規格索尼彩電價格的一半。

值得指出的是如果企業只能通過降低成本或價格來突出產品的差別，就容易出現經營錯誤。具體來說，可以表現在以下幾個方面：

（1）產品比競爭對手的低廉，易使消費者感覺「便宜沒好貨」，即使產品的質量確實不錯。

（2）企業為了降低價格會減少服務項目，這會失去部分顧客。

（3）競爭對手可以尋找成本較低的生產基地，提供更便宜的產品，從而使本企業已取得的產品優勢喪失。

因此，如果一個企業只能使其產品價格便宜，而沒有其他方法來突出產品的差異，那麼公司遲早會被競爭對手擊敗。

2. 產品差異化和保持競爭優勢的三種策略

（1）卓越的經營，即以具有競爭力的價格向顧客提供質量可靠、易於購買的產品或服務。例如，佐丹奴在位於地鐵附近以及居民區內的方便店中出售貨真價實的休閒服。

（2）與客戶保持密切的聯繫，即做到對顧客非常瞭解，能對顧客的特定和特殊需求迅速作出反應。例如，小天鵝公司向小天鵝洗衣機的新用戶贈送感謝卡，並對他們進行電話訪問，瞭解他們對公司服務的滿意程度。

（3）領先的產品，即向顧客提供優於競爭對手的創新產品和服務，以提高顧客的資產效用。例如，索尼公司在設計隨身聽和3.5英吋軟盤方面是首屈一指的創新者，三菱公司因其空調優於其他品牌而出名。

3. 產品差異化的方法

企業要突出自己的產品和競爭對手的產品之間的差異性，可以四種基本方法來實現，即產品、服務、人事或形象的差異化。具體來說，企業可以努力實現以下幾個方面的差異化：

（1）產品特徵。產品特徵是指對產品基本功能予以補充的特點。大多數產品都有不

同的特徵，企業在產品的基本功能的基礎上，通過增加新的特徵來推出新的產品。產品特徵是企業實現產品差異化的極具競爭力的工具。日本企業成功的關鍵之一就是它們能不斷地改進產品的特徵。那些在賦予產品新特徵方面極富創造精神的企業在競爭中必然是強者。

（2）工作性能。工作性能是產品首要特徵的運行水準和質量。用戶在購買價格昂貴的產品時通常要比較不同品牌產品之間的工作性能。只要產品的性能好，且價格不高出顧客所預期的範圍，顧客一般都願意接受。

（3）一致性質量。一致性質量是指產品的設計特徵和工作性能與預期的標準相符合的程度，它能反應各件產品是否結構相同，是否符合規格等。反之，一致性質量就很低。一致性質量低的產品許諾的功能無法實現，購買者就會感到失望。小天鵝集團公司的洗衣機擁有很高的聲譽的主要原因就是產品具有很高的一致性質量。

（4）耐用性。耐用性是指產品的預期使用壽命。購買者常常願意為耐用的產品支付高價格，如汽車的耐用性、住宅的使用年限等。但這一點要受到某些限制。價格不要定得太高，而且產品要不受技術落後的干擾，否則顧客就不會支付高價購買太耐用的產品。

（5）可靠性。可靠性是指產品在一定時期內不會發生故障或無法工作的指標。如果在一年內奔馳汽車不會出故障的概率為90%，奧迪汽車的年故障發生概率為70%，就說明奔馳汽車的可靠性比奧迪汽車的可靠性高。購買者通常願意為質量可靠的產品支付高價格。

（6）易修理性。易修理性是指產品失靈或無法工作時，能易於修理。如果汽車由標準件組裝，易換零部件，則該汽車的易修理性就較高。理想的易修理性是指使用者無需成本或時間，自己可以修理好的產品，購買者只需換下損壞的零件，換上新零件就可以了。

（7）式樣。式樣是指產品給予購買者的視覺效果和感覺。購買者一般願意為具有自己喜歡的式樣和外觀的產品支付高價。例如，時裝、汽車、家具、家電等產品的外形獨特、新穎美觀能贏得傑出的聲譽。在許多情況下，式樣可以創造出其他競爭者無法模仿的產品特徵。

（8）設計。設計是一種整合的力量，產品的性能特徵、質量、耐用性、可靠性、易修理性和式樣等品質特性都是設計的參數。從企業的角度來看，設計完美的產品應能易於製造和銷售；從顧客的角度來看，設計完美的產品應能賞心悅目，易於打開、安裝、操作、修理和處理方便。隨著競爭的加劇，設計將成為企業對產品和服務實行差別化以及市場定位的強有力的措施。卓越的產品設計能吸引顧客的注意力，提高產品的質量和工作性能，降低生產成本，並能更好地將產品的價值信息傳遞給目標市場。

（二）服務差別化

除了對有形產品實行差別化戰略外，公司還可以對服務進行差別化。尤其在難以突出有形產品的差別時，競爭成功的關鍵常常取決於服務的數量和質量。區分服務水準的主要

因素有送貨、安裝、顧客培訓、諮詢服務等。

1. 送貨服務

送貨服務是指公司如何將產品和服務送到顧客手中。它包括送貨的速度、準確性和對產品的保護程度。購買者經常選擇能按時送貨的供應商。這種選擇常常取決於他們對供應商送貨速度和可靠性的預期。所以，許多公司正不斷地對生產過程進行調整，運用即時倉儲管理技術來提高送貨速度。

2. 安裝服務

安裝服務是指將產品安放在計劃的位置上，使之開始運轉。重型設備的買主都希望供應商能提供良好的安裝服務。供應商在安裝服務的質量上是有差別的。例如 IBM 公司會將顧客所購買的全部設備一起送到指定地點，而不是在不同的時間運送不同的零部件。當顧客要求 IBM 公司將其設備移到另一地址時，公司也願意幫忙搬運其他競爭對手的設備和辦公用品。

3. 顧客培訓服務

顧客培訓服務是指對購買者進行培訓，讓他們能正確有效地使用供應商的設備。例如，麥當勞公司要求特許店店主到漢堡包大學進修兩個星期，學習合理經營特許店的方法。

4. 諮詢服務

諮詢服務是指銷售商向購買者免費（或收取一定費用）提供資料，建立信息系統，給予指導等。例如，一家大型藥品批發商會幫助獨立經營的藥劑師建立會計與庫存系統、計算機訂貨系統等。這些服務能幫助顧客更有利地參與競爭，從而使其更忠實於供應商。

5. 修理服務

修理服務是指公司向產品購買者提供的修理項目。汽車購買者就對經銷商的修理服務水準十分關心。因此，日產公司向顧客保證承擔因公司修理不當而造成的一切費用。

6. 其他服務

公司還可以發現許多其他途徑來區分服務和服務質量，增加產品的價值。公司可以提供比競爭對手更優越的產品保證和維修合同。公司還可以設立顧客獎，如航空公司可以對經常乘坐該公司班機的旅客予以獎勵。事實上，一個公司用於和競爭對手區分的服務和利益項目的數目是無限的。

(三) 人員差別化

公司可以通過雇用、培訓比競爭對手更優秀的員工來贏得強大的競爭優勢。例如，新加坡航空公司的聲譽在大部分市場上都很高，因為它們的航空小姐美麗、優雅。再如，麥當勞的員工十分有禮貌，IBM 公司的員工技術水準很高，迪斯尼公司的員工態度非常樂觀，大多數日本百貨商店都在電梯旁設有一位女士，告知顧客各層銷售的商品種類。訓練有素的員工應能體現出下面六個特徵：

（1）勝任，即員工具備必需的技能和知識。
（2）禮貌，即員工對顧客的態度友好，充滿敬意，能為顧客著想。
（3）可信，即員工值得公司的信任。
（4）可靠，即員工能自始至終準確地為顧客提供服務。
（5）反應敏捷，即員工能對顧客的需要和有關問題作出迅速的反應。
（6）善於交流，即員工能盡力去理解顧客，並能準確地與顧客進行溝通。

(四) 形象差別化

即使其他競爭因素都相同，但由於公司或品牌的形象不同，購買者也會作出不同的反應。品牌可以形成不同的「個性」，供消費者識別。

1. 個性與形象

成功的品牌個性不會自然出現，而是公司有意識的個性創造的結果。創造個性的工具有名稱、標誌、標語、標誌、環境、贊助的各種活動項目等。創造個性的過程可以創造出公司所期望的品牌形象。公司要能區別個性和形象這兩個概念。個性是指公司期望向公眾展現的特徵；而形象則是公眾對公司的看法。公司設計個性是為了在公眾心目中塑造形象，但其他因素也會影響公司的形象。公司要在形象設計中追求一定的產品特徵，要通過特有的信息傳播途徑來確定產品的主要優點和市場定位。公司傳播該信息的途徑要與眾不同，以免與競爭對手的類似信息相混淆。形象設計必須具有「情感動力」，能在購買者的心目中引起震撼。

設計鮮明的產品形象需要創造力和艱苦的工作。形象不可能在一夜之間在公眾心目中形成，塑造形象也不可能憑藉一種媒體就可以實現。形象需要經過各種可能的溝通渠道進行傳播，並不斷地擴散。像「IBM 意味著優質服務」這一條信息要通過產品標誌、書面與聽覺—視覺媒體、環境等各種活動項目等途徑來傳達。

2. 標誌

鮮明的形象應包括一個或多個易於識別的公司或品牌的標誌。為了方便顧客識別，公司應設計出企業和品牌的標誌。公司可以選擇自然物來突出自己的品質，如雕牌（納愛斯公司）、蘋果（蘋果公司）、飛鳥（新加坡航空公司）；也可以根據著名的人物來設計品牌，如香水中的派盛（Passion）（伊麗莎白泰勒）和荒原（Uninhibited）（切爾）。

標誌還可以包括顏色和特定的聲響與音樂。在亞洲，不同的顏色所代表的含義要比歐洲豐富得多。藍色在美國是最受歡迎的企業色彩（最突出的是 IBM 公司），但在東亞卻較少出現；紅色是亞洲使用得最多的企業色彩。幾百年來，紅色在亞洲文化中一直被認為是最具吸引力的、最幸運的色彩；而藍色被認為是冷色調，與邪惡、陰險相聯繫。

3. 書面與聽覺—視覺媒體

在公司或品牌個性的廣告宣傳中，必須融入已選定的標誌。

廣告要能傳播與眾不同的信息——一條消息、一種情感、一定質量水準。公司的標誌

和信息還應在其他的出版物上反覆出現，如年度報告、宣傳手冊和目錄等。公司的信箋和商業卡也可以傳播公司所宣傳的形象。

4. 環境

生產與運送產品或服務的有形空間正成為另一種有力的形象宣傳工具。海特旅館所設計的門廊大廳體現了它的獨特形象；帝博蘭（Timberland）公司在店內設計了一個木屋，以突出其樸素的戶外形象。銀行要顯得態度友好，就應選擇合適的建築設計、內部設計、佈局、色彩、原材料和裝飾用品。

5. 活動項目

公司可以通過贊助的活動項目的類型來塑造個性。例如，銀行可以主辦音樂會；飲料生產公司可以贊助體育項目；香港銀行發起了「保護自然」的活動，將自己和環境保護聯繫起來；健力寶公司長期贊助中國足球運動，以突出「健康、運動」的形象。

第三節　市場定位策略

一旦選定了目標市場和差異化策略，為了便於目標顧客識別企業的產品和服務，從而與競爭手區別並形成獨特的行銷風格或作法，企業就要在目標市場上對產品實行市場定位。

一、產品定位的概念及意義

（一）市場定位（Market Positioning）

市場定位是指為了適應消費者心目中的某一特定的看法而設計企業、產品、服務及行銷組合的行為。

市場定位根據定位的對象不同，分為企業（公司）定位、產品定位、服務定位等。市場定位是通過為自己的企業（公司）、產品、服務創立鮮明的特色或個性，從而塑造出獨特的市場形象來實現的。行銷企業必須使自己的公司、產品、品牌、包裝、廣告、服務等在市場中為消費者所識別，必須要給予這些有關的行銷變量專門的特色，使他們和競爭者的行銷組合變量有明顯的區別，並使消費者可以方便地或習慣地認定這些變量。行銷企業必須為這些因素確定一定的標誌值。

（二）產品定位（Product Positioning）

對產品所實行的市場定位行為就是產品定位。

具體來講，產品定位是指根據競爭者現有產品在市場所處的位置，針對消費者或客戶對該種產品某種特徵或屬性的重視程度，強有力地塑造出本企業產品與眾不同的、給人印象鮮明的個性或形象，並把這種形象生動地傳遞給顧客，從而使該產品在市場上確定適當的位置。產品定位是塑造一種產品在市場上的位置，這種位置取決於消費者或用戶怎樣認

識這種產品。產品定位是行銷者通過為自己的產品創立鮮明的特色和個性，從而在顧客心目中塑造出獨特的形象和位置來實現的。產品的特色和個性可以從以下幾個方面表現出來：

（1）產品實體，如產品的形狀、成分、構造、性能、外觀、造型等。
（2）消費者心理，如豪華、樸素、時髦、典雅等。
（3）價格水準。
（4）質量、檔次、品牌。

企業在進行產品定位時，一方面要瞭解競爭對手的產品具有何種特色，另一方面要研究顧客對該產品各種屬性的重視程度（包括對實物屬性的要求和心理上的要求）。根據對這兩個方面進行分析，企業就可以選定本企業產品的特色和獨特形象。

(三) 產品定位的作用
（1）賦予產品特定的個性，從而有利於企業為產品樹立特有的形象。
（2）適應細分市場消費者或顧客的特定要求，以便更好地滿足消費者的需求。
（3）增強產品的競爭力。

二、產品定位策略

一般來講，凡是可以用來細分市場的因素，大都可以作為產品定位的因素，並成為相應的定位策略。

產品市場定位策略可以歸納為以下七種：

(一) 根據屬性和利益定位

產品本身的「屬性」以及由此獲得的「利益」能使消費者體會到產品的定位。譬如，在汽車市場上，聯邦德國的大眾汽車具有「貨幣的價值」的美譽，聯邦德國的巴伐利亞汽車強調「操縱與性能」，日本的豐田汽車側重於「經濟可靠」，而瑞典的沃爾沃汽車具有「安全耐用」的特點。在有些情況下，新產品應強調一種屬性，而這種屬性是競爭對手所無暇顧及的，這種定位往往容易達到預期效果。

(二) 根據價格和質量定位

一件贗品裘皮大衣和一件真正的水貂皮大衣如果定位相同，是沒有人會相信的。同樣，出售廉價商品的小店裡的不銹鋼餐具與鐵弗龍的純銀製品的定位相同，也不會有人相信。「價格」與「質量」兩者分屬不同的地位。一般來說，質量取決於製作產品的原材料（如真正的亞麻臺布或純金的飾物），或者製作工藝（如一塊優質的瑞士表或一件手工編織的毛衣），而價格也往往反應其定位。

(三) 根據使用的用途定位

為老產品找到一種新用途是為該產品創造定位的好方法。例如，烘焙用的小蘇打，曾一度被許多家庭廣泛地用作刷牙劑、除臭劑、烘焙配料等。現在卻有不少新產品取代了小

蘇打的上述一些功能。

(四) 根據使用者定位

企業經營者們常常試圖把他們的產品指引給適當的使用者或某個細分市場，以便根據那個細分市場的看法創建起恰當的形象。例如，啤酒可以定位為高階層飲料或者藍領工人的飲料。有一家公司將其產品定位為「瓶裝啤酒中的香檳」以針對較高階層、廣大的婦女細分市場，最後又轉變定位為追求飲用量頗大的勞動者的細分市場。各種品牌的香水是針對各個不同的細分市場的，有些香水定位於雅緻的、富有的、時髦的婦女；有些品牌的香水則定位於生活方式活躍的青年人。

(五) 根據產品檔次定位

產品還可以定位為與其相似的另一種類型的產品檔次，以便與之進行對比。例如，有一種冰淇淋，其廣告宣傳為與奶油的味道一樣。或者，產品定位的目的是強調與其同檔次的產品並不相同，特別是當這些產品是新產品或獨特產品時。譬如，不含阿司匹林的某種感冒藥片、不含鉛的某種汽油等，都是新類型的老產品，定位時應強調與其他同檔次產品的差異特點。

(六) 根據競爭定位

產品還可以定位於與競爭直接有關的不同屬性或利益。例如，國外某一出租汽車公司圍繞著「我們是老二，我們要急起直追」的口號，設計了一個整體廣告運動，意在暗示要比居於第一位的某出租汽車公司提供更好的服務。

(七) 各種方法結合定位

企業經營者可以綜合使用上述多種方法來創立其產品定位。例如，美國加利福尼亞梅脯委員會試圖為梅脯創建一個美好的形象，最近以好口味（屬性定位），用於快餐或早餐均相宜（用途定位），吃過的各類顧客中包括玩棒球的兒童、精神飽滿的青少年、成年人以及老年人（使用者定位）等來進行促銷。

企業經營者在確定產品定位的方針後，還得細緻地策劃，運用市場行銷組合的各個因素去創建定位。各個因素的設計應有助於形成選定的產品形象。

三、重新定位應考慮的主要因素

企業的產品在市場上的定位即使很恰當，但在遇到以下情況時，就應考慮重新定位：

（1）競爭者推出的產品定位於本企業產品的附近，侵占了本企業品牌的部分市場，使本企業品牌的市場佔有率有所下降。

（2）消費者的偏好發生變化，從喜愛本企業某品牌轉移到喜愛競爭對手的某品牌。

企業在作出重新定位的決定前，還應考慮以下主要因素：

（1）企業將自己的品牌定位從一個細分市場轉移到另一個細分市場的全部費用。

（2）企業將自己的品牌定位在新的位置上的收入所得有多少。收入多少取決於這個

分市場的購買者和競爭者有多少,其平均購買率有多大,在這個細分市場上的銷售價格能定多高。

企業的市場行銷人員應將上述的支出與收入進行比較,權衡利弊得失,然後決定是否要重新定位在新的位置上,以免得不償失而造成反覆。

四、產品定位原則

企業進行產品定位時,必須盡可能地使產品具有十分顯著的特色,以最大限度地滿足顧客的需求。通常,在評價產品差異化特徵時,有以下幾個標準可供選擇:

(1) 重要性,即產品差異體現出的需求對顧客來說是極為重要的。換句話說,就是該產品的差異向眾多購買者提供高度價值的利益。

(2) 顯著性,即企業產品與眾不同,同競爭對手的產品之間有明顯的差別。

(3) 獨占性,即產品差異很難被競爭對手模仿。

(4) 優越性,即企業要取得同等利益,該差異比其他方法都要優越。

(5) 溝通性,即這種產品差異能夠很容易為顧客認識、理解和認同。

(6) 可支付性,即目標顧客認為因產品差異而付出的額外花費是值得的,從而願意,並有能力購買這種差異化的產品。

(7) 盈利性,即企業能夠通過實行產品差異化而獲得更高的利潤。

五、定位步驟

產品定位的步驟分為:

(一) 確定細分市場特性

這是指針對選定的細分市場確立一些重要的專門特性,尤其應當考慮影響購買決定的那些因素。每個人在對產品和服務做出購買決定時都採用不同的標準,使用產品或服務的目的也可能影響評價標準,比如人們對財產保險和人身保險的評價標準就是有差異的。使用服務的時間同樣影響決定,比如人們會為工作日午餐和週六晚餐選擇不同的餐館。另外,決策單位與最終的決定也有關係,比如個人使用產品與服務或集團使用產品或服務時決策方式是不同的,如家庭將比個人更重視旅店的友好態度。

顧客基於自身所感受的不同產品和服務之間的差異來作出選擇,有時這種差異並非本行業最重要特性之間的差異。比如,乘飛機的旅客通常都把安全性作為首要選擇標準,但事實上,大多數航空公司提供的飛行安全性相差無幾,旅客的選擇實際上是以舒適性、適時性以及隨機提供的顯著特性為基礎的。

要明確目標細分市場要求的顯著特性和專門利益,最重要的是瞭解顧客希望這些相關的顯著特性可以帶來什麼利益,並設法讓顧客感受到這種利益的存在。借助計算機的幫助,許多分析研究工具,可以用於確認顯著特性,比如因果分析、多元相關和迴歸分析、

差分方程分析等。

(二) 將特性置於定位圖

在確定最重要的特性之後，應將具備這些特性的企業的相對位置在定位圖上顯示出來。如果存在一系列重要特性，可以通過統計方式將之綜合併簡化為二維的能代表顧客偏好的主要選擇特性。

定位圖表示出競爭企業依據選擇出的特性的市場位置，其中空白之處暗示企業的潛在市場機會。如果企業有多個細分市場，可以根據顧客在不同市場上對服務和利益的不同評價做出多個定位圖。

定位圖既可基於客觀特性、也可基於主觀特性。中國一家電器公司在一項研究中使用的定位圖就採用了質量和價格這兩個客觀變量。定位圖也可以將客觀特性和主觀特性結合起來，比如銀行在進行定位研究時可分別以「最優貸款利率」和「友好服務」這兩個客觀與主觀特性作為二維的衡量指標。圖7-8顯示了通常採用的二維定位圖。

```
                    特性A
                     ↑
        ● 企業D    |   ● 企業 A
                   |   ● 企業 B
          ● 企業E  |
特性B ←――――――――――+―――――――――→
                   |   ● 企業 C
                   |
                   |   ● 企業F
                   ↓
```

圖7-8　二維定位圖

利用定位圖，我們不僅可以確定競爭企業的位置，而且能夠發現核心需求所在，從而沿著滿足核心需求的路徑對自己進行重新定位。

(三) 評價定位選項

利斯和德魯克曾提出三種定位選項：

1. 強化當前位置，避免迎面打擊

例如，一家出租車公司在全國排名第二，為了避免來自第一的打擊，它把第二這個市場位置當作一項資產，宣傳時使用「我們僅是第二，為何不跟我們走？我們會更努力的」。這樣既宣傳了自己，又激發顧客的同情心和信任度，從而強化當前的市場位置。

2. 確定空缺的市場位置，打擊競爭者的弱點

該項戰略要求尋找那些未被競爭者占據的市場空隙。有些大銀行資金雄厚、資歷深久，但資金週轉緩慢，並且在接待顧客時慢慢吞吞。針對這一點，個別小銀行就依靠週轉靈活、服務迅捷與他們展開競爭。

3. 重新定位競爭

紐約附近的長島有一家小銀行叫長島信託公司，面臨著來自紐約的城市銀行、化學銀行等大銀行日益激烈的競爭。市場調查表明長島信託在六家銀行中按分支行數目、服務範圍、服務質量、資本金等指標衡量排名最後。為此，長島信託把自己重新定位為「長島人的長島銀行」，所有指標的排名立即得到大幅度的提高。

（四）執行定位

企業和服務的定位需要通過所有與顧客的隱性和顯性接觸來傳達出去。也就是說，公司的職員、政策和形象都應當反應類似的形象，並將傳遞期望中的市場定位。

六、成功定位的要求

企業在確立自己的市場位置後，應當努力維持或提升其相對於競爭者的市場利益。成功定位必須具備以下特徵：

（一）定位應當是有意義的

蘋果公司一直把自己樹立成一個年輕的、具有自由精神的、立志於改變世界的硅谷公司。這種形象在家庭和教育市場上頗受歡迎，但在相對保守的企業市場上則表現平平。可以說，這種定位有華而不實之嫌。最近，蘋果公司開始著力解決顧客所遇到的問題，在市場宣傳中也注意強調這一點，從而使定位具有更實際的意義。

（二）定位應當是可信的

許多公司聲稱能為所有的人提供所有的服務，顯然這是難以令人信服的。而且往往行業中的領先者，並非那些聲稱無所不能的企業，而是集中於某一專門區域的可信任的企業。

（三）定位必須是獨一無二的

計算機領域的許多公司聲稱他們在技術水準上的領先程度是獨一無二的，事實上這大多是一種妄言。企業應當在既定的目標市場上，發掘能持續地使自己保持領先地位的市場定位。市場上存在許多不同的差異化途徑能夠使企業成為領先者，表7－8列出了12種領先方式以及各自的內涵，即12種定位選項。企業應當根據自身和競爭者的實際狀況加以選擇。

表7－8　　　　　　　　　定位方式

定位選擇	涵　義
·市場份額領先者	最大的規模
·質量領先者	最好或最可信的產品和服務
·服務領先者	最迅捷地為顧客解難
·技術領先者	最早發展新技術

表 7-8（續）

定位選擇	涵　義
·創新領先者	在技術應用上最具創造性
·靈活領先者	最具適應性
·關係領先者	最致力於顧客的成功
·特權領先者	最具排斥性
·知識領先者	最好的功能和技術
·全球領先者	在國際市場上占據最佳位置
·折扣領先者	最低的價格
·價值領先者	最好的價格/性能比

企業在考慮上述定位選擇哪一個最合適時，應當首先回答以下問題：

（1）哪一種定位最能體現企業原差異化優勢？
（2）哪一種定位為主要競爭對手所占據？
（3）哪些定位對每一目標細分市場最有價值？
（4）哪些定位充斥著眾多競爭者？
（5）哪些定位目前的競爭尚不激烈？
（6）哪些定位最適合企業的產品和產品線定位戰略？

以上關於定位選項的選擇，是從消費者感知服務的角度來分析的。事實上，考慮定位的角度有多種，因為企業的位置是受到競爭群體和顧客群體的影響的，企業、競爭者和顧客便構成一個定位感知網絡，這個網絡對企業實施行銷戰略的方式有深遠的影響，如圖 7-9 所示。

圖 7-9　定位感知網絡圖

應當注意到，企業對自身的感知與競爭者和顧客的看法經常相悖。立足於企業層次的定位必須致力於管理和宣傳自己差異化的位置，以提高企業的知名度和可信度。為此，企業必須不斷與顧客進行對話，以支持並提升本企業的市場位置。

本章小結

正確地選擇目標市場，明確企業特定的服務對象，是企業制定行銷戰略的首要內容和基本出發點。市場細分是企業選擇目標市場的基礎和前提。

市場細分是根據顧客需求的明顯差異性把某個產品的整體市場劃分為若干個消費者群體（細分市場或子市場）的過程或行為。市場細分是對需求各異的消費者進行分類，而不是對產品進行分類。

市場細分的方式依據其細分程度可以為完全無細分、完全細分、群集式細分三種方式。市場細分有助於企業有效地選擇目標市場，發現市場行銷機會，提高產品或服務的競爭能力和經濟效益，增進社會效益，推動社會進步。市場細分是制定市場行銷組合的基礎。

同質偏好、擴散偏好、集群偏好是三種基本市場細分模式。

市場細分的三個階段是：①市場調查階段；②分析研究階段；③細分市場描述、刻畫階段。地理因素、人口因素、心理因素和行為因素是細分消費者市場的四大基本因素。最終用戶、顧客規模、使用程度、利益追求經常作為細分產業市場的基本因素。可衡量性、可進入性、可盈利性、可行動性是衡量細分市場是否有效的重要標誌。企業對不同的細分市場進行評價時要考慮：細分市場的規模和發展前景、細分市場結構的吸引力、公司的目標和資源。真正的市場細分不是以細分為目的，而是以發掘市場機會為目的的。反細分策略並不反對市場細分，而是將許多過於狹小的細分市場組合起來，以便能有效地實施行銷組合去滿足這一市場的需求。反細分行銷策略可以有效地降低生產成本和行銷成本。

目標市場是企業為實現預期目標而要進入的特定市場。目標市場選擇分為總體市場分析、細分市場分析、市場行銷組合與企業成本分析三個階段。有效地選擇目標市場，能更好地發現市場機會，有針對性地實施行銷組合，設計切實可行的行銷目標體系和預算分配方案。

產品、市場集中化、產品專業化、市場專業化、選擇專業化和全面進入細分市場是目標市場範圍選擇戰略。無差異市場行銷、差別化行銷和集中性市場行銷是目標市場行銷戰略選擇的三種基本模式。企業在選擇目標市場時應考慮：企業資源、產品的同質程度、產品生命週期階段、競爭對手的目標市場行銷戰略等因素。

差異化和市場定位是企業全面戰略計劃中的重要組成部分，它關係到企業及其產品是與眾不同、是否比競爭者的產品突出的問題。

產品差異化是指企業設計和突出一系列產品差別來區分本企業的產品競爭對手的產品的行為。企業可以通過四種主要途徑來突出和強化產品的差異化,即提供更好、更新、更快、更便宜的產品來創造高附加值。卓越的經營,與客戶密切的聯繫,領先的產品是成功實現產品差異化的三種基本策略。產品差別化、服務差異化、人事差異化和形象差異化是有效實現產品差異化的基本方法。

市場定位是為了適應顧客心目中的某一特定看法而設計企業、產品、服務及其行銷組合的行為。對產品實施的市場定位就是產品定位。企業在進行產品定位時,一方面要瞭解競爭對手的產品具有何種特色及其現有的市場位置,另一方面要研究顧客對該產品各種屬性的重視程度,在對這兩個方面進行分析的基礎上,再選定本企業產品的特色和獨特形象。產品定位的基本原則是:重要性、顯著性、獨立性、優越性、溝通性、可支付性、盈利性。

實施市場定位包括確定定位特性、將定位特顯於定位二維圖、評價定位選項、執行定位四個階段。成功市場定位具有有意義、可信的、獨一無二的等特徵。

產品—市場定位賦予產品個性和特色,有助於塑造企業和產品形象,適應細分市場顧客的特定需求,能更好地滿足這種需求,增強產品競爭能力等方面的作用。產品定位策略有:根據屬性和利益定位、根據產品價格和質量定位、根據產品使用的用途定位、根據使用者身分定位、根據產品檔次定位、根據競爭定位、各種方法組合定位等。

當市場定位不準確或環境條件發生變化時,企業應考慮重新定位。

本章復習思考題

1. 什麼是目標市場行銷?
2. 市場細分的本質和意義是什麼?
3. 市場細分的主要變量有哪些?
4. 有效市場細分的主要標誌是什麼?
5. 市場細分和目標市場的關係是什麼?企業應如何選擇目標市場?
6. 企業選擇目標市場的主要戰略有哪些?它們之間的主要差別是什麼?
7. 產品定位和定位的主要策略有哪些?
8. 企業獲得差異化的主要方法有哪些?
9. 請聯繫實際分析如何成功地進行定位。

第八章　產品策略

產品是行銷組合中最基本的因素。為了更好地滿足顧客需求，實現經營目標，企業必須向市場提供有價值的產品或服務。產品策略是企業市場行銷組合中最重要的策略，直接影響到其他策略的制定，直接關係到企業行銷活動的成敗。

第一節　產品的概念、層次及分類

一、產品概念

產品是指提供給市場用於滿足需要和慾望的任何東西。企業提供給市場的產品有多種表現形式，包括有形產品、服務、體驗、事件、人物、地點、財產、組織、信息和創意。[1]

現代市場行銷中的產品概念非常廣泛，表現形式也多種多樣，但都具有兩個基本性質：

（1）產品具有的使用價值，是用來滿足需要和慾望的；
（2）產品是提供給市場，用來進行交換的。

二、產品的層次

企業向市場提供產品時，必須考慮產品的五個層次（見圖8-1）。每個層次都向市場提供了各自的顧客價值，共同構成了顧客價值層級（Customer Value Hierarchy）。

1. 核心利益（Core Benefit）

產品的第一個層次是核心利益，也稱核心產品。所謂核心產品就是指消費者購買某種產品時所追求的基本利益或服務，是顧客真正要購買的東西。核心產品在產品的五個層次中是最基本和最主要的層次，因為它回答了在一次購買活動中「顧客真正要購買什麼」的問題。消費者購買某種產品，不僅是為了獲得產品本身，更需要獲得產品的能滿足他們的某些需求的效用或基本利益。所以，企業在形式上是出售產品，但在本質上出售的是顧客所需要的核心利益或服務，通過出售產品，使行銷者成為顧客利益的提供者。核心產品

---

[1] 菲利普·科特勒. 行銷管理 [M]. 梅清豪，譯. 上海：上海人民出版社，2003：454.

在形式上不能獨立於產品的實體或服務的活動方式存在,因此它是無形的,只有在顧客使用或消費產品時,核心利益才能表現出來。

2. 基礎產品(Basic Product)

產品的第二個層次是基礎產品。所謂基礎產品就是產品的基本表現形式。基礎產品是核心產品的表現形式,即企業向市場提供的實體產品和服務的外在形態,是核心產品的具體化和擴大化。

基礎產品對於有形產品來講,就是實體產品;對服務產品來講,就是進行這項服務所採用的活動方式。就有形產品來說,基礎產品包括的主要內容有產品式樣、特點、質量、品牌、包裝;對於服務產品來說,基礎產品包括服務的設施、服務內容和服務環境與氣氛。

圖 8-1 產品的 5 個層次

3. 期望產品(Expected Product)

產品的第三個層次是期望產品。期望產品是指購買者購買某種產品通常所希望和默認的一組產品屬性和條件。

一般情況下,顧客在購買某種產品時,往往會根據以往的消費經驗和企業的行銷宣傳,對所欲購買的產品形成一種期望。如住旅店的客人,期望有乾淨的床、香皂、毛巾、熱水、電話和相對安靜的環境等。顧客所得到的,是購買產品所應該得到的,也是企業在提供產品時應該提供給顧客的。對於顧客來講,在得到這些產品的基本屬性時,並沒有太多的滿足和對產品形成偏好,但是如果顧客沒有得到這些,就會非常的不滿足,因為顧客沒有得到他應該得到的東西。

4. 附加產品(Augmented Product)

產品的第四個層次是附加產品。附加產品是指企業在提供產品時所包含的各種附加服務和利益,也是顧客在購買產品時所得到的附加服務和附加利益的總和。

通常,對於實體產品來講,這些附加利益和服務,不包含在產品實體中,而是用一種外加方式或活動提供:如對實物產品提供信貸、安裝、免費運送、維修服務、質量保證等;對於服務產品來說,則直接表現為增加其他實物或服務來提高產品的內涵,如在旅館

住房中增設電視機、洗髮香波和為住店的客人免費洗衣等。一般情況下，行銷者在出售產品時，如果不增加這些附加利益或服務，顧客還是可以享用到核心產品；但是，當增加這些利益和服務後，就可使顧客更好地享受到核心產品。可見，附加產品主要的意義就在於能使顧客更好地享受到核心產品或增加顧客購買產品時得到的利益。

在今天的行銷活動中，競爭主要發生在產品的附加層次上面。產品的附加內容使得企業必須正視購買者的整體消費系統（Consumption System）。消費者購買某種產品是為了滿足某種需要，他們希望得到滿足該需要的一切事物和方法。附加產品是構成產品差異化的重要基礎，因此在競爭中顯得特別重要。在行銷管理中，需要高度重視產品差異化的決策問題，企業為產品提供附加價值和利益，就可以提高其產品的市場競爭能力。

5. 潛在產品（Potential Product）

產品的第五個層次是潛在產品。所謂潛在產品是指一個產品最終可能實現的全部附加部分和新增加的功能。

許多企業通過對現有產品的附加與擴展，不斷提供潛在產品，所給予顧客的就不僅僅是滿意，還能使顧客在獲得這些新功能的時候，感到喜悅。所以潛在產品指出了產品可能的演變，也使顧客對於產品的期望越來越高。潛在產品要求企業不斷尋求滿足顧客的新方法，不斷將潛在產品變成現實產品，這樣才能使顧客得到更多的意外驚喜，更好地滿足顧客的需要。

三、產品分類

按行銷活動的需要，應當對產品進行分類，將產品的不同特徵或特點區分開來，為每一類產品制定適合的行銷戰略或策略。對產品進行分類，可按不同的分類標準進行。

1. 耐用品、非耐用品和服務

產品可以根據其耐用性和是否有形而分為三類：

（1）非耐用品。凡是經過一次或很少幾次使用就消耗的產品，就是非耐用品。非耐用品屬於有形產品、使用時間較短，用途較少，消費速度快，重複購買率高。如絕大部分日常生活用品都屬於此類。對非耐用品的行銷策略是：定價中毛利率要低，銷售網點要多，要多做提醒性（低度介入）廣告，以培養消費者的品牌偏好。

（2）耐用品。能多次使用或使用期長的產品就是耐用品。耐用品屬於有形產品，通常有多種用途、使用時間長，重複購買率低，單位產品毛利和定價高。適合的行銷策略是：應提供較多的附加服務、應有質量保證、行銷者應向顧客提供較多的擔保和售後服務、需要較多的介紹性（高度介入）廣告。

（3）服務。服務是為顧客提供的各種活動、利益或心理的滿足。如理髮、醫療服務、企業諮詢等。

2. 消費品的分類

根據消費者的購買習慣，產品可以分為方便品、選購品、特殊品和非渴求品四類。

(1) 方便品。方便品是指顧客經常需要購買、基本不作購買計劃、也不會為之作購買努力的產品。比如，顧客購買一塊肥皂，就沒有必要去「貨比三家」。方便品可進一步分為日用品、衝動品和應急品三類。

①日用品是與消費者日常生活有關的、經常需要購買的產品；

②衝動品是消費者在聽到、看到或突然想到就要購買的產品，如旅遊地的小紀念品，書報零售攤的某些雜誌、報紙、書刊等；

③應急品指消費者在緊急情況下需要購買的產品，如身體突然不適要購買的藥品，在集市上突然遇到下雨要購買的雨傘等。

方便品都是非耐用品，多為消費者日常生活用品，因此行銷者需要廣設銷售網點，以滿足消費者的日常所需。消費者一般對方便品的價格、品牌、質量和銷售地點等都比較熟悉，在購買時也不會做更多的購買努力，所以行銷者對方便品要經常做提醒式廣告，以培育消費者的品牌偏好，增加消費者對品牌的熟悉程度，因為消費者為求購買的方便，往往選擇其所熟悉的品牌。

(2) 選購品。選購品是指顧客在購買過程中，要對產品的適用性、質量、特色、樣式和價格進行比較、挑選後才會購買的產品。耐用消費品一般屬於這一類，如冰箱、家具、服裝等。選購品還可分為兩種：

一種是同質品，指消費者認為在質量、外觀等方面沒有什麼差別的產品。這類產品對消費者來說，就是要選擇價格盡可能低的產品。因此，對於同質品，價格是非常有效的促銷工具。

另一種是異質品，即消費者認為在有關的產品屬性上，不同的產品具有一定的差別，因此，要按照自己所好進行挑選。比如購買服裝時，不同的消費者對不同的式樣就有個人偏好。異質品對於顧客來說，產品差異比產品價格更為重要。比如，用同樣的質料製作的服裝，消費者首先挑選的是服裝樣式而不是價格，因此，購買價格昂貴而式樣滿意的服裝產品，在服裝市場上是屢見不鮮的。行銷異質品時，行銷者更應該重視產品質量、花色、品種、特色、附加產品等，將顧客最為看重的產品特點作為行銷者的產品特點，提供給顧客。行銷過程中，對選購品提供的售中售後服務應比方便品更多。選購品對於購買的方便性一般要求不高，因此，少設銷售網點可以節約行銷費用開支。

(3) 特殊品。特殊品是指具有獨特的特徵和（或）有品牌標誌的產品。消費者在購買這類產品時願意做出更多的購買努力。這類產品通常包括特殊品牌和特殊式樣、花色的產品，如小汽車、數碼產品、攝影器材和男士西服等。顧客購買這類產品的時候，最關心的是能否購買到正宗的產品。這類產品不涉及產品比較，經銷商不必考慮銷售地點是否方便，但要讓顧客知道購買的地點。

（4）非渴求品。非渴求品是指消費者不知道或者知道了也不想購買的產品。如人壽保險、百科全書、剛上市的新產品等。對這類產品，企業必須加強產品的促銷，大力開展廣告宣傳和推銷活動，以刺激消費者產生需要，在瞭解、熟悉產品的基礎上產生消費慾望。

3. 產業用品

產業用品一般根據這些產品如何進入生產過程和相對成本進行分類，一般分為材料和部件、資本項目、供應品與服務三類。

材料和部件是指完全進入最終產品的產業用品。在生產中，這類產品的物質實體和價值是一次就轉移到生產的最終產品或其他的中間產品中去的。

資本項目是部分進入最終產品的產業用品。這類產品是指在用作工業生產時，其物質實體和價值不是一次、而是多次轉移到最終產品或被加工生產的其他中間商品中去的。

供應品和服務是完全不進入最終產品的產業用品。與產品生產過程無直接關係，產品的價值，主要是通過「管理費用」項目綜合分攤到最終產品。

由產品的分類可以看出，產品的自身特徵和用戶的使用及購買特徵，是決定行銷策略的重要因素之一。

第二節　產品組合決策

企業為了更好滿足顧客的需要，總要在產品上不斷開拓和創新，任何一個企業都不能停留在單一的產品上，因此就產生了產品組合決策的問題。

一、產品組合的有關概念

產品組合是指一個企業行銷的全部產品的總稱，是企業行銷的產品在品種和規格上的構成，也是企業提供給市場的一組產品。

一個企業的產品組合包括若干產品線，每條產品線中又包含若干產品項目。圖8－2是假設的某家電企業的產品組合示意圖。該企業的產品組合中一共有4條產品線，有12個產品項目。

```
                 ← 長度 →
        ┌─────────────────────────┐  ↑
   L₁   │ a₁    a₂    a₃          │  
   L₂   │ b₁                      │  寬
   L₃   │ c₁    c₂    c₃    c₄    │  度
   L₄   │ d₁    d₂    d₃          │  ↓
        └─────────────────────────┘
```

圖8－2　某家電企業的產品組合

產品線是指密切相關的一組產品。所謂密切相關是這些產品採用了相同的技術或結

構、具有相同使用功能、通過類似的銷售渠道銷售給類似的顧客群、價格在一定幅度變動但規格不同的一組產品。

產品項目是構成產品組合和產品線的最小產品單位。它是指在某些產品屬性上能夠加以區別的最小產品單位。

產品組合可以用產品組合的寬度、產品組合的長度、產品組合的深度和產品組合的關聯性作為測量尺度，進行產品組合的分析判斷。

產品組合的寬度指產品組合中所包含的產品線數。產品組合中包括產品線的數目越多，企業的產品組合就越寬。在圖8-2的產品組合中，共有4條產品線。

產品組合的長度是指產品組合中的產品項目總數。通常，為了在不同的企業之間進行比較，也用產品線的平均長度來表示產品組合的長度。產品線的平均長度等於總的長度除以產品線的數量。圖8-2的產品組合中，共有12個產品項目、4條產品線，所以產品組合的長度為12，產品組合的平均長度為3。

產品組合的深度是指產品線中的每一產品有多少品種。

產品組合的關聯性是指產品組合中的各產品線在最終用途、生產條件、分銷渠道或者其他方面相互關聯的程度。如化妝品生產企業的產品線可能很多，但使用者相同，生產技術條件沒有差異，都可以通過百貨公司和化妝品商店銷售，所以產品組合的關聯性好；而化工產品生產企業，如果既生產產業用化工產品，也生產家用化工產品，最終用戶不同，銷售渠道不同，產品組合的關聯性就差。產品組合的關聯性強，企業的行銷管理難度就小，但經營範圍窄，行銷風險要大些；反之，企業產品組合的關聯性差，行銷管理難度大，經營的範圍廣，風險相對要小些。

產品組合的四個測量尺度，為企業制定產品組合決策提供了依據和主要的決策內容：企業可以增加產品組合的寬度，即增加產品組合中的產品線數，以擴大經營範圍或更新舊產品線來增加贏利；企業可以延長其現有的產品組合的長度，即增加產品線中產品項目，以更多的花色品種來滿足顧客的需求差別，增加產品市場佔有率；企業可以加深產品組合的深度，即增加其中一條或幾條產品線的產品項目，使這些產品線適應多方面的需要；企業也可以通過改變產品組合關聯性，在減少行銷風險或降低管理難度上進行選擇，以適應行銷環境的變化。產品組合方式的不同，反應了企業經營的複雜程度。一般來講，產品組合的寬度和深度越大，其經營的複雜程度就越大，關聯性就越小，反之亦然。

二、產品線決策

企業的產品組合由若干產品線組成，在一條產品線上企業可以開發不同的產品功能、增加產品項目來更好地滿足顧客要求。

（一）產品線分析

產品線的分析主要從兩個方面進行：

圖 8－3　產品項目銷售量與利潤貢獻分析

　　一是對現有產品線中的不同產品項目的銷售額和利潤額的分析。一條產品線可能包括多個產品項目，每個產品項目的銷售額和利潤貢獻是有差別的。圖 8－3 表示某企業的某條產品線中有 5 個產品項目：項目 1 的銷售量占整條產品線銷售量的 50％，利潤占該產品線的 30％；項目 2 銷售量和利潤都占 30％。這 2 個產品項目就占該產品線總銷售量的 80％ 和利潤的 60％。這意味著如果這兩個項目或其中一個項目在市場中出現問題，就會對整個產品線的銷售額和利潤產生很大的影響，所以企業必須對這兩個項目給予足夠的重視，確保其在市場中的地位和獲利水準。項目 3 和項目 4，利潤百分比比銷售量高得多，說明很有潛力，如果設法提高它們的銷售量，就可盡快增加利潤。而對項目 5，銷售量和利潤都只占 5％，可以考慮將其從產品線上除掉。

　　二是分析各產品線的產品項目與競爭者同類產品的對比狀況。對現有產品項目的銷售額、利潤額的分析，只能說明各產品項目在產品線中的地位、貢獻大小，反應不出各產品項目與競爭者同類產品的競爭狀況。如某個產品項目對整個產品線的銷售額和利潤額貢獻都很大，但在市場中處於劣勢，並且有被競爭者超過的趨勢，那麼對於該產品項目，企業應該仔細分析、揚長避短、慎重選擇行銷決策。

(二) 產品線長度決策

　　企業行銷管理人員必須決定產品線的最佳長度，它是企業面臨的主要問題之一。通過對產品線中的各產品項目的銷售量和利潤貢獻的具體分析，保留盈利產品項目，去除虧損和無利產品項目，適當增加一些高盈利的新項目，就可使得一條產品線達到最佳長度。

　　在現代市場行銷活動中，企業產品線具有不斷延長的趨勢。這是因為：

(1) 在生產能力過剩的情況下會促使產品線經理開發新的產品項目。

(2) 產品的銷售人員和經銷商也希望產品項目更全面，即增加產品的花色品種，以滿足消費者的需要，獲得更多的銷售量和利潤。

(3) 在現有產品線上增加一些花色品種，遠比開發新產品要容易些，這也促使產品經理增加產品線上的項目。

　　但是，在產品線過度增長的情況下，設計費用、工藝裝備的製造費用、倉儲費用、轉

產費用、訂貨處理費用、運輸費用以及對新項目的促銷費用等會明顯上升，這就會導致利潤的下降，從而阻止產品線延長的趨勢。此時通過對產品線的分析，就會發現那些虧損的產品項目，為了提高產品線的盈利能力，就會將這些項目從產品線中除掉。先是產品線的隨意增長，隨後是縮短，這種模式將會出現多次，從而達到產品線長度的最佳狀態。

企業能達到的最大產品線長度並不一定是其產品線的最佳長度。保持產品線的最佳長度，是行銷管理決策人員的一項重要的、經常性的工作。

產品線的長度受到公司經營目標的影響。企業可以採用兩種方法來增加其產品線的長度：一種是產品線的擴展，另一種是產品線的充實。

1. 產品線的擴展

產品線擴展是指企業超出現有的經營範圍來增加產品線的長度。每一企業的產品都有特定的市場範圍或市場定位，企業只要超過了原有的市場範圍或改變了產品原有的市場定位，這就是產品線擴展。產品線擴展的具體方法有：

（1）向下擴展。指企業原來生產高檔產品，現決定增加低檔產品，即在現有的產品線中增加低品位的產品項目。如果企業在高檔產品市場上面對需求不足或發展困難；或者企業已經通過經營高檔產品項目樹立了市場聲譽，容易在低檔市場上謀求發展；或者在低檔產品市場存在有明顯的市場空隙，應予填補，都可採取此項策略。

（2）向上擴展。指企業原來生產低檔產品，現決定生產高檔產品，即在原有的產品線中增加高品位的產品項目。如果市場對高檔產品的需求增長較快；或者在高檔產品市場存在明顯的產品空隙；或者企業在低檔產品經營中，累積了經驗，能夠有效地改善生產技術和產品質量，都可採取此項策略。

（3）雙向擴展。如果同時在以上兩方面存在市場機會，企業又具有行銷優勢，可以採取同時向下和向上兩個方向擴展，擴大企業的市場行銷範圍。

2. 產品線的充實

產品線充實是指在現有產品線的範圍內增加一些產品項目，以此來增加產品線的長度的策略。採取產品線充實策略有以下幾個動機：獲取額外的利潤；滿足因產品線不足而引起的銷售額下降；充分利用企業的剩餘生產能力；爭取成為產品線全面的企業；填補市場空隙，防止競爭者的侵入。

如果企業產品線的充實導致新舊產品之間自相殘殺，以及在消費者中造成混亂的話，那就說明產品線充實過頭了。企業一定要使產品線上增加的新產品項目與現有產品具有明顯的差異，必須使消費者能在心目中區分企業產品線上的每一個項目，並能識別各品牌之間的差別。

（三）產品線現代化決策

在某些情況下，企業的產品線的長度也許是適宜的，但是企業仍面臨產品線現代化的問題。如企業產品線的設備已經過時了，各產品項目在功能、結構、樣式、技術等方面可

能比競爭對手的差，這就會使企業敗在產品線更加現代化的競爭者手中。

產品線是逐漸現代化，還是一步到位？逐漸現代化可以使企業在改進整個產品線之前，觀察顧客和經銷商是否喜歡新樣式的產品，也可使企業的資金耗費較少。但是，由於更新的速度較慢，可能被競爭對手搶占市場機會。一步到位，需要企業在短時間內籌備較多的資金，但企業卻獲得了搶占有利的市場機會的條件。

(四) 產品線的特徵決策

選擇產品線中一個或幾個產品項目，賦予有別於其他產品項目，甚至是市場上所有同類產品沒有的特點和屬性，就是產品線的特徵決策。常見的做法有：

(1) 把產品線上的低檔產品作為企業產品線的特徵，使之充當開路先鋒的角色，開拓企業產品的銷路，以此吸引消費者，並對其施加影響，以帶動一般定價產品項目和高檔產品的銷售。

(2) 把產品線上的高檔產品作為企業產品線的特徵，即在產品線中，推出具有最高的、市場上所有產品都沒有的性能，採用極高的標價。但企業不指望這種性能的產品項目能售出多少，只是用來表明企業產品的質量水準，從而提高整個產品線的市場等級和地位，以使購買者對企業一般產品的質量更具有信心，由此帶動普通售價的產品項目的銷售。世界上不少的汽車生產廠家常採用這種決策。

(五) 產品線削減決策

企業的行銷管理人員必須定期檢查企業的產品項目，以保證企業產品線的合理性及產品線的適應性。通常有兩種情況要考慮產品線的削減：

一種情況是產品線中含有會使利潤減少的項目，可以通過銷售額分析和成本分析來發現這些產品項目，並削減這些項目，使利潤增加。

另一種情況是企業缺乏使所有的產品項目都達到預期產量的能力，企業的經理必須檢查各產品項目的獲利能力，集中生產利潤較高的產品，削減那些利潤低或虧損的產品。一般來講，當需求緊迫時，企業通常縮短產品線；而在需求鬆緩時，則延長產品線。

第三節　品牌決策

在制定個別產品的行銷策略時，品牌策略是其重要的組成部分。尤其是在現代市場行銷活動中，制定正確的品牌策略，對企業行銷的得失與成敗，具有舉足輕重的地位。

一、品牌的概念

(一) 品牌的含義

品牌是一個名稱、術語、標誌、符號或是一個設計，或是它們的組合，用以辨認一個或若干個行銷者的產品或服務，並使之同競爭對手的產品或服務區別開來。實際上，品牌

就是產品標示物的一個總稱，用來使顧客能夠辨識產品的生產者和經銷者是誰。品牌的擁有者，通常稱為品牌主，它可能是一個行銷者，也可能是若干個行銷者。

品牌具有廣泛的含義，是由品牌名稱、品牌標記和商標組成。

（1）品牌名稱是品牌中的聲音信息部分，如「五糧液」、「長虹」等名稱。

（2）品牌標記是品牌中可以識別，但不能用語音表述的部分，如符號、設計、獨具一格的色彩或造型等。

（3）商標。商標是產品文字名稱、圖案記號或兩者相結合的一種設計，經向有關部門註冊登記後，批准享有其專有權的標誌。

企業把品牌或品牌的一部分按照商標法註冊登記，就成為商標。凡是取得了商標身分的品牌就具有專用權，並受到法律的保護。因此，商標實質上是一種法律名詞，是指已獲得專用權並受法律保護的一個品牌或一個品牌的一部分。所以品牌和商標不是一個相同的概念，既有聯繫又有區別：

①在品牌中，凡不屬於商標的部分，是沒有專用權的，別人也可以使用，在法律上不構成侵權；而只有商標，才是具有專用權的。

②商標可以為企業獨占而不使用；而品牌一定是要使用的，不管它是否為使用者所獨占。

③品牌和商標的區別還在於，品牌是可以按企業的設計創意要求設計和創造的，所以品牌有簡有繁；而商標則要受國家商標登記註冊機關的登記註冊辦法所制約，不允許過於複雜，否則不便於登記註冊。

品牌區別了產品的經營者，在商標法的保護下，享有對品牌使用的專用權；品牌實質上是對購買者的一種承諾，即對產品特徵、利益和服務的承諾。最好的品牌就是對質量的保證。但品牌的意義絕不僅僅於此，品牌還具有更為複雜的象徵。

（二）品牌的內容

一個品牌是一個複雜的組合，它傳遞了六個層次的意義。

1. 屬性

一個品牌對於顧客來講，首先使他們想到的是某種或某些產品的屬性。如「奔馳」代表著高檔、製作優良、耐用、昂貴和聲譽；「海爾」代表適用、質量和服務等。屬性是顧客判斷品牌接受性的第一個因素。因此，在為品牌定位的時候，行銷者要首先考慮為品牌賦予恰當的屬性，並在廣告宣傳中採用一種或幾種屬性作為重點的宣傳內容。

2. 利益

品牌不只是一組屬性。顧客購買一個品牌時，真正購買的不是它的屬性而是利益。品牌的每種屬性，都需要轉化為功能和情感的利益。如「耐用」這個屬性可轉化為功能性的利益：「幾年內不需要再購買」；「昂貴」這個屬性可以轉化為情感性利益：「感到自己很重要和受人尊敬」；「製作優良」的屬性可以轉化為功能性和情感性的利益：「一旦出事

時有安全保障」。品牌要體現利益，即行銷者在確定賦予品牌屬性時，應考慮這種屬性是否能夠提供顧客所需要的利益。

3. 價值

品牌在提供屬性和利益時，也意味著經營者所提供的價值。對於顧客來講，購買一件產品，是希望獲得利益，顧客購買的是他認為有價值的品牌，如「奔馳」牌就意味著高的性能、聲望、安全等價值。行銷者在考慮品牌戰略時，需要明確或預測一個品牌將對哪些顧客表現為是有價值的，或者說企業的行銷人員必須發現對品牌的價值感興趣的購買者群體。

4. 文化

品牌可能代表一種文化，象徵一種文化或文化中某種令人喜歡或熱衷的東西。最能使品牌得到高度市場認同的是品牌能體現文化中的核心價值觀。「可口可樂」代表美國人崇尚個人自由的文化；「奔馳」代表日爾曼民族的嚴謹、追求質量和效率的文化；「長虹」代表中國文化中的祥和、親善與民族自尊。

5. 個性

品牌也具有一定的個性。品牌的個性表現為它就是「這樣的」，使購買者也能具有相似的認同或歸屬感。品牌塑造個性，通常用一種聯想的方法來實現，即當顧客使用或看到一個品牌時，會使他們想到些什麼？這是品牌能得到目標顧客接受和認同的最好方法。

6. 使用者

品牌通過上述各層次的綜合，形成特定的品牌形象，必然意味著購買或使用產品的消費者類型。品牌具有特定的使用者，這說明成功的行銷者需要使品牌具有像人那樣鮮活的生命。

品牌的六個層次的含義表明了品牌是一個複雜的識別系統。品牌化的挑戰就在於制定一整套的品牌含義。當一個品牌具有以上六個方面的含義時，這樣的品牌就是具有內涵和深度的品牌，否則它只是一個膚淺的品牌。所以行銷人員必須深化品牌的含義。應該重視品牌的屬性，更應重視品牌的利益。但這還不夠，品牌最持久的含義是其價值、文化和個性，他們構成了品牌的實質和生命力。

二、品牌化決策

企業的品牌策略就是企業如何合理地利用品牌，發揮品牌的積極作用。在品牌的行銷決策問題上，企業一般將會面臨若干具有挑戰性的決策。企業所面臨的第一個決策是關於使用品牌與不使用品牌的決策。有兩種可能的做法：一是產品使用品牌，叫做品牌化；二是產品不使用品牌，叫做非品牌化。

(一) 品牌化及品牌的意義

企業的產品使用品牌，並相應地進行商標註冊登記，是品牌化的做法。顯然，採用品

牌化，企業的行銷成本會提高，因為這要花費品牌設計費、包裝費、註冊費和商標維護等費用；在品牌的市場聲譽或形象變壞時，還會遭受相應的行銷損失。所以品牌化使企業承擔了更大的行銷風險。但是，現代的市場行銷活動，品牌化占了主導地位。這是因為，品牌對於產品的行銷者具有重要的作用：

（1）品牌能夠區別同種或類似商品的不同生產者或經營者，使顧客能夠知道生產行銷該產品或該項服務的行銷者是誰。

（2）品牌可以使企業方便地處理各種交易事務。在簽署訂貨單據、訂立交易合同、進行商業談判、安排產品的儲運活動時有品牌與沒有品牌相比，有品牌要方便得多，而且可以有效地避免在上述活動中出現差錯。

（3）品牌有助於對行銷者的權益提供法律保護。這主要是通過商標的註冊和申請版權而實現的。品牌給商標和版權的申請工作提供了相應的基礎，並便於法律機關接受申請和註冊登記。

（4）品牌化使企業有可能吸引更多的品牌忠誠者。品牌忠誠者使企業在競爭中得到某些保護，並使企業在規劃市場行銷組合時具有較大的控制能力。

（5）品牌可以增加企業資產的價值。品牌是企業的無形資產。品牌價值超過企業有形資產的價值的事例並不鮮見。所以，能將自己的品牌培育成市場名牌，成了許多企業和企業家夢寐以求的事情。

（6）品牌化有助於樹立良好的企業形象和市場細分化，可以加快企業的技術進步。

另外，大多數購買者也需要品牌化，因為這是購買者獲得商品信息的一個重要來源。因此，品牌化可使購買者得到一些利益，如購買者通過品牌可以瞭解產品的質量水準；品牌化也有助於購買者提高購買效率。綜上所述，實行品牌化是現代市場行銷活動中的主流。

（二）建立品牌識別

企業實行品牌化，要求對品牌的名稱、標誌、色彩、標語和象徵分別作出決策。品牌不僅僅是一個名稱或者標記，也是企業行銷的工具和策略。行銷者必須意識到品牌的本質，是企業向顧客提供的一個關於產品質量的保證。行銷者必須為品牌建立一個使命，以及規劃品牌行銷戰略。

1. 品牌名稱

企業規定品牌，首先就需要解決如何為產品取一個好的品牌名稱或設計一套好的品牌標示。儘管品牌的市場聲譽，從根本上說並不是依靠好聽好看的名稱圖案獲得的，但是，一個好的品牌名稱或標示，對品牌的市場培育是有重要影響、有時甚至是有決定性影響的。可見，建立一個好的品牌絕不是一件容易的事。

確定品牌的名稱時，應按以下要求來考慮：

（1）應使人們容易聯想到有關產品的利益。

(2) 應使人們聯想到產品的品質。
(3) 應容易發音、識別和記憶。品牌名稱既要獨特，又要順口和簡短。
(4) 應有特色，與眾不同。應使品牌的名稱和圖樣設計有藝術獨創性。
(5) 應注意品牌使用地區的文化風俗習慣。產品品牌設計，包括品牌名稱、圖案、符號、顏色，都必須符合當地的風俗習慣，以免造成不良的影響，產生不好的效果。

2. 建立品牌的工具

品牌的建立還必須採用有效的工具，今天企業可使用多種工具以吸引人們的注意：

(1) 廣告。電視廣告是最有效的建立品牌識別的工具。
(2) 公共關係和媒體宣傳。在雜誌和報紙上對品牌進行宣傳，品牌可以得到更多的關注。
(3) 贊助。通過贊助著名的比賽來宣傳品牌，如奧運會和世界盃的贊助商。
(4) 參觀。在企業建立主題公園，邀請顧客遊覽，或參觀企業的生產場地等。
(5) 交易展覽。交易展覽對於建立品牌意識、增長品牌知識和激發品牌興趣是很好的機會。
(6) 事件行銷。現在很多企業在推出新產品時往往製造一些事件來引起人們的注意。
(7) 公眾設施。企業在公共場合建立一些體育設施以促進健康的生活方式，從而在公眾的心裡樹立好的社會形象。
(8) 高附加價值。有些品牌通過為顧客提供高附加價值來獲得好名聲。
(9) 名人效應。利用社會名人作為企業品牌的形象代言人，可以為品牌創造好的影響。
(10) 社會事業捐助。企業通過各種社會福利事業捐助可以獲得廣泛的認可。

隨著電子商務的發展，顧客還可以在網上、移動電話上接受品牌的信息。企業利用這些工具進行品牌行銷，能使顧客通過「體驗品牌」的方式來建立品牌的識別。

(三) 非品牌化決策

企業如果不給自己的產品使用品牌並進行無品牌銷售，就是非品牌化。非品牌化具有如下優點：

(1) 可以降低行銷費用。因為企業不必對產品進行市場宣傳和品牌促銷，可以省去品牌的設計、包裝、註冊登記等費用。
(2) 產品具有價格競爭力。行銷費用降低後，企業可以低價銷售產品，這對於尋求低價格的消費者具有極大的吸引力，儘管這些無品牌的產品可能質量較為低劣。

所以並不是所有的產品都需要品牌，只要具備以下情況或條件，就可以不使用品牌：

(1) 大多數未經加工的原料產品。直到目前為止，絕大部分的農產品，都是非品牌化的。

不過，隨著經濟的發展和人民生活水準的提高，許多農產品都可以加工成小包裝，加

品牌出售，或直接將品牌貼在產品上出售。

（2）產品本身並不因製造者的不同而形成特點，如鋼材、煤炭等勻質產品。

（3）某些生產簡單、選擇性不大、沒有一定技術標準的產品，如小農具、副食品等。

（4）臨時性或一次性生產的產品。

（5）消費者已經習慣不用品牌的產品。

這些產品雖然可以不使用品牌，但企業也要註明生產者，以對消費者負責。

三、品牌使用者決策

在決定使用品牌後，製造商面臨選擇使用製造商的品牌，還是使用經銷商的品牌，或者採用混合品牌。

1. 製造商品牌

製造商品牌也稱全國性品牌，一直是市場的主角。大多數生產企業都創立自己的品牌。這是因為，品牌本身是由生產者對自己的產品所作的標記，產品的設計、質量、特色都是由製造商決定的。

製造商使用自己的品牌，可以建立自己產品的長期市場，可以獲得品牌化的各種好處，但也增加了行銷成本和風險。一般來說，在製造商具有良好市場信譽、擁有大市場份額的條件下，多使用製造商的品牌。製造商的品牌成為名牌後，使用製造商的品牌更為有利。相反，在製造商資金能力薄弱，市場行銷能力不足，不瞭解新開闢的市場時，或者市場上製造商的聲譽不如經銷商的聲譽時，都可以使用經銷商的品牌。

2. 經銷商品牌

傳統上，經銷商都是使用製造商的品牌進行產品行銷。自從商業脫離產業而成為獨立的部門，商業的迅猛發展使不少商業企業獲得了好的聲譽、在顧客中形成了好的形象。由於大多數顧客對所要購買的產品並不都是內行，不具有充分的選購知識，因此顧客在購買商品時，除了以商品生產者的品牌作為購買的根據外，另一個根據就是經銷商的品牌。顧客總是願意購買具有良好商譽的經銷商出售的產品。隨著市場經濟的發育程度的提高，在發達國家的市場上，經銷商使用自己的品牌進行行銷，從20世紀70年代中期開始，經過80年代的擴展，越來越成為市場行銷活動中的潮流。

經銷商使用自己的品牌，是要承擔一些風險的。比如：

（1）經銷商必須就產品的質量對顧客負責，因而需要努力尋找能提供質量保證的製造商；而製造商在不用自己的品牌銷售時，其對質量的負責程度遠不如比用自己的品牌銷售來得好。

（2）經銷商使用自己的品牌經銷，必須進行大批量訂貨，其存貨占壓的資金會大幅度增加。經銷商還得花很多錢進行品牌宣傳和廣告工作。所以在使用自己品牌的時候，經銷商的成本大大提高了。

但是，使用經銷商品牌可以給經銷商帶來以下利益：

（1）經銷商使用自己的品牌，可以找到用較低的成本生產和供貨的生產商，從而大大降低進貨成本。

（2）經銷商直接面對顧客，具有比生產商更好的「地理優勢」。即在接近顧客、信息溝通、市場瞭解方面，往往比生產製造商便利。所以，經銷商在行銷費用的開支，如廣告費、產品的儲運費、市場調查費等方面可更為有效地使用，從而可以降低單位產品的銷售費用。

（3）使用自己品牌的經銷商由於總的經營費用降低，可以獲得超過平均利潤水準的超額利潤，使經銷商品牌顯示出極大的經濟利益。

（4）在獲得超額利潤的同時，使用經銷商品牌的經銷商仍可以較低的市場交易價格進行產品銷售，因而使其價格競爭力增強。

（5）由於產品在銷售時的「展示面積」，即通常說的貨櫃、貨架、櫥窗、展臺等，掌握在經銷商手中，當經銷商使用自己品牌銷售產品時，會將更多的「展示面積」用於自己品牌的產品。

（6）經銷商在使用自己的品牌銷售產品時，要獨立對顧客提供各種銷售服務，這比依賴生產製造商提供此類服務，要周到、及時和完美得多，因而能使品牌具有更強的市場號召力。

在市場經濟高度發育的國家，經銷商品牌已顯示出比製造商品牌更強的市場競爭力，製造商品牌和經銷商品牌相互之間的競爭被稱為「品牌戰」。有些市場評論家預言：「除了最強的製造商品牌以外，經銷商品牌最終將擊敗所有的製造商品牌。」

3. 使用混合品牌

使用混合品牌就是同時使用製造商品牌和經銷商品牌，即有些時候使用製造商品牌，有些時候使用經銷商品牌；有些地區使用製造商品牌，有些地區使用經銷商品牌；有些產品使用製造商品牌，有些產品使用經銷商品牌。

四、品牌名稱決策

使用自己的品牌的製造商面臨著進一步的品牌名稱決策。品牌名稱策略至少有四種：

1. 個別品牌名稱

個別品牌名稱是指企業決定對其各種不同的產品分別使用不同的品牌名稱。這種策略的優點是：適應不同消費者的不同需要，以擴大市場，爭取更多的消費者；可以減少企業承擔的風險，即使有一種品牌產品的聲譽不佳，也不至於影響其他的產品；可以使企業為每一新產品尋找最佳的稱號，一個新的品牌名可以形成新的刺激，建立新的信念。這種策略在管理上的缺點是，管理中困難較多，廣告宣傳、設計費用較高。

2. 統一品牌名稱

統一品牌名稱是指企業對其全部產品使用同一個品牌，即對所有產品使用共同的家族品牌名稱。這種策略的好處是：節省品牌的設計費用；由於不需要大量的廣告，可以降低產品的促銷費用；可以利用已經成功的品牌推出新產品，擴大企業的影響，提高企業聲譽，有利於新產品打開銷路。如美國通用電器公司所有產品都統一使用「GE」的品牌名稱。但是，如果企業的產品質量不同，使用統一品牌策略就會影響企業品牌的信譽，從而損害具有高質量的產品形象。所以採用這種策略是有條件的：第一，這種品牌在市場上已獲得一定的信譽；第二，各種產品的質量有大致相同的水準。

3. 分類品牌名稱

這種策略是對企業的各類產品分別採用不同的品牌，而對同一類的各種產品採用同一品牌。這種策略適應於產品種類多，各產品種類差別較大，質量截然不同的情況。它兼有前兩種戰略的優點。一個擁有多條產品線或具有多種類型產品的企業，或雖然是生產同一類型產品，但是企業為了區別不同質量水準的產品，也可以考慮採用這種策略。

4. 企業名稱和個別品牌名稱連用

這是一種將企業名稱與每種產品的個別品牌名稱相聯繫的策略。企業的名稱可以使個別產品享受企業的聲譽，而個別品牌的名稱又可以使產品具有不同的特色，使產品個性化，更具市場競爭力。市場中有很多著名企業採用這種品牌策略。

五、品牌戰略決策

(一) 品牌戰略定位

品牌戰略將根據功能性品牌、形象性品牌或體驗性品牌來選擇不同的定位。

1. 功能性品牌

功能性品牌（Functional Brand）是以滿足顧客所需要的功能而定位的品牌。消費者購買這種品牌是為了滿足功能性的需要，如消除疼痛，美容減肥等。如果消費者認為某種品牌提供了非凡的作用或非凡的價值，顧客就在功能性品牌上得到了最大的滿足。功能性品牌在很大程度上取決於「產品」和「價格」。

2. 形象性品牌

形象性品牌（Image Brand）是為產品和服務設計或塑造一個獨特形象的品牌定位。形象品牌的出現是由於產品和服務的同質性，不同的產品難以區分，質量難以評價，感受難以表達。形象性品牌在很大程度上取決於「創造性的廣告」和「龐大的廣告支出」。形象品牌戰略通常為品牌設計一個明顯的標誌，或者將品牌與社會名流使用者相聯繫，或者創造一個強有力的廣告形象，以區別不同的產品和服務。

3. 體驗性品牌

體驗性品牌（Experiential Brand）是為那些不僅僅希望通過購買獲得商品而且還需要

獲得體驗的顧客開發的品牌定位。體驗是消費者親自參與由企業行銷活動為消費者在其購買過程中所提供的一些刺激或個別事件。體驗通常是由於對事件的直接觀察或是參與造成的，包括「人」和「地方」。體驗會涉及到顧客的感官、情感、情緒等感性因素，也會包括知識、智力、思考等理性因素，同時也可以是身體的一些活動。體驗能使顧客產生喜歡、贊賞、討厭，或者認為體驗性品牌是可愛的、刺激的等等。

(二) 品牌戰略選擇

隨著時間的推移，企業可以為品牌開發不同的策略。

1. 產品線擴展

產品線擴展（Line Extensions）是指企業在現有產品類別中增加新的產品項目，並以同樣的品牌名稱推出。如在現有的產品線中增加新的口味、外觀、樣式、包裝規格等。在顧客的需要發生變化和發現新的顧客需要時，進行產品線擴展，可以獲得更多的銷售機會。另外，產品品種、花色、樣式等的增多，也可以刺激顧客的購買慾望。

產品線的擴展有多種方式，企業可以根據情況，分別採用創新方式、仿製方式和更換包裝的方式。企業的新產品開發大多數屬於產品線擴展。企業進行產品線擴展的原因是：生產能力過剩往往驅使企業推出更多的產品項目；企業想滿足消費者多種多樣的需要；企業發現競爭者成功地實現了產品線擴展；企業進行產品線擴展是為了從中間商那裡占據更多的貨架空間等等。

產品線擴展也面臨種種風險，從而導致「產品線擴展陷阱」。如產品線擴展導致品牌名稱失去其特定的含義；產品線擴展的另一風險是銷售不足，銷售收入不能抵償開發與促銷成本；有時即使銷售收入增加了，但這種增加是以企業其他產品項目銷售下降為代價的。對企業來講，成功的產品線擴展是在競爭中獲得本企業產品銷售的增長，而不是本企業產品的自相殘殺。

2. 品牌延伸

品牌延伸（Brand Extensions）是指企業利用現有品牌名稱來推出與現有產品類別不同的新產品。運用這一策略的要點，首先是要創牌子，其次還要保牌子。如索尼公司為新推出的電子產品都採用相同的名字，迅速為每個新產品建立了高質量的認知。

品牌延伸的優點是：利用知名品牌，可以使市場很快認識、注意和接受新產品項目；使企業對新產品的促銷變得很容易，因此可降低新產品促銷費用，加快市場推廣速度。

品牌延伸同樣具有風險：如果新產品不能使顧客滿意的話，就可能影響原來已成功產品的銷路；更為嚴重的是，可能使品牌的聲譽受到破壞。

3. 多品牌

多品牌策略是指企業對同一種產品採用兩個或兩個以上的品牌。寶潔公司在其行銷的一種清潔劑上最多使用了八種不同的品牌。

企業採用多品牌戰略的理由是：

(1）企業可以占用更多的貨架，同時也增加了零售商對製造商的依賴性。
(2）很少有顧客始終只購買一種品牌的產品，而不購買其他品牌的產品。
(3）新品牌的產生可以給企業組織機構帶來刺激和效率。
(4）多品牌定位於不同的利益和要求，因此每一品牌可以吸引不同追求者。
(5）每一種品牌的產品承擔的風險相對較小。
(6）通過建立側翼品牌以保護主要品牌。

在決定是否推出新的品牌時，企業應考慮下列問題：
(1）能否為新品牌構想出一個獨特的原因，這一原因能否令人信服？
(2）新品牌能超過多少企業的其他品牌和競爭對手的品牌？
(3）新品牌的銷售額能否補償產品開發和產品促銷的費用？

使用多品牌往往會出現下述情況：品牌之間的競爭發生在企業的同一個產品項目之間，而不是所期望的那樣發生在競爭者品牌上。所以，企業需要分析，使用多品牌後，單個品牌的銷量減少，總的銷量是否會增加？只有總銷量是增加的，才是值得做的，否則就是得不償失。

4. 新品牌

不論一種品牌在市場上最初是如何的行時，由於環境的變化，企業必須重新確定某些品牌在市場上的位置，即重新定位。這是因為：競爭者推出新的品牌，與本企業爭奪市場，削減了企業的市場份額；消費者需求的改變，對某種品牌的產品需求下降；品牌設計存在的問題影響銷售；或某種品牌的產品在消費者心目中地位不好等。所有這些情況，都可以考慮品牌的再定位。但在做出品牌再定位的選擇時，企業必須考慮兩個因素：

第一個因素是將品牌轉移到另一細分市場所需的費用，包括產品質量改變的費用、包裝費和廣告費等。一般來講，重新定位離原位置距離越遠，則所需費用越高；改進品牌形象的必要性越大，所需的投資就越多。

第二個因素是定位於新位置的品牌能獲得多少收益。收益的大小取決於：細分市場消費者的數量，消費者的平均購買率，在同一細分市場競爭者的實力，以及在該細分市場為品牌所要付出的代價。

5. 合作品牌

合作品牌（Co Branding）也稱雙重品牌（Dual Branding），是指在一個商品上聯合使用兩個或更多的品牌。通過合作品牌，每個被合作的品牌能強化品牌的偏好或購買意願，能增加對產品的信任感，以保留和吸引新的顧客。

合作品牌有多種形式：中間產品合作品牌；同一公司合作品牌；合資合作品牌和多持有人合作品牌。由於品牌合作的作用，聯合使用品牌的情況日益增多。

第四節　包裝決策

產品包裝是整體產品的一個組成部分，是實現產品價值與使用價值並提高產品價值的一種重要的手段。包裝的優劣往往影響到企業經營的成敗，因此包裝策略已成為市場策略的一個重要組成部分。

一、包裝的概念

包裝的概念是與包裝化的概念相聯繫的。

包裝化（Packaging）是指為產品設計和生產某種容器或包紮物的一系列活動。這些容器或包紮物就稱為包裝（Package）。所以包裝就是盛放產品的容器和包紮物。

在現代市場行銷活動中，包裝是一個重要的產品因素。有人甚至提出應把包裝看作是第五個P，由此可見包裝對產品決策的重要性。

產品的包裝，可分為三個層次：

（1）首要包裝。首要包裝是指緊貼於產品的那層包裝，是從產品出廠至使用終結，一直與產品緊密結合的包裝。如牙膏皮、酒瓶、照相膠卷的暗盒等。沒有這類包裝，產品就根本無法使用或消費。所以設計首要包裝時，要根據產品的物理化學性質和用途、衛生等要求，選用適當的材料和方式，並且包裝的質量要與產品的價值相一致。

（2）次要包裝。指方便陳列、攜帶和使用的產品外部包紮物件。次要包裝起兩個作用：一是保護首要包裝，使之在行銷過程中不會損壞；二是美化產品外觀，或便於品牌化。這種包裝的設計要美觀大方，圖案生動形象，不落俗套，使人耳目一新，而且要突出廠牌、商標、品名、規格和容量。

（3）運輸包裝。運輸包裝是產品在運輸、儲存、交易中所需要的包裝。其特點是包裝物的容積較大，材質結實，具有耐碰撞、防潮、便於搬運作業等特點。

二、包裝的作用

產品之所以需要使用包裝，是因為包裝具有以下重要作用：

（1）保護產品。可以說包裝最初的作用只是保護產品。在現代行銷活動中，雖然包裝有越來越複雜的傾向，但保護產品仍是包裝最基本的也應該起的作用。

（2）方便使用。有些產品的包裝，其本身就是產品使用價值的組成部分，如盛裝飲料的各種容器；有些包裝，雖不是消費產品所必需的，但可以使產品便於消費，如藥品按服用劑量包裝，便於顧客正確使用。

（3）美化產品。設計和製作精美的包裝，可以使產品具有令人賞心悅目的外觀，令消費者喜愛或激起顧客的購買欲。包裝是否好看，在一定意義上也能反應出產品生產製造

的工藝水準，而生產製造的工藝水準的高低又會給人以產品內在質量相應的外在印象。

（4）增加產品的價值。好的包裝，能有效地保護產品或延長產品的生命，從而提高產品的價值，因此可用更高的價格銷售相同的產品；而且，好的包裝，能夠激起消費者的更為強烈的購買欲，使之願意支付較高的交易價格。

（5）促銷。包裝使消費者產生對產品的好印象，促使消費者更願意購買，即包裝具有「誘導購買」的作用。包裝上面所印製的品牌名稱、企業名稱，使包裝可起廣告作用。如果包裝能伴隨產品的全部消費過程甚至延伸到使用結束之後，則包裝還能發揮長期廣告促銷的作用。

三、包裝設計

為新產品制定有效的包裝是企業產品決策的重要組成部分。

1. 包裝設計方法

包裝設計要制定一系列決策。首先，包裝設計的任務是建立包裝概念（Packing Concept）。所謂包裝概念是指對某一特定產品的包裝的基本界定，如規定包裝的基本形態和主要作用。

其次，包裝設計要對包裝物的大小、形狀、材料、色彩、文字說明以及品牌標記作出決策。為了保證包裝的各個要素之間要相互協調，應該對這些決策進行檢驗，如對包裝的顏色要仔細地選擇，因為不同的顏色代表了不同的含義，如紅色表示喜慶和熱烈活潑，藍色象徵寧靜和嚴肅，綠色表示生命和健康等等，色彩的選擇應符合目標市場產品的定位和顧客的需求。

最後包裝的設計還要考慮與產品定位、定價、廣告和其他行銷要素相互協調，以及包裝的環境和安全問題。

2. 包裝設計測試

包裝設計必須進行各種測試，主要的測試方法有：

（1）工程測試。工程測試的目的是為了保證包裝在實際使用時能夠耐用和經得起磨損。

（2）視覺測試。視覺測試的目的是保證包裝能達到理想的視覺效果，如字跡是否清楚，色彩是否協調。

（3）經銷商測試。經銷商認為包裝是否具有吸引力，方便處理和區別。

（4）消費者測試。測試包裝對消費者的吸引力，以及消費者對包裝的反應。

3. 包裝設計的一般要求

企業在設計包裝時，應符合以下的要求：

（1）有效地保護產品。這是包裝設計首先要解決的問題。比如，易腐、易脆、易受潮的產品，包裝應該採用能起相應防護作用的材料製造。另外，對於經常被假冒的產品，

包裝上還必須考慮如何採用防止假冒的技術和鑑別手段。

（2）造型美觀、具有強烈的美學效果。如圖案的生動、顏色搭配適當，或者具有獨到的藝術性，使消費者能從包裝中獲得美的享受，並產生購買慾望。

（3）包裝應與產品的價值或質量相適應。包裝不是越昂貴、越高檔越好。應根據產品的品位和價值及顧客購買要求來決定包裝適當的檔次。

（4）應尊重民眾的風俗習慣和文化背景。包裝上的文字、圖案、標示等，不能和當地的風俗習慣、宗教信仰、價值觀等發生衝突。

某些產品的包裝，還要按國家的法令法規設計製作。如食品類的包裝，必須印製出廠日期、保存期；藥品類還要印製其中所含的有效成分、服用方法、禁忌等。

四、包裝決策

包裝策略是產品策略的重要組成部分。一個最好的產品需要最好的包裝來配套；而一個最好的包裝不僅依賴於獨特的設計，還要使用正確的策略方法，才能有效地促進銷售。

1. 類似包裝策略

類似包裝策略是指企業生產的各種產品在包裝上採用相同的形狀、色彩和其他共同的特徵。採用這種策略，可以加強消費者對企業產品的認識，加強對產品包裝的印象，使顧客一看到包裝就知道是那個企業的產品，這樣可以擴大企業的影響，促進產品的銷售；同時還可以節省包裝設計費用，降低成本。這種策略一般只適應於生產質量水準相同產品的企業，如生產名牌產品的企業，大都採用這種策略。如果企業產品品種和質量相差較大，不宜採用這一策略。

2. 品種和等級包裝策略

企業對不同檔次、不同質量、不同等級、不同品種的產品可分別採用不同的包裝。採用這種策略的優點是，能顯示產品的特點，使包裝和產品的質量一致，便於消費者購買，不足的是設計費用較高。

3. 組合包裝策略

企業按消費者的消費習慣把各種有關聯的產品放在同一包裝容器中，同時出售，以方便消費者的組合使用。這種包裝便於顧客配套購買產品，可以增加銷售；如果將新產品和老產品包裝在一起，還可以使消費者在不知不覺中接受新產品，減少產品的推廣費用。但不能把不相干的產品搭配在一起，強行銷售。

4. 多用途包裝策略

這種策略是指將原包裝的產品使用完以後，它的包裝還可以重複使用，或者移作它用。這種策略的目的是通過增加消費者的額外利益來擴大企業產品的銷售。這種包裝策略有利於誘發消費者的購買動機，增強商品的吸引力。空包裝還有代替廣告宣傳的作用。如把酒瓶設計得十分精緻，消費者可把精緻的包裝當作美化家庭的裝飾品等。但這種包裝一

5. 附贈品包裝策略

企業在商品的包裝上或包裝內附贈有價值的實物，以吸引消費者購買，擴大產品的銷售。這是當前較為流行的一種策略，這種策略極易誘發消費者重複購買的慾望，尤其是在兒童用品市場。

6. 改變包裝策略

企業對落後的舊的包裝進行改進或者重新設計。改變包裝和產品創新一樣，都可以以新促銷，但不能以這種策略來搞變相漲價或推銷偽劣產品。

第五節　產品生命週期

產品市場生命週期理論是關於產品在市場上的生命力的理論。它對於正確制定產品的決策，及時改進現有產品、發展新產品，有計劃地進行產品更新，正確地制定企業各項行銷策略，都具有重大的意義。

一、產品生命週期的概念

任何產品在市場上的銷售量和獲利能力都是隨著時間的推移而不斷變化的。這種變化規律正像生物的生命一樣，從誕生、成長到成熟，最終走向衰亡。企業的產品也必然經歷一個從投入市場、占領市場到最後被淘汰的生命發展過程。人們在實踐中發現，產品一般都要經過投入、成長、成熟和衰退四個明顯不同的階段，這一過程就是產品生命週期或產品市場生命週期。所以產品生命週期就是產品從開始進入市場行銷直到退出市場行銷所經歷的時間過程。產品生命週期是一個極重要的概念，其理論在現代市場學中被廣泛地應用。

圖 8-5　產品生命週期

一般地講，產品生命週期是按其在市場上的銷售量和所獲得的利潤額來衡量的。典型的產品生命週期包括四個階段，即引入期、成長期、成熟期、衰退期。如圖 8-5 所示。產品銷售量

曲線與利潤曲線的變化大致相同，但變化時間卻不同。當利潤曲線下降時，銷售量曲線仍在繼續上升，這是由於競爭而壓低售價所造成的。

產品在其生命週期內，銷售量和利潤表現為一個從小到大再到小，即從微弱到旺盛，直到最後衰亡的變化過程。猶如人或有機體的生命一樣，從幼年到成年，最後到老年直至死亡。圖8－5中曲線S表示產品銷售量變化，曲線P表示利潤變化，其形狀為「S型」。

二、產品生命週期理論的行銷意義

研究和應用產品生命週期原理必須明確和注意以下幾個方面：

（1）任何產品都有一個有限的生命，其市場行銷時間是有限的，企業為了其生存和發展必須不斷地開發新產品。

（2）產品在這一有限的生命期內，要經歷各不相同的市場變化，這些變化具有一定的規律性。

（3）在產品生命週期的不同階段，產品的銷售量和利潤都會發生高低不同的變化。正因為如此，企業必須為其產品開發不同的行銷組合戰略。

（4）產品的生命週期是產品的市場生命，不能將其與產品的使用壽命相混同，二者沒有必然的聯繫，市場生命長的產品其使用壽命可能長也可能短；市場生命短的產品其使用壽命仍可能長或可能短。

（5）產品生命週期是一種典型模式，或一般的、長期的趨勢，其作用是幫助企業推斷產品所處的階段，分析該階段的特徵，並據以確定經營措施和決策。它既未指明每一階段的確切時間，更不能表明各種產品生命週期的具體差別和許多例外情況，企業如果機械地套用這一模式，必然導致失誤。

（6）不同的產品其生命週期及各階段的持續時間是不相同的。不同的產品，其市場情況、技術進步速度、用戶需要與變化、產品製造週期和費用等是不同的，從而形成不同產品的生命週期千差萬別。就生命週期的每一階段來說，各產品的延續時間也同樣有很大的差別，即使是同類而品牌不同的產品，其生命週期差別也很大。

（7）產品種類、產品形式和產品品牌的生命週期有所不同。這是由於產品定義範圍不同，產品生命週期的表現形式也就不同。

產品種類是指滿足某種需要、具有相同功能及用途的所有產品。產品形式是指同一類產品中，輔助功能、用途或實體有差別的不同產品，如樣式上、質量上、功能上具有差異的同一類產品。產品品牌則是指某個企業生產和銷售的特定產品。一般來講，產品種類的生命週期要比產品形式和產品品牌的生命週期長，有些產品的生命週期在進入成熟期後可能無限延長。產品形式的生命週期是典型的，一般都在生命週期中有規律地經歷四個階段。產品品牌的生命週期是不規則的，一般也是最短的。品牌的生命週期受到市場環境及企業市場行銷策略、品牌知名度等的影響很大。品牌知名度高的、市場行銷成功的品牌，

產品生命週期一般較長，反之較短。

（8）產品生命週期的其他形式。並非所有的產品都呈現典型的產品生命週期，有不少的產品生命週期呈現為特殊的形式。這是由於在實際的經濟生活中，受各種主客觀因數的影響，常使產品在市場上不能按產品生命週期的典型規律變化，而呈現其他的形式。如：

①「成長—衰退—成熟」模式。產品進入市場後，銷售量迅速上升，在達到最高點後，銷售量又迅速下降，之後銷售量將穩定在一個市場可接受的水準之上，並保持相當長的一段時期。之所以銷售量可以長期穩定在一個水準上，是因為這種產品的後期購買者才開始購買，而那些早期採用者已在進行第二次購買了。但是，二次購買的規模不如首次購買。像小型辦公用家具、廚房用具等有此種情況。如圖8-6中的（a）所示。

②「循環—再循環（Cycle-recycle）」模式。這種產品生命週期具有兩個循環期。如果企業能對進入衰退期的產品進行成功的「市場再行銷」活動，如加大促銷力度、改進產品等，可能使一個要衰亡的產品再次進入一個新的生命週期。從而出現產品生命週期的第二個循環。但再循環的持續時間和銷售量都不如第一個循環。如圖8-6中的（b）所示。

③「扇形」模式。由一系列連續不斷的生命週期所組成。在產品進入成熟階段，由於發現新的產品特性、新的用途、新的市場，採用各種措施，使得本已進入成熟或衰退期的產品重新進入快速增長的時期。美國杜邦公司在40年代開發的「尼龍」，當時主要為二戰期間軍用降落傘的用料，有極大的銷售量。二戰結束後，尼龍的銷售量明顯低落，杜邦公司又將尼龍用做襯衫、襪子，使尼龍有了更大的市場銷量。由於穿著不舒適，不久，尼龍的市場銷售量就又開始低落。杜邦公司為尼龍又找到了做成汽車輪胎簾布的用途，使尼龍銷量至今仍極其可觀。如圖8-6中的（c）所示。

④「三角」模式。產品進入市場後，立即進入成長階段，而在銷售量達到頂點後，陡然下降甚至為零，如節假日用品、紀念章、魔方、飛盤等。如圖8-6中的（d）所示。

圖8-6　產品生命週期的不同形態

因為有以上不同產品生命形態，所以運用產品生命週期理論時，應對具體市場情況進行科學的行銷分析。

三、產品生命週期的確定

產品生命週期理論揭示了產品在行銷中，銷售與利潤的變化規律。引起銷售量和利潤變化的原因主要有三個方面：①消費者偏好的變化。產品投入市場後，經過消費者的使用，會對原有的產品提出更高的要求，因而導致消費者不再願意購買現有的產品，轉向追求其他新產品；②技術的進步。新的技術的出現和對現有產品的技術革新，會使原有產品在功能、性能、質量和經濟上顯得落後，從而得不到消費者的喜愛，而失去市場；③競爭。企業為了更好地滿足消費者的需要，都會不斷地推出性能更好、功能更完善的新產品，競爭使得企業產品更新換代的速度加快，從而加快了原有產品的淘汰速度。

現在的問題是，如何確定企業現在行銷的產品是處於生命週期的哪個階段以及各階段的劃分，如何預測各階段的持續時間，以便企業能夠制定正確的行銷戰略和策略。令人遺憾的是行銷理論直到目前為止，還沒有提出一個能夠運用於任何產品的令人滿意的生命週期階段的劃分方法。這主要是由於不同的產品，其市場銷量的變化情況相差很大，並且，起作用的因素，對不同的產品，差異也很大。

1. 經驗類比法

根據相類似產品已有的生命週期的變化情況來類比現有產品的生命週期的發展變化情況。如根據黑白電視機的銷售增長率、市場佔有率、利潤等資料來預測彩色電視機的發展趨勢。很顯然，這種類比，其適用的範圍極其有限，一般只適合在相同的行業中並處於相同的市場（消費者的社會文化背景、主要的消費行為特徵相同的市場）環境中的產品。

2. 銷售增長率比值法

產品生命週期理論描述的是產品在市場上銷售量變化的規律，因此，從理論上說，可以利用和觀察銷售增長率的變化來確定產品處於生命週期的哪一階段。不過，因為行業的差異較大，測試的數據不能通用，但原理應該相同。具體做法是以年實際銷售量增長或下降的變動率來衡量。如以 U 表示產品銷售量的增長率，則計算方法為：

$$U = \frac{\triangle S}{S_{t-1}} = \frac{S_t - S_{t-1}}{S_{t-1}} \qquad (8-1)$$

其中 U 為銷售增長率；△S 為銷售增長量；S_t 為本期銷售量；S_{t-1} 為上期銷售量。

當 U 小於 10% 時，產品處於引入期；當 U 大於 10% 時，為成長期；當 U 值下降到 10% 以內，並在相當階段沒有明顯變化時為成熟期；當該比值下降到 0 以下時為衰退期。採用這種方法，要注意時間間隔要足夠長，不要把暫時的市場銷售量下降視為衰退期的到來。

3. 產品普及率判斷法

一般來說，普及率小於5%時為引入期，普及率為5%～50%時為成長期，普及率為50%～90%時為成熟期，超過90%時為衰退期。這種方法一般適應於耐用品。

四、產品引入期的市場特徵和行銷策略

在行銷管理中，產品生命週期最重要的意義就是為處於生命週期不同階段的產品確定正確的行銷戰略。

1. 產品引入期的市場特徵

產品引入期是新產品剛進入市場的時期。其市場特點主要有：

（1）產品剛進入市場，必然遇到市場上原有消費結構和消費形態的阻力，產品的性能和優點尚未被顧客所瞭解、信任和接受，購買者較少，產品銷售有限，市場增長緩慢。

（2）購買這種產品的消費者多屬好奇和衝動，大多都是高收入者和年輕人。

（3）產品生產批量小，生產成本高。生產上的技術問題可能還沒有完全解決，設計和生產工藝還沒有完全定型，生產和管理都不完善，不能大批量投產。

（4）新產品剛上市，需要進行大量的促銷活動和支付巨額的促銷費用。

（5）產品在市場上一般沒有同行競爭或競爭很少。

（6）由於生產成本和銷售成本都較高，導致產品的價格高，產品銷售量少，所以利潤很少，甚至虧損。

2. 產品引入期的行銷策略

一般說來，企業在產品引入期要千方百計解決技術問題，提高產品的質量，選擇適當的分銷渠道，降低生產成本和促銷費用，降低產品的價格，同時大力做好宣傳、廣告、促銷工作，以打開新產品的銷路。這一階段在行銷策略上一般要突出一個「短」字，盡可能縮短產品引入期，以便在短期內迅速進入和占領市場，打開局面，為進入成長期打下良好的基礎。

企業在產品引入期採用的策略應注重產品的價格和促銷水準。從價格和促銷兩方面來看，可有四種不同的方式，只要運用得當，就能打開市場，獲得成功。如圖8-7所示。

	促銷 高	促銷 低
價格 高	快速掠取戰略	慢速掠取戰略
價格 低	快速滲透戰略	慢速滲透戰略

圖8-7 引入期的行銷戰略

（1）快速掠取。企業以高價格和高促銷的方式向市場推出新產品。企業採用高價格

是為了從產品銷售中獲得盡可能多的利潤；採用高促銷則是希望通過大規模的促銷活動，使顧客盡快地瞭解產品，加速市場滲透，以便迅速占領市場。這一策略的實施，應在一定的市場環境下：如產品具有特色，對顧客有較強的吸引力；顧客不瞭解產品，市場潛力較大；企業面臨潛在競爭者的威脅和想建立品牌偏好；目標顧客求新心理強，對價格不敏感。

（2）慢速掠取。企業以高價格和低促銷方式向市場推出新產品。企業採用高價格是為了盡可能獲得較多的利潤，低促銷是為了降低行銷費用，兩者的結合可以在市場獲得盡可能多的利潤。實施這一策略的市場條件是：產品的市場規模有限，競爭的威脅不大，大多數潛在顧客對產品比較瞭解，且對價格不敏感，願意出高價。

（3）快速滲透。企業以較低價格和高促銷的方式向市場推出某種新產品。低價格可以使市場的接受速度加快，而高促銷又可加快目標顧客認識和接受產品的速度。所以，採用這種策略的目的在於先發制人，期望以最快的市場滲透，獲得最高的市場佔有率。實施這一策略的市場條件是：市場規模大，目標顧客不瞭解產品，大多數購買者對產品價格十分敏感，產品極易被仿製，潛在的競爭威脅很大，隨著生產規模的擴大和經驗的累積，單位產品的生產成本會下降。

（4）慢速滲透。企業以低價格和低促銷的方式向市場推出某種新產品。低價格可使市場較快接受該產品；而低促銷費用又可降低行銷成本，使企業能實現更多的早期利潤。採取此策略的市場條件是：市場的規模較大，市場上的消費者大都熟悉或知曉該產品，目標市場的絕大多數消費者都是價格敏感型的，需求彈性高，潛在的競爭較為激烈。

一個不斷向市場推出新產品的企業，是市場的開拓者、領先者，它應該謹慎地選擇上述的行銷策略。

五、產品成長期的市場特徵和行銷策略

1. 成長期的市場特徵

產品成長期是指新產品經過促銷努力，產品知名度有了很大的提高，開始為市場所接受，產品銷售量迅速膨脹，利潤直線上升。這一時期的特徵主要有：

（1）顧客對產品已經有所瞭解，購買人數激增；
（2）多數消費者開始追隨領先者，顧客屬於早期使用者；
（3）銷售量迅速增長；
（4）生產工藝和設備已成熟，可以組織大批量生產，產品成本顯著下降；
（5）產品知名度提高，促銷費用減少，銷售成本大幅度降低；
（6）價格不變或略有下降，銷售量大增，企業轉虧為盈，利潤迅速上升；
（7）生產經營者增加，競爭開始加劇。

2. 成長期的行銷策略

這一階段應是企業產品的黃金階段，行銷策略要突出一個「快」字，以便抓住市場機會，擴大生產能力，以取得最大的經濟效益。企業為了盡可能長地維持較高的市場增長，可採取下列策略：

（1）努力提高產品的質量，增加產品的品種、款式和花色，改進產品的包裝，創立自己的品牌，樹立消費者偏好。不斷提高和改進產品的質量，對成長期的產品尤為重要。

（2）對市場進一步細分，發現新的細分市場，不斷改進和完善產品，進入新的目標市場。

（3）增加新的分銷渠道，積極開拓新的市場，擴大產品的銷售。

（4）改變廣告的宣傳方針，建立企業產品的形象，進一步提高企業產品在社會上的聲譽，突出品牌，勸說和誘導消費者接受和購買產品。

（5）應在適當的時候調整產品的價格，從而提高企業的競爭力，擴大企業的市場佔有率。

企業推行這些市場擴展戰略，將會大大增強企業的競爭地位，但是也伴隨著總成本的大量增加。因此企業在成長階段將面臨著如何選擇企業的經營目標：是以提高市場佔有率，還是以獲得當前的高額利潤為目標。如果企業把大量的資金用在產品改進、促銷和分銷上，它將獲得更加優勢的市場地位，但要放棄獲得當前最大的利潤。這一利潤虧損可望在下一階段得到補償。

六、產品成熟期的市場特徵和行銷策略

（一）成熟期的市場特徵

產品成熟期是指產品已穩定的占領市場進入暢銷的階段。通常這個階段是產品生命週期中持續時間最長的一個階段。根據成熟期產品銷量的變化情況，可把成熟期分為三個階段：一是成熟中的成長，在這一階段銷售增長率開始下降，儘管有新的顧客進入市場，但銷售渠道已經飽和；二是成熟中的穩定，這時市場已經飽和，大多數潛在顧客已經試用過這種產品，新的購買者要來自於人口的增長和重複購買；三是成熟中的衰退，這時銷售量開始下降，消費者轉向購買其他產品或代用品。一般來講，企業大多數產品都處於生命週期的成熟階段，企業大部分的行銷活動都是針對這些成熟產品，所以它是企業必須面對的挑戰。總的來看，成熟期的市場特點是：

（1）產品已被大多數顧客所接受，產品的性質、用途廣為人知，購買果斷，甚至指名購買；

（2）原有的購買者重複購買，新的購買者為一般大眾，多屬經濟型和理智型；

（3）銷售量達到了頂峰，市場趨於飽和，銷售增長放慢，且趨於穩定；

（4）各種品牌的同類產品和仿製產品進入市場，市場競爭十分激烈，競爭的手段也

複雜化，競爭引起價格下降，甚至出現激烈的「價格戰」；

（5）生產成本降到最低點，利潤達到最高點，但行銷費用增加，利潤穩定或開始下降。

(二) 成熟期的行銷策略

這一階段企業的產品銷售量很大，總利潤也較大，因此，行銷戰略要突出一個「長」字，盡量延長產品的成熟期，保持已取得的市場佔有率和盡量擴大市場份額。行銷戰略的主要內容是改進，相應的策略是：

1. 市場改進

市場改進策略是指企業在不改變產品的情況下努力開拓新的市場，尋找新的顧客，其目的就是努力發掘現有產品和現有市場的潛力。企業可以發現過去沒有發現的市場，發現產品的新用途，發掘和創造新的消費方式，或者通過市場滲透來形成新的市場，增加銷售量。

企業產品的銷售量主要是受兩個因素的影響：一是產品的使用人數，二是產品的使用率。銷售量與使用人數和使用率成正比。因此，凡是可以增加產品使用人數和使用率的方法都可以增加企業產品的銷售量。

（1）轉變未使用人或尋找新的用戶。企業通過各種行銷努力，把沒有使用過本企業產品的人吸引來使用本企業的產品，從而擴大銷售。

（2）進入新的細分市場。企業通過對市場的進一步細分或者是對現有的細分市場需求的新分析，確定產品可以進一步適應的消費對象。如「娃哈哈」口服液，過去是向兒童促銷，以後增加了向老年人促銷的內容，即在「吃了娃哈哈，吃飯就是香」的電視廣告中，增加老年人形象，說明老人服用後「吃飯也香」。

（3）爭取競爭對手的顧客。企業可以通過分析競爭對手的顧客採用競爭者的產品的主要想法，有針對性地告訴顧客本企業的產品或者是優於競爭者的產品，或者是說明本企業的產品也具有競爭對手產品的特點，使顧客在品牌轉換中，成為本企業產品的購買者。

（4）增加產品的使用次數和每次的使用量。企業可以通過各種途徑向顧客宣傳增加產品的使用次數和（或）每次的使用量才是正確的使用方法，或者才能更大的發揮產品的作用和效能，滿足消費者需要。

（5）發現產品的新用途。企業應努力發現產品的各種新用途，或者努力發現一些顧客未瞭解或不知道的新用途，擴大產品的市場範圍，增加產品的銷售量。

2. 產品改進

處於成熟期的產品，可以通過發展變型或派生產品，適當地提高產品的性能，擴大產品的用途，來適應和滿足各種用戶的不同需要，保持和提高企業的市場份額。具體可採用對產品的質量、特點、式樣進行改進。

（1）質量改進。質量改進主要是提高和改進產品的質量，可以通過增加產品的功能、

特性來實現，包括產品的耐用性、可靠性、易操作性、適用性等。企業往往需要向顧客宣傳產品質量改進給顧客所帶來的額外好處。質量改進策略的有效範圍是：質量的確有改進的可能性，並且，改進質量所增加的費用，行銷企業主要不是依靠提高售價而是通過增加銷售量來取得資金補償或使利潤增加。

（2）特點改進。這種策略的重點在於以特性擴大產品的使用功能，增加產品的新特點，如產品大小、重量、材料、附件、添加物等方面，以此提高產品多方面的適用性、安全性、便利性、使產品更好地滿足消費者的需要和使用。

特點改進策略對企業有重要的作用。為產品不斷地增加某些新的特點，往往可使企業的產品保持強大的市場吸引力，給銷售人員和分銷商帶來熱情，給顧客和消費者帶來更多的刺激和消費慾望，贏得細分市場的忠誠。同時特點改進投入少，效果大，有利於樹立企業進步和領先的市場形象。特點改進策略的不利之處，是新特點很容易被競爭者模仿。所以只有那些勇於進取，率先推出新特點的企業，才有可能獲利，否則可能得不償失。

（3）式樣改進。這種策略注重產品的美學效果，通過提高產品在審美上的評價，來增強產品的市場競爭能力，通過不斷改進產品的外觀、款式、包裝和裝潢，來刺激消費者的需要。如企業不斷推出新轎車的類型就是式樣競爭，而不是質量或特點競爭。式樣改進策略有可能使企業的產品具有獨特的市場個性，從而引起顧客的追求或忠誠。但是式樣競爭也會帶來一些問題，如難以預料市場對新式樣的反應；式樣改變通常意味著不生產老樣式，企業又可能失去某些喜愛老樣式的顧客。

（4）附加產品的改進。附加產品是產品整體的重要組成部分，提供新的或更多的附加產品也是產品改進策略的重要內容。附加產品的改進就是增加和改進提供給顧客的附加服務和利益，包括向顧客提供優良的服務，提高服務質量，增加服務項目，改進服務方法，提供更多的優惠、技術諮詢、質量保證、消費指導等。因此附加產品的改進有助於提高企業產品的競爭力，擴大產品的銷售。

3. 行銷組合改進

這種策略是為了適應市場的變化，通過改變企業的市場行銷組合，來延長產品的成熟期。企業的市場行銷組合不是一成不變的，應該根據企業環境的變化做出相應的調整。產品進入成熟期，市場行銷環境發生了明顯的變化，所以就應該對行銷組合進行必要的改進，用以保持企業的銷售量，延長產品的成熟期。行銷組合改進策略是指通過對產品、價格、渠道、促銷四個行銷組合要素進行綜合改變，刺激市場需求，保持和提高企業產品的銷售量。企業在提高產品質量、改進產品性能的同時，還可以從以下幾個方面進行行銷組合的改進：

（1）價格。企業可以通過直接的降價或者間接的降價如特價、折扣、津貼運費、延期付款、提供更多的服務等方法，來刺激消費者，保證企業產品的銷路。

（2）分銷。企業可以通過建立新的分銷渠道，廣設銷售網點，以增大產品的市場覆

蓋面。

（3）廣告。對廣告的有效性進行分析，調整廣告媒體的組合，改變廣告的時間、頻率等，改變廣告的方針、主題，以喚起顧客的注意。

（4）促銷。在產品的成熟期，企業應採用更為靈活的促銷方式，來刺激市場的需求。如提高銷售人員的數量和質量，採用新的銷售獎勵辦法，劃分新的銷售區域；有獎銷售、讓價銷售、降價銷售等；加強宣傳和公共關係。

七、產品衰退期的市場特徵和行銷策略

1. 衰退期的市場特徵

衰退期是指產品已經不能適應市場的需要，市場已經出現了更新、性能更完善的新產品。大多數的產品形式和品牌銷售最終會衰退，這種衰退也許是緩慢的，也許是迅速的，銷售有可能下降為零，或者在一個低水準上持續多年。

銷售衰退的原因很多，包括技術進步、消費需求的改變、國內外競爭的加劇。所有這些都會導致生產力過剩，削價競爭增加，利潤侵蝕。在這種情況下，繼續經營衰退的老產品是非常不合算的。企業應該常常分析各種產品的銷售額、市場佔有率、成本、利潤的發展變化趨勢，及時發現哪種產品處於衰退期，以便採取適當的對策。這一時期的主要特徵表現為：

（1）顧客數量不斷下降，現有的消費者主要是年紀較大、比較保守的後期追隨者。

（2）產品的弱點和不足已經暴露，出現了性能更加完善的新產品。

（3）除少數品牌的產品，大多數產品的銷售量下降，並由緩慢下降轉為急遽下降。

（4）市場競爭突出地表現為價格競爭，產品市場價格不斷下降，利潤減少，甚至無利可圖。

（5）生產經營者減少，競爭減弱。

2. 衰退期的行銷策略

已經進入衰退期的產品，除非特殊的情況可維持外，通常應有計劃、有步驟地主動撤退，把企業的資源轉移到有前途的產品上。所以這個時期的行銷策略要突擊一個「轉」字。在衰退期，企業可採用如下決策：

（1）繼續經營。企業寄希望於大批競爭者的退出，這種產品還可維持原有的銷售量，企業還可維持和增加贏利。因此企業繼續沿用過去的行銷決策，相同的目標市場、相同的銷售渠道、價格和促銷方式，直到這種產品完全退出市場。

（2）集中經營。企業把資源和能力集中在最有利的細分市場，以獲取利潤。這樣有利於縮短產品退出市場的時間，同時又能產生一定的利潤。

（3）收縮經營。企業大幅度降低促銷水準，盡量減少行銷費用的支出，以增加當前的利潤水準。這樣有可能導致產品衰退的速度加快。

（4）放棄決策。企業對毫無前途的產品，應當機立斷，放棄經營。當企業決定放棄一個產品時，面臨進一步的決策：可以把產品出售或轉讓給別人或完全地拋棄；也可以決定是迅速的放棄還是緩慢地放棄該產品。

第六節　新產品開發

新產品的開發對企業具有十分重要的意義，企業不斷創新能給企業帶來新的行銷機會，促進企業的不斷發展。創新是一種挑戰，是一種風險，更是一種機遇，關鍵在於企業要根據市場的需要和自身的實力，開發研製滿足消費者需要的新產品。

一、新產品的概念及類型

什麼是新產品？從不同的角度去理解，可以得出不同的概念。市場行銷學中所說的新產品可以從市場和企業兩個角度來認識。對市場而言，第一次出現的產品就是新產品；對企業而言，第一次生產銷售的產品也就是新產品。所以，市場行銷學中的新產品與科技上的新產品是不同的。作為企業的新產品的定義是：企業向市場提供的較原產品在使用價值、性能、特徵等方面具有顯著差別的產品。因此那些在科技發展上已不是新的產品，在市場上已存在多年的產品，對企業來說仍然可能是新產品。企業的新產品可分為四類：

1. 全新產品

全新產品是指應用新原理、新結構、新技術、新材料、新工藝等製造的前所未有的具有全新功能的產品，它是科學技術的發明在生產上的新應用，無論對企業還是對市場都是新產品。如電燈、電話、汽車、飛機、電視機、計算機等第一次出現時都屬於全新產品，沒有其他任何產品可以替代。由於開發這一產品的難度很大，需要大量的資金和先進的技術，產品開發的風險十分巨大，所以絕大多數企業都很難問津全新產品。有調查表明，全新產品在新產品中所占的比例為10%左右。

2. 換代產品

換代性新產品是指在原有產品的基礎上，部分採用新技術、新材料、新元件、新工藝研製出來的、性能有顯著提高的新產品。如電視機由黑白電視機發展的彩色電視機、高清晰度電視機和數字電視機。換代產品與原有產品相比，產品的性能有所改進，質量也有提高，有利於滿足消費者日益增長和變化的需要。

3. 改進產品

改進性新產品是指現有產品在性能、結構、功能、款式、花色、品種、使用材料等方面有所改進的產品。主要包括質量的提高，式樣的更新，花色的增加，用途的增加等等。改進性新產品受技術限制較小，開發成本相對較低。

4. 仿製新產品

仿製新產品是指企業仿照市場上已有的某種產品的性能、工藝而生產的有企業自己品牌的同類產品。如引進一種產品的生產線，製造和銷售這種產品。這類產品對市場來說已不是新產品，對企業來講，設備是新的，工藝是新的，生產的產品與原來的不同，應該是企業的新產品。

5. 新市場產品

對市場重新定位，以進入新的市場或細分市場為目標的現有產品。

6. 低成本新產品

由於技術或工藝的改進，以更低的成本向市場提供的同樣性能的新產品。

二、新產品開發的必要性和意義

企業必須大力開發新產品，這是由於以下幾個方面的原因：

1. 產品生命週期理論要求企業不斷開發新產品

產品生命週期的理論說明，任何產品都只有有限的生命，企業要維持旺盛的生命力就必須不斷地開發新產品，以保證企業長期穩定的發展。

2. 消費者需求的變化需要企業不斷開發新產品

隨著經濟的發展和收入的增加，消費需求將發生很大的變化。無論是消費需求本身，還是消費水準、消費結構以及消費的選擇性都將發生深刻的變化。這一方面給企業帶來了威脅，另一方面也給企業提供了機會。企業為了更好地滿足消費者的需要，只有不斷開發新產品，才能適應消費者變化了的需要。

3. 科學技術的日新月異也推動企業不斷開發新產品

科學技術的迅速發展給企業提供了無限創新的機會。新技術、新材料、新工藝等的出現，加快了企業產品更新換代的速度。技術的進步有利於企業開發性能更好、功能更全、質量更高的產品，來滿足消費者的需要。如果一個企業不具備利用新技術進行創新活動的能力，那麼這個企業注定要被市場遺棄。

4. 市場競爭的加劇將促使企業不斷開發新產品

企業要在日益激烈的市場競爭中立於不敗之地，只有不斷提高企業的競爭能力。企業必須不斷創新，努力為市場開發新的產品，更好地滿足消費者的需要，使企業在市場上保持競爭優勢。這是企業在競爭中求生存、求發展的客觀要求。

所以，新產品開發對企業有其必要性。同時，新產品開發對企業也有著重要的作用和意義：

（1）新產品開發是企業生存和發展的根本保證。

（2）新產品開發有利於企業充分利用各種資源，調動各方面的積極性。

（3）新產品開發能夠提高企業的聲譽，增強企業的競爭能力，減少經營風險。

（4）新產品開發能使企業更好地滿足消費者的需要。

（5）新產品開發是企業的使命和社會責任的具體體現，是企業對社會的貢獻。

三、新產品開發的方向和方式

1. 新產品開發的方向

隨著時代的發展，消費者的需求也隨著科學技術和經濟的發展而不斷地發展，為了適應這種發展的需要，企業新產品開發必須適應時代的要求。不同的時代，有不同的主旋律，新的世紀為新產品的發展方向提出了更高的標準和要求。從總的趨勢來看，新產品的發展方向主要表現在以下幾個方面：

（1）保健型。產品除了有使用價值和功能外，還要有益於人類的身體健康，即具有保健作用。

（2）功能型。一種產品具有多種功能，能同時給消費者帶來多種使用價值和利益。一種產品有多種用途，就等於打開了幾個市場。產品除了具有好的使用或實用功能外，還要有保健、娛樂、環保、開發智力、科普、防護、教育等各種功能。

（3）舒心型。產品除了有良好的使用性能外，還應使消費者在使用或消費時感到舒心愉快，即產品具有美感，式樣新穎、結構合理、美觀大方，這是符合當前消費發展趨勢的。

（4）組合型。產品都向組合化發展，包括從原材料組合到結構、造型的組合。組合產品是由基本件和組合件構成，特點是節約材料、占地面積小、式樣新穎、用途多樣化。

（5）立體型。產品的結構、造型、裝潢、圖案都向立體化發展，以便有效利用各種資源，使產品造型新穎美觀。

（6）便捷型。產品在保證其功能和性能的前提下，向微型化、輕巧玲瓏方向發展，即產品在滿足使用的前提下，要盡量做到輕、薄、短、小。

（7）仿質感型。這是為了適應消費者迴歸自然的需要，即使用人工化學合成材料製造的產品，外觀和手感都與天然物質一樣，而且使用性能一般還優於天然物質。

（8）資源型。新開發的產品要節約資源。

（9）獨特型。新產品要有一定的特色、與眾不同、具有個性。

（10）標準化和配套化。新開發的產品應是標準的和配套的。

此外，隨著人們生活水準的提高，產品向個性化和高檔化發展的趨勢也越來越明顯。

2. 新產品開發的方式

在市場經濟的條件下，企業的新產品開發並不意味著必須由企業獨立完成新產品的全部開發工作。企業除了依靠自己力量，還可以通過各種方式和途徑開發新產品。

（1）獨立研製開發。企業依靠自己的科研力量開發新產品，一般有三種形式：一是從基礎理論研究開始，經過應用研究和開發研究，最終開發出新產品；二是利用已有的基

礎理論，進行應用研究和開發研究，開發出新產品，這種形式投資少些，研製時間也較短，許多大中型企業都在採用；三是利用現有的基礎理論和應用理論的成果進行開發研究，開發出新產品，這種形式需要的人力、財力較少，只要具備一定的科研能力的企業都可以採用，但新產品保持的優勢較少。

（2）技術引進。企業通過購買別人的先進技術和研究成果，開發自己的新產品，他們可以從國外引進技術，也可以從國內其他地區引進技術。

（3）研製與技術引進相結合。企業在開發新產品時既利用自己的科研力量研製又引進先進的技術，並通過對引進技術的消化吸收與企業的技術相結合，創造出本企業的新產品。

（4）協作研究。企業與企業、企業與科研單位、企業與大專院校之間協作開發新產品，這種方式有利於充分利用社會的科研力量，彌補企業開發實力的不足，有利於把科技成果迅速轉化為生產力，使其商品化。

（5）合同式新產品開發。企業雇傭社會上的獨立研究人員或新產品開發機構，為企業開發新產品。

（6）購買專利。企業通過向有關研究部門、開發企業或社會上其他機構購買某種新產品的專利權來開發新產品。這種方式在現代市場條件下極為重要，可以大大節約新產品開發的時間。

四、新產品開發的風險

在現代市場條件下，激烈的市場競爭意味著，如果企業不開發新產品，將要冒很大的風險，甚至可能倒閉。由於消費者需求和口味的不斷變化，技術日新月異，產品生命週期日益縮短，競爭日趨激烈，如果企業不開發新產品，企業的產品和企業本身將面臨淘汰。

企業還必須認識到，進行新產品開發同樣也具有很大的風險。國外的研究表明新產品的開發失敗率是相當高的。較高的失敗率使許多企業止步不前，不敢問津。究其原因主要有：

（1）市場分析失誤。目標市場選擇不準，或者對目標市場的需求估計過高，前期的市場調查和預測不準確，造成信息失真，沒有把握住消費需求的變化趨勢。

（2）產品本身的缺陷。新產品沒有達到設計要求，或者沒有特色，性能和質量不能滿足市場要求。

（3）開發成本太高。新產品開發成本大大超過預算成本，產品投產後不能給企業帶來滿意的利潤。

（4）行銷策略失敗。在新產品投入市場的過程中，行銷組合策略嚴重失誤，造成產品定位偏移，產品價格過高，上市時機不合適，銷售渠道不暢，銷售力量薄弱，促銷不力，等等。

(5) 競爭激烈。競爭對手的實力太強，競爭十分激烈，超出企業的預計。企業在競爭中處於劣勢，導致新產品投放市場失敗。

新產品的開發風險是越來越大了，對任何企業都是一種巨大的挑戰。另一方面，企業為了使新產品開發成功，所需解決的問題和面臨的困難也越來越多：

(1) 缺乏新的思想、新的構思和靈感，好的創意越來越少。

(2) 市場過於細分，激烈的競爭導致市場更加細分化，企業不得不把新產品對準較小的細分市場，這意味著每種產品只能得到較小的銷售量和較少的利潤。

(3) 新產品開發的限制、標準越來越多，如消費者安全、節省資源、加強環保和生態平衡等。

(4) 新產品開發的高投入、高成本和高代價，使企業難於提供或籌集真正創新研究所需的資金。以致熱衷於產品的改型和仿製，而不願從事真正的創新工作。

(5) 產品的成熟期縮短。當一種新產品成功後，競爭者會很快地進行模仿，從而縮短了新產品的成長階段，使企業不能獲得預期的收益。

對於新產品開發中的風險，企業不能迴避，必須重視，這將有助於新產品開發工作的順利進行，提高新產品開發的成功率。

五、新產品開發的程序

新產品的開發是一項艱鉅而又複雜的工作，它不僅要投入大量的資金，冒很大的風險，而且直接關係到企業的經營成敗。因此，為了減少開發成本，取得良好的經濟效益，必須按照科學的程序來進行新產品開發。開發新產品的程序因企業的性質、產品的複雜程度、技術要求及企業的研究與開發能力的差別而有所不同。一般說來要經過以下的程序。

(一) 收集新產品的設想和構思

一切新產品的開發，都必須從設想和構思開始。一個成功的新產品，首先來自於一個大膽而有獨創性的構思或設想。沒有好的構思，開發好的新產品是不可能的。所以，企業在開發新產品時，要廣開思路，收集各種新的設想，而且對各種設想和建議切忌橫加指責或評論，因為要否定一個有缺點設想是輕而易舉的，而要提出有獨創性的構思卻相當困難。企業在收集新產品的構思過程中，要注意構思的來源和收集的方法。

1. 企業新產品構思的主要來源

(1) 企業內部。企業內部是新產品構思的最大源泉。企業職工，包括普通職工或高層管理人員，在長期的行銷實踐中，會不斷產生出許多新產品開發的設想和構思。企業可以從市場行銷、研究和開發、新產品部門獲得大量的構思；也可以從企業的技術人員、工程師、生產部門的職工、銷售和推銷人員中獲得大量的構思。

(2) 顧客。顧客是企業新產品構思產生的第二大源泉。按照行銷觀念，顧客的需求和慾望是尋找新產品構思的出發點，也是企業開發新產品最可靠的基礎。顧客是企業產品

的使用者，新產品開發最後能否成功，取決於是否能滿足顧客的需要和慾望。顧客對產品的建議或設想都是新產品構思的來源，雖然其建議或設想往往只涉及產品概念、形式、技術的某一方面，而且很少提出完整的產品概念。

（3）科學家、工程師、設計人員和科研機構與大專院校。這些人員和機構長期進行科學技術研究工作，對於技術發展方向，產品的發展前景有極為豐富的專業知識與判斷能力，因而是新產品構思的重要源泉。

（4）競爭對手。競爭對手在新產品開發上已取得的成功、經驗和教訓，都是企業可以借鑑的，可能對企業的新產品開發有重要的啟迪。企業要密切註視競爭對手的產品，瞭解競爭者產品的特點和市場需求，通過分析競爭對手的產品來構思企業的新產品。不過，一個真正成功的企業，從來不會將模仿別人的產品作為開發新產品的主要方法。

（5）企業產品的經銷商。企業的經銷商經常直接與顧客、競爭對手打交道，最瞭解顧客和競爭對手的情況，對市場熟悉，具備一定的專業知識和信息收集整理能力，是企業新產品構思的又一重要來源。

（6）其他來源。可作為新產品構思來源的其他渠道還很多，如市場研究公司、廣告公司、諮詢公司、新聞媒體等。

2. 收集新產品構思的主要方法

（1）產品屬性列舉法。即將現有產品的屬性一一列出，然後設想改進每一種屬性的方法，以改進這種產品。

（2）強行關係法。即列舉若干不同的物體，然後考慮每一種物體與其他物體之間的關係，由此產生新產品的創意。

（3）顧客問題分析法。向顧客調查他們使用某種產品或某類產品所發現的問題，而每一個問題都有可能成為一個新產品創意的來源。

（4）開好主意會法，也稱頭腦風暴法。就是企業挑選若干性格和專長各異的人員一起座談，並就某個問題交換觀點，暢所欲言，以爭取得到大量的創意和設想。

（二）構思篩選

在新產品的構思階段，收集了大量的新產品設想，由於企業資源的有限性，並不是每種構思都可以進行開發，需要對構思進行篩選。在這些構思中，有些應該剔除，有些應該保留，有些應該投入開發，這就要通過篩選來解決。篩選的目的就是要淘汰不可行的或可行性差的構思，使企業的有限資源能集中運用於成功機會較大的構思上。企業在篩選過程中應著重考慮兩個因素：一是該構思是否符合企業的經營目標；二是企業的資源是否能得到充分的利用，即企業是否具有開發該新產品所需的各種能力。企業應召集各方面的專家與人員，從多方面對產品的構思做出評價。

在篩選過程中，企業應避免兩種錯誤：一是該選的被篩選掉了；二是不該選的被選上了。不管犯了那一種錯誤，都會給企業帶來巨大的損失。為了保證該選的都選上，不該選

的都被篩選掉，企業的篩選過程具體可以分為兩步，即粗選和精選。

(三) 產品概念發展與測試

構思經過了篩選後，需要將其發展成產品概念。因為產品構思僅僅是一種可能的產品設想，企業在產品開發時必須將這種設想發展成為更明確的新產品概念。產品概念是指企業從消費者的角度對這種構思所作的相近描述，即用對消費者有意義的術語表達產品的構思。然後再將產品概念發展成產品形象，即消費者能得到的實際產品或潛在產品的特定形象。

概念發展就是將產品的構思轉化為一種產品概念，即將產品的設想具體化為一種能實現的方法。因為消費者不會買產品構思而是購買產品概念的。一種產品構思可能有多種產品概念，依據對產品的具體定位而發生變化。比如，一家奶製品公司打算開發一種富有營養價值的奶製品，這屬於產品構思。在把這種構思發展成為產品概念的過程中，必須考慮目標消費者（老年、中年、青年、少年、幼年）、產品所帶來的利益（口味、營養、能量、方便）和使用場合（早、中、晚、睡前）等因素。根據這三方面的因素就可以組合出許多不同的產品概念，如老年人在早餐時飲用的高營養價值的奶製品，少年在睡前飲用的味道鮮美的奶製品等。企業對發展出來的這些產品概念要進行評價，從中選出最好的產品概念，並分析它可能在市場上同哪些現有的產品和潛在的產品競爭，進而制定產品或品牌的市場定位策略，最後形成特定的產品形象。

在確定了產品概念，進行了產品或品牌市場定位以後，企業就應該對產品概念進行測試。概念測試就是用文字、圖畫描述產品概念或者用實物將產品概念向目標消費者展示，以觀察他們的反應。目的在於檢驗產品概念是否符合消費者的要求，或者是否表達了他們的需要和慾望。通過產品概念測試一般要明確這樣一些問題：

(1) 產品概念的描述是否清楚明白；
(2) 消費者是否能發現該產品的獨特利益；
(3) 在同類產品中消費者是否偏愛本產品；
(4) 顧客購買這種產品的可能性有多大；
(5) 顧客是否願意放棄現有的產品而購買這種新產品；
(6) 該產品是否能真正滿足目標顧客的需要；
(7) 在產品的性能上，是否還有改進的餘地；
(8) 購買該產品的頻率是多少；
(9) 誰將購買這種產品；
(10) 目標顧客對該產品的價格反應如何。

通過瞭解上述問題，就可以判斷該產品概念對於消費者是否有足夠的吸引力，從而可以更好地選擇和完善產品概念。

(四) 制定市場行銷戰略

現在，企業的產品經理或者主持新產品開發的行銷負責人需要提出一個將這個產品投入市場的初步行銷戰略計劃。行銷戰略計劃包括三個組成部分：

(1) 描述目標市場的規模、結構和行為，新產品在目標市場的定位，預計前幾年的銷售量、市場佔有率、目標利潤等。

(2) 描述產品的計劃價格、分銷策略和第一年的行銷預算。

(3) 描述預期的長期銷售量和利潤目標，以及不同時間的市場行銷組合。

(五) 營業分析

新產品開發過程的第五個階段是營業分析，分析新產品的預計銷售量、預期利潤和成本復核，以決定開發這個新產品是否能滿足企業的戰略目標和市場目標。如果能夠滿足，就可以進行新產品開發階段。營業分析被否定的產品概念，將會被淘汰，因此，提交進行分析的新產品概念應不止一個。

1. 銷售量估計

新產品的預計銷售量至少應達到企業行銷戰略目標所規定的利潤貢獻目標或是取得一個滿意的投資回報率。估計銷售量涉及到對市場需求的預測和可能出現的競爭情況的分析，其難度較大。有效的方法是通過嚴密科學的市場需求調查和預測。企業可以自己組織也可以委託專業市場調查分析機構進行。

2. 測算成本和利潤

測算成本，應從行銷者的角度和顧客的角度兩方面來進行。從行銷者的角度來說，主要涉及到生產成本和銷售成本。方法是對成本的各個項目進行分析，分析要得到在一定生產經營規模下，長、短期成本的水準，並與預期的利潤進行比較。從顧客角度分析，主要應瞭解或測定產品的使用成本。對於顧客來說，產品的使用成本過高，不僅會降低首批購買者數量，也會影響重複購買率，從而使產品總的市場銷售量受影響。企業的市場行銷策略和手段，一方面可以促進新產品的銷售，另一方面也會使成本增加。因此合理確定行銷預算，對於降低成本，增加盈利是十分重要的。

(六) 產品開發

產品概念通過了商業分析，研究與開發部門以及工程技術部門就可以把這種產品概念發展成實體產品。實體產品沒有出來之前，這個新產品還是一段文字描述一個圖樣或原始模型。產品開發是新產品開發投資的第一個高峰。這一步驟主要是將這些產品概念與構思轉化成技術上可行和商業上可行的一個實體產品（產品原型）。如果失敗，對於企業來講，所耗費的資金將全部付諸東流。

在這一階段，技術方面的可行性論證是由工程技術部門來負責的，一般有外形設計分析、材料與加工分析、價值工程分析三個方面。開發部門將對新產品的原理、結構、生產方式等進行確認或鑒定，並拿出該產品概念對應的實體產品。其中主要包括技術設計，工藝設

計、產品原型試製等。就企業的行銷管理部門來說，主要解決包裝設計、品牌設計、產品花色設計，並且在產品特色、樣式、用戶的要求等方面向技術設計部門提出要求，使設計出的新產品能夠最大限度地符合顧客期望。特別是在產品的原型出來以後，應由行銷部門組織消費者調查和消費者測試工作，以使技術部門能夠進行有效的或有針對性的改進設計。

經過產品開發，試製出來的產品如果符合下列要求，就可以認為是基本成功的：①產品具備了產品概念中所列舉的各項主要指標；②在正常條件下，產品可以安全地發揮功能；③產品的成本控制在成本預算的範圍內。

(七) 市場試銷

產品實體開發出來並進行了顧客測試後，如果顧客滿意，就需要為該產品制訂一個預備性的行銷方案，在更為可信的消費者環境中進行測試，這就是市場試銷，目的在於瞭解消費者和經銷商對此產品有何反應，並再次鑒定這個產品的市場有多大，然後再決定是否大批量生產。不過，並非所有的新產品都必須經過試銷這一階段，是否試銷主要取決於企業對新產品成功率的把握。如果企業已通過各種方式收集了用戶對該產品的反應意見，並已進行了改進，瞭解到產品具有相當大的市場潛力，就可以在市場上直接正式銷售；如果企業對新產品的成功沒有把握，進行試銷是有必要的。

市場試銷的規模決定於兩個方面：一是投資費用和風險大小，二是市場試銷的費用和時間。投資費用和風險較高的產品，試銷的規模應大一些；反之，投資費用和風險較低的新產品，試銷規模可小一些。所需市場試銷費用越多、時間越長的新產品，市場試銷規模應小一些；反之，則可大一些。一般來講，市場試銷費用不宜在新產品開發投資總額中占太大的比例。

試銷範圍的確定，主要根據目標市場的地理位置來決定。在目標市場地理位置不太集中或企業市場範圍過廣時，應選擇最具代表性的市場位置進行市場試銷。

市場試銷的方法因產品類型而異。對經常購買的消費品，就應從試用率和再購買率兩個指標來考察。如果某新產品的試銷市場是高試用率和高再購買率，表明這種新產品可以繼續發展下去；如果市場是高試用率和低再購買率，表明顧客對這種產品不滿意，必須重新設計或放棄這種產品；如果市場是低試用率和高再購買率，表明這種新產品很有前途，但要加強廣告宣傳和促銷工作；如果試用率和再購買率都很低，表明這種產品沒有前途，應當放棄。

(八) 商品化

新產品在市場試銷中成功後，企業可以正式投入批量生產，把新產品全面推向市場。一旦企業決定把新產品正式投入市場，企業就必須再次投入大量的資金，用於建設或租用全面投產所需的設備和投入大量的市場行銷費用。在新產品投放市場階段，企業要對下列重大問題進行決策。

1. 投放時機

企業要確定在什麼時間將新產品投放市場是最適宜的。投放時機的把握，對新產品最初的銷售量影響很大。一般來說，對季節性較強的新產品，投放時機應選擇在旺季，以便

盡快提高銷售量；如新產品投放市場是為了填補一個需求很強的市場空白，就應盡早投放市場，以便在其他產品進入前形成優勢；換代新產品的投放時機更應注意，一般在老產品處於成熟期的中期時，便應開始開發、投入新產品，這樣一方面可以利用老產品的收益補償新產品投入時期的虧損，另一方面，在老產品進入衰退期時，新產品已進入成長期，可保證企業的整體效益。

2. 投放地區

企業一般要制定市場投放計劃，特別是中小企業。企業應該選擇最有吸引力的市場首先投放。在選擇投放地區時，要考察市場潛力、企業在該地區的聲譽、投放成本、該地區對其他市場的影響等。通常，企業應集中在某一地區市場上投放新產品，然後再向其他地區輻射。如果企業資金雄厚，銷售網絡廣闊，對新產品的成功有較大的把握，也可以直接在全國或更大範圍的市場上同時投放。

3. 向誰投放

在新產品投放市場時，企業必須將其分銷和促銷目標對準最有希望的購買群體，利用這些顧客來帶動一般顧客，以最快的速度，最少的費用，擴大新產品的市場佔有率。企業可以根據市場試驗的結果，來發現最有希望的顧客。對新產品來講，最有希望的顧客群體一般具備以下的特徵：他們是早期採用者、大量使用者、新觀念倡導者或輿論領袖，接近他們的成本較低。當然，完全符合這些條件的顧客往往很少，但是企業可以根據這些特點去尋找相對最好的目標顧客群體，以使新產品在投入市場的初期，發展得比較順利。

4. 投放方式

企業要制定新產品開始投放市場的市場行銷戰略。企業首先要對各項市場行銷活動分配預算，其次規定各種行銷活動的組合順序，從而有計劃地開展市場行銷管理。

本章小結

產品決策這一章實際上包含了三個方面的問題：一是產品決策的問題，二是產品生命週期理論，三是新產品開發。內容較多、也十分重要，要認真學習、領會和掌握。

產品是行銷組合最重要的一個因素，產品決策是行銷決策中最重要的一個決策。所謂產品是指由企業提供給市場，能引起人們的注意、獲得、使用或消費，用於滿足人們某種需要和慾望的一切東西。產品具有五個層次：核心產品是消費者真正要購買的東西，即基本利益或服務；基礎產品則是產品的表現形式；期望產品是顧客購買時要求得到的產品屬性或條件；附加產品是顧客得到的增加的利益與服務；潛在產品是最後可以加入到產品的附加部分與功能。企業應從這5個層次來看待產品。按行銷活動的需要，應當對產品進行分類，以便為每一類產品制定適合的行銷戰略或策略。對產品進行分類，可按不同的分類標準進行。產品組合是指一個企業行銷的全部產品的總稱，產品組合由若干產品線構成，

每條產品線由若干產品項目構成。產品組合具有一定的寬度、長度、深度和關聯性，這四個測量尺度，為企業制定產品組合決策提供了依據和主要的決策內容。產品線決策包括產品線分析、產品線長度決策、產品線現代化決策、產品線特徵決策和產品線縮減決策。品牌策略是企業如何合理地利用品牌，發揮品牌的積極作用的問題，是產品決策的重要組成部分。品牌是識別不同企業產品的標誌。品牌的意義應從品牌的屬性、利益、價值、文化、個性和使用者等六個方面來深入理解。品牌決策是系列化決策，包括品牌化決策和非品牌化決策、品牌使用者決策、品牌名稱決策和品牌策略的決策。產品包裝是整體產品的一個組成部分，是實現產品價值與使用價值並提高產品價值的一種重要手段，包裝的優劣往往影響到企業經營的成敗。包裝策略主要有類似包裝策略、品種和等級包裝策略、組合包裝策略、多用途包裝策略、附贈品包裝策略等。

產品生命週期理論是關於產品在市場上的生命力的理論。產品生命週期就是產品從開始進入市場行銷直到退出市場行銷所經歷的時間過程，一般都要經過投入、成長、成熟和衰退四個明顯不同的階段。產品生命週期理論對企業有廣泛的行銷意義。產品生命週期的每一階段，其市場特徵是不同的，企業必須開發正確的行銷策略。

新產品開發對企業是一個巨大的挑戰。新產品可分為全新產品、換代新產品、改進性新產品和仿製新產品。新產品開發有其必要性和重要意義。對不同的企業，選擇新產品的開發方向和方式是不同的，但都應符合時代的標準。新產品開發具有極大的風險，為了避免不必要的損失，新產品開發要按照收集新產品的設想和構思、構思篩選、產品概念發展與測試、制定市場行銷戰略、營業分析、產品開發、市場試銷和商品化的程序進行。

本章復習思考題

1. 產品五個層次的概念及行銷意義是什麼？
2. 產品的基本分類有哪些？
3. 如何進行產品組合決策？
4. 品牌的含義包括哪些方面？
5. 什麼是品牌化決策？
6. 企業如何進行品牌名稱的決策？
7. 企業如何開展包裝設計？
8. 包裝決策的主要內容是什麼？
9. 產品生命週期的概念和行銷意義是什麼？
10. 產品成長期的市場特徵和行銷策略有哪些？
11. 新產品開發的意義和類型有哪些？
12. 新產品開發的主要過程有哪些？

第九章　價格決策

　　價格，在行銷4Ps組合因素中，是唯一的產生收入的因素，其他因素則為成本。但是，在企業行銷活動中，高價並不一定能帶來更多的收入；低價，也不一定使行銷成果減少。市場需求的複雜性決定了定價不僅直接影響收入，也對企業整個行銷戰略的實現產生重要影響。因此，企業的行銷經理人員需要小心對價格做出決策，菲利普・科特勒甚至說：你不是通過價格出售產品，你是出售價格。

　　在行銷管理中，價格決策涉及到三個方面的問題：一是如何定價，這主要是針對企業新行銷產品的；二是修訂價格，即根據不同細分市場情況，對標準價格進行修改以成為在一個細分市場能具體和實際執行的價格；三是變動價格，即當環境因素、行銷條件、行銷目標變化時，對價格進行調整，包括降價或提價。

第一節　制定價格

　　制定價格，就是對第一次向市場銷售的產品，或是首次進入某個全新的細分市場銷售的產品或服務確定價格。

　　從歷史上看，買主與賣主進行交易時，是通過一對一的談判進行的。進入工業經濟社會以後，機器大生產的社會生產方式一經確立，這種一對一的價格談判進行的交易，因交換效率很低而逐漸被廢棄。在現代市場經濟中，除了一些特殊行業的產品和服務還在採用一對一價格談判來確定產品售價外，一般的產品，在送往市場前，行銷者已經為其確定了統一的銷售價格。

　　在決定行銷組合的4Ps因素中，價格的確定看起來是最容易的，以至於許多企業的經理人員將價格決策認為是可以隨意進行「試驗」的：「如果賣不掉，降價就行了」。這正是在價格決策和管理方面經常出現的錯誤。

　　Thomas T. Nagler和Reed K. Holden認為：美國許多大公司都犯過定價上的錯誤，這些公司的領導能夠創造巨大的顧客價值和市場需求，但是卻不能持久獲得可觀的利潤。因此，「為了形成較強且持久的獲利性，公司必須把定價作為整個經營戰略的一個組成部分。」就是說，公司在行銷組合策略的考慮中，應擯棄原來的戰術定價方法而改用戰略定價。「戰略定價不僅要求觀念上的變化，還要求定價時間、定價方法以及定價決策者等方面的變化。戰略定價還要求管理當局制定出一整套與公司戰略目標協調一致的定價政策和

程序」[①]。

		價　　格	
	高	中	低
產品質量　高	1. 溢價戰略	2. 高價值戰略	3. 超值戰略
中	4. 高價戰略	5. 普通戰略	6. 優良戰略
低	7. 一次性戰略	8. 虛假經濟戰略	9. 經濟戰略

圖9-1　定價目標與價格水準

　　制定價格時，首先需要解決價格的定位問題。就顧客的購買行為來講，是通過將企業提供的產品或服務的價值與價格比較，並與競爭對手的產品與價值比較後，來判斷與一個企業進行交易是否理性。因此，定價時，基本定價策略的選擇，可通過如圖9-1所表示的定價戰略組合矩陣來選取。

　　定價戰略組合矩陣實際上分為三個部分，從左上角到右下角為一種戰略類型，這類價格戰略是：質量＝價格，屬於常規「高質高價、低質低價」的戰略；對角線右上部，則是：質量＞價格，屬於低價或市場滲透戰略，即低價格銷售高質量的產品；而在對角線左下部，則是：質量＜價格，屬於高價或撇脂戰略，即用高價格銷售低質量的產品。

　　如何選取適宜的定價戰略，企業應該仔細分析自己提供的產品所具有的顧客價值和顧客可能的接受程度；同時，需要考慮競爭對手提供的產品價值與顧客對競爭者產品或服務的認同後，考慮選擇適合的價格定位。因此，定價時，需要按照確定價格的步驟進行。

　　企業確定價格時，有六個步驟，如圖9-2所示。

選擇定價目標 → 確定需求 → 測算成本 → 分析競爭者的成本、產品和價格 → 選擇定價方法 → 選擇最終價格

圖9-2　定價步驟

一、選定定價目標

　　企業為產品或服務確定價格，首先表現為企業想實現的目標是什麼，主要定價目標有五個（如圖9-3所示）：

1. 生存目標

生存目標是指當企業遇到嚴重的經營問題或劇烈的競爭時，市場需求發生非預料的下

[①] Thomas T. Nagler & Reed K. Holden. The Strategy and Tactics of pricing. [M] Prentice Hall, 1995.

```
定價  生存  最高銷售     質量  市場  最大當
目標       增長        領先  撇脂  期利潤
      低 ←————— 價格水平 —————→ 高
```

圖 9-3　定價目標與價格水準

降，競爭對手突然發動市場攻擊，企業首先需要考慮的是生存，即能夠維持企業當前繼續開工，或能夠使大量的庫存產品盡快脫手。生存比起利潤來說，總是重要得多。當企業採用這一定價目標時，就要制定一個盡量低的銷售價格。所謂「盡量低」，是指價格僅僅可以彌補可變成本或抵償小部分固定成本；最極端的情況是連固定成本的抵償都無法考慮，只要能抵補變動成本就行。在圖 9-3 的定價水準圖上，生存目標是最低定價。

2. 當期利潤最大化

當期利潤最大化指企業置長遠的財務績效與行銷影響於不顧，主要考慮能在當前產生最大利潤。當期利潤最大化，並不是指將價格訂得極高，因為價格與市場需求是反比關係。因此，能使利潤最大化的價格從經濟學原理來說，是指邊際收入與邊際成本相等的價格。在定價操作上，當期利潤最大化指盡量增大現期的現金流量，如降低產品的品質、減少服務或者使用廉價的代用材料等等。由於不考慮這樣做會對企業長期行銷效果和財務帶來什麼不利影響，因此，「利潤最大化」就只能對當期收入來說成立，不能保證在這種定價目標下，能維持長期利潤。在圖 9-3 的定價水準圖中，表現為處於價格水準的最高端，但仍應符合「邊際收入等於邊際成本」的經濟學定理。很顯然，這需要經理人員對於企業的需求函數、收入函數、成本函數都能精確瞭解才行。實際上，在許多企業中，因為面臨環境因素的不斷變化與競爭對手對於價格反應的不同，這是很難做到的。

3. 最高銷售增長

最高銷售增長實際是一種追求最大市場份額的定價。這樣的定價目標是想通過最大份額的謀取，獲得長期利潤。這一目標包含這樣的判斷：市場上的顧客對價格特別敏感，他們寧肯為少支付價格做出足夠的努力，而不太在乎產品質量方面的指標，質量只要能夠接受就行。這種定價目標一般是偏低定價。

如果企業的行銷戰略目標是增強市場競爭實力；或者為了能得到市場控制權；或者為了在一個競爭激烈的市場中鞏固自己的行銷地位，並且有「比較陡峭的經驗曲線」，那麼，企業可以考慮採用這種定價目標，使自己產品的市場份額盡量超過其他競爭對手。這時，企業將制定一個盡量偏低的價格。所謂「盡量偏低」，是指企業的產品價格比絕大多數的競爭對手的產品價格低。在圖 9-3 中，這種定價表示的價格水準是靠近低端的。

4. 市場撇脂

所謂撇脂，是指制定盡可能高的價格，以「撇取」到市場上最高支付能力可以出得起的價格，使單位產品的獲利最大。計算機行業中的英特爾 Intel 公司，對於新研製出來

CPU，就採用這樣的定價方法。市場撇脂首先對於市場可能接受的最高的價格水準進行估計，然後按照這樣的估計來制定價格。因此，主要特點是單位產品的價格很高，或者單位產品的毛利很高，但總的銷售收入是否最高，需要依市場實際能達到的購買量來定。撇脂定價有一個明顯的特點，就是價格的不穩定性，它總是在撇完一層後，就降低價格，以對下面的消費層中再進行撇脂。因此，撇脂定價要冒顧客對公司產生「詐欺」的反感的風險。消除撇脂定價負面影響的方法是將其「透明化」：公司將價格的下調計劃或步驟告訴顧客，這對於那些等不及的顧客，在高價階段購買了但也不會認為受了欺騙——國外許多汽車公司對自己的產品就採用這樣的方法；或者形成一種市場慣例化做法，就是在公司有新產品推出時，將老產品降價，但公司將不斷地通過公眾信息傳播渠道公布新產品開發進度和預計上市時間，使顧客能夠判斷現有產品降價期限——英特爾公司就是採用這樣的方法。

5. 質量領先目標

企業如果主要考慮實現最好的行銷形象和有最好的產品形象，或者市場上存在數量較多的關心產品質量勝於關心價格的顧客，可考慮採用質量領先定價目標。在這種情況下，企業提供超過平均質量水準的產品，採用超過平均定價水準的定價。在圖9-3的定價水準圖中，表現為是一個偏高的定價，即企業產品價格高於市場上絕大多數競爭對手產品的價格。質量領先的定價目標的實行，公司必須與塑造品牌形象聯合起來使用，必須抵制市場份額對當期利潤的影響誘惑。因為公司一旦放棄對質量的定位，公司將很難再次回到這樣的位置上。我們所熟悉的星巴克咖啡、瑞士鐘表、寶馬汽車等產品系列都將自己定位為本行業的產品領先者，集高價、質量、奢華為一體。其中瑞士鐘表在中國市場，一直沒有放棄過其高檔定位。因此，它沒有佔有市場大份額，但10多年來，卻以佔有中國市場不到30%的銷售量獲取過半鐘表市場的利潤。

二、確定需求

行銷企業在決定或制定價格的時候，首先需要考慮需求水準。因為無論選定哪種定價目標，特別在高價目標的時候，價格要有意義，必須要求在此價格下有一定的需求。而需求與價格呈反比關係，即價格越高，需求水準越低。所以我們說，需求是對價格最高可以達到水準的「鉗位」因素。

1. 需求曲線

需求曲線的理論是微觀經濟學的基本理論，也是企業制定價格的基本理論之一。普通的需求曲線如圖9-4所示，在圖中，縱坐標代表價格P，橫坐標代表需求量Q，需求曲線d在這樣的直角坐標系下，表現為一條由右下方傾斜的曲線，說明價格與需求量具有反比關係，當價格在P^0時，需求量對應在Q^0；當價格降到P^1時，需求量增加到Q^1。

在經濟學中，也有需求量與價格成正比關係的特殊商品存在。在這種情況下，需求曲

图 9-4　普通的需求曲線

線在以價格 P 為縱坐標、以需求量 Q 為橫坐標的直角坐標系下，將是向右上方上升的一條曲線，如圖 9-5 所示。在這樣的需求曲線下，當價格在 P^0 時，需求量在 Q^0；當價格上升到 P^1 時，需求量也上升到 Q^1。具有這種需求曲線形態的產品，理論經濟學中稱之為「吉芬商品」，是由英國經濟學家吉芬所發現的。在理論經濟學中，「吉芬商品」的含意是「劣質品」。但行銷理論研究認為，具有這種需求曲線的產品與「吉芬商品」的含意完全不同，是一種「威望產品」。比較典型的如化妝品，當價格很低時，即被看成是「劣質品」，顧客不願購買；相反，如果為化妝品定較高甚至很高的價格，顧客反而願意購買。某些顧客關心質量勝於價格的產品，也具有這種情況，當價格降低時，顧客因為對產品質量有懷疑或失去信心，反而不願意購買。

圖 9-5　吉芬商品或威望商品需求曲線

2. 影響價格敏感性的主要因素

很顯然，上述兩種需求曲線，實際將市場的顧客劃分成兩種：普通需求曲線，表明顧客受價格影響大，價格是主導其購買的因素，這稱為價格敏感型顧客；威望需求曲線表示顧客受質量因素的影響大，質量是影響購買的主要因素，這稱為質量敏感型顧客。

顧客是否價格敏感型，受下列因素影響：

（1）獨特價值的影響。即產品越具有獨特的、受顧客歡迎的特點，則顧客的價格敏感性越差，同質化產品則價格敏感性越高。

（2）替代品的價格與知名度。替代品與特定的產品價格越接近或替代品的知名度越高，顧客的價格敏感性越高。

（3）難以比較的影響。如果顧客對於替代品的質量和價值越難同特定的產品進行比

較，則顧客對價格越不敏感。

（4）支出比重。如果購買一個產品，需要的支出占顧客總消費支出的比重越小，顧客對於價格越不敏感。

（5）最終利益的影響。如果顧客購買使用產品的費用中，購買的費用所占比例越低，則顧客的價格敏感性越低。

（6）分攤成本的影響。如果購買一個產品的成本可由另外的人或組織分攤，則顧客價格敏感性越低。如顧客通常在保險公司支付修車費用的時候，往往購買最好的零件；而如果沒有保險公司為其支付時，可能購買的是能用的零件；享受公費用車的人就喜歡購買盡可能高檔的汽車。

（7）累積購買的影響。如果顧客購買的產品是需要與以前購買的產品聯合起來使用，則價格敏感性低。如顧客對於許多計算機外部設備的價格敏感性就低於計算機的主機；對汽車裝飾件的價格敏感性低於汽車購買的價格敏感性。

（8）質量影響。如果顧客認為產品的質量好，有聲望或是屬於更高的檔次，則價格的敏感性就差。

（9）存貨的影響。顧客如果自己無法存儲產品，他們對價格的敏感性就差。

3. 對需求量影響的非價格因素

通常在談論價格對需求的影響時，都需要假定其他對需求發生影響的因素沒有變動。其實，這些因素卻是時刻在影響著需求的變動。因此，應該對非價格因素對需求的影響進行分析，這樣才能知道在需求變化時，對價格的變化引起的影響，其真正作用的程度有多大。影響需求變化的非價格因素主要有：

圖9-6 非價格因素對需求量的影響

（1）消費者當前的偏好。消費者對某種產品當前的偏好高時，即便價格沒有變動，對該產品的需求量也會上升，反之反是。

（2）收入。當消費者的收入增加時，即便產品的價格沒有降低，需求量也會上升，反之反是。

（3）替代品價格的變化。某一產品如果有替代品的話，如果替代品的價格下降，將

導致對該產品的需求下降，反之反是。

上述3個非價格因素對需求量的影響，表現為使需求曲線以原有的斜率平行地（矢量相同）升高和降低。圖9-6中，如果原來的需求曲線為d，當非價格因素發生變動並產生影響時，可使需求曲線按同樣的矢量方向下降到d_1位置，或者上升到d_2位置；這時，即便價格沒有變化，都是P^0，需求量也會降低（移動到d_1時）或增加（移動到d_2時）。因此，就給定的一條需求曲線，說價格變動會引起需求量改變時，必須假定這3項因素不發生變化或省略這3項因素的變化。

4. 需求的價格彈性

價格的變動，對市場需求量會發生影響。但是，在同樣的價格變動量的情況下，需求發生變動的大小或稱為反應的敏感度是不同的。那麼，一定量的價格變動，到底會引起需求量有多大變動呢？這就要用理論經濟學中需求價格彈性理論來進行分析。

所謂需求的價格彈性是指價格變化的百分比與需求量變化的百分比的比值。用公式表示就是：

$$E = \frac{\Delta Q/Q}{\Delta P/P}$$

式中，E＝需求價格彈性；ΔQ＝需求變動量；Q＝原有（變動前的）需求量；ΔP＝價格變動量；P＝原有（變動前的）價格。

圖9-7 2種需求價格彈性比較

為使用方便，可將上式整理成

$$E = \frac{\Delta Q}{\Delta P} \cdot \frac{P}{Q}$$

需注意，由於需求量與價格的變化是成反比關係，所以，價格彈性E是一個負值。但在一般情況下，是否負值，並不對計算結果的分析發生影響，所以通常將其負號舍掉了。但在某些情況下，又需要使用到負值。

【例】如果一個企業將其產品的價格從10元/件降到5元/件，銷售量就從120個單位上升到150個單位，那麼，

$\Delta P = 10 - 5 = 5$ $\Delta Q = 150 - 120 = 30$

則需求的價格彈性為：$\dfrac{30}{5} \times \dfrac{10}{120} = 0.5$

需求的價格彈性，在理論經濟學中指出有5種不同類型，對企業定價來講，起影響作用的有2種：即 E>1 時，就是需求富有彈性。在需求富有彈性時，價格有很小的改變，就會引起需求量很大的改變（如圖9－7（a）所示）；E<1，就是需求缺乏彈性。在需求缺乏彈性時，價格有很大的改變，才能引起需求量很小的改變（如圖9－7（b）所示）。

由此，可得到兩個重要的定價結論：

（1）當一個產品的需求富有彈性，訂低價比高價更為有利；而變動價格時，降價比提價更為有利。因為降低價格失去的收入會因為銷售量的大幅度提高而得到補償並有餘。

圖9－8　在一條需求曲線上彈性是不同的

（2）當一個產品的需求缺乏彈性時，定高價比低價有利；變動價格時，提價比降價更為有利。因為高價或提價引起的銷售量減少，會因為單位產品毛利的提高而得到補償並有餘。

就一個給定的產品的需求曲線來講，其上的彈性並不是處處相等的。當處於高價區時，需求富有彈性；當處於低價區時，需求缺乏彈性；而在曲線的中點，需求彈性等於1，如圖9－8所示。因為就一條需求曲線來講，所謂的彈性，不是指曲線的斜率，而是斜線上的點彈性。與斜率不同的是，斜線的點彈性並不是處處相等。即在圖9－8中，如果我們在表示需求曲線的線段中間取一點，為 e，令線段的下部為 e_1，上部為 e_2，則彈性等於線段的下半部與上半部的比值，即 $E = \dfrac{e_1}{e_2}$。對於這個關係的證明方法，可參見經濟學書籍[①]。這就是說，對於許多產品來說，當定價處於高價位時，降低價格，對增加銷售量效果很明顯；而當產品已經處於低價位後，再通過降價來提高銷售量，一般不會有明顯的效果。也就是說，企圖用價格方法來獲取市場份額或增加銷售量，不可能永遠有效。

需求的價格彈性大小，主要由下列因素決定：

（1）產品用途。用途越多，需求越有彈性；反之反是。因為用途多的產品，當其價

---

① D.S. 沃森，M.A. 霍爾曼. 價格理論及其應用 [M]. 北京：中國財經出版社，1983：53－55.

格便宜時，消費者可以將其使用在相對不太重要的用途上；一當價格上升，又可以削減那些不太重要的用途。最典型的產品是電，因其用途很多，故電的價格彈性很大。

（2）替代品的數目及替代的相近程度。一種產品，其替代品越多，替代的相近程度越高，則該產品需求價格彈性越大，反之反是。因為在替代品多的時候，如果該產品漲價，則消費者可以轉而去追求其他產品。大多數水果是富有彈性的產品，因為各種不同的水果常被消費者認為是可以相互替代消費的。

（3）消費者在一種商品上的消費支出占其總消費支出的比重。如果這一比重越大，則該產品就越有彈性，反之反是。因為，在占消費支出比重大的時候，如果該產品價格提高，則削減消費節省下來的支出，還能作其他消費項目的安排。反之，則節約下來的支出，在消費上不會有多少意義。

（4）消費者改變購買和消費習慣的難易程度。越容易，則產品的價格彈性會越大，反之反是。比如對於酒類產品，大多數消費者有口味偏好，就比較難以改變。

（5）文化價值的取向或偏向。越符合或越接近消費者核心價值觀的產品，消費者越願意消費，價格彈性越小。如用於婚、喪、嫁、娶上的消費與宗教方面的消費。

三、估計成本

需求是價格的最高「鉗位」因素，成本則是價格的最低「鉗位」因素。企業行銷的產品，如果不能彌補其生產與行銷成本並獲得盈餘，企業就無法生存與發展。因此，企業在制定價格的時候，需要對成本水準及成本的相應變動進行估計和分析。

1. 固定成本與變動成本

以靜態的方法觀察和分析成本，成本首先可以分為固定成本與變動成本。

固定成本是指成本總量不隨企業產品產量變化的成本費用（如圖9-9）。

圖9-9 固定成本

圖9-9中，(a)表示一定生產規模下的固定成本 Fc，它不隨著產量變化而發生變化；(b)表示如果生產規模增加，固定成本將隨投資量（廠房、設備）增加，呈「跳躍式」階梯狀變化；(c)表示在一定的生產規模下，單位產品中固定成本是下降的，因為更多的產出量將攤薄單位產品中的固定成本。固定成本項目通常包含有資產折舊、計時性

工資、企業管理費用等。

變動成本是指隨企業的產品產量變化而會相應變化的成本。圖9－10中，(a) 表示總變動成本曲線，它是隨產量增加而不斷增加的；(b) 表示單位產品中的變動成本，是固定值。變動成本主要涉及的成本項目有原材料、計件工資、各種直接消耗的生產作業物資等。

需要指出：變動成本在圖9－10的表示中，斜率不變，即在單位產品中是固定不變的 (是指生產技術條件不發生變化時)。當企業採用新的技術，新的生產方式，如將單位產品中原材料消耗降低時，變動成本也會表現為在成本曲線上斜率的改變和在單位產品成本曲線上平行下移。取一般的會計資料進行成本分析時，是不會反應出這種變化的，故將這種成本分析稱為「靜態成本分析」。

圖9－10 變動成本

從靜態成本分析來看，企業產品的定價，至少要能抵償變動成本並有一定的剩餘，才可能抵償固定成本。只有當固定成本被抵償完後，企業才有可能獲得盈利。所以，變動成本被認為是定價的最低界限。

2. 短期成本與長期成本（平均成本）

分析短期成本與長期成本，屬於動態成本的分析方法。因為這種分析，可以知道在不同的生產技術組織條件下，企業的成本水準會發生哪些變化。

(1) 短期成本。短期成本是指在一定的生產技術條件下，並且這種生產技術條件不發生改變時企業的生產成本。在以成本為縱坐標，以產量為橫坐標的直角坐標系下，短期成本是一條「U」形曲線，如圖9－11所示。Q_0為給定規模下的成本最低點，也是最佳經濟產出量。短期成本的特點是，隨著產量的增加，成本開始表現為不斷下降，達到一個最低點後，成本就開始上升。這是因為，隨著產量增加，工人的技術熟練程度不斷提高；管理人員管理經驗不斷累積，方法不斷改善；原材料使用更合理；機器設備能更好地發揮出應有的效率等，都能使成本不斷下降。但是，過了一個最低點後，由於更多的作業生產要求會超過現有機器的產出能力，工人為等待設備而排隊等導致工時損失；機器負荷過重導致故障增加，都會使生產效率下降從而成本增高。因此，如果企業需要向市場提供更多的

產品，就只能通過增加設備和勞動力，即擴大生產規模來達到。

圖 9-11　短期平均成本

（2）長期成本。如果企業生產規模要超過現有最佳經濟產量規模 Q_0，那麼就需要建立具有更大生產能力的工廠，即增加廠房和機器設備、工人和管理人員。由於增加設備的時候，可能找到技術更領先或效率更高的設備；企業可能找到更好的原材料供應商；工藝流程可以不斷改進，這都將使生產規模擴大或是生產能力提高，因此可以得到更有效率的生產。這時，大規模的工廠成本總體平均水準應低於原來較小規模的工廠。即在圖 9-12 中，Q_1 處的成本水準低於 Q_0；同理，如果還能再提供更多的產品，則生產規模再擴大到 Q_2，而 Q_2 的成本水準也是優於 Q_1 的。但是，若還需再提供更多產品給市場，規模擴大到 Q_3，就不一定能再獲得更低的成本水準了。因為隨著企業規模進一步的擴大，管理的難度越來越大，需要增設更多的管理層次，指揮的文書需要更長的路徑與時間才能到達被指揮層手中；就近能夠購買或質優的原材料已使用完畢，要在更遠距離採購或使用質差的原材料，……，這樣，規模不經濟性隨著企業規模的進一步擴大就會表現出來，成本水準開始上升。於是，隨著規模再擴大，Q_3 的成本水準將大於 Q_2。過各最低點與各種規模下的短期成本曲線相切畫出一條包絡線，就得到了長期成本曲線，如圖 9-12 所示。長期成本曲線也是「U」形曲線。

圖 9-12　長期成本曲線

隨著企業規模的擴展，要掌握成本變化的規律性，需要對短期成本與長期成本進行分析。這對於行銷經理人員估計成本的動態變化，用以制定合適的產品銷售價格具有指導意義。

（3）經驗曲線（Experience-curve）。經驗曲線也稱為「學習曲線」，表示隨著產量的累積，企業的成本水準降低的情況。在圖9-13中，當企業產量在10萬件時，成本很高，因為這時工人沒有經驗，管理人員也缺乏管理經驗與技巧；但隨著產量的增加，累積起來的生產與管理經驗開始起作用，達到產量40萬件時，單位成本開始下降到每件產品3元的水準，企業可以獲得行業平均利潤（經驗曲線a）R；當產量進一步達到60萬件的時候，單位成本達到每件2.5元，企業不僅能獲得平均利潤，並且還得到了超額利潤，即R'大於R的部分。這種隨經驗累積而來的單位成本下降曲線就是經驗曲線，也經常稱為學習曲線（Learning-curve）。比較圖中的經驗曲線a與b，因為曲線b比曲線a更陡峭，即曲線b的單位成本下降速度更快。因此，如果企業擁有b這樣的一條經驗曲線，要達到每件3元水準，產量僅僅需要達到25萬件，即可獲得平均利潤R，當產量累積達33萬件時，企業已經可以獲得超額利潤（R″-R）。

圖9-13 經驗曲線

根據經驗曲線分析，有如下重要的結論：

①對於擁有較陡峭的經驗曲線的企業，在開始定價時，可以考慮採用低價的方法。雖然這樣定價開始不能從市場賺取到利潤，如果低價有利於市場擴展或滲透，則隨著產量增加，成本將更快降到能夠得到較多利潤的水準。

②如果企業擁有的經驗曲線比較平緩的話，採用低價獲得較大市場份額再來牟取利潤將收效甚微，因為成本不會隨著產量的累積有明顯的降低。

依據經驗曲線定價的公司可能對於擴大規模有很大的熱情，但是，如果競爭者在生產技術上有了發明的革新，將使這種在舊技術上熱衷擴大規模的公司因為投資過大，導致成本過高，而使競爭變得非常不利。同時，持續的降價也可能使顧客得到產品質量不佳的印象或有持續的降價期望。

四、分析競爭者的成本、價格和產品

確定需求，可得到制定價格時對最高價位的界限；而分析成本，可得到制定價格所應確定的最低界限。但是，企業並不是可以在成本與需求給定的空間「自由」確定產品價格的。因為在市場上，競爭者提供的產品與制定的價格，對企業定價也有直接的「鉗制」作用。很顯然，當競爭者提供與企業產品相當的或更好的產品，而企業制定的價格高於競

爭對手制定的價格，意味著在市場上企業很難銷售出一件產品。這時，企業就需要通過分析或瞭解顧客對企業與競爭者產品的看法和價格感覺，來確定自己的產品的價格。這樣，就有了定價的 3C 模式，即由生產者成本（Cost of Manufacture）、顧客需求（Customers』Demand）和競爭者價格（Competitors』Price）共同決定企業定價的合理範圍，如圖 9－14 所示。

圖 9－14　定價的 3C 模式

3C 模式表明，企業制定價格，如果高於需求，將沒有任何意義；如果低於成本，企業將無法生存；而適當的價格水準，需要通過與競爭對手提供的產品與價格進行比較。如果企業提供的產品具有獨特特點並能為顧客察覺和喜歡，那麼，可以在高於競爭對手與有需求的價格區間進行選擇；如果企業提供的產品與競爭對手比較，沒有更多的受顧客喜愛的特點或更高的價值感覺，就只能在成本與競爭對手定價範圍內進行選擇。所應遵循的原則是企業制定的產品價格與競爭對手的產品價格，應該有相同的價值價格比，用公式表達就是：

$$V = V_{競} = \frac{P}{Q}$$

式中 P 表示市場價格，V 表示定價企業價值價格比，也稱「相對價格」；$V_{競}$ 表示競爭對手的產品的價值價格比；Q 代表顧客評價的產品質量與價值。因為 V 與 P 成正比，與 Q 成反比，因此，如果競爭對手的產品的質量與行銷優勢甚強，當其價格給定後，要保持上式的平衡，企業就只能制定比競爭對手更低的價格才能使 $V = V_{競}$——即相對價格要與競爭對手相同。

對於上式中 Q 的理解，應注意的是，它不僅是指產品的質量，也包含行銷優勢。比如，當競爭者產品的質量與本企業差不多或者低些，但如果競爭者是知名度高的企業，那麼，該競爭者的產品對於消費者來講，也可能有更高的價值感覺，因此，它可能將其比較起來較劣的產品售出較高的價格。這時，企業要想按更高價格出售產品，就除非有能有效提高顧客價值感的行銷措施才行！

五、選擇定價方法

有了需求、成本以及分析和瞭解了競爭對手的價格和產品以後，企業得到的是一個合理的定價區間。但企業還需要選用相應的定價方法，以為產品制定一個標準價格。主要的定價方法有：

1. 成本加成定價法（Cost-plus Pricing）

成本加成定價法有兩種方法：

一種是比較常用的，不考慮需求的價格彈性的方法。其定價公式是：

$$P = AC \cdot (1 + U)$$

式中，P 為價格；AC 為平均成本；U 為加成比率，其計算公式為：

$$U = \frac{P - AC}{AC}\%$$

不過，一般加成比率在不同的行業中有事先的約定或規定。

【例】企業產品的平均成本為 5 元/件，如果加成比率為 20%，則價格為：

5 ×（1 + 20%）= 6（元/件）

注意，在許多情況下，賣方經常告訴顧客的加成比率比上述成本的加成比率更低。如在上例中，賣方可以告訴買方其加成比率為 16.7%。如果賣方不是有意欺騙的話，那麼他使用的是「價格加成率」，賣方告訴顧客價格加成率而不是成本加成率的主要理由就是想使顧客感到價格更為公平。價格加成率的計算公式為：

$$U_P = \frac{P - AC}{P}$$

式中，U_P 即為價格加成率。

與成本加成率比較，價格加成率是以售價取代成本，來計算加成比率，因而加成比率值減少了。如按上例，在 6 元的價格下，售價加成率為：

$$\frac{6-5}{6} \times 100\% = 16.7\%$$

另一種成本加成是利用需求的價格彈性 E 進行加成。計算公式是[①]：

$$P = \frac{AC \cdot E}{E - 1}$$

式中，P 為價格，AC 為平均成本，E 為價格彈性。

【例】假定某企業產品平均成本 AC 為 5 元/件。現在分別假設：

如果產品的價格彈性 E 為 2，代入上式後：

$$\frac{5 \times 2}{2 - 1} = 10（元/件）$$

如果產品的價格彈性為 4，代入上式：

$$\frac{5 \times 4}{4 - 1} = 6.67（元/件）$$

由此可見，當需求的價格彈性較大時，制定價格要低；相反，當產品需求彈性較小時，制定的價格就可以高些。

[①] ＤＳ沃森，ＭＡ霍爾曼．價格理論及其應用 [M]．中譯本．北京：中國財經出版社．1983：395 – 397．

通過使用需求的價格彈性進行成本加成，能考慮到價格高低對需求的影響。但是，如果不知道所行銷的產品需求對價格的彈性，或者，當需求對價格的彈性小於 1 時，此加成方法就無法使用。

成本加成定價法是古老的定價方法。在機器大工業時代之前，就已開始使用，目前仍為許多小企業和零售行業採用，其主要優點是：①方法簡單；②對補償企業的成本有直接的效果；③如果同行業企業普遍採用，可以有效減少價格競爭或發生價格戰；④從形式上說，認為是對買賣雙方都比較公平的定價。其主要缺點是：①是賣方導向定價，因而無視需求的變化。即企業以自己的成本為定價的主要依據，「用了多少錢，就要得到多少利潤」。②不能對競爭做出靈敏的反應。即企業不會有積極降低自己生產成本的主動性，當在市場上遇到競爭對手用低價進攻時，往往措手不及。20 世紀 80 年代，在日本、德國等國家的企業向世界市場進攻時，因為美國的企業大都採用了這樣的定價方法，因而很快就處於不利的地位。

2. 盈虧平衡定價法（Break-even Pricing）

盈虧平衡定價法可用於對企業經營情況涉及的(產)量、(成)本、利(潤)進行平衡分析。在定價上，可以在產量和成本既定的情況下，按照預期的利潤要求，確定價格。因此，該方法也稱目標利潤定價法（Target-Return Pricing）。

圖 9-15　盈虧平衡定價法

盈虧平衡分析的基本原理如圖 9-15 所示。該圖為盈虧平衡法的一般分析模型。圖中，Fc 為固定成本；Vc 為平均變動成本；Q 為產量或銷售量；TC 為總成本；TR 為總收入。BEP（Break-Even Point）為盈虧平衡點，當產量或銷售量達到此點時，TR（總收入）=TC（總成本）。銷售量小於此點，成本＞收入，故為「虧損區」；銷售量大於此點，收入＞成本，為盈利區。在 BEP 處，有 $TR = TC$，即 $PQ = Vc \cdot Q + Fc$。因此，如果價格確定為 P_0，企業按此價格出售 Q_0 單位的產品，將不盈不虧。盈虧平衡時的定價公式為：

$$P = \frac{Vc\ Q + Fc}{Q}$$

但按上式確定價格並出售產品，企業只能不盈不虧。如果要想獲得利潤 R，在圖 9 - 15 中，可以看到，這時的總收入 $PQ_1 = Vc\ Q_1 + Fc + R$，因此，能得到利潤 R 的定價公式是：

$$P = \frac{Vc\ Q + Fc + R}{Q}$$

在此式中，利潤 R 是企業事先預定的，因此稱為預期利潤或目標利潤，於是該式就是目標利潤定價法的一般公式。

【例】：某企業生產一種產品，每件產品的變動成本為 8 元/件，企業的年固定成本為 500 萬元，當年的計劃產量為 100 萬件，目標利潤要求達到 1000 萬元。問應如何定價？

解：Vc = 8；Fc = 500 萬元；R = 1000 萬元；Q = 100 萬件，代入目標利潤定價公式有：

$$\frac{8 \times 100 + 500 + 1000}{100} = 23\ （元/件）$$

盈虧平衡定價法，在本質上與成本加成定價法是一致的，也是一種賣方導向定價。其主要優點是：①將企業生產中產量、成本和利潤結合起來考慮，而不是孤立的考慮單一因素；②在確定了價格的情況下，企業將在生產經營中做出足夠的努力來控制成本。因為一旦成本高於確定價格時的水準，將使企業的目標利潤無法實現。

盈虧平衡定價也存在缺點：①在本質上仍然是一種賣方導向觀念的產物，因為沒有顧客觀念就不會注重市場需求的變化；②是以企業既定成本水準為主要的定價依據，也缺乏競爭觀念；③在確定目標利潤時，因為沒有科學客觀依據，存在隨意性，定出的價格可能偏高或偏低。

3. 認知價值定價法（Perceived-value Pricing）

所謂認知價值是指通過行銷者的行銷努力，在消費者的心目中形成的對一個產品或品牌的價值感覺。在理解上，認知價值可看作是消費者的「心理價格」。比如，同樣的錄音機產品，由中國上海廠家生產的，在國際市場上只能按每臺 37 美元價格銷售；而由日本索尼公司收購後，貼上「SONY」的品牌標示，就可以按每臺 58 美元價格銷售。也就是說，在消費者的心目中，「SONY」這個品牌的價值感覺更高些，即消費者的「心理價格」高，因而雖然產品是同樣的，但是消費者寧願支付更高的價格購買有更高認知價值的產品。

認知價值定價，就是按照消費者對產品價值的理解和可接受的程度進行定價。與成本導向定價不同的是，這是一種顧客或消費者導向定價法。

認知價值定價法的基本做法是，首先通過市場調查或向消費者詢問，瞭解消費者對企業產品理解價值的高低，在此基礎上確定產品價格。

以一種汽車產品的定價為例，採用認知價值定價，如表 9 - 1 所示。

表9-1　　　　　　　　　　　　　認知價值定價方法例表

定價項目	競爭對手的定價	本企業的定價	說明
同類產品	150,000	150,000	可以接受
耗油性		+2,000	好於，可增加
耐用性		+3,000	好於，可增加
服務方便性		+2,000	好於，可增加
關鍵部件		+1,000	好於，可增加
一次性支付全款		-4,000	提供價格折扣
合　　計：		Σ154,000	

認知價值定價法的主要優點是：①以顧客為導向，能充分掌握顧客的購買和需求心理，因此確定出來的價格容易為市場接受；②對市場競爭的反應靈敏。其缺點是：①定價工作量大，因為需要組織較大規模的市場或消費者調查；②如果對顧客的認知價值掌握不準，則確定的價格將產生較大的偏差。

4. 價值定價法（Value Pricing）

價值定價就是提供超過市場平均質量的產品，而定價低於平均定價水準的定價方法。很顯然，用這種方法確定價格，目的在於進行市場滲透，力圖使消費者有「物超所值」的感覺和認同。

價值定價方法，不是指的訂低價，更不是用降低產品質量的方法來降低價格，而是指提供的產品價值高於價格的定價。因此，要求企業要擁有能用較低成本生產高價值產品的技術和工藝；同時，要能使顧客相信產品價值是很高的。一般來講，這種定價方法適合於那種市場顧客對於產品所涉及的技術問題比較精通，有豐富的購買和使用經驗，能鑑別質量價值。如目前在計算機產品DIY（Do it Yourself）市場上，臺灣的計算機零配件生產廠家大都採用這種定價方法，取得較大成功。

美國沃爾瑪公司奉行的「天天低價」的定價方法（Everyday Low Pricing，EDLP），已被菲利普．科特勒認定為是價值定價法的典範。它擯棄了過去不斷進行打折以吸引顧客的做法，使不確定性的價格變得確定起來，也使顧客只需要關注自己想買的產品而不用再去擔心價格是否合適。沃爾瑪的經理對EDLP的說明是：「這不是短期戰略，你必須承擔義務，你必須保持比天天低價還要低的費用率。」①

5. 隨行就市定價法（Going-rate Pricing）

隨行就市定價採取按主要的或最大的競爭對手的定價來確定企業產品的價格，而很少注意企業自己的成本與需求。該定價法的思路是：既然最大的競爭對手（往往是市場領

---

① 菲利普．科特勒. 行銷管理［M］. 梅汝豪，等，譯. 上海：上海人民出版社，2006：499.

先者）的定價能在市場上被接受，那麼，本企業按此確定價格，就應該是可以被接受的。因此，「跟隨領導者」成為許多中小企業的定價選擇。定價時，如果企業自己產品質量或行銷優勢高於競爭對手的話，可以制定比競爭對手高點的價格；反之，就制定較低價格。比如，小型零售商對同樣的商品，定價往往低於大型百貨商，因其經營成本較低，提供的服務也相對差於大型百貨商。

此定價法的主要優點是：①定價簡單，無須對成本和需求做詳細瞭解，對測算成本與對市場調查困難的企業非常適用；②較能適應競爭的需要，防止同行之間發生價格戰。缺點是：①適用性有限，主要是不適用於大型企業或是市場領先者；②在一個行業中，如果企業普遍採取這種方法，很容易被視為壟斷行為，即可能與反壟斷立法衝突；③當市場領先者率先發動價格變動或降價，很難應付。

6. 密封投標定價法（Sealed-bid Pricing）

表 9-2　　　　　　　　　　密封投標定價的示例表

單位：萬元

企業報價	可能利潤	中標概率（假定的）	期望利潤
9,500	100	0.81	81
10,000	600	0.36	216
10,500	1,100	0.09	99
11,000	1,600	0.01	16

該定價法主要是用於多個賣主爭取得到一筆交易合同時使用。當企業面對的是政府的採購招標，或是爭取大中型工程合同的招標，往往需要參加投標競爭，就要利用這種定價方法。

在參加投標時，企業往往面對一種頗為矛盾的選擇：如果報價低，容易得到合同，但所得的利潤就少；如果報價高，預期利潤高，但得到合同的機率又很小。因此，需要用利潤期望值計算方法確定投標時的報價。

具體做法如表 9-2 所示。表中，假設了一個企業對一個招標工程給予不同報價、在不同的報價下可望得到的預期利潤和不同報價的中標概率。通過計算期望值，報價為 1 億元時，可得到 216 萬元的最大期望利潤，因此為最佳選擇。不同報價的中標概率，需要事先測定。

六、選定最終價格

上述的定價方法，主要解決了企業從一個比較大的定價範圍中選定一個合理的價格範圍，但並不是最終的價格。企業在確定最終價格時，還要考慮另外一些因素：

1. 心理因素

考慮價格的心理因素，是指企業在確定價格時，應考慮目標顧客對價格的主要心理認定趨勢或取向，即顧客是希望價格便宜還是希望價格體現購買檔次。

(1) 價格線索。價格線索包括帶零頭定價（Odd-Pricing）和整數定價（Even-Pricing）。帶零頭定價（Odd-Pricing）是指如果一種產品，用某種定價方法確定為100元，則將最後的價格定為99.95元抑或是95.20元，如此等等，這樣，就可以給顧客一個價格相對比較便宜的感覺。價格在99.95元與100元比較，對於顧客來講，是一個價格檔次的差別，而對企業來講，就沒有太大的差別了。整數定價（Even-Pricing）是一種威望定價。即如果顧客購買產品要求具有相應檔次的話，那麼，本來產品價格是95元，可以將其定為100元。據一些行銷學者研究，化妝品的定價中，絕大部分顧客是寧願購買高價的化妝品而不購買低價化妝品，因此經常會將10元一瓶的香水定價為100元一瓶。

(2) 參考價格（Reference Price）定價。顧客在購買產品時，確定一個價格能否接受或是否合理，很多情況下沒有固定標準，但卻採用很多「參考標準」；如過去購買的同類產品的價格，現有其他品牌的價格，或者相同品牌產品的相互比較的價格等等。因此，企業在定價時，可以提供這種參考價格給顧客，如提供不同等級的價目表，將高價與普通定價的產品放在一起，使顧客對於普通定價產生低價的感覺。同一瓶不知名香水擺放在高檔百貨商店的知名香水旁銷售，同擺放到雜貨店銷售給消費者的感覺將截然不同。

(3) 價格—質量關係。消費者常將價格作為衡量產品質量好壞的一個標準，同一瓶香水，標價100元同標價10元相比，消費者感知到的100元產品質量將遠高於10元；消費者在選擇汽車時自然會認為高價格汽車代表著優異的質量，而質量優異的汽車也理所當然被認為值比較高的價格。

2. 影響企業定價的其他因素

(1) 分銷商對價格的看法。如果分銷商認為價格確定低了，將會影響到其經銷的積極性；高了，可能要求更多地分享利潤。

(2) 企業推銷人員對價格的看法。他們可能抱怨價格太高難以進行推銷，降低推銷的積極性；也可能認為價格太低，會影響企業產品的市場聲譽。

(3) 供應商的看法。企業的產品的價格高時，如果供應商又具有供應的壟斷地位的話，就可能提高其原材料或其他供應物品的價格。

(4) 政府。政府有可能對企業所確定的價格進行干預。

(5) 競爭對手。需要考慮競爭對手會做出什麼反應、是否會對企業執行所制定的價格產生影響。

第二節　修訂價格

企業在行銷活動中，對一個產品，不能只制定一個單一的價格，對不同的情況，如產

品線中的不同品牌或產品項目,在不同時間、不同的地區、不同的細分市場以及進行不同的促銷等,都需要有不同的價格。在制定了標準價格的基礎上,還要針對不同市場情況與行銷目的,對價格進行修訂,產生一個可執行的價格。

一、地理定價和對銷貿易

(一) 地理定價

因為產品從製造商處生產出來後,需要運往不同的地理區域的市場上,運輸過程將有許多費用發生,這對於行銷者講是成本支出。地理定價法主要解決企業將貨物送往某地理區域,在運輸、倉儲、保險、稅收、報關、驗貨、搬運及貨物損失等方面發生的費用如何分攤到價格中去的問題。

1. 原地交貨定價法(Original Place Pricing)

指將產品放在企業所在地(產品出產地)某一運載體上的價格。這時,貨物一旦到達了確定的運載體後,所有權、責任等就完全移交到顧客(買主)手中,這之後所發生的一切費用,包括運輸、保險、裝卸、倉儲等費用,全部將由買主承擔。

原地交貨定價法,使企業能有一個統一的出廠價格,對於上門採購的買主,報價方便;對所有的顧客來說,公平地分攤了產品的運輸費用。但企業將沒有統一的訂單價格,對於外地詢價的買主,須根據其距離遠近給以不同報價。因此,對於距離較遠的買主,就將實行高價位,不利於與顧客距離較近的競爭對手進行競爭。在現代大生產條件下,企業一般都遠離其產品主要消費地,所以,這種定價方法在現代行銷活動中採用的並不多。

2. 統一運費定價法(Uniform Delivered Pricing)

企業對所有的買主,無論其要求的交貨地點離企業遠近,均實行統一的價格,即產品出廠價加上部分運價。採用這種定價方法的企業,價格中包含的運費是平均運費。

這種定價,比較有利於企業維持一個統一的全國廣告價格和對所有的銷售人員和經銷商進行價格管理。但是,對於距離較遠的買主來說,得到了一個運費補貼;而對於距離較近的買主來說,則額外支付了較多的運費,因此,對爭取離企業較近的顧客不利。

3. 區域性定價法(Zone Pricing)

企業設立兩個或兩個以上的定價區域,在一個區域內,實行統一的價格;在不同的區域,實行不同的價格。

區域定價法在顧客分擔運費的合理性上,介於上述二法之間。可以部分解決以上兩種方法產生的一些矛盾。但是,對於處於兩個區域邊緣而落在高價區域的顧客來說,仍會產生價格不合理的感覺。

4. 基點定價法(Basing Point Pricing)

企業以某一城市為定價基點(企業本身可以在這個城市,也可以不在這個城市),無論貨物實際上是從哪裡運到該基點的,在基點,對所有的買主實行統一的價格。但由基點

到顧客要求的交貨地方，將視距離的遠近，收取不同的費用。

基點定價法中，企業一般選取的定價基點是中心城市或是主要的商品集散地。企業產品的主要購買者，應該絕大部分離基點較近或者是願意在基點接受貨物。因此，對於絕大部分顧客來說，在運費等的負擔上，不會產生太大的矛盾。

但是基點定價法，可能造成對企業所在地顧客支付價格高的矛盾，不利於爭取企業附近的顧客。同時，如果某一城市被較多的同行企業選為定價基點的話，易與反壟斷立法發生衝突，即這種定價為企業普遍採用時，容易被視為有價格同盟的嫌疑。

5. 承擔運費（免運費）定價法（Freight-absorption Pricing）

無論顧客距離遠近，均由企業承擔運費。這樣，企業就能對所有的購買者實行相同的價格。企業只能希望通過擴大交易量的方法，來提高產出量，從而得到低於平均成本的企業行銷成本來抵償運費。

承擔運費定價法，對企業應付激烈的市場競爭，爭取擴大市場佔有率有利。但競爭對手往往視這種定價法為發起價格挑戰的信號或行動。

(二) 對銷貿易

現代市場經濟的交換，採用的是以貨幣為媒介的交換。這與過去的物物交換相比，交換的效率提高了。但是，因為貨幣的不統一性，會存在如下問題：如果交換的雙方中，購買方持有的貨幣賣方不願意接受時，他們的交易該如何進行呢？如果仍然採用貨幣交易，那麼持有貨幣的一方可以將其貨幣換成賣方願意接受的貨幣。但是，如果購買方沒有能力實現貨幣的轉換（這種情況經常發生，因為被一個賣方拒絕的貨幣一般將被更多的人拒絕）就只有回到物物交換的方式上來。現在國際貿易中，這種方式還非常普遍，並發展出特定的貿易形式——對銷貿易。

對銷貿易既能滿足在買方的貨幣無法被賣方接受時交換的需要，也可滿足買方因缺少全額或部分貨幣支付能力時，或買賣雙方都想尋求貿易平衡時的交換。目前對銷貿易在國際貿易中所占比例並不低，仍達到15%～25%左右。20世紀80年代，在中國開始進行改革開放時，在技術引進方面，就大量採用對銷貿易的方式，以滿足引進技術的需要。現在，隨著中國企業生產的產品開始大量走向世界市場，也更多地要使用這種方式。對銷貿易的主要形式有：

（1）以物易物（或物物交換，Barter）。即貿易雙方用產品或服務，按照雙方商定的物與物之間的交換比例，進行不用貨幣的直接貿易和交換。

（2）補償貿易（Compensation Deal）。買方用一部分貨幣，一部分實物進行交易。通常是買賣雙方事先商定，交換商品用某種貨幣計價，並採用哪種貨幣交易。買方購買時，支付一部分，但不是購買額要求的全部貨幣，其餘未用貨幣支付的貨價，則用賣方同意的實物支付。

（3）產品反購（或產品返銷，Buyback Arrangement）。一般使用在技術引進中。買方

購買賣方的工廠、設備、技術或品牌使用權及其他知識產權，但賣方要接受買方用這些引進的技術和資源生產出來的產品作為一部分購買貨款，買方也要支付一定的貨幣。通常，要支付貨款的比例占交易額的比例要由雙方事先商定，可以較少也可以較多。

（4）反向購買（回購，Offset）。買方用賣方同意的貨幣支付購買商品的全部貨款，但是賣方也要在事先經商定的時間內，用同樣多的同幣種的貨款購買買方的別的商品。這樣便於雙方能夠達到貿易平衡。

在對銷貿易中，參加交易的可能不止兩方，採用的方式在各方之間也可能不同，於是情況將變得更為複雜。比如中國企業向日本某汽車企業購買汽車生產技術和設備，既支付部分美元作為購買價款，也用一部分引進的技術生產的汽車作為貨款支付；而日本企業可能將中國生產的這部分作為購買貨款用的汽車銷往中東某產油國家，要求這個產油國用石油進行支付。在經濟全球化過程中，通過這些複雜的對銷貿易形式，既可能突破使用某種貨幣購買時購買力不足的限制，也能夠保持相應的貿易平衡，並且還能獲得需要的交易物（如技術等）。這就要求企業要有能夠處理這種複雜的對銷貿易的國際行銷人員，甚至需要專門的對銷貿易部門。

二、價格折扣

企業為了實現某些交易目的或者為了使行銷活動能適合某些細分市場的要求，可依據價格歧視的經濟學原理，進行價格折扣和折讓。

常用的價格折扣方法有：

1. 現金折扣

現金折扣是對能在規定的時間內提前或按時付清帳款的購買者實行的一種價格折扣。採用現金折扣一般要考慮三個方面：第一、折扣率；第二、給予折扣的時間限制；第三、付清全部貨款的期限。一般先規定購買後付清帳款的時間期限，依此為據，規定如果提前多少天付清，可以得到相應價格優惠。例如規定 30 天內需要付清全款，如果 10 天就付清了，給予 2% 折扣，即 10 天付清的購買者可以只付 98% 的貨款。還可以規定購買時付清，給予 10% 折扣，即當顧客購買時就付清全部款項，只支付標準價款的 90%。

這是大多企業喜歡採用的一種價格折扣，好處是可以加速現金流轉，減少壞帳和呆帳的損失。

2. 數量折扣

數量折扣是賣方因為買方購買數量大而給予的一種價格折扣。可以分為一次性的和累計性（多次）的。一次性只計算一次購買的數量，顧客的購買數量達到這個數量就給予優惠性折扣。如規定每單位的貨物按 100 元出售，如果購買量在 100 個單位以上，可以打 9 折，即給予 10% 的折扣。累計性折扣，即規定累計購買達到某個數量，給以多少折扣。如累計購買達 100 個單位後，顧客就可開始享受 9 折優惠等。這樣可以穩定企業產品的老

顧客，促使其回頭購買。

數量折扣，目的是增加顧客購買的數量，鼓勵顧客多購買產品。因為銷售數量增加，可減少企業行銷費用，如儲運費用、廣告費用，並減少成品資金的占用，也便於企業培養忠實顧客。

3. 功能折扣（貿易折扣）

功能折扣也稱貿易折扣。主要是製造商向渠道成員提供的一種價格折扣，以促使渠道成員積極地承擔和完成某些渠道功能。如規定零售商如果在當地做了產品的廣告，廣告的質量符合某種主要規定，如廣告覆蓋面達到多少人次，就對其進貨價格給予多少折扣。再如，如果經銷商承擔了顧客服務，可以在進貨價格上給予一定的折扣。製造商可以就多種渠道功能和其他的行銷功能提供這種價格折扣。如顧客培訓、商品再包裝、提供購買者信貸等，都可以實行功能折扣。特別是有些行銷功能由製造商完成比較困難的時候，常常鼓勵渠道成員來完成。如售後服務，由製造商提供往往不及時，導致顧客抱怨增加，而由經銷商擔任，服務回應在時間上就可能更符合顧客的要求。有時製造商報價「1000元，折扣50%及20%」，表示給零售商折扣50%，即賣給零售商500元，賣給批發商則再折扣20%，即價格為400元（500×80%）。

4. 季節折扣

這是賣方向購買非時令或當季消費商品的顧客提供的價格折扣。這樣可以使企業對季節性消費的產品能常年維持生產，或均衡淡、旺季的生產和供應；也可以在非消費季節將過多的存貨盡快銷售出去。如航空公司在非旅遊季節提供的優惠機票等。

5. 折讓

行銷企業根據價目表，在顧客滿足某種條件的情況下給予的價格折扣。如常用的舊貨折讓，當顧客交回一件舊產品，按一定打折的價格購買新產品，達到促使顧客及早進行產品的更新購買；廣告折讓，讓顧客手持企業的某種形式的廣告到指定的地點，就按一定折扣購買產品，這可以使企業調查廣告實施效果；促銷折讓，在促銷活動期間購買產品的顧客可以享受到的價格優惠。

折扣在現代行銷中，是企業經常使用的一種價格策略。但是，折扣也是被經常濫用的一種制定價格的方法。進行折扣時，公司必須首先明確通過折扣要達到什麼行銷目標，並在實施中，應經常檢驗是否能夠達到預期的目標，否則應該對折扣方法進行分析，及時地將那些明顯錯誤的折扣方法去掉。

三、促銷定價

促銷定價法的特點是利用顧客尋求低價的要求，將價格定低，以對顧客產生一種吸引力或機會，促使顧客能盡早或更多購買產品。

1. 犧牲品定價法

企業將某一銷售點（商場）中的某些產品項目的價格定得很低，作為「犧牲品」（低價使得成本無法得到抵償），以此吸引顧客前來光顧商店。顧客在購買這些低價商品時，可能附帶購買正常標價的商品。比如 CD 唱片公司將目前流行的幾張唱片價格定低，顧客在購買的同時也可能購買其他正常定價的 CD 唱片。

2. 特殊事件定價法

在某些突發性的、臨時性的社會活動或變動中，將某些與之有一定聯繫的商品的價格訂高或訂低，以此達到大量促銷或獲取超額利潤的目的。如在奧運會期間，將有關的紀念品價格定高，獲取超額利潤；或者，將某些 T 恤衫印上奧運的紀念文字、圖案等，大量銷售。節假日的優惠，也是比較常用的手法，如聖誕節、春節中各商店實行的購物優惠。

3. 限時優惠定價

公司為了在一段時間使銷售量達到一個較高水準，或者對那些猶豫不決的顧客「最後推一把」，可以在一定時間內進行低價銷售，低價的標準是低於公布或掛牌的價格。限時優惠要求公司一定在宣布的時候要兌現承諾，將優惠價格取消，否則失信的公司將難以再次使用這樣的方法。

4. 現金回扣

製造商對於從自己經銷商那裡購買產品的顧客，直接將一定數量的現金返回給顧客。這樣，製造商可以在不調整經銷商價格的基礎上，將產品的價格降低，以加速產品銷售。這在銷售困難的時候是比較常用的一項措施。

5. 心理折扣

賣主在張貼出來的價目表上人為地標定一個高價，然後，再標明一個實際的銷售價格。如我們常見的「原價 500 元，現價 180 元」。但在反不正當競爭立法越來越嚴格的時候，這種定價法往往被視為是一種欺騙或誤導顧客的行為。

6. 低息貸款或較長的付款條款

某些汽車、家電製造商等經常採用給予顧客無息貸款來刺激購買，或者延長貸款時間以減少每月的付款金額來進行促銷。

四、差別定價

企業以兩種或兩種以上的、但不反應成本差別的價格銷售一種產品項目，或提供一種服務的定價法，稱為差別定價。主要形式有：

1. 顧客細分定價

同一種商品，對不同顧客，要求其支付價格不同。如電影院對於普通觀眾收取正常的票價，對於學生，收取較低的學生票價；一些大中城市的公共遊樂場所，對大、中、小學生收取半價。這樣可為企業爭取到一個較大、但支付力較差的顧客群，使產品能進入到一

個新的或特殊的細分市場，有時也起到公關宣傳作用。

2. 產品式樣差別

對同種產品，在上邊增加某些改動，變化外觀樣式、增加某些功能等，收取不同的價格，但這種價格差別不反應形成不同樣式耗用的成本差異。如在電視機上加上「自動亮度控制」功能，也許需要花費 50 元的成本，但是比沒有此功能的電視機訂出高於 100 元以上的銷售價格；電熨門增加溫度顯示燈，多花費 5 元成本，定價也許高出了 10 元。

3. 形象定價

將一種產品，通過賦予不同形象，如給予不同的包裝，不同的品牌，不同的廣告定位，甚至放在不同的商店銷售等，給予不同的銷售價格。

4. 地點差別

飛機、輪船等，對不同的艙位收取不同的價格；飯店、旅館等，對不同的座位、房間，也常採取不同的價格收費。主要利用的是顧客對於地點的不同偏好，如旅館可以看到海的客房，是許多顧客想要的，因而收取高於其他住房的價格。

5. 時間差別

不同的時間和不同的地點購買和使用同一產品或服務，收取不同的價格。如賓館、飯店在不同的時間訂房的價格不同。旅遊旺季，遊客大量增加時訂房的價格就會增加，因為需求增加；相反，旅遊淡季遊客減少，租房的需求減少，訂房價格就要降低。KTV 在晚上定價一般要高於下午。這種定價可以調節供求的不平衡狀況。

差別定價的經濟學原理就是價格歧視，但是在市場行銷中，必須考慮被經濟忽略的顧客的感受和願意接受的問題，如果其使用不當，一旦引起顧客反感，將造成更大的行銷問題。比如，成都市有一家飲食店，在店招上公開寫上「政府機關人員實行 8 折優惠」，曾引起顧客反感，反感的顧客不僅訴諸輿論進行指責，且對這種歧視進行訴訟。因此，定價差別需要具備一定的條件[①]：

（1）市場要能夠細分，並且細分的市場的確有不同的需求存在。如乘坐飛機，雖然到達的時間相同，乘坐的時間也不長，但是對於有些顧客來說，需要顯示自己的身分，因此，設立頭等艙，可以收取到較高的可獲取超額利潤的價格，又不至於影響基本的顧客群。

（2）能享受到低價供應產品的顧客不可能將產品高價轉讓給不能享受的顧客。如電影院供應的學生票，是採用學生專場形式，可以將那些不是學生的人區別出來。

（3）競爭者不可能在高價市場上以更低的價格出售這類產品。如對有自動亮度控制的電視機，只有在競爭對手沒有掌握這項技術的時候才能實行高價政策。

（4）細分與控制市場的費用不應超過差別定價所帶來的額外收入。如要求不同細分

---

① 科特勒·P. 行銷管理［M］. 梅汝豪，等，譯. 上海：上海人民出版社，2006：510.

市場的經銷商在各自的市場範圍內實行不同的價格的時候，就必須為防止經銷商相互竄貨進行市場監督和核查。如果這種監督需要費用很高，則不如實行統一定價更有利。

（5）差別定價不應造成顧客的反感或敵意。

（6）差別定價的特定形式不應是非法的。如不能以誤導或欺騙的手段來蒙騙顧客。

五、新產品定價

新產品一般指企業剛上市銷售的產品，或者將一種產品引入完全不同的細分市場。有兩種不同的定價方法：

1. 市場撇脂（Market-skimming Pricing）定價

企業估計一下市場可以接受的最高價格，將產品的價格定在這個水準。這種定價法，一般瞄準的是市場上較高支付能力的消費階層，將現有市場可獲取到的高額利潤拿到手。好像是打奶油一樣，總是撈取奶面上最好的那部分。

採用市場撇脂定價，需要具備四個條件：

（1）市場具有一批立即需要此產品的、數量可觀的購買者。這樣，需求就比較缺乏彈性。

（2）採用較小的批量進行生產，其成本不至於過高。因為在高定價時，需求者數量有限，生產批量不可能很大。

（3）高價不會吸引太多的競爭者。一般在企業擁有專利或技術訣竅的情況下就比較有效。

（4）高價應與優質產品的形象相適應。即產品上市前應該首先培育出較高的產品形象。

撇脂定價的反面作用是：如果在一個行業中，幾乎所有的企業都採用這種方法，那麼，將使顧客在很長的時期進行等待，一直等到其認為價格合理以後再進行購買。這樣，不但為企業帶來開拓市場的困難，同時，顧客對公司的信任度也會降低。一旦進入競爭激烈的階段，或在二次購買時，這樣的公司將難以得到原來顧客的惠顧。

2. 市場滲透（Market-penetration Pricing）定價

企業將產品的價格定得接近市場上最大的顧客群所可以接受的水準，即價格較低，以求能吸引絕大多數消費者購買，或者爭取有較大的早期市場接受率，或能加快產品的市場推廣速度。

採用市場滲透法，需要具備的市場條件是：

（1）市場對價格敏感，需求的價格彈性高。

（2）具有較陡峭的行業經驗曲線，這樣產量增大成本能夠很快地降下來。

（3）市場的潛在競爭激烈，低價能夠有效阻止或延緩競爭對手過早加入競爭。

採用滲透定價，在行銷管理上，需要公司行銷管理人員注意的問題是，如果市場銷路

能夠很快打開，但公司沒有足夠的產能向市場供應需要數量的產品，那麼不僅競爭對手可能利用市場的「饑渴」攫取機會，更重要的是將被顧客認為這是一家不太誠實的公司，以後即使對市場供貨充足時，也可能導致顧客的離開。

六、產品組合定價

在某種產品成為產品組合中的一部分時，定價就不能孤立地考慮該產品，必須與產品組合聯繫起來考慮。如果在產品線中，低檔產品的價格過低，將使高檔產品的價格顯得過高，儘管這時可能高檔產品盈利率已經比較低了；當一個產品的價格要受其關聯產品價格影響時，也需要將本產品與關聯產品的價格結合起來考慮。

產品組合的定價，管理者追求的目標，應該是能使整個產品組合獲利最大而不是單一產品獲利最大。

1. 產品線定價

對產品線定價，需要考慮捨棄產品線中不同產品項目的細小差別而將不同產品項目的檔次突出出來。如果採取對不同產品項目的細小差別進行定價，可能使價格混亂且極為複雜。在產品線定價時，先選取一個基本的產品項目作為定價點，其他產品項目與此項目進行比較定價。一般將產品線中的不同產品項目區別為不同的等級的產品項目，只要區分出來的等級差異中包含的成本的差異小於等級定價的差異，就可使企業的總體盈利水準提高而不是個別產品項目的盈利提高。如對於電視機產品，可以將 17 吋以下的產品定較低的價格，單位產品項目獲利低於平均盈利水準；將 21～25 吋以上的產品定在能獲取平均利潤的水準的價格；將 29 吋以上的產品項目定到能獲取較高盈利水準的價位。這樣，低檔產品通過增加銷售量的方法可以得到利潤，中檔產品將獲取正常利潤，而高檔產品則通過「撇脂」獲取超額利潤，同時，還可以保持企業產品的價格競爭力。

2. 附加產品定價

附加產品指顧客在購買一種產品後需要再購買與之有一定關聯的產品。如汽車上使用的音響設備；計算機上需要使用的網卡、墨盒、膠卷、刀片等等。

附加產品的定價，要對兩類情況加以區別：一類是完全互補產品（消費一種產品必需消費另一種產品）的定價；另一類是關聯消費產品（消費一種產品可以消費另一種產品）的定價。

完全互補產品的定價，有兩種策略可以考慮：一是將主產品的價格訂得較低，而將互補產品的價格定高。這種策略是一種通過互補產品獲取高利的方法。當互補產品需要經常購買且用量很大時，或主產品在市場前期需要打開市場銷路時，可以採取這種策略。例如，聯想將其打印機的價格定得很低，而將與打印機配套使用的聯想墨盒價格定價很高，迫使消費者在低價購買了聯想打印機後又高價不斷購買聯想墨盒。二是主產品價格定高，互補產品價格定低。如果因為互補產品高價策略吸引來了更多仿冒者，企業則降低互補產

品價格，可以有效阻止仿冒者的侵入。

關聯產品的定價主要策略有：①選購件如果作為促銷項目時，可以定低價。如絕大多數計算機整機製造商都將一些常用的計算機軟件，如操作系統、字處理軟件和多媒體軟件，作為附贈項目。②對於有助於提高產品檔次，且當前顧客購買者較少的關聯產品，可以定較高價格。如汽車商對於用戶要求安裝的天窗，大都採用較高定價。

3. 副產品定價

在生產一種產品的時候，能得到另外一種產品，這種產品就是副產品。如石油化工業、肉食加工業等都有副產品。這些副產品如果不能銷售出去，企業將為此花上費用進行處理，但是，這類副產品也可能有特定的買主，此時往往以買主願意支付的價格為基礎考慮，能夠補償企業為銷售這類副產品而需要花費的成本就行了。

第三節　價格變動與對價格變動的反應

由於各種行銷環境因素不斷變化，企業需要對已有的產品價格進行必要的調整和改變。即通常說的「提價」和「降價」。在行銷管理中，需要對價格變動的時機、條件、競爭者可能對價格變動做出的反應等進行分析，才能保證價格變動達到預定的行銷目標。

一、提高價格

(一) 提價動因

通常情況下，提價能夠增加收入，因此能夠增加利潤。但也存在一些非利潤追求的提價因素。提價主要原因有：

(1) 成本提高。導致成本提高的原因很多，如通貨膨脹、原材料短缺、生產技術改變、法律（如環保立法）改變等。一般而言，單個企業的成本提高，將不會構成可以支撐提價的理由，但是，行業性的成本提高，行銷企業提價的可能性就存在了。

(2) 供不應求。在這種情況下，企業有足夠的理由和市場基礎可以提價。通過提價可得到兩個明顯的提價好處：一是可以減輕市場對供給的壓力；二是可以使企業迅速得到更多的回流資金和利潤，以擴大供給能力。

(3) 通貨膨脹。通貨膨脹會造成企業成本增高，貨幣貶值，減少企業的收入，企業只有通過提價來保持真實價值的實現。因此，在通貨膨脹期間，企業往往採取提高價格的辦法來對付這種不正常的經營環境。

(4) 市場領先者發動提價。當市場領先者不論什麼原因發動了提價，對於許多實行市場跟進策略的中小企業來說，就會跟隨提價。在這種情況下，企業提價是為了不改變與領先者所保持的競爭距離。

(二) 提價策略

企業提價是具有風險的，如果提價導致更多的目標顧客拒買產品，則提價的目的將很難實現。因此，應根據不同的顧客情況和競爭對手情況，採用適當的提價策略：

1. 單步提價策略

指企業一次就把產品價格提高到欲漲價的價位水準。從操作上講，這最簡單。具體做法有：

（1）推遲報價定價（Delayed Quoting Pricing）。企業對於現在訂貨的買主，暫不確定交貨時的價格，只以參考價或意向價格的形式寫在訂貨合同相關條款中。在產品完工或到了交貨期，才最後看行情來定價。這適合生產週期較長，顧客習慣於依據當時的行情定價（因為買主在這樣的訂貨合同中也可指望有降價的機會）的情況。

（2）自動調整條款定價（Escalator clause Pricing）。企業在交貨合同上，對使用的價格做出附加規定：交貨時，買賣雙方同意按某一物品（通常是生產產品需要使用的主要原材料或零部件）的市場價格上升指數、成本上升指數、通貨膨脹指數等調整接貨價格。

（3）掛牌提價。企業通過直接更換價格標籤的形式，將價格一次性提高。商業企業大都採用這種做法。

單步提價策略的主要優點是：

（1）迅速抵消不利的環境對企業造成的影響（如通貨膨脹期間，原材料的供應價格已經大幅度提高，企業的生產成本將大幅度上升，提價後，才可能保持原有的生產規模，保持原有的利潤水準）。

（2）有利於企業保護自己現有的銷售渠道和維持原有銷售措施。如果企業面對的是供不應求的局面，有些中間投機商就可能利用企業定價與能夠出手的實際市場價格之差，進行加價銷售、倒賣倒買，這將破壞企業的聲譽。

（3）有一定的促銷作用。對於那些先行提價的企業，可能會受到顧客關注，同時在「買漲不買跌」心理的驅使下，顧客可能會及時購買。

單步提價的主要缺點有：

（1）在一定時期可能削弱企業產品的市場競爭力。

（2）如果導致企業利潤分享者（如某些政府部門、股東、供應商等）提出多分享利潤要求，提價的預期好處將不會理想，嚴重時，甚至得不償失。

（3）容易成為政府價格管制的制裁對象，尤其對行銷的是顧客價格敏感產品的企業，更是這樣。

2. 分步提價策略

指企業在一段時間內，分幾次漲價，將企業的產品價格從原來的價格提高到企業所希望提到的價格水準。

分步提價策略的主要優點是：

（1）企業如果根據行業內其他企業的價格變動情況，逐步上調價格，同時始終保持比別的企業提價滯後，這不易引起顧客反感，反而會被認為是迫不得已之事，可減少提價後來自顧客的阻力。

（2）一定程度上可保持價格變動的主動性。即別的企業提價遇到市場反應不好時，企業可相機停止提價，以免陷入被動。

（3）避免企業利潤的直接分享者提出增加分享利潤的要求。

（4）保持與目標顧客關係的靈活性。

分步提價策略的主要缺點是：

（1）企業需要比較強的市場預測能力。如果該能力差，企業面對的又是行銷環境異常劇烈的變化，即企業每一輪調價剛實行，市場價格又普遍上升，將很難立刻再次實行調價；若不動價格，又將面臨較大的利益損失。

（2）難以統籌不同行銷環節的價格變動量，易為渠道中的投機商「鑽空子」。

（3）由於不能對長期的市場收益做出估計，企業難以制定長期行銷策略。

實行分步提價策略，企業需要考慮的主要策略要點有：

（1）等額等時提價還是相機進行提價？前種方法缺乏相應的提價靈活性，但較宜安排市場行銷活動；後者則正好相反。

（2）各銷售環節是同步同時進行還是異步進行？

（3）提價到位（目標）的時間？時間越短，越接近單步提價策略，會帶有單步提價的缺點；分步太多，時間太長，意味著企業可能要在較長的時間內容忍成本升高對利潤的侵蝕。

3. 保持名義價格不變策略

保持名義價格不變的提價策略是一種隱性（隱蔽）提價策略。如果有這些情況存在：當目標市場的消費者對價格敏感會反對漲價時；由於政府價格行為干涉頻繁且缺少清楚的管理條文規定；因為要與主要競爭對手保持相應的競爭對比關係，而對手還沒有提價跡象時，都可以考慮採用這種提價策略。

該種提價的主要方法是：企業不改變產品名義（即現有的市場銷售）價格，但通過取消某些不收費服務項目或附加產品；減少價格折扣數量；適當降低產品質量；減少產品的特色或附加服務；降低包裝檔次，或減少一個包裝物內產品數量。

保持名義價格不變策略優點有：

（1）只要做得適當，即能使顧客對產品的認知價值不發生較大變化，容易為顧客所接受，就不會對產品的市場競爭力有太大的不利影響。

（2）企業可以在一定時期，減少對市場產品的有效供給又能做到避免失去過多的用戶。

（3）企業原有的促銷效果或效應可以繼續發揮作用，如廣告價格可以保持不變。

（4）可迴避企業利潤分享者對直接提價將提高的分享利潤的要求。

保持名義價格的提價策略的主要缺點：

（1）對於價格非常敏感的顧客，隱蔽性的提價，會被視為是一種「詐欺」行為，因此將使企業面臨丟失信譽的市場風險。

（2）當市場漲價壓力過大或者漲價頻繁時，這種策略在漲價跟進上比較被動。比如剛改小的包裝不能立即再改小。

採用這種策略，企業需要對所冒市場風險做充分估計，對於市場信譽要求特別高的產品或服務，不應採用這種策略。

二、降低價格

1. 降價動因

由於下列原因，會使企業考慮降低已有的產品價格：

（1）價格戰的需要。當競爭對手發起了價格戰，企業在許多情況下將不得不應戰；或者是估計競爭對手將會發起價格戰，為了阻止競爭對手，企業先發制人，先於競爭對手主動降低價格。

（2）生產能力過剩。當企業的產成品庫存過多，或者目前開工不足時，需要通過降價來擴大銷售量，或是使存貨能盡快地脫手，則需採用降價措施。

（3）為阻止市場佔有額下降或為爭取到一個更大的市場份額。如美國的汽車行業，為了阻止日本汽車向美國和世界市場進攻，連續10年，採用不斷降低美國汽車價格的辦法；中國的長虹機器廠，在1996年率先發動彩電降價，引起中國整個彩電行業震動。

（4）行業性的衰退或產品進入了衰退期。特別是衰退的速度很快，企業已經準備轉向別的行業或退出現在所在行業。

2. 降價策略

降價對企業來說，很可能冒價格戰的風險，尤其是在市場上競爭力量比較均衡（勢力相當）時。價格戰的結果，往往導致兩敗俱傷，因此，需要對引起價格戰的後果作慎重考慮。一般在技術的更新和發展比較快的行業，降價是較常採用的做法，以便使已經屬於落後的技術所生產的產品盡快脫手。20世紀90年代以後，像通信、計算機等行業，因為技術進步極快，產品降價是比較常見的現象；而在技術比較成熟又沒有較大技術突破的行業，一般極少採用降價的措施。企業在決定降價時，還要注意防止使消費者的價值感覺降低。因為在消費者價值感覺降低時，企業就可能難以達到降價目的。主要的降價策略有：

（1）讓利降價。即企業通過削減自己的預期利潤來調低產品價格。通常，許多企業採用通告的形式，公布讓利幅度，意在通知競爭者，這種做法並沒有什麼甜頭，同時使顧客也能知道，企業向市場提供的產品在質量和功能等方面沒有任何改變，防止消費者的認

知價值降低。

（2）加大折扣比例或放寬折扣條件。如原來購買 100 件產品給予 5% 的折扣，現在給予 10% 的折扣；或者，原來需要購買 100 件才能享受折扣，現在可以購買 50 件起就享受折扣。

（3）心理性降價。企業對於新推出的產品，先用很高的價格上市，但並不希望在這個價位上能夠賣出多少產品，經過一段時間，待消費者對產品或價格習慣後，降低到市場可以接受的價格水準，使產品能很快打開銷路。多年來，計算機行業的許多產品均採用了這種方法。

（4）增加價值的變相降價。不少企業經理人員喜歡將這種方法稱為「加量不加價」。就是說，企業採用增加產品服務提供內容，如汽車增加更多的配置，包裝物中增加產品數量，增長服務時間，但價格保持不變。這種方式，能夠起到安撫已購買產品的顧客和避免刺激競爭對手的作用。

（5）增加延期支付貨款的時間。如原規定 10 天內付清全部貨款，現在規定 30 天內付清。對於那些資金週轉比較困難的顧客，此法有較大的吸引力。

（6）按變動成本定價。這意味著企業連邊際利潤也不索取，是最低定價，目的是為了能快速處理存貨或者擺脫經營困境。

（7）拍賣。拍賣是企業不對產品事先定價，通過買主叫價過程的競價，以出價最高者成交來銷售產品。

三、分析價格變動的反應

1. 顧客對價格變動的反應

顧客對於企業產品價格的反應，無疑會直接影響價格變動的目的能否實現。通常，顧客對於價格變動的反應，可以通過顧客對購買該產品數量的增減預測出來。在企業變動價格之前，需要確定價格對顧客決定購買這種產品時所起的作用有多大。如果顧客對於價格很敏感，行銷這樣的產品，一般提價的阻力大而降價的預期效果很容易達到。相反，如果價格敏感度低，降價時，必須防止顧客價值感覺降低，才能達到降價的目的。因此，預測或弄清價格變動對顧客價值感覺的影響，是考察顧客對價格變動會如何反應的最好方法。

2. 競爭者對價格變動的反應

當企業準備進行價格變動的時候，還必須認真考慮競爭者可能會有什麼反應。因為，競爭者通過改變它的價格和其他行銷方法，不僅會造成對企業價格變動效果的影響，甚至對於整個競爭局勢也會發生重要影響。

一般來講，競爭者對於企業價格的變動的反應可以歸結為以下三類：

（1）跟進。競爭者的跟進，指它也出抬同樣的價格變動的措施。當企業發動降價可能對競爭者的市場份額有威脅時，或者企業提價，競爭者能看到有明顯的市場回應或好處

時，都可能跟進。

（2）不變。競爭者在下面一些情況下，可能在企業變動價格時保持現有價格：當降價企業所占市場份額很小，聲譽較低時，降價對於競爭者來說，就不會感到有多少威脅；競爭者擁有比較穩定的忠誠顧客群；競爭者想避免打「價格戰」；競爭者認為整個市場增長潛力太小，變動價格沒有什麼意義。

（3）戰鬥。戰鬥的意思就是競爭者將針鋒相對地進行價格調整或價值變化，不惜與發動價格變動的企業打「價格戰」。在下列情況下競爭者可能做出這樣的反應：競爭者認為企業價格變動本身是針對它來的，並且變動價格的企業對自己的市場地位會產生威脅；競爭者是市場中的領先企業，不願意放棄自己的領導地位；競爭者相當看好當前的市場，將通過包括價格競爭在內的方法排擠掉對手圖謀長遠利益時。戰鬥的具體形式很多，可以直接降價，可以增加廉價的產品項目，可以用更大的折扣優惠，可以採用戰鬥品牌等等。

無論競爭者會做出什麼反應，企業都應該事先估計競爭對手可能的反應，並且能夠估計競爭者的這種反應對於企業的行銷活動有哪些不利的影響，如果有不利影響，應該考慮制定相應的應對措施。

3. 企業對價格變動的反應

如果改變價格的不是企業而是競爭者的話，那麼企業應怎樣應對呢？

一般說來，在競爭對手改變價格的時候，企業有以下一些應對方法：

（1）在同質產品市場上，如果競爭對手降價，企業一般應該跟進。因為如果企業不跟進的話，顧客一定會購買價格便宜的產品，因而會造成企業產品完全滯銷。

（2）在非同質產品市場上，競爭對手提價時，企業應該認真分析一下，競爭對手提價，是否因它的產品具有很高的顧客評價價值或受歡迎的特點而本企業不具備這些特點，如果情況相反，那種有較高顧客評價特點的競爭對手發動降價，企業除非能夠改進自己的產品來維持原價，否則應該考慮降價。

（3）如果企業的份額已受到較大威脅時，仍不打價格戰死守自己價格，則可能置企業於最危險境地。

在做出反應前，企業應該考慮的問題有：

（1）為什麼競爭者會變動價格？其主要目的是什麼？

（2）競爭者計劃做出這個價格變動是臨時的還是長期的措施？

（3）如果企業對此不做出反應，對企業的市場份額和利潤會有什麼影響？

（4）企業對付價格變動的措施，將會使競爭者再出現什麼反應？

對價格變動做出反應，對企業來說，主要的困難來自於時間，即競爭者如果是主動的變動價格，可能已經為之作了很長時間的籌劃和準備。而當其價格政策出抬後，企業卻需要很快的做出反應才行。因此，最好的解決方法是企業能夠建立一種程序性的價格反應機制，依賴經常性市場信息收集，企業的市場信息系統應能經常就當前競爭者的價格情況進

行監控和分析。圖9-16是降價反應機制的示例。

圖9-16 應付競爭者降價的反應機制

本章小結

　　從行銷管理角度看，價格仍然是現代行銷管理的重點，儘管在現代行銷活動中，非價格因素對於行銷的影響不斷增大。

　　行銷管理中的價格決策，需要解決三個基本問題。第一個問題是制定價格，其中影響價格的主要因素是需求、成本和競爭的產品與價格，即定價的3C模型；一定的定價方法，產生出一定的標準價格，因此還需要首先用心理因素和其他影響因素進行修訂。

　　價格決策和價格管理中的第二個問題是將制定出來的標準價格與細分市場情況結合考慮，制定實際執行的價格，即修定價格。地理定價解決如何分攤運費；對銷貿易解決了無貨幣、少貨幣或尋求貿易平衡的交易；價格折扣表現出企業為實現一定行銷目的和平衡產銷的要求；差別定價適應不同細分市場的要求；新產品定價解決用何種價格易於將一個新產品引入市場並實現行銷目的；產品組合定價則是將一個產品定價問題放在整體產品組合進行考慮，達到不是一個產品贏利而是整組產品贏利，因為不同產品項目的價格與銷售是相互影響的。

　　價格決策中的第三個問題是如何進行提價和降價。提價有單步提價、分步提價、保持名義價格不變策略；降價有讓利降價、加大折扣比例、心理性降價、增加價值的變相降價、增加延期支付時間、按變動成本定價和拍賣等方法。

　　無論企業發動價格變動還是應對競爭者的價格變動，都需要考慮對顧客的價值影響和競爭者的反應。

本章復習思考題

1. 簡要談談定價的基本步驟。
2. 什麼是定價的 3C 模型?
3. 常用定價方法的基本內容和各自的優缺點是什麼?
4. 常見的價格折扣有哪些?
5. 常見的促銷定價方法有哪些?
6. 差別定價的形式是什麼?
7. 如何進行產品組合定價?
8. 價格變動的原因和方法是什麼?企業如何應對價格變動?
9. 現在市場競爭十分激烈,經常發生所謂的價格戰,對此應該怎樣理解?

第十章　行銷渠道的選擇與管理

在市場經濟條件下，大部分企業生產的產品都不是生產者和消費者面對面地進行交易，而是依靠一定的渠道，經過流通領域，才能最後進入消費領域，滿足消費者的需要，實現企業的行銷目標。因此在生產者和最終用戶之間有大量執行不同功能和具有不同名稱的行銷仲介機構，包括中間商、代理商和一些輔助機構。市場經濟客觀上要求在產品從生產領域向消費領域轉移的過程中盡可能地節省資源，因此正確選擇一條時間短、速度快、費用省、效益高的分銷渠道，就成為企業拓展市場行銷的重要策略。行銷渠道的決策是企業面臨的最重要的決策之一，它將直接影響企業的其他行銷決策，從而影響企業的最終經營效果。

第一節　行銷渠道的概念、分類與功能

一、行銷渠道的概念

斯特恩（Stern, 1996）[1]認為，行銷渠道是使產品或服務順利地被使用或消費而相互配合起來的一系列獨立組織。卡夫蘭[2]（Coughlan 等人, 2001）認為，行銷渠道由相互依賴的機構組成，它們致力於促使一項產品或服務能夠被使用或消費這一過程。科特勒認為，行銷渠道是促使產品或服務順利地被使用或消費的一整套相互依存的組織[3]。

綜合上述說法，行銷渠道的定義為：

行銷渠道又稱分銷渠道、銷售渠道或貿易渠道，是產品或服務從生產領域轉移到消費領域的過程中所經過的通道。在這個轉移過程中，要由一套組織機構來完成一系列的活動或功能。

這裡的組織機構涉及製造商、代理商、批發商、零售商等。

行銷渠道中多個獨立組織的並存，決定了行銷渠道的效率。但行銷渠道的效率並不決定於渠道中某一個組織或機構，而是依賴於所有成員的相互配合。

---

[1] 斯特恩，A. EI – Ansary, A. T. Coughlan. 市場行銷渠道 [M]. 趙平，廖建軍，孫海燕，譯. 北京：清華大學出版社，2001.
[2] 安妮·T 科蘭. 行銷渠道 [M]. 蔣青雲，孫一民，譯. 北京：電子工業出版社，2003.
[3] 科特勒·P. 行銷管理 [M]. 梅汝豪，譯. 上海：上海人民出版社，2003：569.

二、渠道的級數（Marketing Levels）

行銷渠道由一系列獨立組織構成，獨立組織的多少以層次來劃分，層次的多少以級數來表示。圖 10 - 1 表示了不同形式的渠道。

(a) 消費者市場行銷渠道

(b) 產業市場行銷渠道

圖 10 - 1　渠道級數示意圖

1. 零級渠道

所謂零級行銷渠道是指直接銷售渠道，指生產製造企業直接將產品銷售給最終購買者，沒有其他第三者機構參與。直接銷售的主要方式有：上門推銷、郵購、電話市場行銷、電視直銷和製造商自辦商店等。

2. 一級渠道

所謂「一級」渠道是指在生產製造企業與目標顧客之間只有一個中間商這樣的仲介機構的渠道。在消費市場中，這個中間商通常是零售商；在產業市場中，通常是指銷售代理商。

3. 二級渠道

所謂「二級」渠道是指包含兩個中間商的渠道。在消費市場上，其中一個是批發商，另一個是零售商；在產業市場上，則可能是代理商和分銷商。

4. 三級渠道

所謂「三級」行銷渠道是指包含三個中間商的渠道。例如在肉類或食品罐頭業，中

轉商、專業批發商或小批發商是介於大批發商與零售商之間的一類批發商（Jobber）。中轉商從批發商處進貨，然後將產品轉售給不能從批發商處取得貨品的零售商。

更多級數的行銷渠道也存在，在國內市場的行銷中，比較少，而在國際貿易中，則存在地區或國際間的國際批發商，就是級數更多的渠道。但就生產者的立場而言，當渠道級數過多時，對渠道的控制將愈困難。

三、渠道功能與流程

由於渠道需要執行的功能不是單一的，由不同機構組成的行銷渠道，須通過各種不同的功能流程完成這些功能，形成不同的渠道流程。

斯特恩認為：「一個流程就是由渠道的成員們順利地執行的一系列職能。因此，『流程』是對商品流動的描述。」[1]

圖10-2表示的是重型卡車的五種渠道流程。

1. 实体流程
供應商 → 運輸者倉庫 → 製造商 → 運輸者倉庫 → 分銷商 → 運輸者 → 顧客

2. 所有權流程
供應商 → 製造商 → 分銷商 → 顧客

3. 付款流程
供應商 ← 銀行 ← 製造商 ← 銀行 ← 分銷商 ← 銀行 ← 顧客

4. 信息流程
供應商 ↔ 運輸者倉庫銀行 ↔ 製造商 ↔ 運輸者倉庫銀行 ↔ 分銷商 ↔ 運輸者銀行 ↔ 顧客

5. 促銷流程
供應商 → 廣告代理商 → 製造商 → 廣告代理商 → 分銷商 → 顧客

圖10-2　重型卡車渠道流程

---

[1] L. W. Stern, A. El-Ansary, A. T. Coughlan. 市場行銷渠道 [M]. 趙平, 廖建軍, 孫海燕, 譯. 北京：清華大學出版社, 2001.

1. 實體流程

實體流程是指實體原料及產品實體從製造商移動到最終顧客的過程。

2. 所有權流程

所有權流程是指商品所有權從一個行銷機構到另一個行銷機構間流動移轉的情況。

3. 付款流程

付款流程是指貨幣在各仲介機構間完成款項支付的流動情況。

4. 信息流程

信息流程乃指在行銷渠道中，各機構相互傳送市場信息和交易信息的流程。

5. 促銷流程

促銷流程是指廣告、人員推銷、公共關係、銷售促進等活動，由一個渠道機構向另一個渠道機構施加實現本機構行銷目標的影響或刺激的功能。

四、行銷渠道的功能

中間商能提供一些製造商不能取代的功能。中間商提供的功能可分為三類：交易功能、運籌功能和促進功能（見表10-1）。

表10-1　　　　　　　　　　　中間商的功能

1. 交易功能 （1）採購：購買產品用以轉售 （2）銷售：促銷產品給顧客並獲得訂單 （3）風險：接受企業風險（購買產品有風險存在，如損毀、過期） 2. 運籌功能 （1）產品集合：把不同地方的產品集中在一處 （2）儲藏：維持適量的存貨和保存產品以滿足顧客的需求 （3）分類：大量採購並分裝產品： ①集中：把不同來源的產品集合在一起 ②分裝：把產品分裝成可能銷售的包裝 ③組合：把不同來源的產品組合成一產品線以服務顧客 ④整理：把異質性的產品分裝成獨立同質性的存貨 （4）運輸：從製造商移運產品至採購者的手上 3. 促進功能 （1）財務：提供資金或貸款以促成交易 （2）分級：檢驗產品和依產品品質分等級 （3）行銷研究：收集市場情報、銷售預測、消費者趨勢、競爭分析和以上諮詢的報告 （4）促銷：發展和傳播有關為吸引消費者而設計的產品和服務的信息

圖10-3顯示使用中間商的經濟效果。甲部分顯示3個製造商對3個顧客從事直接行銷的情形，它需要9次相互接觸，才能圓滿達成交易。乙部分顯示，這3個製造商共同使

用1個中間商,將產品分銷給3個顧客的情形。在這種情況下,只需要6次接觸就可完成交易。可見,中間商的介入,減少了總交易接洽次數,節省了時間、人力及交易成本。

```
甲.接洽次數              乙.接洽次數
P×C=3×3=9             P+C=3+3=6
```

P: 生產者   C: 消費者   M: 中間者

圖 10–3　行銷渠道的交易功能

中間商的交易功能可以提供兩大利益。第一,因為中間商訂貨量較大和作業標準化,因此可以降低成本。第二,中間商向製造商購買產品再轉售予消費者,中間商分擔製造商一部分風險,如損毀、過期、退貨等行銷風險。

中間商的運籌功能包括移運產品和分裝等。

中間商的促進功能包含財務支援、產品分級、收集市場情報和促銷。這些功能的提供給予製造商重要支持。

第二節　行銷渠道的演化

一、垂直行銷系統的發展

今天,有許多企業正努力改進他們的行銷系統。垂直行銷系統是近年來渠道領域最具意義的發展之一。為了充分瞭解這個系統,我們必須先界定傳統行銷渠道系統。

傳統行銷渠道是由獨立的生產者、批發商和零售商組成的。它們之間的關係鬆弛,彼此對銷售條件討價還價,毫不退讓,各為其利。若條件不合,就將各自獨立行動,為自己的利益不惜減少整個渠道的利益。傳統行銷渠道是渠道系統的主要模式。

垂直行銷系統由製造商、批發商、零售商組成一個統一體,其中的一個成員擁有其他成員的所有權,是一個集權式銷售網絡。垂直行銷系統可能由製造商、也可能由批發商或零售商控制。這種系統能有效地控制渠道行為,消除各渠道成員為追求各自利益而造成的衝突。各渠道成員通過規模經濟、討價還價的能力和減少重複服務獲得效益。垂直行銷系統可分為三個類型。

(一) 所有權式的垂直行銷系統

所有權式的垂直行銷系統是在單一所有體系下,組成一系列的生產及分銷機構。

(二) 管理式的垂直行銷系統

管理式垂直行銷系統，並不由共同的「所有權」鑄成渠道中前後生產與行銷機構間的一致行動，而是由某一規模大、實力強的成員，把不在同一所有權下的生產和分銷企業聯合起來的市場行銷系統。

(三) 契約式的垂直行銷系統

契約式垂直行銷系統是指不同的生產和行銷機構，在合約的基礎上進行聯合，期望能產生比單獨經營時更大的效益。

由此可見，前述所有權式的垂直行銷系統是以同一所有權（公司）為整合行動的基礎，管理式垂直行銷系統則以經濟上的力量為基礎，而契約式垂直行銷系統則以系統內各成員間存在的契約關係為依據。契約式垂直行銷系統在近年發展神速，已構成今日經濟社會中一項重大的發展。契約式垂直行銷系統的主要形式有：

1. 批發商支持的自原連鎖系統

批發商為保護其零售商，以對抗其他較大的競爭者所發起的連鎖組織。其方式為由批發商先擬定一套方案，然後勸說獨立零售商加入該體系，除使用標準化的名稱及追求貨品採購上的經濟性外，尚可聯合起來以抗禦其他連鎖組織侵入其地盤。

2. 零售商合作組織

可以由某個零售商發起組織的一個新的企業實體來開展批發業務和可能的生產活動。各組織成員由這個組織實行集體採購進貨，而這個組織所獲得的利潤，則按成員的進貨量返還給各成員零售商。非成員也可以從這個組織進貨，但不能分享利潤。

3. 特許經營組織

即「生產—分銷」連續過程中的各機構，在共同契約下連成一體，各成員則為擁有特許專營權的單位。

特許經營活動是近年來零售業中最引人注目、同時也是成長最快的類型。它可區分為三種形態，即製造商支持的零售特許，製造商支持的批發特許及服務機構支持的零售特許。

第一種形態是製造商支持的零售特許系統，一般在汽車工業中最為盛行。

第二種形態是製造商支持的批發特許系統，最常見於軟、冷凍飲料行業中。

第三種形態是服務機構支持的零售特許組織，即由一個服務性（非製造性）公司組成一個完整的系統，對顧客提供有效的服務。

二、水準行銷系統的發展

水準行銷系統是指由兩個或兩個以上的公司，形成自願性的短期或長期聯合關係，共同開拓新出現的行銷機會。水準行銷系統產生的理由很多，如由於任何一個公司都無力單獨積聚巨大的生產資金、技術、生產及行銷設施，以從事經營；或由於風險太大不願單獨

冒險；或由於市場的變動、競爭的激烈、工藝技術迅速改變的威脅；或由於需要他人所擁有的技術或行銷資源；或由於預期聯營所能帶來的綜合效果更大等。這種聯營企業可以是短期性，也可以是永久性的結合；也可以由兩個母公司共同創立第三個公司。這種水準式行銷系統，也被稱為「共生行銷」。

第三節　渠道設計決策及任務分配

行銷渠道設置的決策是依據企業的行銷戰略目標和目標市場等特性進行的。一個良好的行銷渠道必須能進入目標市場內活動，所以，行銷渠道策略必須與其他行銷策略相配合。

一、確定行銷渠道的限制因素

渠道設計的問題是如何發掘輸送產品到目標市場的最好途徑。所謂「最好」可以解釋為確定到達目標市場的結構上與功能上使公司能在同一的成本下，獲取最大收入；或獲得一定收入，能使渠道成本最低。企業的渠道目標受所處環境的一些特定因素所影響，每一行銷企業必須從顧客、產品、中間商、競爭者、公司政策等主要環境因素限制下設計和建立，首先需要確定渠道目標。

(一) 顧客性質

渠道設計將受到①顧客人數、②地理分佈、③購買頻率、④平均購買數量、⑤購買習慣等的影響。

(二) 產品性質

產品本身的特點對行銷渠道的決策起著決定性作用，主要的產品因素有：

1. 產品的體積和重量

不同體積和重量的產品，對運輸方式、倉儲條件和流通費用有直接影響。體積大而重的產品，如礦石、建築材料、機器設備等，應盡量縮短行銷渠道，以使搬運次數最少，移動距離最短。小而輕的產品，則有條件選擇較長的行銷渠道。

2. 產品的易腐性和易毀性

對於那些易腐的、有效期短的產品（如食品），要求從生產出來後以最快的時間送達消費者，應採用盡可能短的渠道銷售。對於易毀的產品，如字畫、雕塑品、裝飾品等，也不宜採用過多的中間環節轉手，以減少搬運過程、臨時停放等可能產生的毀損。

3. 產品的技術性和服務的要求

有的產品具有很高的技術性（如精密儀器、成套設備），需要安裝、調試和經常性的技術服務與維修。對這樣的產品，最好是產需直接見面，或只經過專業性很強的中間商經銷。

4. 新產品

新產品問世之初，顧客往往缺乏瞭解，需要大力推銷和較多的銷售費用，中間商一般不願承擔銷售工作。所以，新產品的銷售一般多由製造商自己完成。

(三) 產品價格

一般來說，單位產品價格越高，就越應該減少渠道級數，即使用最短的渠道最有利。如銷售人員直接銷售，或只經過很少的中間環節，以避免因級數增多導致最終售價提高而影響銷路。反之，單位價格較低的產品（如日常用品），它們的利潤也低，就需要大批量銷售，只有廣泛採用中間商才能擴大銷路，占據有利的市場地位。

(四) 中間商性質

渠道設計同時也應考慮到不同類型中間商在處理各種工作時的優點及缺點。一般而言，中間商在執行運輸、廣告、儲存、接洽顧客的能力、信用條件、退貨權力、訓練人員和送貨頻數等等方面的優劣是不同的。除這些差異外，中間商的數目、地點、規模大小和產品分類等等的不同也會影響渠道設計。

(五) 公司性質

公司自身的性質在決定渠道的長短、控制渠道的能力等方面有重要影響。

1. 信譽與資金

企業信譽好，財務能力強大，就有可能將一些重要的銷售職能集中在自己手中，以控制銷售業務，加強與消費者的聯繫；反之，則只能依賴中間商銷售產品。

2. 企業的銷售能力

企業銷售機構和銷售人員的配備，銷售業務的熟悉程度和經驗，以及儲存、運輸能力也制約著行銷渠道的選擇。銷售能力弱的企業，只能過多地依賴中間商，銷售能力強的企業，則可少用或不用中間商。

3. 經濟效益大小

是採用直接銷售還是間接銷售，是採用較多的中間環節還是較少的中間環節，都要比較哪種選擇經濟效益最好，經濟效益的高低是企業選擇行銷渠道的重要標準。

(六) 環境性質

渠道設計更進一步受到經濟狀況與法律等環境因素的影響。當經濟蕭條時，生產者常希望用最低廉的方法將產品送到最終顧客，這通常意味著要使用較短的渠道，免除導致產品最後價格增加的不必要服務。法律規定與限制同時也會影響渠道設計。

二、確定行銷渠道目標

行銷渠道目標是渠道設計的基礎。渠道目標設定時應考慮下列三點：行銷渠道效率、行銷渠道控制程度、財務開支等。

(1) 行銷渠道效率包括：銷售量、市場佔有率、目標利潤率等；

(2) 行銷渠道控制程度取決於廠商在渠道協調中扮演的角色和對渠道控制的慾望；

(3) 財務開支則依據廠商願意支付多少財務資源來建立和控制渠道而定。

三、行銷渠道的設計

(一) 行銷渠道的長度

渠道的長度涉及從生產者到最終用戶所經歷的中間環節的多少。愈短的渠道，生產者承擔的銷售任務就愈多，信息傳遞快，銷售及時，能有力控制渠道；愈長的渠道，批發商、零售商要完成大部分銷售職能，信息傳遞緩慢，流通時間較長，製造商對渠道的控制就弱。在確定渠道長度時，應綜合分析製造商的特點、產品的特點、中間商的特點以及競爭者的特點加以確定。表10-2列出了確定渠道長短時應考慮的因素。

表 10-2　　　　　　　　　　　　　渠道長度決策因素

長渠道	短渠道
1. 產品單位價格低	1. 產品單位價格高
2. 產品單位利潤低	2. 產品單位利潤高
3. 顧客數量大	3. 顧客數量小
4. 顧客採購金額與數量小	4. 顧客採購金額與數量大
5. 不需要服務	5. 需要服務

(二) 行銷渠道的覆蓋面

所謂渠道的覆蓋面（渠道的寬度），是指行銷渠道中的每一級中所使用的中間商的數目。這主要取決於企業希望產品在目標市場上擴散範圍的大小，即占據多少市場供應點以及什麼樣的供應點的問題，是希望顧客在任何供應點（零售店）都能買到產品還是只希望顧客在有限的供應點買到產品，企業必須作出選擇。有三種可供選擇的渠道寬度策略：

1. 密集分銷

密集分銷就是盡可能多地利用銷售商店和經銷商銷售產品，盡可能多地設立市場供應點，以使產品有充分展露的機會。

這種策略的優點是產品與顧客接觸的機會多，廣告的效果大。但製造商基本上無法控制渠道，與中間商的關係也較鬆散。

2. 獨家分銷

在一個特定的市場區域內僅選用一家經驗豐富、信譽卓著的零售商或一家工業品批發商推銷本企業產品。

企業與經銷商雙方一般都簽訂渠道合同，規定雙方的銷售權限、利潤分配比例、銷售費用和廣告宣傳費用分擔比例。這種策略主要適用於顧客選購水準很高，十分重視品牌商標的產品。工業品中的專用機器設備，由於用戶與生產廠在技術和服務上的特殊關係，也

常採用這種策略。這種策略的優點是製造商與中間商關係非常密切，獨家經銷的中間商工作努力，積極性高，有利於提高產品的信譽，製造商能有效地控制行銷渠道。但是這種策略靈活性小，不利於消費者的選擇購買。

3. 選擇性分銷

選擇性分銷即選擇一家以上，但又不是讓所有願意經銷的仲介機構都來經營某種特定產品。

採用這種策略，企業所選擇的只是那些有支付能力、有經營經驗、有產品知識及推銷知識的中間商在特定區域推銷本企業產品。

它適用於顧客購買時，需要在價格、質量、花色、款式等方面精心比較和選擇後才決定購買的產品。工業用品中專用性強、用戶對品牌商標比較重視的產品也多採用這種策略。

這種策略的優點是減少了各級渠道仲介機構即中間商的數目，每個中間商就可獲得較大的銷售量，生產製造企業也只與少量的中間商打交道，有利於培植工商企業之間的合作關係，提高渠道運轉效率；還有利於保持產品在用戶中的聲譽，製造商對渠道的控制力度能夠加強。一般來說，其優缺點介於前面兩策略之間。

四、渠道成員的條件與責任

製造商必須對渠道成員規定條件與責任，促使其熱心、有效地執行渠道功能。這種「交易關係」的組合中的主要因素為價格政策、銷售條件、地區劃分權、每一個成員所應提供的特別服務。

1. 價格政策

在交易關係組合中，價格政策是一項重要因素。製造商通常制定一訂價表，再按不同類型的中間商與各種不同的訂購數量，給以相應的價格折扣。製造商為中間商制定合理的價格目錄表和折扣表是至關重要的。

2. 銷售條件

銷售條件是交易關係組合的第二項重要因素。其中最重要的條件為「付款條件」與「生產者保證」。有很多製造商對於提前付現的經銷商給予「現金折扣」，例如「10 天內付款 2% 折扣，30 天內付款則無折扣」。這種特殊條件對生產者的成本與激勵經銷商扮演重要角色或完成應擔負的功能起保證作用。製造商也可給經銷商有關瑕疵品或跌價的特定保證。這種保證可能導致經銷商在無後顧之憂的狀況下大量購買。

3. 地區劃分權

地區劃分權是交易關係組合中的第三個因素。一個經銷商希望知道製造商將何地的特許權授予其他經銷商。他同時也希望製造商承認其領地內的全部銷售實績，而不計算這些實績是否由他自己的努力而得。

4. 相互服務及責任

相互服務及責任是交易關係組合的第四個因素。在選擇性分銷與獨家分銷時，這個因素非常易於瞭解，同時也說明得很詳盡，因製造商與經銷商間的關係密切。相反，若製造商採用密集分銷，他可能只偶爾供給經銷商一些推廣資料與一些技術上的服務。自然地，經銷商就不太願意提供其經營資料、顧客購買行為的差異分析，或在推廣資料分發上合作。

五、評估不同的渠道方案

因中間商的排列組合，市場展露的可能程度，渠道成員間行銷工作的可能分派，以及不同的交易關係組合，企業可能面臨多種渠道方案的選擇。每一渠道方案均可能是製造商到達最後顧客的路線，企業總是在這些渠道方案中，選擇最能滿足其長期目標的方案。

每一可能渠道方案必須就整個企業的特性及影響加以評估。其評估至少包括三個標準：經濟性、控制性、適應性。

1. 經濟性

在三者中，經濟標準最重要，因為公司的目的並非追求渠道控制或適應性，而是追求利潤或達到預定的銷售目標時能盡可能降低銷售成本。因此渠道的評價必須從所含的售價、成本及利潤的估計開始。

每一行銷渠道的評估，將從銷售收入估計開始分析，因為某些成本是隨銷售水準而變。我們首先要考慮，採用企業銷售還是採用中間商銷售，哪個得到的銷售量多？一般來講，大多數行銷經理的回答是「自己的推銷人員將會銷售得更多」。導致這種概念的理由很多，第一，公司自己的推銷人員僅集中注意力於該公司的產品；第二，他們對推銷本公司產品有較良好的訓練，他們必須十分積極，因他們的未來依賴於公司的未來，利害一致；第三，他們對顧客的接觸會較成功，因為一般顧客都較喜歡直接與公司人員交易。

事實上，利用銷售代理商，可能比利用企業自己的推銷人員幹得更好：第一，銷售代理商推銷人員多，如果其推銷人員素質上更優的話，會使代理商有更多銷售量；第二，在代表公司產品方面，代理商的推銷人員可能與公司自己推銷人員一樣積極，這完全視提供給他們的激勵力量有多高而定，而企業可巧妙運用其條件來影響代理商及推銷人員的熱心程度；第三，只要產品與條件有一定標準，顧客並不在乎與誰交易，而且，顧客可能更願與貨色齊備的代理商交易，而不願與僅有一類甚至一種產品的企業推銷員交易；第四，銷售代理商多年來已建立起廣泛的社會接觸關係和行銷經驗，這是公司銷售人員所不可比擬的。

一旦銷售收入估計出來後，第二步就應估計不同渠道體系下的成本。渠道的設置需要大量的財務資源，消耗高昂的成本（見表10－3）。此處只考慮那些只隨銷售水準而變動的成本。

表 10-3　　　　　　　　　　　　　行銷渠道成本

渠道功能/目標	成　本
1. 訂單處理、顧客服務	1. 處理客戶下訂單和提供各項服務
2. 存貨管理	2. 為需要而維持適量的存貨水準
3. 倉庫	3. 把產品存放接近銷售點以應付需要
4. 行銷溝通	4. 把產品信息提供給中間商和最終消費者
5. 渠道成員的獲利率	5. 每一成員均需維持合理的投資報酬率
6. 機會成本	6. 如中間商服務不滿意時造成顧客不滿及銷售損失

圖 10-4 顯示了雇傭銷售代理商或使用自己的銷售隊伍的情況。此公司採用銷售代理商方案的固定成本顯然低於採用公司自己銷售分支部門的固定成本。相反的，當銷售增加時代理商方案的成本增加速率比公司分支機構方案快，其理由是代理商收取的佣金比公司的推銷員高。觀察該圖，有一銷售水準 S 可使得兩種渠道方案下的行銷成本相等。從該圖可以直接地看出，即銷售在 S 以下時，代理商方案較佳，但銷售在 S 以上時，公司設立自己銷售分支機構的方案較佳。銷售代理商趨向於被小公司所使用，或被較小地區中的大公司所使用，因為在此兩種情況下，產品銷售量較少，若投資於設立自己的分支機構則不劃算。

圖 10-4　銷售代理商或公司銷售分支機構的損益平衡成本圖

實際分析時，如果得到上述兩種方案的銷售的固定成本與變動成本，通過求得方案分歧點的銷售量 S_0，再根據要求實現的目標銷售量即可決定採用自銷還是使用中間商銷售。

如果不能確定兩種渠道方案會產生相同的銷售水準時，則最好直接對投資報酬作簡單的估計。一種可能的衡量方法為：

$$R_i = \frac{S_i - C_i}{C_i}$$

式中：

　R_i = 行銷渠道 i 的投資報酬。

　S_i = 使用渠道 i 的估計銷售收入額。

　C_i = 使用渠道 i 的估計成本。

R_i是使用渠道 i 所期望的投資報酬估計,假設其他的條件都相同時,則以能獲得較高R_i的渠道為較佳的選擇對象。

2. 控制性

經濟性評估可對於某一渠道方案是否優於其他渠道方案提供一個成本方面的指導,更進一步,這種評估必須再予以擴大,從這兩種可行渠道方案的激勵性、控制性與衝突性等方面加以考慮。

使用代理商會產生一些控制性問題,因為銷售代理商是一個獨立商人,他主要追求的是獲得最大經銷利潤。銷售代理商有時會更關心其本身的銷售量,而不只是製造商產品的銷售量。他通常也不與鄰近地區同屬於製造商的其他銷售代理商作有利於製造商的合作。銷售代理商也常無意專心學習有關製造商的產品技術細節,也不會有效利用製造商所提供的促銷宣傳資料,或達到製造商所希望的顧客服務水準。總之,使用代理商會產生一些控制方面的問題。生產者所能控制代理商的程度會影響經濟結果,所以應該在評估各可行渠道的經濟性後,要考慮控制問題。

3. 適應性

假如一個特定渠道方案從經濟觀點來看,十分優越,同時又無特別控制問題時,則須考慮另外一個準則,即製造商適應環境改變的自由。一個渠道方案若承諾太長時間,就會失去彈性。如在採用獨家分銷制度時,就常涉及長期義務承諾。一個家庭用具公司若給予零售代理商特許專銷權,使其在某地區能獨家經營其產品,但當行銷商品的方法正在快速改變時,也只能慢慢地從代理商手中收回專銷權。這種束縛是因為經銷商在將其資本投入這種行業時,就會要求較久的契約保證。總而言之,當未來顯得很不確定時,涉及長期承諾的渠道方案就必須特別小心。

六、選擇渠道成員

當上述問題決定以後,就應該根據行銷的需要,選擇理想的中間商作為渠道成員,並說服中間商經銷自己的產品。如何選擇中間商,涉及到能否實現渠道目標和效率問題,因而應慎重考慮。由於渠道的長度與寬度不同,企業選擇的標準也應有所差異。但一般來說,較理想的中間商應具備以下條件:

(1) 與製造商的目標顧客有較密切的關係。

(2) 經營場所的地理位置較理想。

(3) 市場滲透能力較強。

(4) 有較強的經營實力。包括有足夠的支付能力,有訓練有素的銷售隊伍,有必要的流通設施。

(5) 在用戶中聲譽較好。

應當指出,渠道的決策和建立不是一件容易的事。行銷渠道與社會再生產過程有緊密

聯繫，一個製造商有時無法獨自作出全部決策。你可以選擇批發商和零售商，而零售商和批發商也可以自由選擇進貨渠道。所以，渠道決策往往是由所有渠道成員共同作出的，是一個決策、協商、修正、再決策的過程。行銷渠道一經建立，有必要維持穩定和加強管理。

第四節　行銷渠道的管理

行銷渠道管理，其中心任務就是要解決渠道中可能存在的衝突，提高渠道成員的滿意度和行銷積極性，促進渠道的協調性和提高效率。

一、行銷渠道衝突及原因

行銷渠道是一系列獨立的經濟組織的結合體，是一個高度複雜的社會行銷系統。在這個系統中，既有製造商，又有中間商，構成了一個複雜的行動體。這些經濟組織由於所有權的差別，在社會再生產過程中所處的地位不同，因此，他們的目標、任務往往存在矛盾。當渠道成員對計劃、任務、目標、交易條件等出現分歧時，就必然出現衝突。成員之間的衝突是利益關係的反應，每個渠道成員都是獨立的經濟組織，獲取盡可能大的經濟利益，是渠道成員所追求的基本的也是重要的目標。然而，利益在成員之間又是一種分配關係，具有此大彼小的特點，都希望多分得利益，少承擔任務和風險，這就會造成衝突。即衝突具有必然性，所不同的只是衝突的大小、表現方式而已。渠道衝突主要有三種類型，即垂直、水準和多渠道衝突。

垂直渠道衝突是同一行銷渠道內處於不同渠道級間仲介機構與仲介機構，仲介機構與製造商的衝突。例如，零售商抱怨製造商產品品質不良，或者批發商不遵守製造商制定的價格政策，不提供要求的顧客服務項目和服務質量差等等。

水準渠道衝突是同一行銷渠道內同級中各公司之間的衝突。例如，某家製造商的一些批發商可能抱怨同一地區的另一些批發商隨意降低價格，減少或增加了顧客服務項目，擾亂了市場和渠道次序。

多渠道衝突是指一個製造商建立了兩條或兩條以上的渠道，在向同一市場出售產品時引發的衝突。例如，服裝製造商自己開設商店會招致其他經銷商的不滿；電視機製造商決定通過大型綜合商店出售其產品會招致獨立的專業經銷商的不滿等等。

任何行銷渠道都會程度不同地存在著衝突，但是，合作仍然是行銷渠道的主旨，是大家能夠結合在一起的基礎。合作意味著相輔相成去獲取比較單獨經營時更高的經濟效益。只有促進合作，才能使渠道的整體活動效率最大。促進合作，也是解決衝突的基本方法。

二、渠道成員的類型

渠道成員是很複雜的。根據渠道成員對經營產品的熱情和興趣，以及在渠道中的地

位，渠道成員大體可分為四種類型：

1. 主導成員

這是渠道中實力最雄厚，對渠道具有較大控制能力的企業。可能是製造商，也可能是中間商。有的渠道只有一個主導成員，有的則可能有數個主導成員，各自控制一定的業務。對主導成員來說，渠道運行的效果，對它們影響最大。

2. 堅定成員

它們的經營實力較強，對渠道依賴性高，有強烈的維持渠道的願望。它們在渠道中享有較優越的地位。

3. 一般成員

它們在渠道中只具有一般地位，對渠道的運轉沒有特別的重要性。但只要能保證自己的利益，也是願意盡量配合主導成員的。

4. 動搖成員

他們並不忠於現有渠道，不願為渠道作出過多努力。稍遇困難，或有更好的利益機會，就可能退出現有渠道，加入有利可圖的新渠道。成員的複雜性，也就增加了衝突的複雜性。

三、渠道中的權力結構

行銷渠道是一個沒有正式領導人的社會行銷系統。在這個系統中，渠道成員各自發揮自己的功能和作用，彼此相互依存，各盡所能，各得其益。但在一條渠道中，權力結構總是存在的。權力就是控制渠道的能力和地位。每個渠道成員都十分重視自己在渠道中的權力，它是實現企業目標的重要保證。決定渠道成員權力大小的因素有四個：

1. 企業的實力

一般來說，規模大、資金雄厚、技術實力強的企業，通常擁有較大權力。例如，日本松下電器公司就統率著由許多外來機構組成的整個銷售系統；美國的西爾斯百貨公司銷售網點遍布於世界各地，擁有大量顧客和製造商不易瞭解和掌握的信息，在渠道中處於統治地位。

2. 購銷業務量大小

即在一條渠道中，產品銷售量占製造商和中間商總銷售量的比重。例如，一種產品的銷售量占製造商總銷售量的50%，而僅占一個特定中間商的1%，顯然，產品銷售對製造商關係重大，而對中間商無足輕重，中間商權力就大。

3. 競爭狀況

對製造商來說，如果具有獨特的技術（技術壟斷）、獨特的資源（資源壟斷）、獨家供應（產品壟斷），在渠道中必然擁有很大權力；反之，如果是供應者很多且競爭劇烈的產品，製造商在渠道中的權力就小。對中間商來說，如果在一個地區享有很高的聲譽，控

制了製造商無法瞭解的市場供求信息，或擁有特許經營權，那麼，它在渠道中的權力就大；反之，這一地區中間商很多，競爭激烈，則它的權力就小。

4. 信譽與形象

如果製造商已經通過廣告和行銷努力，建立起了顧客對產品的偏愛和信任，需求量就大，中間商也都樂意經銷，它就必然處於優越的地位。作為中間商，特別是大型中間商，如果已建立起良好的商譽，擁有廣泛的顧客，也可以擁有渠道中較大的權力。

四、減少或消除衝突的方法

要及時發現和分析衝突產生的原因，才能找到解決衝突的有效方法。特別是渠道的主導成員，需要經常設法關注渠道中存在的衝突，發現已經暴露出來的問題和潛在問題。如成員之間的相互抱怨、延遲付款、不按計劃完成自己的任務、顧客服務質量差等。要經常瞭解渠道成員的滿意程度和收集改進意見，然後制定出解決衝突的方法。有五種常用的解決衝突的方法：

1. 激勵

對工作不負責任和較懶散的成員，可採用提高它們的利潤、補貼、展示宣傳津貼、組織銷售競賽，以及獎勵成績顯著的成員等方法，以激勵他們努力工作。

2. 說服與協商

成員之間相互將問題擺出來，共同研究協商，溝通意見，以便尋求一個大家都能接受的方案來消除分歧。

3. 懲罰

這往往是在激勵、說服協商不起作用的情況下使用的消極方法。可利用團體規範，通過警告、減少服務、降低經營上的援助，甚至取消合作關係等方法實施。

4. 分享管理權

這是一種行之有效的方法。一種方式是建立契約性的縱向銷售組織，即將自主活動的製造商、批發商和零售商，以契約的形式聯合起來，實行有計劃的專業化管理，合作確定銷售目標、存貨水準、商品陳列、銷售訓練要求、廣告與銷售促進計劃，以減少成員內部的衝突。另一種形式是成立渠道管理委員會，由主導成員定期召集其他成員的代表，共同商議並決定管理事項。這也是減少衝突，增進相互理解支持的有效方法。

5. 加強製造商與中間商的合作。

中間商一般都是代表用戶需要向製造商採購商品，往往以用戶的採購人自居。因此，它們最關心的是用戶的需要，而且，它們一般都經營許多製造商的產品，對某一個製造商的特定的需要（如各種產品銷售情況的記錄、市場信息的收集與反饋等）是不太重視的。所以在渠道合作關係中，製造商起著主導的作用。製造商要爭取中間商的配合，必須把中間商作為用戶來對待。製造商可採用以下方法來支持中間商，以提高他們的滿意度，密切

雙方的合作關係：

（1）提供適銷對路的產品。適銷對路，是指在產品數量、質量、品種、規格、價格及交貨期等方面能滿足消費者的需要。能提供顧客喜愛的產品，就給中間商創造了良好的銷售條件，這是良好合作關係的基礎。

（2）加強廣告宣傳。這是中間商十分歡迎的。廣告宣傳的結果，可使每個經銷者得到好處，減少了中間商的銷售阻力。

（3）援助中間商的促銷活動。例如，協助搞好產品陳列，幫助訓練推銷人員，提供產品目錄，產品說明書和其他宣傳品等等。

（4）協助中間商進行市場調查。

（5）給中間商以財務支持。如延長付款期限等。

（6）協助中間商搞好經營管理。

當然，中間商也要認真搞好市場調查與預測，採取有效的促銷方式，積極推銷產品，及時將市場信息反饋給製造商，才能減少衝突，促進合作。

五、行銷渠道成員的評價

渠道的管理者還須定期評價渠道成員的績效。當發現某一成員的績效低於既定標準時，要找出主要原因及補救的方法。實在不能令人滿意的成員，還可考慮剔除或更換。評價的標準因渠道的性質、特點和經營要求不同而有差異。但一般來說，主要標準有：①銷售指標的完成情況；②行銷的熱情及態度；③對用戶的服務水準；④平均存貨水準及按時交貨情況；⑤促銷活動情況；⑥與其他成員的配合程度；⑦滿意度的高低。

六、渠道的改進

雖然渠道的決策和建立是長期的，但環境是不斷變化的。企業為了應付較大變化的行銷環境，有時需要對渠道加以改進，使行銷渠道更為理想。改進的策略有三種：

1. 增減渠道中的個別中間商

對效率低下、經營不善，對渠道整體運行有嚴重影響的中間商，可考慮予以剔除。有必要的話，還可考慮另選合格的中間商加入渠道。有時因競爭者的渠道寬度擴大，使自己的銷售量減少，也應增加每級中的中間商數量。

2. 增減某一行銷渠道

企業有時會發現隨市場的變化，自己的行銷渠道過多，有的渠道作用不大。從提高行銷效率與集中有限力量等方面考慮，可以適當縮減一些行銷渠道；相反，當發現現有渠道過少，不能使產品有效抵達目標市場，完成目標銷售量時，則可增加新的行銷渠道。

3. 改進整個行銷渠道

這意味著原有行銷渠道的解體。或因原有渠道衝突無法解決，造成了極大混亂；或因

企業戰略目標和行銷組合實行了重大調整，都可能對行銷渠道進行重新設計和建立。例如，製造商產品由自銷改為由經銷商經銷，或由經銷商經銷改為自銷，就屬這類情況。在改進整個行銷渠道前，企業必須認真進行調查研究，權衡利弊，作出決策。

第五節　零售商、批發商的類型與行銷決策

零售商與批發商是組成行銷渠道的主要機構，也是渠道中擔任產品所有權轉移的機構，零售商與批發商應該瞭解如何搞好自己的市場行銷活動，從而完成由分工確定的行銷職能。

一、零售商的類型與行銷決策

（一）零售商的性質
零售是將貨物和服務直接出售給最終消費者的所有活動。

任何從事這種銷售的組織，無論是生產者、批發商和零售商，都有可能開展零售業務。但是，零售商是主要從事零售業務的組織或個人。所謂「主要」，是指零售商的收入或利益主要來自零售業務。零售商是距離消費者或用戶最近的市場行銷仲介機構，是商業流通的最終環節。

零售商的主要任務是為最終消費者服務，他們不僅將購入的產品拆零出售，還為顧客提供多種服務，創造行銷活動需要提供的品種、時間、數量、地點和所有權效益。零售商數量龐大，分佈廣泛，商店類型繁多。零售業相對來說難以集中和壟斷，因此零售行業向來是競爭比較激烈的行業。

（二）零售商的類型
零售商形式繁多，並不斷有新的形式出現，劃分的標準也不統一。在這裡，我們將其分為商店零售、無店鋪零售和零售組織三類。

1. 商店零售商

商店零售商可以分為專業商店、百貨商店、超級市場、聯合商店、超級商店、特級市場、方便商店、折扣商店、倉庫商店、目錄銷售陳列室等主要類型。

（1）專業商店。這類商店專門經營某一類產品或其部分品種。例如服裝商店、家具商店、書店等，它們經營單一種類的產品；男子服裝店、婦女服裝店等，它們只經營一類產品中的部分產品線；而男子定制襯衣商店、運動員鞋店（專售運動鞋）等，則專業化程度更高，西方稱為超專業商店。專業商店能有效滿足特定目標市場的需要。

（2）百貨商店。百貨商店經營的產品種類很多，商店按產品類別佈局和管理，一般都設在城市的鬧市區，規模較大，裝修考究，能為顧客提供完善的服務，能滿足顧客在同一地點選購多種商品的需要。百貨商店的組織形式有三種：一是獨立的百貨商店，即一家

百貨商店獨立經營，別無分店；二是連鎖百貨商店，即一家百貨公司在各地開設若干百貨商店，他們是這家總公司的分號或聯號，屬總公司所有，由總公司集中管理；三是百貨商店所有權集團，即原來若干獨立的百貨商店聯合組成百貨商店集團，實行統一管理。

（3）超級市場。超級市場主要經營便於攜帶的食品和一些家庭日常用品。其特點是：顧客自我服務；奉行低價格、低成本和大量銷售的原則；經營場地較大，（一般為1,980平方米左右），陳列和輔助設施齊全；花色品種齊全，為顧客的多品目購買提供方便。有資料表明，在美國有3/4的食品是通過超級市場出售的。

超級市場面臨大量的創新者的挑戰，如方便食品店、折扣食品店和超級商店等。超級市場目前已向多方向發展，以增強競爭力。商店規模越來越大，經營的品種和數量越來越多。

（4）超級商店、聯合商店和特級市場。這些是與超級市場類似，但規模更大的商店。超級商店營業面積為3,000平方米左右，經營產品廣泛，能滿足消費者包括食品在內的一切日常用品的需要，而且還經營諸如洗衣、修鞋、廉價午餐櫃等服務項目，能使顧客一次買齊日常所需的一切消費品和服務。聯合商店是20世紀70年代出現於美國的一種新興聯合企業。它實際上是一個超級市場和一個非食品零售商店（通常是藥店）在一個核算組織內的結合。聯合商店營業面積在2,700~5,000平方米左右，非食品銷售額約占25%，比一般的超級市場更具戰略優勢。巨型超級商店也叫特級市場，它規模更大，營業面積在7,400-20,000平方米。它採取超級市場、廉價商店和倉庫售貨的經營原則，廉價出售品種繁多的食品和非食品，其中包括家具、重輕型器具、各類服裝和其他物品。

（5）方便商店又叫便利店。方便商店與超級市場經營的商品類似，也是以經營食品為主，但經營種類有限，商店較小，價格比超級市場高。購買時迅速、方便以及營業時間長是它們的主要特點。

（6）折扣商店。折扣商店不是指那些有時削價出售商品的商店，也不是指那些低價出售劣質品的商店。折扣商店的主要特徵是：

①價格一般比銷售同類商品的商店低；

②著重經營名牌產品，因而低價並不意味著質量差；

③實行自我服務，盡量減少雇員；

④設備簡陋而實用；

⑤商店一般設在低租金地段。

折扣商店以低成本保證了低價格，以低價格贏得了較大的銷售量和較快的資金週轉。正因如此，使其成了二次大戰後零售業中的一個創新。

（7）倉庫商店。是類似倉庫的零售商店。這種商店裝飾布置簡陋，設在低租金區，場地也多是由倉庫改建而成，經營品種較多，規模較大，是一種典型的薄利多銷的零售方式。

(8) 目錄銷售陳列室。它將商店目錄和折扣原則應用於大量可選擇的毛利高、週轉快的有品牌商品的銷售。其中包括珠寶飾物、攝影器材、皮箱、電動工具等。這些商店是60年代後期出現的，現已成為西方零售業極其走紅的零售方式。樣品目錄陳列室與傳統的商品目錄銷售有所不同，後者主要供消費者在家購物，沒有折扣，而顧客要過幾天甚至更長的時間才能收到商品。樣品目錄陳列室每年要發行長達幾百頁的彩色商品目錄（圖冊），每個品種都註有「目錄價格」和「折扣價格」，顧客可用電話訂購商品，並支付運費，或開車去陳列室看樣選購。

2. 無店鋪零售

無店鋪零售主要包括：直接銷售、直接市場行銷、自動售貨、郵購和電話訂購、上門零售等。

(1) 直接銷售。這是利用推銷員或推銷代表（或視為公司雇用的外圍推銷員）挨門挨戶推銷，或上辦公室等其他場合推銷的零售方式。

直接銷售的變種是多層傳銷，如安利公司徵召獨立的商人作為該公司的分銷商，這些分銷商又去徵召下線分銷商並向他們銷售，下線分銷商再去徵召別人銷售其產品。分銷商的報酬中包括由他徵召的分銷商總銷售額的一定百分比以及直接向零售顧客銷售的利潤。這種體系也被稱作「金字塔式銷售」。

直接銷售成本高昂，銷售人員的佣金為銷售額的20%～50%，而且還需支付雇用、訓練、管理和激勵銷售人員的費用。

(2) 直接市場行銷。直接市場行銷起源於郵購銷售，但今天已經發展到電話行銷、電視直銷、商品目錄行銷、電子購物等。在第11章有對直接市場行銷詳細的描述。

(3) 自動售貨。即通過自動售貨機向顧客出售商品的零售方式。這種方式在美國、日本等經濟發達國家運用較為普遍。在這些國家，自動銷售已經被用在相當多的商品上，包括具有高度方便價值的衝動購買品（如香菸、軟飲料、糖果、報紙和熱飲料等）和其他產品（襪子、化妝品、點心、熱湯和食品、平裝書、唱片、膠卷、T恤、保險、鞋油甚至還有供作魚餌用的蟲子）。同時，自動售貨也是一條相當昂貴的渠道，售貨機銷售商品的價格往往要高15%～20%。銷售成本高的原因是要經常給非常分散的機器補充存貨，而且機器常遭破壞，在某些地區失竊率高。對顧客來說，最使人憤怒的是機器損壞、庫存告罄以及無法退貨等現實問題。

3. 零售組織

儘管許多零售商店擁有獨立的所有權，但是越來越多的商店正在採用某種團體零售形式。團體銷售有五種主要類型：公司連鎖商店、自願連鎖商店和零售店合作社、消費者合作社、特許經營組織和銷售聯合大企業。

(1) 公司連鎖商店。連鎖店包括兩個或者更多的共同所有和共同管理的商店，它們實行集中採購和銷售相似產品線的產品。公司連鎖店出現在各種零售類型裡，食品店、藥

店、鞋店等。但在百貨商店中力量最為強大。

公司連鎖店比起獨立商店有很多優勢。由於規模較大，因此可大量進貨，以便充分利用數量折扣和運輸費用低這個優勢。連鎖店能夠雇用優秀管理人員。在銷售額預測、存貨控制、定價和促銷等方面制定科學的管理程序。連鎖店可以綜合批發和零售的功能，而獨立的零售商卻必須與許多批發商打交道。連鎖店所做的廣告可使各個分店都能受益，而且其費用可由分店分攤，從而做到促銷方面的經濟節約。有些連鎖店允許各分店享有某種程度的自由，以適應消費者不同的偏好和當地市場的競爭。

(2) 自願連鎖商店和零售商合作社。連鎖店帶來的競爭使得獨立商店開始組成兩種聯盟：一種是自願連鎖店，是由批發商牽頭組成的獨立零售商店集團，它們從事大量採購和共同銷售業務；另一種是零售商合作社，這是由一群獨立的零售商店組成的一個集中採購組織，採取聯合促銷行動。這些組織在銷售商品方面可達到一定的經濟節約要求，而且能夠有效地迎接公司連鎖店的價格挑戰。

(3) 消費者合作社。消費者合作社是一種由消費者自身擁有的零售公司。社區的居民覺得當地的零售商店服務欠佳，或者是價格太高，或是提供的產品質量低劣，於是他們便自發組織起消費者合作社。這些居民出資開設自己的商店，採用投票方式進行決策，並推選出一些人對合作社進行管理。這些店可以定價較低，也可以正常價格銷售，根據每個人的購貨多寡給予惠顧紅利。

(4) 特許經營組織。特許經營組織是在特許人（生產商、批發商或服務機構）和被特許人（購買特許經營系統中一個或若干個品種的所有權和經營權的獨立商人）之間的契約式聯合。特許經營組織的基礎一般是獨特的產品、服務或者是做生意的獨特方式、商標名、專利或者是特許人已經樹立的良好聲譽。在西方國家，快餐、音像商店、保健中心、理髮、汽車租賃、汽車旅館、旅行社、不動產等幾十個產品和服務業主要使用特許經營這一方式。

特許人通過下列要素得到補償：首期使用費、按總銷售額計算的特許權使用費、對其提供的設備裝置核收的租金、利潤分成，有時還收定期特許執照費。

(三) 零售商市場行銷決策

1. 目標市場決策

選擇目標市場是零售商最重要的決策。許多零售商沒有明確的目標市場，或者想要滿足的市場太多，結果無一得到滿足。必須明確將哪些群體作為目標顧客？商店應面向高檔、中檔還是低檔購物者？目標顧客的需要是品種的多樣化、品種搭配的深度還是便利？只有明確限定出目標市場後，零售商才能對商店地點、貨色搭配、商店裝飾、廣告詞和廣告媒體、價格水準等作出一致的決策。

零售商應定期進行行銷研究，以確保能夠接近並滿足目標顧客。近些年來，中國的消費者發生了深刻的變化，消費呈現明顯多樣化，對商店的檔次、要求提供的服務內容差別越來越多樣。在一個城市，人們去什麼商店購物，已經形成一定的習慣，「各進各的店」

的傾向已十分明顯：有的人關心售貨員是否有禮貌並樂於助人、乾淨整潔的店面、品種多、貨色新奇、收款迅速、店堂寬敞、空氣清新和裝修新穎；有的人則關心價格的低廉及產品的實用性。商店設在什麼位置，是為大眾市場服務，還是為高收入階層服務，甚至為某部分特殊顧客服務；將自己設計為什麼樣的形象，使之能成功地接近目標市場，這些都是零售店應解決的問題。

2. 貨色搭配決策

貨色搭配已經成為在相似零售商之間進行競爭的關鍵因素。零售商的貨色搭配應與目標市場的購物期望相匹配。必須決定貨色搭配的寬度（寬或窄）和深度（淺或深）。貨色搭配的另一尺度是產品質量，顧客不僅對選擇的範圍感興趣，而且對產品質量也很重視。

零售商店在相似的搭配和質量之間始終存在著競爭。制定一種產品差異化策略是有效對抗競爭的重要方法。零售商可採取以下產品差異化策略：

（1）以競爭的零售商所沒有的獨特的全國性品牌為特色。
（2）以私人品牌商品為特色。
（3）以獨具特色的大型銷售活動為特色。
（4）以新奇的或不斷變化的商品為特色。
（5）以首先推出最近或最新的商品為特色。
（6）提供定做商品服務。
（7）提供高度目標化的搭配。如零售店可專為高個男人或高大的女人提供商品。

3. 服務與商店氣氛決策

零售商還必須確定向顧客提供的服務組合。百貨商店應向人們提供盡可能多的，各式各樣的服務，而在超級市場幾乎把這些服務完全取消了。服務組合是競爭零售店之間實現差異化的主要手段。表10-4列舉了完全服務的零售商提供的某些主要服務項目。

表10-4　　　　　　　　　　　　典型的零售服務

售前服務	售後服務	附加服務
1. 接受電話訂購	1. 送貨	1. 支票付現
2. 接受郵購	2. 常規包裝	2. 普通服務
3. 廣告	3. 禮品包裝	3. 免費停車
4. 櫥窗展示	4. 調貨	4. 餐廳
5. 店內展示	5. 退貨	5. 修理
6. 試衣間	6. 換貨	6. 內部裝修
7. 節省購物時間	7. 裁剪	7. 信貸
8. 時裝表演	8. 安裝	8. 休息室
9. 折價券	9. 雕刻	9. 幼兒看護服務

商店氣氛是進行競爭的另一個要素。商店的店堂佈局、店容、格調、音樂、氣味等，組成了商店特有的風格和個性，即商店的氣氛。有一些善於經營的百貨公司特別注重商店的氣氛，可以根據目標顧客的心理特點設計出與之適應的氛圍。他們知道如何綜合視覺、聽覺、嗅覺和觸覺等各種刺激因素，產生預期的效果。

4. 價格決策

零售商的價格是一個關鍵的定位因素，必須根據目標市場、產品服務搭配組合和競爭情況來加以確定。所有的零售商都希望以高價銷售，並能擴大銷售量，但是往往難以兩全其美。大部分零售商可分為高加成、低銷量（如高級專用品商店）和低加成、高銷量（如大型綜合商場的折扣商店）兩大類。在這兩類中還可以進一步細分。

零售商還必須重視定價策略。大部分零售商對某些產品定價較低，以此作為吸引顧客流量的招徠商品，有時他們還要舉行全部商品的大甩賣。他們對週轉較慢的商品採取減價出售的方法。

零售商也必須決策是否使用促銷定價的策略。傳統上，大多數零售商採用促銷定價的辦法，即先是制定目錄價格，然後定期減價。根據這種辦法，大多數顧客會付全價，而對價格敏感的顧客則願意等到降價的時候再買。

5. 促銷決策

零售商使用的促銷方法須能支持並加強其形象定位。高級商店會在有相當影響的雜誌或報紙上刊登文雅的廣告；大眾化商店則多在廣播電臺、電視臺、報紙上大做廣告，宣傳其商品價格低廉，富有特色。在使用銷售人員、銷售促進上也各具特色，總是採用各式各樣的銷售促進方法，以招徠顧客。

6. 地點決策

地點是零售商成功的關鍵因素，它關係到零售商能否成功地吸引顧客，因為顧客一般都選擇就近的零售店購物。不同國家、不同地區的消費者購物習慣有很大的差異，選擇地點時應充分考慮。百貨公司連鎖店、超級市場、加油站、快餐店等在選擇地點時尤應小心謹慎。

此外，大型零售商還必須解決一個問題，即是在許多地點設立若干小店，還是在較少地區設立較大的商店？一般來說，零售店應在每個城市設立足夠多的商店，以獲得促銷和分銷的規模經濟。商店的規模越大，其銷售的範圍就越大。

零售商經常面臨顧客流量大和租金高之間存在著的矛盾，零售商必須為自己的商店選擇最有利的地點。它們可使用各種不同的方法對設店地點進行評估，如統計交通流量；調查顧客購物習慣；分析有競爭能力的地點等等。

二、批發商的類型與行銷決策

(一) 批發的性質和作用

批發是將商品或服務銷售給為了再售或生產其他產品或服務的使用而購買的人或組織所發生的一切活動。

與零售相比，批發的性質有所不同：

（1）批發商服務的對象都是非最終消費者的組織或個人。

（2）批發商的業務特點是成批購進和成批售出，業務量比較大。而零售商則是將購進的商品分零出售，以適應個人或家庭的需要。

（3）由於批發商在商品流通中地位不同，服務對象不同，一般都集中在工業、商業、金融業、交通運輸業較發達的大城市，以及地方性的經濟中心（中小城市），其數量比零售商少，其分佈也遠不及零售商那樣廣。

（4）批發業務往往比零售業務量大，覆蓋的地區一般比零售商廣。

（5）政府對批發商和零售商分別採取不同的法律和稅收政策。

(二) 批發商的類型

批發商可以劃分為三大類：商人批發商、代理商及經紀商、製造商自設的批發機構。

1. 商人批發商

他們是獨立的企業，對經營的商品擁有所有權。也就是自己購進並銷售產品的批發機構。獨立批發商無論是在數量還是銷售額上，在批發業中均居重要的地位。獨立批發商可分為兩類：完全服務批發商和有限服務批發商。

（1）完全服務批發商

完全服務批發商向顧客提供全方位的服務。主要包括：保持存貨、雇用固定的銷售人員、提供信貸、送貨、協助管理。完全服務批發商又分為批發商人和產業分銷商兩類。

①批發商人。批發商人主要向零售商銷售，並提供廣泛的服務。他們還可分為：

綜合批發商。他們經營的商品種類很多，包括食品雜貨、服裝、家俱等特別是小型零售商需經常購進的商品。有人稱它們是從事批發業的「百貨商店」。

單一種類或整類商品批發商。他們從事批發某一特定種類的商品，且在品種、規格、品牌等方面具有相當的完善性。同時還經營一些與這類商品密切關聯的商品。

專業批發商。他們只經營一個產品類別中的部分品種，專業化程度較高。他們精通產品的專業知識，能在較狹窄的產品範圍內為顧客提供較深的選擇和專門的技術知識和服務。他們服務的對象主要是大型零售商、專業商店和產業用戶。

②產業分銷商。是指向製造商而不是零售商銷售的獨立批發商。他們為製造商提供全面服務，經營的商品類別有多有少，但每類商品的品種、規格、品牌都很齊全，便於買主一次就可買到所需的各種商品。

（2）有限服務批發商

有限服務批發商向其供應商和顧客提供的服務較少。主要有以下類型：

①貨架批發商。他們在超級市場和其他雜貨商店設置自己的貨架，商品賣出後，零售商才付給貨款。這是零售商所歡迎的寄售方式，但也是一種費用較大的批發業務。

②現款交易批發商。顧客購貨時，當場支付貨款，並當場提走貨物。這種批發商既不賒銷也不送貨，也沒有推銷活動。服務對象主要是食品雜貨業中的小型零售商。

③郵購批發商。他們是通過郵寄接受訂貨，然後將商品以郵寄、寄運等方式送貨的批發商。它們的主要顧客是邊遠地區的小零售商等。

④卡車批發商。他們主要是執行銷售和送貨職能，經營品種主要是易腐，需週轉很快的食品、飲料、水果等。卡車既是送貨的工具，又是活動的倉庫。

⑤承銷批發商。他們主要經營的是大宗產品，如煤和木材等。他們既不儲存也不送貨，而是得到訂單後，產品直接從製造商運到買主所在地，因此經營費用很低，銷售對象主要是工業用戶和其他中間商。

2. 代理商及經紀商

（1）代理商

代理商是指為委託人（通常是供應者）服務的批發機構。他們不擁有產品所有權，只代表賣方與買方進行磋商，主要功能是促進成交。產品銷售後，按銷售量由委託單位付給一定的佣金。代理商主要有以下類型：

①製造商代理商。它們受製造商委託，在一定區域內出售製造商的產品。通常，製造商在特定區域可以同時利用幾個這類代理商銷售產品，而代理商也常常代銷若干個製造商的產品，但經營的產品應是互補的而不是相互競爭的。代理商分別和每個製造商簽訂有關定價政策、銷售區域、訂單處理程序、送貨服務、各種保證及佣金比例等方面的合同。大多數製造商代理商是小企業，雇用的銷售人員少，但極為幹練。許多無力組織銷售隊伍的小公司常雇用這種代理商。有些大公司在開拓新市場或者在難以雇用專職銷售人員的地區也常用其充當代表。製造商代理商主要從事推銷職能，起著補充製造商推銷人員的作用。

②銷售代理商。它們是受製造商委託，負責銷售製造商的某些特定產品或全部產品的代理商，這類代理商不受地區限制，並對定價、銷售條件、廣告、產品設計等有決定性的發言權。銷售代理商通常與兩個以上的委託人簽訂合同，但一個製造商只能對全部產品或一個產品類別使用一個代理商。這種代理商在紡織、木材、某些金屬產品、某些食品、服裝行業中使用較多。這種代理商事實上取代了製造商的全部銷售職能，而不像製造商的代理商那樣只起補充的作用。銷售代理商主要適用於那些沒有力量推銷自己產品的小製造商。

③佣金商。指對商品實體具有控制力，並處理商品銷售的代理商。他們與委託人一般沒有長期關係。在西方，大多數佣金商從事農產品的代銷業務，他們用卡車將農產品運送

到中心市場，以最好的價格出售，然後扣去佣金和各項開支，將餘款匯給生產者。

④拍賣行。指為買賣雙方提供交易場所和各種服務項目，以公開拍賣形式決定價格，組織買賣成交的代理商。

⑤進出口代理商。指在主要口岸設有辦事處，專門替委託人從國外尋找供應來源和向國外推銷產品的代理商。

(2) 經紀人

經紀人與代理商有些類似，他們不擁有產品所有權，不控制產品實物、價格以及銷售條件。經紀人的主要作用是為買賣雙方牽線搭橋，協助談判，促成交易。交易完成後，由委託方付給佣金。他們與買賣雙方沒有固定關係。最常見的有食品經紀人、不動產經紀人、保險經紀人和證券經紀人等。

3. 製造商自設批發機構

他們的所有權和經營權都屬製造商。包括設置在各地的分銷機構和銷售辦事處，分銷機構承攬著徵集訂單、儲存和送貨等多種業務；銷售辦事處則主要是徵集和傳遞訂單。此外，製造商還可在展銷會和批發市場上長年租賃展臺、場地、設立批發窗口。

(三) 批發商市場行銷決策

1. 目標市場決策

批發商也是需要明確目標市場的，而不應謀求為一切人服務。他們可根據顧客規模標準、顧客類型、服務需求或其他標準選擇一個由零售商組成的目標顧客群。在顧客群內，他們可找出有利可圖的那些零售商，為他們提供更好的商品，或與之建立良好的行銷關係。

2. 貨色搭配和服務決策

批發商常面臨很大的壓力，不得不經銷完整的產品線，保持充足的庫存，以應付迅速交貨。但是，這樣會使利潤受損。批發商應重新研究以經營多少條生產線為宜，可以利用ABC分類法組織其產品，A代表有最高利潤的產品或品種，B代表有平均利潤的產品或品種，C代表利潤最低的產品或品種。這樣，批發商可根據各種產品利潤水準的差異和對顧客的重要性決定產品的庫存水準。批發商還應考慮哪些服務項目對於建立良好的顧客關係是最重要的因素，哪些服務項目應該放棄或者收費，其關鍵是要發現顧客所重視的特殊服務組合。

3. 定價決策

批發商一般採用傳統的成本上加成定價方法，即在商品經營成本上加成（如20%），以彌補其全部費用。批發商的利潤率是比較低的。批發商應探索新的定價方法。為了爭取新的重要客戶，可以削減某些產品線的利潤。他們也會要求供應商給予特別減價的優惠供應，因為這樣可擴大製造商的銷售量。

4. 促銷決策

批發商主要依靠推銷員來達到促銷目標。至於非人員促銷，批發商則可採用某些零售商樹立形象的技術。他們需要制定整體促銷策略，並且充分利用掌握的貨源、品種和（或）資金等方面的供應優勢促銷產品。

5. 地點決策

批發商一般在租金低、稅收低的地區設店營業，在設施和辦公室方面投資很少。因此，其物資處理系統和訂單處理系統往往落後於現有技術水準。先進的批發商已在研究物資處理過程中時間和行動的關係。此項研究的最終成果是倉庫自動化：訂單輸入電腦，各種產品由機械設備提取，再由傳送帶送到發貨平臺，然後集中裝運出去。批發商使用電腦處理會計、付帳、存貨控制和預測等工作也正在普及。

本章小結

行銷渠道策略是企業市場行銷組合中的重要組成部分。一旦選擇了某條渠道，公司必須長期依靠這條渠道。同時，渠道也將與其他行銷組合要素產生極大的相互影響作用。

作為決策者，必須對銷售渠道有全面的認識。包括行銷渠道的性質、行銷渠道的級數及特點、渠道的流程等。中間商作為行銷渠道的重要組成部分，正確理解中間商的功能與作用是渠道決策的基礎。

渠道的演化是引人注目的。除傳統渠道外，還出現了垂直行銷系統和水準行銷系統的發展，使單個企業之間的競爭演化為渠道系統之間的競爭，即競爭的一體化。

渠道決策是一件十分複雜的事，它受著許多內外因素的限制，企業必須在多種限制條件下作出選擇。在詳細分析這些影響因素的基礎上，企業要作一系列的渠道方面的決策：包括確定目標；決定渠道的長度和寬度；各種渠道以及按照一定的標準或要求來選擇中間商（渠道成員）。

批發和零售在渠道中扮演著重要的角色，批發商和零售商各自有著自身的組織形式和業務特點，並隨著市場經濟發展的需要而不斷更新。

行銷渠道的管理關係到建立起來的渠道能否高效率運行的問題。渠道的管理具有特殊性和複雜性。渠道成員都是相互獨立又相互依存的經濟組織，各自有著各不相同的目標、任務、特點和經濟利益。因而，行銷渠道中的衝突是不可避免的，成員之間的關係是複雜的。正確認識渠道中存在的衝突和渠道成員之間的關係，是實施有效管理的前提。行銷渠道管理的內容主要包括解決渠道中的矛盾或衝突；促進生產企業與中間商的合作；評價渠道成員的績效；根據實際情況的變化，適時修正和改進行銷渠道。

本章復習思考題

1. 什麼是行銷渠道的級數?
2. 行銷渠道的主要流程是什麼?
3. 企業設計行銷渠道要考慮的主要因素有哪些?
4. 決策行銷渠道的寬度有幾種選擇?
5. 企業如何選擇渠道成員?
6. 什麼是行銷渠道的衝突? 如何解決?
7. 零售商市場行銷決策的主要方面有哪些?
8. 批發商的主要類型有哪些?

第十一章　行銷溝通與傳播

買賣雙方溝通信息是交換能夠進行的必要條件。由於現代市場經濟中，生產的集中性造成的生產與消費的隔離，也就造成市場買賣雙方聯繫的困難。但是，無論存在什麼困難，企業都需要與目標顧客取得有效的信息溝通與聯繫，因此就需要確定有效的溝通方法；同時，在面對競爭的情況下，還需要說服和刺激目標顧客產生購買本企業產品的願望。所有這些，都需要企業經理人員掌握在行銷活動中如何開展有效的促銷活動的原理與說服藝術，以期能實現企業既定的行銷目標。為此，企業行銷經理人員必須仔細考慮和確定自己的行銷傳播和溝通計劃與方法。

第一節　行銷溝通原理與基本的行銷傳播工具

一、行銷信息傳播原理和條件

通常，在企業的行銷組合中所指的 Promotion，含有溝通、促進、激勵的意思。行銷傳播的基本含義為：行銷者將其準備提供的產品與服務的信息，向預期的目標顧客傳送，並激勵顧客購買產品或服務的溝通和激勵活動。行銷傳播的最終目的是為了激發目標顧客做出選擇本企業所銷售的產品與服務的反應。

圖 11-1　信息傳播要素與流程圖

根據上述定義，行銷傳播有兩個基本任務：
（1）行銷者將產品或服務信息與目標顧客進行溝通；

（2）用有利的論點說服目標顧客選擇本企業的產品和服務，並刺激其盡快實現購買。

傳統上，將行銷傳播稱為企業的促銷活動。但在現代市場行銷中，促銷的含義已嫌過窄，因為在整個溝通與說服/激勵的過程中，企業將不是著眼於一次交易完成，它需要通過有效的、整合起來的行銷傳播來建立長期的市場影響。由於行銷傳播的是信息，因此，行銷傳播的本質是信息傳送和交流活動。

對行銷傳播有效性的分析，需要從信息有效傳播的要素與條件入手。任何信息要能夠有效傳播都需要符合下列結構和要求（如圖 11-1 所示）：

（1）發信者（信息源）：即信息發出者，信息的出現和進入傳播過程由發信者準備和開始。

（2）編碼：信息編碼具有兩個功能，其一是將要傳播的信息用能夠觸及人們感覺器官的方式（如聽、看、聞、摸）表達出來；其二是信息是不能自己運動的，它的運動要由能夠傳送信息的媒體來完成。

（3）媒體：使信息能得以傳播的物體就是傳播媒體。如電磁波、計算機網絡、空氣、報紙（紙張）、路牌、人（如推銷人員）。

（4）解碼：收信方將接受的信息與媒體剝離（解調）與理解（閱讀）過程。

（5）接受者：即接收信息的人，他就是發信者的目標。

（6）反饋：以便能夠瞭解接受者對信息的反應和信息傳遞的效果。

（7）噪音：從信息傳播角度講，媒體運動是將信息從發信者處運動到接受者處的力的作用；如果有無論任何原因導致的信息運動指向接受者反向的運動力的影響，就是噪音或干擾。

知道了信息傳播的基本原理，就可以知道信息要能有效傳播，必須具備下列充要條件：

條件一：編譯碼匹配。編譯碼如果不能匹配，從原理上講，信息就不能有效送達接受者。

條件二：傳送力大於干擾力。如果企業電視廣告表現形式平淡，則「遙控器決定論」將使目標接受者轉換去看別的電視節目，根本不會看你的廣告。信息的無吸引力也是一種干擾。

條件三：媒體可接觸性。從接受方的角度講，比如，通過電視媒體發送的行銷信息，就要求接受者一定要有電視接受裝置；再如，登載廣告的印刷物如果目標接受者從來不訂閱，行銷信息也不能送到接受者處，信息不能有效傳送。

由上述信息有效傳播的充要條件決定，行銷信息的傳播除了需要確定傳播什麼行銷信息外，還要考慮選用什麼樣的媒體、用什麼樣的方法、以什麼表現形式來傳播行銷信息，才能實現有效溝通。

二、行銷傳播工具

企業要能完成既定的行銷信息傳播，有六種不同的傳播工具。因為不同行銷傳播工具特點不同，任何一種行銷傳播工具都不能適應所有場合和情況來完成行銷傳播任務。為此，企業行銷經理人員需將它們組合起來使用。對行銷傳播工具的分類有六種，每一種都有許多不同的具體應用形式。

1. 廣告

由明確的主辦者以付費的方式進行的創意、商品和服務的非人員展示和促銷活動。

2. 銷售促進

銷售促進通常也簡稱促銷，對應的英文詞為 Sales Promotion。為和行銷組合中的「促銷」（Promotion）相區別，通常將銷售促進用 SP 表示。銷售促進指各種鼓勵潛在的目標顧客試用、購買或銷售商品和服務的短期刺激。

3. 公關關係與公共宣傳

指設計並實施執行的各種計劃方案，以促進和（或）保護公司形象或它的個別產品。公共關係旨在獲得公眾對企業組織的良好印象，協調公眾與企業的利益方面具有特殊效果。

表 11 - 1　　　　　　　　　　　　　6 種促銷工具

廣　告	銷售促進	公共關係	事件與體驗	人員推銷	直接行銷
印刷和電臺廣告 外包裝廣告 包裝中插入物 電影畫面 宣傳小冊子 招貼和傳單 工商名錄 廣告複製品 廣告牌 陳列廣告牌 銷售點陳列 視聽材料 標記和標示語 錄像帶	競賽、游戲 兌獎、彩票 贈品 樣品 展銷會 展覽會 示範表演 贈券 回扣 低息融資 招待會 折讓交易 交易印花 商品搭配	報刊宣傳 演講 討論會 年度報告 慈善捐款 捐贈 出版物 關係 遊說 確認媒體 公司雜誌 事件	突發事件企業參與 產品試用 品牌體驗與旗艦店 顧客自制（DIY） 工業遊覽 企業發起顧客參與的社會/社區活動	推銷展示陳說 銷售會議 獎勵節目 樣品 交易會與展覽會	目錄銷售 郵購服務 電話行銷 電子購買 電視購買 傳真郵購 電子信箱 音控郵購

4. 人員推銷

指與一個或多個可能的購買者面對面接觸，目的是為了介紹產品、回答問題和爭取顧客購買和獲得訂單。

5. 事件與體驗

利用事件與體驗傳播行銷信息的做法早已有之。如過去常用的產品展銷會、新產品介

紹會等。現在，許多企業認識到，它已經越來越成為一種可專門設計與使用的行銷信息傳播工具。如災害性事件的出現，企業積極捐款捐物進行賑災；如利用奧運會推廣品牌和建立產品形象；如設立品牌形象店讓顧客能夠接觸和體驗產品；再如提供顧客自己製作一些產品的機會等。通過這些方式，顧客不僅「聽到」，而且能「看到」和「用到」產品，這樣的參與，提供了顧客對信息所指事物的體檢，能夠有效加深顧客對產品的瞭解，甚至留下深刻印象！

6. 直接行銷

直接行銷的英文是 Direct Marketing，也有人翻譯為直復行銷、對接銷售或直銷等。但就上述英文詞的基本含義，是指企業在溝通和銷售過程中，沒有別的參與所有權轉移者參與。像代理商實現的銷售，公司推銷人員或公司以外臨時雇佣的人員或機構實現的銷售，就是直接行銷。但行銷傳播中，直接行銷是指企業使用郵寄、電話、傳真、E-mail 和其他以非人員接觸工具與目標顧客進行溝通，或徵求特定顧客和潛在客戶回復，並爭取能完成交易的各種方式。

表 11-1 列出的是上述 6 種行銷溝通傳播工具常見的具體應用形式或方式。

第二節　行銷傳播過程與組織

行銷傳播與溝通受到四個基本因素的影響，其一是信息有效傳播條件的影響；其二是知覺形成理論（見第五章）的影響；其三是任何一種傳播工具固有特點的影響；其四是需要組合使用起來的影響。行銷傳播和溝通的最終目的是產生購買反應。要達到此目的，任何企業與組織不可能靠一次性傳播或促銷就能說服目標顧客，必須根據客戶的購買反應過程循序引導（Step by Step）。因此整個行銷傳播和溝通需要按照下面的七個步驟組織進行，如圖 11-2 所示。

圖 11-2　行銷傳播的 7 個步驟

一、確定目標受眾

行銷信息的傳播首先要確定目標受眾。行銷傳播的目標受眾的確定原則就是企業產品的目標顧客所在的公眾團體。目標受眾可以包括：潛在購買者、目前使用者、決策者或影響者。受眾可以是個人、小組、特殊公眾或一般公眾。目標受眾決定了在整個行銷傳播中，對誰說的問題。而這一問題，又決定了說什麼，如何說，什麼時候說和在什麼地方說的問題。

一般說來，目標受眾的確定並不難，這往往在企業進行市場細分和產品定位時已經解決。在進行行銷傳播中，關鍵的是企業需要知道和確定傳播的起點——即通過行銷傳播應該解決什麼問題。因此，就需要對目標進行印象（Image）分析，評價受眾對企業產品和競爭者產品的現有印象，以增強傳播的針對性和目的性。

印象是一個人對某一具體事物具有的信念、觀念和感想的綜合。人們對待事物的信念和態度，高度受制於其印象。

企業可以採取熟悉量表測定目標受眾對該產品的認知程度：

從未聽說過	僅僅聽說過	知道一點點	知道相當多	熟知

很顯然，如果在上述測量中，目標受眾中的大部分受試者的印象集中在前面的量值處，企業行銷傳播面臨解決的問題將是企業自身、品牌或產品的知曉問題；如果目標受眾中大部分受試者的印象集中於後面的量值處，則知曉率問題已經解決。這樣就需要對熟悉這一產品的回答者，再問他們對產品喜愛程度如何，可用下列「偏好量表」評測：

很不喜歡	不怎麼喜歡	無定見	較喜歡	很喜歡

如果受試者大多數回答集中於前面的量值處，顯然，行銷傳播的任務就是解決否定印象問題。

```
              喜歡
         ┌─────┬─────┐
         │  B  │  A  │
低熟悉度  ├─────┼─────┤  高熟悉度
         │  C  │  D  │
         └─────┴─────┘
             不喜歡
```

圖 11-3　熟悉—喜愛程度分析

這兩種量表結合起來，就可以給出目標受眾的「熟悉—喜愛程度分析矩陣圖」（見圖 11-3）。受眾處於不同象限，企業面臨的行銷傳播任務和目標就相應變化：

如果處在象限 A，企業需要不斷維持受眾對企業和產品的良好印象。

如果處在象限 B，企業須主要解決企業產品知名度問題。

如果處於象限 C，知名度低，知道人的印象也不好。因此，在解決知名度的同時，還需要改變受眾對產品/服務的印象，如何有效改進產品/服務是配合傳播的同時的非傳播措施。

如果處於象限 D，則其不好的名聲為大多數人知道，改進目標受眾印象的工作將十分艱鉅，重新塑造形象聲譽是其必然選擇。但要改變業已形成的「壞」印象，必須要有很大耐心和艱苦努力，因為印象的粘著性特強，一旦形成信念或態度很難扭轉，需要提供強

有力的證明來改變受眾印象。

二、確定傳播目標

行銷本身是一個刺激潛在顧客並得到預期反應的過程，但現在幾乎沒有任何一種傳播方法和工具能夠通過一次性的傳播就產生希望的購買反應。遵循 Step by Step 的原則，行銷傳播需要通過多次，循序開展。因此，企業每次進行行銷傳播，需要確定該次傳播的具體目標。行銷傳播過程，就是將目標顧客從一個購買認知階段推向更高的認知階段的過程。目標顧客的購買認知階段，也就是其購買反應層次。到目前為止，行銷學研究者提出了許多顧客購買反應的層次模型，圖 11-4 列示了四種最著名的反應層次模式（Response Hierarchy Models）。

階段	AIDA模式	層次效果模式	創新採用模式	溝通模式
認識階段	注意	知曉 ↓ 認識	知曉	接觸 ↓ 接收 ↓ 認知反應
感知階段	興趣 ↓ 慾望	喜愛 ↓ 好 ↓ 信任	興趣 ↓ 評估	態度 ↓ 意圖
行為階段	行動	購買	試用 ↓ 採購	行動

圖 11-4　反應層次模式

表 11-2　　　　　　　　　　　傳播的目標

階　段	目　標
認知階段	認清顧客需要 提升客戶對品牌的意識 提高客戶對產品的瞭解程度
感知階段	改善品牌形象 改善公司形象 提高品牌受偏愛的程度
行為階段	激勵尋找行為 增加試用行為 提高再購買率 增加口頭推薦行為

所有這些模式都假設購買者依次經過認知、情感和行為這樣三個基本階段。

企業行銷經理人員可以根據不同的模型確定在傳播過程中每次傳播的目標。一般說來，越是屬於複雜的購買行為，就越應該採用更多次實施影響的傳播模式。表 11-2 對傳播目標進行了概括和分類。

三、設計傳播信息

確定了行銷傳播溝通的目標受眾和傳播目標以後，就需要按照傳播目標的要求，開發和設計出傳播信息。根據每次確定的傳播溝通目標來設計傳播的信息，就是在確定了「對誰說」以後，解決「說什麼」——信息內容；「如何說」——信息結構或表達方式與「誰來說」——信息源或代言人的問題。就信息有效傳播原理來說，設計信息完成全部編碼工作，它最終必須與譯碼匹配起來，即使目標受眾能夠並願意注意這些傳播出來的信息，並能夠產生希望的反應。

1. 信息內容設計

設計信息內容首先由訴求方式決定。通常，有三種不同的訴求方式。以一輛需要介紹其良好性能的汽車產品為例，採用不同的訴求方式，其信息內容會有區別。

（1）理性訴求。這種訴求採用比較客觀和平鋪直敘的方法，將與受眾有關或關心的產品性能、質量、價格比較、服務項目質量等告訴受眾。

（2）情感訴求。激發或喚起受眾的某種情感，以促使其對產品產生好感、偏愛甚至購買欲的信息。這裡的關鍵是行銷傳播者需要找到能引起大部分受眾的情感共鳴訴求點或賣點。

（3）道義訴求。以喚起是非判斷或正義感的方式說出採用產品的原因或理由。

「我們只有一個地球，地球的自然資源非常有限。任何污染人類自己家園的行為就是對人類犯罪，浪費寶貴資源的行為無異於殘害我們的子孫——XX 汽車具有的超低排放和低油耗，使你能為人類的現在和將來作出實際貢獻！」——傳達的信息是汽車產品的低油耗和低排放功能，並以道義感召力暗示應該抵制那些高污染和高油耗的汽車產品。

2. 信息結構

信息傳播到人們的感覺器官是一個過程。語言或聲音傳達的過程是一個與時間聯繫的過程，即先說什麼，再說什麼，最後說什麼；圖像信息可能與時間無關，但它是與空間變量聯繫的，包括構圖、視點中心、顏色搭配等。信息結構解決的主要問題是：

（1）結論是否需要說出來。在過去的廣告、公共宣傳中，結論往往由行銷傳播者告訴受眾。在現代，更多的研究認為，如在廣告中，最好能夠做到將問題用能夠舉出的事實給出，結論由受眾自己得出更好。特別是，如果傳播者本身的受眾印象不好時，給出結論對產品的接受將帶來不利影響。

（2）單面信息還是雙面信息。傳統的行銷傳播和促銷中，認為行銷者只需要傳播單面即產品服務優點和好處的信息，一般不傳播缺點和不足。但是在現代行銷中，公眾更相

圖 11-5　行銷傳播信息的三種展示秩序

信實話實說和客觀性，適當傳播負面信息可能更有利於對產品產生良好的反應和對傳播的行銷信息的可信性。

（3）信息展示秩序。常用的有三種展示秩序：

①如果將想說的或結論放在前面，然後提供說明論據或理由，就是漸降式的結構（如圖 11-5 A）。一般來講，如果受眾不會持異議態度或需要在較短時間知道傳播內容的，宜採用這種形式進行表達。

②如果將結論或強調的觀點放在最後，前面先說明理由和論據，就是漸升式（如圖 11-5 B）。如果受眾已經有了一些對本傳播者的產品不好的看法，或者受眾對一些新的結論在沒有給出有說服力的理由時難以接受甚至會出現抵觸情緒時，宜採用這種結構形式。

③如果結論和強調的觀點穿插地放在整個信息傳播過程中，每次給出一個結論和強調觀點，就是平行式（如圖 11-5 C）。如果需要給出的結論是多個，且受眾又能在傳播過程中處於高度注意狀態，且需要詳盡信息時，可採用這種形式。

3. 信息形式

根據知覺理論，無論行銷傳播者想傳播什麼信息，如果在選擇型注意中，所傳播的信息不能引起注意，這樣的信息無論傳播多少次，都不能達到傳播者的目的。信息形式就是解決信息吸引力（爭取注意力）問題，包括標題、顏色、文稿敘述方式、插圖、影視表演、特技、音樂、燈光造型等能夠吸引目標受眾的注意力，使之會看、會聽、會讀傳播者的信息。

通常，要能最好地吸引注意力，需要傳播者在決定信息形式時，採用更多的藝術性創造手法。一個非常重要的觀點必須強調，在行銷傳播過程中，一切信息形式的創造和設計，都是以有效傳達行銷者的信息為目的，而不是為了進行藝術創造。一些廣告從業人員可能將一則廣告的設計看成藝術創新，但過於離奇的設計、晦澀的表達、生僻的字眼、抽

象的思維，可能會被藝術家欣賞，但從達到行銷傳播目標看，則會是南轅北轍。廣告或一切行銷傳播工具與手段，需要藝術創新，藝術創新手法和形式可以用於廣告，但不能將廣告只當成藝術！

4. 信息源

這裡的信息源是指在行銷溝通中，由誰代表公司來向目標受眾發出信息。這通常被稱為公司形象、品牌或產品形象代言人。它可以由某個人擔任，也可以由某個專門創立的特定形象擔任，如卡通人物或動物形象。

考慮信息源的時候，需要考慮其對目標受眾的吸引力，能否引起注意、並能夠更多地被記憶或回憶。因此，由人擔任信息源時，許多公司願意聘請名人做其產品代言人。但需注意的問題是，如果名人本身形象或公眾印象與要傳達的公司、品牌與產品形象存在差異，不能很好匹配，則可能引起負面作用。信息源的可信性是由三個因素決定的：

（1）專長。如果信息源對傳播信息中的論點和結論具有相應方面的專門知識，甚至是這方面的權威專家的話，則信息源的可信度就會非常高。如醫生對藥品的介紹；著名運動員對於體育用品、保健品的代言，等等。

（2）可靠性。可靠性往往由信息源具有的客觀性、無利益性、關聯性和誠實性決定。這就是說，其中人們據以判斷行銷溝通或促銷信息可信性的標準，應是與傳播者沒有利益相關性的。如果不是這樣，將適得其反。

（3）令人喜愛。品牌、產品形象代言人如果具有令人喜愛的特點，其被接受和信任的程度要高於沒有此特點的代言人。令人喜愛是由代言人個人性格特點決定的，如長相、氣質、談吐、幽默、品德、教育背景等。在現代行銷中，特別強調的是，代言人的特點能夠與品牌、產品的個性化特點相一致或有強烈的暗示性作用。如中國著名運動員劉翔刻苦訓練特點被用到學習用產品上，就有很好的暗示性作用。

四、選擇傳播渠道

信息是依靠媒體的運動得以傳播的。傳播信息的媒體稱為傳播渠道。行銷信息的傳播者必須選擇能夠將其信息有效送達受眾的傳播渠道。

信息傳播渠道分為兩大類：人員渠道和非人員渠道。

1. 人員傳播渠道

人員傳播渠道包括兩個以上的人相互之間直接進行的信息溝通和傳播。傳播可以是面對面的，也可以採用非面對面的方法（如電話、互聯網）。

人員渠道主要適用於：產品價格昂貴、顧客感知風險較大或購買不頻繁的情況。

人員渠道還可分成下列一些子渠道：

（1）提倡者渠道（Advocate Channel）。由公司的銷售人員在目標市場上與購買者接觸所構成。通常，公司的推銷或銷售人員不僅完成溝通和傳播任務，他們還爭取在接觸目標

顧客的時候,達成交易意向甚至完成交易。

(2) 專家渠道(Expert Channel)。由具有專門知識的獨立個人對產品進行評價介紹所構成。醫生對藥品的評價和介紹;電腦專家對電腦產品的介紹;汽車專家對汽車的評價等等。

(3) 社會渠道(Social Channel)。由鄰居、朋友、家庭成員與目標購買者交談、推薦和評價所構成,它可能對目標顧客產生直接購買影響。

後兩種人員渠道傳播,在現代行銷中被稱為「口碑」傳播。特別是社會渠道傳送的行銷信息,其影響往往非常廣泛、直接和有力。企業行銷經理人員通常需要發展出良好的口碑傳播效果。下面是一些普遍適用的影響和控制「口碑」的技巧:

(1) 已經購買產品的顧客,是「口碑」傳播源。源正而水清。因此,對於購買者反應的問題,公司應該盡量給予滿意的答復和解決。這些得到滿意處理的顧客,往往比那些沒有遇到問題的顧客,更願意向別人推薦公司的產品,因為他們對公司的產品和服務將有更深的印象。

(2) 回訪。對於已購產品用戶的回訪,不僅可以瞭解其意見,以便進行必要的改進,更重要的是,得到回訪的顧客,對於公司售後服務的信心會大大增加,因此,他們就更願意向別人推薦放心的產品。

(3) 保修期的延長運用。通常,許多公司對產品的責任保證有一定期限。過了期限,往往同樣的產品問題,將由顧客自己承擔責任和修理費用。如果公司適當延長保修期,或對過了保修期的再給予一定優惠方法解決,將大大增加顧客對公司產品和服務的好感,其帶給顧客的滿意度往往會超過在保修期內解決問題時顧客的滿意度。

(4) 樣品贈送。通常使用在公司要推廣的新產品上。顧客在獲取「免費產品」時,容易感受到產品的更多優點,因而可能成為公司產品的「義務宣傳者」。

(5) 產品出現重大問題,甚至被新聞媒體曝光時,公司應該採取「召回」這類勇於承擔責任的措施。這樣做的實際效果是向公眾表明,本公司是一個永遠對用戶負責的公司。在現代行銷中已有很多實例證明,召回產品使許多曾經出現產品質量問題的公司順利地渡過了難關。

(6) 許多公司發現,開闢互聯網(電子)論壇,也是越來越有影響力的一種口碑傳播方式。在互聯網上的各種產品論壇,儘管不能保證所有言論都有利於公司產品,但其信息可信度很高,影響廣泛,其中雖不是全部但有相當數量顧客能說公司產品的好話,其影響顧客數量將成倍增加。

2. 非人員傳播渠道

與人員傳播相對應,非人員傳播渠道就是傳播者與接受者不直接進行接觸進行的信息傳播。包括媒體、氣氛和事件這些子渠道。

(1) 媒體(Media)由印刷媒體、廣播媒體、電子媒體和展示媒體所組成。大多數非

人員信息都是通過購買媒體傳播的。媒體的特點就是隨處隨時可得，通常越具有廣泛影響力與傳播範圍的媒體，使用費用越昂貴。

（2）氣氛（Atmospheres）是「被包裝的環境」，這些環境有產生或增強購買者購買或消費產品的傾向。所謂「包裝的環境」，就是將公司在傳達產品和服務信息的場所（如公司所在地、銷售場地等），通過一定物體布置、色彩搭配、聲音運用、燈光設置、實物展示和其他一些表演，達到提高或能夠引起目標受眾產生接受產品的情緒、情感或意向的一套傳播方法。醫院需要整潔；銷售高檔產品的商場與普通產品商場比較，需要更多的「奢侈性」布置和賣場環境的渲染。

（3）事件（Events）偶然用來對目標受眾傳播信息。如公關部門安排新聞發布會、開業慶典和各種贊助活動等。

一般來講，非人員渠道與人員渠道比較，具有廣泛性與經常性的好處，但是其可信度明顯低於人員傳播。根據這樣的特點，在行銷傳播中，可用兩步法：在解決一般印象或使受眾獲得初期信息時，讓非人員渠道發揮主要作用；在建立認知、好感和購買行為中，增加人員渠道的使用。現在，更好的行銷傳播方法是利用顧客數據庫技術發展定向定制行銷信息的傳播方法。如根據顧客已購買的產品的情況，向顧客提供關聯消費的產品的信息。

五、編製促銷預算

按照促銷目標要求，組織行銷傳播和溝通等活動，需要分配相應的傳播資金。長期以來，有兩個問題一直困擾企業行銷經理人員：一是因為傳播促銷效果受眾多因素影響，確定恰當的資金預算缺少可靠的依據；二是因為行銷信息大量充斥甚至泛濫，用於行銷傳播的資金都明顯表現出效率遞減的效果。即所謂「我知道有90%的促銷資金被浪費了，但不知道是哪90%」。常用的確定促銷預算的方法有：

（1）量入為出法。這種方法安排行銷傳播和促銷，就是有多少「剩餘」資金安排多少行銷傳播和促銷資金。甚至在一些企業內，是財務主管人員願意安排多少就是多少。通常，企業在進行資金分配時，並不列入這方面資金要求項目，當別的項目資金安排完畢後，如果有剩餘，再考慮安排多少資金用於促銷。

這種方法，從觀念上來講是經理人員視行銷傳播與促銷為可有可無。它導致企業的行銷管理部分沒有穩定和可預計的資金來源和保證，因此，也難以制定行銷傳播和促銷計劃，而只能「看菜吃飯」。在奉行生產觀念和產品觀念的企業組織中，這種情況很常見。

（2）銷售百分比法。這是按已實現的銷售收入為比例，根據企業所確定的百分比，提取用於行銷傳播和促銷的總資金，再在不同的促銷任務中進行分配。如某公司在上年實現銷售收入 2,000 萬元，如果規定用於行銷傳播與促銷的資金占銷售收入的 1%，則該公司的行銷管理部門可得到 20 萬元促銷費用於下年全年促銷開支。

很明顯，這種方法在那些銷售業績較好的公司裡，能夠給予行銷部門在新的財務年度

更多資金支持，使之可以繼續保持行銷傳播效果和促銷影響力——因為銷售百分比的計算，一般會按照成本、收入和利潤統籌考慮，公司在促銷開支方面也不會出現濫用資金的情況。同時，如果行業內所有的競爭者都願意按照這樣的方法，那麼，行業內可以避免促銷戰發生。

但從行銷行為邏輯上講，企業需要進行行銷傳播的促銷是為了提高產品銷售量或爭取達成更多交易，因此，當公司銷售量很小時，需加大促銷力度；相反，如果公司銷售量已經達到一定程度，促銷就應該減少了。所以，這種方法在邏輯上是「反因為果」。從適用性講，該方法適用於不特別依賴當前的促銷，而是試圖保持長期市場影響力的公司採用。

（3）競爭平衡法。企業按照競爭對手的促銷開支或估計競爭對手在這方面的開支費用來安排自己的促銷預算。

這種方法有三點理由：一是認為進行促銷和行銷傳播的目的是形成市場影響，只要公司產品或品牌市場影響不低於競爭對手，再增加開支就無用；二是認為競爭對手開支的規模，代表了本行業行銷傳播與促銷的實際需要；三是認為如果加大傳播和促銷力度，將引起行業內促銷戰發生，因此，保持相同行銷傳播和促銷力度可避免促銷戰發生。

但是上述三個理由並不充分：首先，行銷傳播和溝通目的不是與競爭者博弈，而是滿足交換完成所需要的條件——買賣雙方信息溝通，如果目標顧客對本公司的行銷信息瞭解比競爭者信息更少，公司就應該比競爭對手多開支促銷費用；二是不同公司產品定位、細分市場、已有聲譽、行銷組合都不同，這些情況相互之間很少有可比性；三是促銷戰發生，是以影響力為條件的。市場領導者需要保持更多的促銷開支；而市場追隨者卻可以用較少的促銷開支。這種方法特別適用於公司如能識別主要競爭對手，同時，在其他行銷組合上與競爭者的差別不大。這樣也可簡化預算方法。

（4）目標任務法。公司根據行銷傳播促銷目標的要求，將需完成的目標分解成具體任務，根據每項任務的完成需要多少資金安排促銷預算。

如某公司要求本年度實現產品市場佔有率20％，如果行業預計總銷售量為1千萬件，則公司需要完成的銷售量為200萬件。要實現這200萬件銷售目標，需投入廣告開支100萬元；需進行公共宣傳與公關活動150萬元；需銷售促進與樣品贈送資金30萬元；需要拜訪客戶的開支15萬元，那麼，該公司需要所有促銷預算為各項加總後的295萬元。

該方法是根據目標要求和完成目標應該做的事情（任務）進行預算安排的，只要能對每項任務所需資金正確計算，這種方法是最好的一種促銷預算安排方法。如果不能滿足這一基本要求，這種方法很難被真正使用。

六、行銷傳播組合決策

完成企業預定的行銷傳播和促銷任務，需要使用前述6種促銷工具。沒有任何工具是萬能的，它們各有其特長或特點，因此，就需要在不同時間，不同傳播和促銷階段，將這

些工具組合起來使用。

那麼,在行銷管理中,經理人員應根據什麼因素考慮組合使用不同的行銷傳播工具呢?

1. 產品的市場類型

產品市場類型不同,意味著購買者行為方式、購買決策因素或購買選擇的要求不同。一般而言,消費品市場和產業用品市場的購買者對不同促銷工具反應不同;對於消費品購買者而言,廣告比人員推銷更重要;在產業用品市場,人員推銷較廣告為有效;銷售促進對兩者的作用基本相等,雖然其影響比前兩種工具低些;至於公共宣傳則又較銷售促進差一些,但對消費市場及工業市場的作用則基本相同(圖11-6)。

圖11-6 促銷組合在消費品與產業用品中的排序

上述說明,並不能一概而論,應該說,在消費品和產業用品中,對於那些購買參與度低的產品,廣告作用通常大於人員推銷;相反,在高參與度的情況下,即便是消費品,也可能需要更多依靠人員推銷。比如像消費品中住房和汽車購買,人員推銷是最終能否完成交易的關鍵。

2. 推(Push)與拉(Pull)的戰略

公司在行銷傳播組合上,也受其選擇和偏好「推」或「拉」的戰略影響。

圖11-7 「推」與「拉」戰略與行銷傳播組合的關係

如果公司認為「推」的戰略效果更好，或更偏好採用「推」的戰略，就會更多採用人員推銷和貿易促銷方法；相反，如果公司經理人員更偏好「拉」戰略，將更多採用廣告和消費者促銷（如圖11-7所示）。

圖11-8 在不同的購買準備階段各種促銷工具的成本效應

如美國化妝品雷夫龍（Revlon）公司就認為廣告（「拉」的策略）更好；而雅芳（Avon）公司側重聘用家庭婦女作為推銷員（「推」的戰略）來銷售。這兩家公司，雖然所應用的戰略不同，但都同樣獲得了市場成功。

3. 購買者處於的購買準備階段

消費者的購買過程可分為四個階段：知曉、瞭解、確信及訂購。在不同階段，促銷工具的成本效果有所不同。圖11-8顯示了這些變化。廣告及公共宣傳在購買的初期（知名和瞭解階段）的成本效應最大；而人員推銷和銷售促進在後期（確信和訂購，以及再訂購階段）成本效應更好。

圖11-9 在產品生命週期的不同階段，各種促銷工具的成本效應

4. 產品生命週期

產品生命週期不同階段，不同的促銷工具成本效應也是不同的。圖11-9對此進行了描述。

在引入期，因為顧客不認識產品，為使他們瞭解並產生興趣，須借助各種促銷手段。廣告宣傳成本效應最高；其次是促進產品試用的促銷活動及擴大分銷範圍的人員推銷活動。

在成長期，社會通路傳播方法開始產生效果，所以口頭傳播愈來愈重要。因為需求有自然增長趨勢，因而各種促銷工具成本都呈降低趨勢。

在成熟期，因競爭者增加，為了對抗競爭與保持市場佔有率，必須增加促銷支出。在此階段，贈品式銷售促進比純廣告活動有效。因此時顧客只需提醒式廣告即可，他們對經濟性獎勵的效用程度比對「心理性獎勵」高。

在衰退階段，公司常把促銷活動降至最低，以保持足夠利潤。此時只須用少量廣告活動來維持顧客記憶，而新聞報導活動幾乎全面停止，人員推銷也減至最低水準，主要依靠銷售促進活動來維持銷售量。

七、衡量傳播與促銷效果

企業在行銷傳播中為達到傳播和促銷目的，需要使用不同促銷工具。而在行銷傳播和促銷中，不能一次就達到和說服目標顧客產生購買反應。因此，整個傳播與促銷是分次進行的。這就需對每次傳播或促銷後的效果進行測量和分析，以確定下次開展傳播促銷時，應解決的問題。這就需要進行促銷效果的測量。

在圖11-10中，假設有兩個品牌進行了行銷信息傳播和促銷。其中，A品牌知曉率已達80%，試用過的消費者達60%，但試用者中有80%的人對產品失望；B品牌情況相反，有60%消費者不知道此產品，知曉者中僅30%的人試用過，但試用過的消費者，有80%都感到滿意或願意購買此產品。

圖11-10　A、B品牌的促銷效果測評

就這兩個品牌的傳播效果看，A品牌傳播目的已達到，它很難再通過傳播和促銷方法改進來提高產品購買率。很顯然，A品牌經理人員必須對產品的性能、質量或服務項目等進行改進或提高，即A品牌的銷售提升不可能通過促銷解決；B品牌則必須改進它的傳播促銷方法，因為到目前為止，其知曉率很低。B品牌產品本身不存在問題，但必須改進傳播方法與手段來提升市場銷售。

第三節　整合行銷傳播（IMC）

一、整合行銷傳播的產生和概念

傳統行銷傳播理論都對傳播與促銷方式進行了長期與短期效應區分，也對傳播和促銷工具特點進行了區分，認為：

（1）產品、品牌和公司形象與聲譽培育方法是各不相同的。

（2）完成產品銷售是當前任務，而樹立品牌和公司形象是長期任務。如果沒有相應現金流支持，公司不能生存；沒有品牌地位和公司形象，導致成長困難。因此，需要由不同部門和人員分別完成這些性質上有差異的任務。

（3）行銷傳播和促銷隨使用的工具不同，能夠完成的傳播和促銷任務也不同，必須分別採用。

但是，經過長期的市場觀察，行銷研究人員迄今為止，沒有發現支持上述看法的事實。真正的事實卻是，如果一個顧客認為某個公司不能被信任，就不會認為其品牌值得信任而選擇。這就是說，無論原來行銷理論如何界定不同的傳播和促銷工具的特點，如何界定長期形象樹造和短期促銷方法上應有什麼不同，對於顧客而言，產品、品牌和公司形象一定是統一的。從20世紀90年代中期，整合行銷傳播作為對傳統行銷傳播和促銷理論的改進而產生了。

整合行銷傳播（Integrated Marketing Communications，IMC），美國廣告協會（American Association of Advertising Agencies，4 As）給出的定義是：「……一種行銷傳播計劃，它要確認評估各種傳播方法戰略作用的一個綜合計劃的增加價值——例如，一般的廣告、直接反應、促銷和公關——並且組合這些方法，通過對分散信息的無縫結合，以提供出明確的、連續一致的和最大的傳播影響。」[1]

實際上，整合行銷傳播表達的思想是將公司行銷傳播作為整體，包括目標統一、傳播內容統一和過程統一，以完成公司確定的最終傳播目標。

二、整合行銷傳播的主要思想

與傳統的行銷傳播和促銷比較，整合行銷傳播強調了這些觀念：

（1）傳播目標的統一。過去，隨著使用的促銷工具的不同，隨著每次傳播要求的不同，往往在不同促銷活動中，僅僅強調本次要求，沒有考慮通過一系列傳播，最終會在顧客那裡形成什麼總體印象。整合行銷傳播則要求企業首先要確定傳播要達到的最終目標，

---

[1] P. 科特勒、K. L. 凱勒. 行銷管理 [M]. 梅清豪，譯. 上海：上海人民出版社，2006：626.

它最終指向的是影響顧客所形成的對企業、品牌和產品的印象。在傳播過程中，可以也需要採用不同促銷工具，但必須有助於最終目標的實現。就是說，不同傳播工具的使用，都要對最終目標形成作出貢獻，在目標指向上，方向須一致。

（2）傳播的公司形象、產品形象和品牌形象的統一。傳統的行銷理論認為，公司形象、產品形象和品牌形象是不同屬性的，必須分開對待。事實上，顧客往往是將公司形象、品牌形象與產品形象聯繫起來考慮和選擇的。因此，既然顧客是統一看待產品、品牌和公司形象的，進行和組織行銷溝通與傳播時，就應將三者統一起來進行，最終形成顧客的一致印象，這才符合顧客的認知過程。

（3）傳播過程的統一。傳播過程的統一有兩層意思：一是指將最後要求達到的傳播目標的實現看成為一個連續傳播的過程，根據傳播的不同階段，靈活使用不同的促銷工具，但要作到「多種聲音，一個主題」，而不是像原來那樣隨心所欲，今天傳播一種信息，明天又改為另一主題。這樣，行銷傳播總體策劃和總體計劃就非常重要了。象IBM這樣的著名公司，從2000年開始，就將其行銷傳播業務外包，以求由一個專業性的傳播服務公司為之制定和實行一致性與持久性的傳播計劃。

整合行銷傳播的基本思想與互聯網這些新穎傳播工具的出現沒有必然聯繫，只不過是像互聯網這類信息傳播溝通工具的出現，為整合行銷傳播提供了更好的傳播平臺和工具。在互聯網這些信息傳播工具沒有出現以前，一兩家媒體就可以將全國的信息渠道「壟斷」完，昂貴的媒體使用費決定了受眾只能採用單一和少量媒體作為其信息來源。但互聯網的出現，打破了這種局面，使受眾進入了信息渠道多樣化、廉價化和方便化的時代。因此，整合行銷傳播本身不是互聯網的產物，但是互聯網的出現，使整合行銷傳播成為信息時代的必然要求，因為在這樣的時代，如果沒有一致性的行銷傳播信息，就很難產生具有行銷影響力的產品、品牌和公司。

三、整合行銷傳播的操作

整合行銷傳播的操作，公司可以有兩種選擇：

（1）將整個行銷傳播業務進行外包，由能夠提供這樣服務的行銷傳播公司承擔本公司的全部行銷傳播業務。公司行銷傳播的主管人員，應該根據公司的產品定位、品牌定位和公司形象戰略的要求，與外包傳播公司一起制定相應的傳播目標和整體計劃，經公司最高領導層批准後，由外包公司制定執行計劃和確定需要的傳播費用以及完成時間。公司行銷傳播主管人員應給予傳播公司適當的配合，並承擔實施效果監督責任。

（2）如果公司不準備進行傳播業務外包，而是自己組織進行，應該做到：

①成立一個專門的整合行銷傳播機構，由其全權負責組織、計劃和實施整合行銷傳播。

②由整合行銷傳播部門主管人員，根據公司產品定位戰略、品牌定位戰略和公司形象

戰略要求，並分析競爭者的行銷傳播情況和現有影響力，負責提出整個公司傳播的目標和要求，並報經主要領導審批。

③在傳播目標確定以後，制定傳播總體計劃，並根據總體計劃編製傳播預算報批。

④在整合行銷傳播部門內進行分工，按照總體計劃要求擬訂分階段計劃，並對最近的一期計劃擬訂實施方案。

⑤將企業內部需要改變的事情報企業主管領導負責實行，整合行銷傳播部門開始執行最近一期計劃。執行後進行效果檢驗。

⑥如果最近一期計劃執行後效果達到要求，則擬訂下期執行計劃並開始實施；如果沒有達到要求，則應檢查原因提出改進措施後，重新執行修改後的一期計劃……直到整合行銷傳播目標實現。

⑦當整合行銷傳播目標最後實現後，行銷部門應開始制定新的整合行銷傳播計劃。

當公司的產品戰略、品牌戰略和形象戰略改變後，整合行銷傳播部門應根據新的戰略改變要求，制定新的整合行銷傳播計劃並按照上述要求進行組織實施。

第四節 廣告

一、廣告的概念與作用

1. 廣告的定義

在現代工業中，生產的社會化使生產者在時間和空間上與消費者分離。因此，產品的銷售者需要與其目標顧客進行聯繫與溝通。原來傳統的聯繫方法——在交換場所進行一對一的接觸，已不能適應生產社會化中銷售者需要與成百上千顧客快速聯繫與溝通的需要，廣而告之就應運而生了。尤其在消費品市場，廣告成為最主要的行銷溝通與傳播方式。

科特勒對廣告下的定義為：是由明確的主辦人發起並付費的，通過非人員介紹的方式展示和推廣其創意、商品和服務的行為。廣告是一種經濟有效的信息傳播方法，它能夠樹立品牌偏好，或者起到教育人民的作用[1]。

2. 廣告的作用

儘管現代社會存在廣告泛濫現象，但這是商業活動競爭激烈導致的後果，而非廣告本身產生的問題。任何廣告主在傳播廣告時，都希望能夠用最少廣告達到最大效益或實現特定目的。之所以需要廣告，從市場行銷活動需要講是因為廣告在下列方面能夠很好地發揮作用：

（1）溝通。因為生產者與顧客隔離，向目標顧客溝通不僅需要，而且必須由生產者主動溝通。這是廣告最基本的作用。廣告如果還有其他作用，相對於基本作用而言都是派

---

[1] 科特勒·P, 凱勒·K. 行銷管理 [M]. 梅清豪, 譯. 上海：上海人民出版社, 2006：637.

生的。

（2）促進購買。廣告不僅要使顧客知道和注意產品或服務，而且要通過有利的信息刺激，來達到促使顧客購買產品。根據這個要求，在行銷中會將那些不能產生這種作用的廣告視為無效廣告。任何行銷者都不會長期使用無效廣告，不論其藝術價值有多高。

（3）誘導。要達到上述目的，廣告往往要採用許多說服性方法，用突出優點、或者用利益引導等來誘導目標顧客接受本廣告傳播的產品或服務。除了那種傳播首次產品信息的廣告外，其他廣告，在表現形式上都是以能夠達到最大的誘導效果進行創意和確定其表現手法的。

廣告在實現上述三個主要作用的過程中，遵循知覺形成原理，往往需要用新穎的表現形式，持續進行以保持一定記憶效應。因此，廣告有許多表現手法，有許多具體目標，往往重複播放，目的都是為了實現上述三個作用。

3. 廣告分類

實際上，人們可以為廣告建立幾乎是無數的分類標誌。比如，按廣告受眾群體特徵可分為消費者廣告、工業用戶廣告、批發商、零售商廣告等；按廣告使用傳媒可分為：報紙廣告、雜誌廣告、廣播廣告、電視廣告、招貼廣告、路牌廣告等；按廣告目的可分為產品廣告、組織廣告、觀念廣告；按廣告傳播區域可分為地區性廣告、全國性廣告、世界性廣告；按廣告表現方式可分為理性述說廣告、情感性廣告或道義性廣告；按廣告製作形式可分為平面廣告、立體廣告、攝影廣告、影視廣告等等。實際上，從行銷管理的角度講，這些分類的實用價值不大。因為就行銷目的而言，它們都是從特定方面表明廣告表現或傳播方式的特點。按照受眾會如何有效接收廣告傳達信息並產生廣告主期望的行為，廣告分類主要有三種：

（1）通知性廣告。僅僅想起到的是傳達最基本產品信息的作用。如產品名稱、品牌名稱、供應時間。通常用於一些易於理解的產品，或通知一些簡單的行銷信息（如開始供貨了）。能讓目標顧客知道「有這個產品」和「知道某件事情」就達到目的了。

（2）說服性廣告。如果產品處於競爭激烈階段、需要突出宣傳產品的特殊優點（賣點）；或者對於那些在功能、技術、產品成份方面需詳細向顧客介紹時，則需要採用這種廣告。這種廣告往往要用對比、長篇說理或有感染力的表現方式才能達到目的。

（3）提醒性廣告。這通常用於使顧客保持記憶效應所做的廣告。這種廣告，顧客對於所傳達的產品信息已經熟悉，但為了使之能夠時時想起，需要不斷進行提及。通常這類廣告都用非常簡單的表現和對傳播媒體占用很短的時間進行。如報紙上被稱為「報花」的廣告、電子媒體中的一句話廣告、網絡頁面上的 Banner、Flash 廣告等。

二、開發與管理廣告

廣告不具有包打天下的作用，那種想依賴廣告作為全部行銷努力的企業，從來沒有成

功先例。這也是我們可以解釋為什麼CCTV的天價標王，迄今少有國外企業參與的原因；也是為什麼當了「標王」的企業，如果廣告沒有達到所希望的效果就很快死亡的原因。因此，如何有效開發與管理廣告，需要按照行銷學基本原理，將其與眾多的行銷工具進行恰當的配合使用。

開發與管理廣告的程序如圖11-11所示，即廣告的目的與任務（Mission）、需要的資金（Money）、傳達什麼信息（Message）、使用哪種傳播媒體（Media）、如何進行廣告效果衡量（Measurement）。這就是現代行銷中廣告的5Ms決策內容。

圖11-11　開發與管理廣告的程序

（一）建立廣告目標

廣告的目標首先由企業行銷戰略目標、目標市場特點、市場定位和行銷組合決策決定。根據信息傳播與接受原理，廣告不可能一次就實現預定的行銷目標，因此具體到每次每則廣告，需要專門設定獨立與明確的廣告目標。在行銷操作上，因為使用傳媒是以時間為週期的，大多數傳媒並不願意零星出售廣告資源，因此廣告目標往往是一段時間的目標。

廣告目標可以首先進行通知性、說服性、提醒性定位。之後，應該在對受眾已有的影響分析的基礎上，確定對哪些顧客、在什麼程度、讓其產生什麼印象、信念與態度，來設定下一段時間傳播的廣告目標。

（二）廣告預算

制定廣告預算時需要考慮五個因素：

（1）產生生命週期。新產品或者是顧客不熟悉的產品，需要投入的廣告預算很多，以求建立顧客印象並達到促使其試用的目的。如果已經獲取了預定的知名度或顧客試用達到了希望的比率，就可以減少廣告預算了。

（2）已有的市場份額。通常，市場份額高的企業，如果沒有必要再擴大市場份額，保持市場份額可用較少的廣告預算；反之，則需要增加廣告預算以維持一個有影響力的廣告信息，提高市場份額。

（3）競爭程度。競爭激烈的市場，如果希望本企業的產品和產品信息能對目標顧客有更大影響力和吸引力，廣告預算需多些。即使不能完全蓋住競爭者的聲音，也需要對競爭產品信息產生足夠的干擾，否則將使自己處於不利的競爭地位。這就是所謂的「聲音份額」的爭奪。廣告戰可能需要消耗大量促銷資金，但就特定企業而言，則又是十分必要的。

（4）廣告頻率。考慮顧客在一定時間應該收到多少次廣告信息，才能發揮預期影響。

很顯然，那種在一定時間內需要更多重複的廣告信息（高廣告頻率），就需要更多廣告預算；而只需要低頻率廣告時，預算則少些。

（5）獨特信息。對於需要在眾多品牌產品中有效傳達與別品牌不同行銷特點的信息（如產品特色、服務特色等），則需大量廣告支持。否則，一個品牌的特點容易被遺忘。高露潔的「沒有蛀牙」就是由大量廣告傳播支撐起來的。

（三）設計廣告信息

廣告投入的頻率和傳播的廣度不是決定廣告影響力的唯一因素，甚至不一定是主要因素。因為在知覺形成過程中的「選擇性注意」決定了任何廣告傳播信息首先要注意吸引力。不能吸引注意力的廣告，即便做了上千次，也抵不上能夠深度吸引注意力的廣告僅僅傳播一次的效果。這就需要進行廣告創意，並用能夠有效吸引注意力的表現方法來設計廣告信息。

如何進行廣告創意涉及的內容很多，從其構思到表現手法，都需要進行創造性思維。囿於篇幅，本書作者建議對此問題有興趣並願意在廣告操作實務上面有更多技能訓練的讀者，可以專門閱讀這方面的書籍和選修這方面的課程。

如何設計好廣告信息，有三條原則必須遵守：

（1）廣告追求的目的是有效傳播並說服顧客接受和選擇產品與服務。廣告的藝術性也是為此目的服務的，不能本末倒置。

（2）廣告要與眾多行銷工具配合使用。不能將行銷成效全部押在廣告上，這是廣告不能承擔之重。因此，廣告與其他行銷工具如何有效配合是必須考慮的。

（3）簡約每一分可以簡約的廣告費。比如，當名人不能帶來好的廣告效應時，沒有必要大把為其花錢！廣告對於企業，永遠是成本的概念，必須追求回報。

（四）媒體選擇

廣告媒體是指能借以實現廣告主與廣告對象之間聯繫的工具，或者說，廣告媒體就是廣告信息的傳播工具。

選擇恰當的廣告媒體，是以將行銷溝通和促銷信息有效傳遞給目標受眾為標準的。特別是：在廣告整體活動中，媒體刊播費用要占廣告支出絕大部分。因此，媒體選擇失誤，或選擇的策略不當，會造成廣告支出上的巨大損失。在科學技術特別是信息技術不斷發展，媒體類型越來越多的情形之下，瞭解媒體的主要類型與特點，無疑是必要的。

1. 主要廣告媒體的特點

（1）報紙：報紙是最經常採用的一種廣告媒體。

報紙具有的主要優點有：

①傳播範圍廣，覆蓋率高；

②讀者穩定；

③傳播及時；

④能詳細說明，傳播信息量大；
⑤讀者看廣告的時間不受限制，廣告刊出的時間選擇自由度大；
⑥費用較低。
報紙的不足之處是：
①時效短；
②注目率低；
③印刷品質不好，難有較強表現力。
（2）雜誌：也是一種印刷媒體。主要優點有：
①讀者穩定，容易辨認；
②可利用專業刊物在讀者中的聲望加強廣告效果；
③傳播時期長，可以保存；
④能傳播大量信息；
⑤印刷質量高，表現力強；
⑥收藏時間長，傳播效果比報紙持久。
雜誌的局限性是：
①發行週期長，及時性的信息傳播受限制；
②注目率較低；
③傳播範圍較小；
④製作時間較長，靈活性較差。
（3）廣播：這是較早出現的電子傳播媒體，但屬於電子傳播中的單（聽）媒體形式。廣播的主要優點是：
①聽眾廣泛；
②迅速及時；
③廣告內容變更容易；
④可多次播出，以興重複；
⑤製作簡便，費用低廉。
廣播的局限性是：
①傳遞信息量有限；
②只能刺激聽覺，印象不深，遺忘率高；
③難以把握收聽率。
（4）電視：電視應該是現代使用最為廣泛的電子傳播媒體。是一種多媒體傳播形式。傳統電視傳播缺少互動性，現在隨著電視數字化的實現，其互動性不斷被提高。電視的主要優點是：
①形聲合一，形象生動；

②能綜合利用各種藝術形式，表現力強，吸引力大；

③覆蓋面廣；

④注目率高；

⑤基本上對受眾沒有更多受教育程度要求。

電視最大的局限性是費用昂貴，時效短，介入程度低。並且，隨著電視媒體相互間競爭激烈，不同電視臺傳播的廣告影響力差異很大！

（5）戶外廣告。凡是在露天或針對戶外行動中的人傳播廣告信息的載體，均為戶外廣告媒體。如銷售現場廣告（POP）、櫥窗、路牌、霓虹燈、普通燈箱等等。戶外廣告媒體主要優點有：

①長期固定在一定場所，反覆訴求效果好；

②可根據地區消費者的特點和風俗習慣設置；

③可較好地利用消費者在行動中的空白心理；

④有很大的開發利用餘地；

⑤媒體費用彈性較大。

戶外廣告的主要缺點有：

①宣傳區域狹小，為了擴大影響，需要多處布置，達到同樣的千人成本，費用可能更高；

②不同城市對於戶外廣告管理規定不同，在那些管理較為鬆散地區的戶外廣告，其正規性低，導致置信度也低。

（6）互聯網。互聯網本身是一種計算機連接起來的通信傳播工具。隨著人們使用互聯網獲取信息習慣的形成，它已經成為新型的廣告媒體。利用超文本傳輸協議，視屏傳輸協議，互聯網可以實現多媒體互動式傳播。互聯網傳播的主要優點有：

①信息傳播快；

②能夠有非常多的表現形式；

③既能做到低度介入又能做到高度介入；

④更新非常方便；

⑤目前與同屬電子主流媒體的電視比較，費用極其低廉。

互聯網廣告的主要缺點是：

①受到廣告相關法律制約性差，隨意發布可能性大，因此可信度不高；

②受當前互聯網傳輸率低影響，過於複雜的表現形式難以實現，不過隨著第二代互聯網的推出，可望實現比電視更為豐富的表現形式；

③人們使用互聯網網站習慣差異性較大，難以瞭解特定互聯網網站潛在的顧客數量；

④能使用互聯網的人口數比例在不同國家差異大，對於使用人口比例小的國家或地區，傳播面很窄。

2. 如何選擇廣告媒體

選擇廣告媒體時，應考慮的主要因素有：

(1) 目標受眾的媒體使用習慣或偏好。比如，有較高教育程度且居住在城市的人，喜歡使用互聯網；青少年對於手機短信的使用量很大；普通文化程度且缺少使用互聯網條件的受眾，看電視的時間較多。因此，瞭解目標受眾的媒體使用習慣與使用環境，以符合其使用習慣的媒體進行傳播，才能保證廣告要傳達的信息能送達目標受眾。

(2) 產品。要將不同產品的信息有效傳達或表現出來，對媒體的要求是不同的。書籍、新穎的電子產品，要求對其中的內容進行較為詳細的介紹，報紙為很好的載體；化妝類產品，需要將其外形、色彩、使用效果等表現出來，雜誌才能滿足要求；服裝類產品，不僅款式、色彩需要表現出來，還要求穿著效果動態表現出來，電視為最好的媒體。

(3) 信息特徵。要求傳播很快的信息，(如在規定時間內進行降價促銷的信息)，需要快速告知目標受眾，則報紙、廣播、電視是適合媒體；需要對產品原理、技術特徵、使用效果詳細介紹的、專業性雜誌報刊更適合。

(4) 費用。不同的媒體收費的標準是不同的。儘管現代廣告理論認為不應該計算總收費，而應該以千人成本作為計算依據，但這也有局限。因為有些媒體如電視，收看者可能很多，目標顧客卻很少，以受眾人數計算千人成本可能低，但如果其中很少目標顧客，則它肯定是費用昂貴的；相反，一份包含了較多目標受眾讀者群的雜誌，其千人成本可能很高，但如果計算目標顧客成本，又可能很低。

通常計算廣告的千人成本 (CPM) 公式是：

$$CPM = \frac{廣告費用}{受眾數} \times 1,000$$

但是，如果企業能夠清楚的調查或弄清一個特定媒體受眾中的目標顧客數，則可以計算目標顧客的千人成本。

$$TPM = \frac{廣告費用}{目標顧客受眾數} \times 1,000$$

現以表 11-3 舉例說明：

表 11-3　　　　　　　　　　千人成本例表

媒體	A	B
廣告費 (元)	600,000	500,000
受眾	2,000,000	2,500,000
千人成本 (元)	300	200
潛在顧客 (年收入在 10,000 元以上者)	1,000,000	500,000
潛在顧客千人成本 (元)	600	10,000

结论：儘管 A 媒體絕對費用高，接觸人數不如 B 媒體多，千人成本高於 B 媒體，但其接觸者中，潛在顧客的比例高於 B 媒體。因而，如果考慮潛在顧客的數量，顯然 A 媒體的千人成本比 B 媒體低，效果比 B 媒體好。

另外，千人成本只是分析媒體的一項重要指標，並不一定是最好的指標，因為它並沒有與廣告對消費者產生影響聯繫。比如報紙針對性強、傳播範圍廣，但傳真程度差，對那些試圖以外形打動消費者的廣告，效果很差，這時，千人成本低是沒有意義的，與效果相比費用可能是昂貴的。

綜上，選擇具體廣告媒體時，還需要經常補充這些因素：

（1）發行量或接觸人數。即登載廣告媒體的實體數量；或對於電子媒體而言，多少人接觸。

（2）有效受眾。接觸媒體的符合目標顧客特徵或要求的受眾人數。

（3）到達率與暴露頻次策略。

到達率是指特定時期內看到某一廣告的人數（多次看到只算一次）占總人數的比率，或者說，看到某一廣告的人數占總人數的百分比。到達率也稱累積視聽眾、淨量視聽眾或無重複視聽眾，它們都是同一個意思。

暴露頻次是指一定時期內，每個人（用戶）接到同一廣告信息的平均次數。

在確定如何使用媒體和選擇不同媒體時，常常會涉及到強調到達率還是強調以暴露頻次的問題，二者何為重點會涉及到不同的效果和費用。到達率側重的是廣告影響的廣度，而暴露頻次側重的是影響的深度。顯然，這兩個概念對制定廣告計劃是十分重要的。

通常，以到達率為主時，需要考慮這樣一些條件：剛推出的新產品；某些正在發展的產品類別；已有一定信譽和一般處於「領導者」位置的品牌；目標對象較多且分佈較廣，而單人購買次數較少的商品或勞務。

如果強調暴露頻次為主，則可考慮是否與上述情況相反。

3. 廣告時機選擇

廣告時間的選擇涉及到兩個時間變量：一是投放廣告的時間跨度，即需要投放多長時間；二是在已決定的廣告投放時段內，廣告投放時點及信息出現時間。廣告時機形式分類如圖 11-12 所示。

圖 11-12 表示：廣告可以在一個月內集中於一個時段播出（如第一行），這是一種爆發式形式；也可以在一段時間中間斷播出（如最後一行），這是一種提醒式形式；還可以連續在一段時間播完（中間一行），是一種說服形式。廣告信息出現可以在播出時段內保持相同強度（第一列，水準式）；也可以先弱後強（第二列，上升式）；還可以先強後弱（第三列，下降式）或既有強也有弱穿插地進行（第四列，交替式）。因此，由投放頻率與重點信息出現的時機構成 9 種廣告的時機策略。

時機的形式應該考慮三個主要因素：

圖 11－12　廣告時機形式分類

（1）購買者的流動率，即新顧客加入的速度越快，則廣告越應該連續不斷。

（2）購買頻率，即一定時間內購買的重複次數或平均購買次數越高，廣告越應該連續不斷。

（3）遺忘率，即顧客遺忘產品的速度越快，廣告就越應該連續不斷。

(五) 廣告效果衡量

迄今為止，如何對廣告效果進行評價，仍是一個沒有很好解決的問題。廣告對銷售目標的貢獻，一般表現為銷售額的增長，或者保持已有的銷售額。但這種貢獻是廣告與其他行銷努力共同作用之結果，同時廣告的作用既可能是即時的也可能是滯後的。因此，要想直接測出廣告對銷售目標的直接貢獻很困難。

西方行銷學家提出了一個廣告效果測量模型，主要測量的是聲音份額與廣告效率。計算方法為：

$$聲音份額 = \frac{本公司的廣告費用}{行業廣告總費用} \times 100\%$$

$$廣告效率 = \frac{市場份額}{聲音份額} \times 100\%$$

表 11－4 為一個示例：

表 11－4　　　　　　　　　　廣告效果測量

公司	廣告費用（萬元）	聲音份額%	市場份額%	廣告效率
A	200	57.1	40	70
B	100	28.6	28.6	100
C	50	14.3	31.4	220

註：廣告效率 100 為基本有效，低於 100 為相對無效，高於 100 為高度有效

其中，A公司的聲音份額為 200÷350＝57.1%；廣告效率為 40%÷57.1%＝70。其餘類推。

因此，A公司應該考慮改變廣告策略，包括進行廣告傳播信息檢查，廣告媒體選擇與投放時機選擇等，找到問題出現在什麼地方，有針對性地進行改進。如果不是因廣告本身的問題，則應該作更大範圍檢查，以糾正存在的問題，才能提高廣告效果；B公司則可以基本保持現有廣告策略；C公司廣告效率特別高，但市場份額不大，應從提高其「聲音份額」著手，增加廣告開支是其可考慮的選擇。

第五節　人員銷售

人員銷售是利用推銷人員幫助或勸說買方購買產品或服務的活動。

人員銷售是一種直接行銷方式，它既是一種渠道方式，也是一種促銷方式。就促銷方式而言，是自古以來就有並且直到現在也還是基本的和十分有效的促銷方法。特別是在洽談磋商、完成交易手續等方面，更是其他促銷手段所不能代替的。

一、人員銷售的特點及應用

1. 人員銷售的特點

（1）面對面接觸。這是人員銷售最基本的特點，也是與廣告等其他促銷工具的主要區別。它是企業推銷人員與顧客一對一，或一對多直接接觸，買賣雙方在促銷過程中，都能直接觀察對方反應，互動中對語言、態度和氣氛等進行及時調整。

（2）能有效地發現並接近顧客。人員銷售因為具有上述特點，因而能將目標顧客從消費者中分離出來，把推銷的努力集中在目標顧客身上，可省去許多無效工作。

（3）促銷過程的互動性強，針對性好，靈活機動。由於目標顧客是明確的，銷售人員在面對面接觸顧客時，可通過互動方式，靈活進行有針對性解說與說服，提供能滿足顧客需要的特殊性信息，幫助顧客辨明問題，指出機會，提出建議，並能及時解答問題。

（4）能實際演示產品。推銷員能當面向顧客演示產品，使顧客能較快確信產品所具有的特徵。

（5）密切買賣雙方關係。推銷員可以幫助顧客解決問題，充當顧客購買顧問。人與人的直接交往，有利於買賣雙方溝通、信任和理解，建立起良好的人際關係。

（6）促進行動。從瞭解產品信息到實際購買行動，總是存在一定距離。推銷員通過面對面講解與勸說，往往能促成顧客立即或盡快採用行動。

（7）提供情報交流。推銷員不僅能將企業的信息及時、準確地傳遞給顧客，還能經常瞭解到顧客的意見和要求，並反饋給企業，為改進提高企業行銷活動提供依據。人員銷售的信息交流具有雙向性。

正是由於上述特點，人員銷售與廣告構成了互為補充的最重要促銷工具。

但是，人員銷售也是一項極為昂貴的促銷工具，不可隨便用。據許多國外公司估計，人員銷售開支，約占銷售總額8%~15%，而廣告費用平均只占1%~3%。另外，人員銷售固然有效，但接觸顧客數量和範圍十分有限，許多企業還缺少優秀的銷售人員，因此也制約著其應用範圍。

2. 人員銷售的應用條件

因行業、市場環境、產品/服務特點的不同，人員銷售對企業適用性是有差異的。企業決定在什麼範圍、何種程序上應採用人員銷售，須考慮以下因素：

（1）市場集中度。人員銷售對顧客集中度高的地區有效；對分散市場，其作用很有限。

（2）購買量大小。如果面對的顧客中絕大多數單次購買量或購買金額很小，人員銷售的促銷成本將過於昂貴。這是決定是否採用和在多大程度上採用人員銷售的經濟標準。

（3）顧客類型。產業顧客購買量大，用戶較少，因而廣泛應用人員銷售；消費品顧客很多，每次購買量又小，因此對生產企業來說，人員銷售主要應用在向中間商的推銷。

（4）公開表演的必要性。有的產品，不公開表演、當場操作使用、展示效果，顧客就很難瞭解產品性能及特點，不容易產生購買慾望。在這種情況下，應用人員銷售是有必要的。

（5）購買阻力大小。許多高檔商品，價格昂貴，技術複雜，顧客感知風險大，購買時常有許多疑問，利用人員銷售有利於消除這些購買阻力。

（6）服務的必要性。有的商品售前及售後都需要提供很多服務，利用推銷員可較好解決服務問題。

二、推銷員的類型

推銷一詞包括各種各樣的活動，從負責交付產品的推銷人員（如送牛奶的人）到推銷非常複雜的醫療專用設備的推銷員，他們都在進行推銷，但彼此之間卻像玻璃與鑽石一樣，顏色可能相同，本質上存在很大區別。在這兩個極端例子之間，存在著各種大量推銷的活動，在複雜程度和範圍上都各不相同。

可將推銷員分成以下幾種類型：

（1）交付產品（牛奶、燃油、紙張等）的推銷員。他們不需要花費什麼時間去交流或勸說顧客。他們的顧客幾乎都是已經被發展的。他們的主要工作永遠是向顧客提供一張準時的、愉悅的和友好的面孔。

（2）在確定市場（商店、旅行社、辦公室、政府部門等）的推銷員。在這裡，推銷的作用是迅速、高效和面帶微笑地滿足顧客需要。在一定的情況下，需要一些推銷技術促使交易完成，使顧客不空手離去（如汽車推銷員）。

（3）樹立信譽或傳授知識的推銷員（如醫藥代表）。他們的任務首先是爭取顧客同意

見他們，其次是向顧客進行高效講解，做到形象、有趣，能滿足顧客的要求。

（4）以卓越的技術知識為基礎進行推銷的推銷人員。要求他們去推銷，獲得訂單，但必須通過良好諮詢服務才能實現。他們幾乎就是顧客的顧問。很明顯，要做到這一點，他們必須具備非常豐富的知識，配備很好的銷售工具。

（5）向終極顧客銷售有形產品的推銷員（如洗衣機、吸塵器和百科全書等）。他們必須具有很強的說服力，而且通常需要在一個回合裡完成推銷任務。

（6）銷售無形產品的推銷員（如保險業和銀行業）。這類產品的推銷員必須對產品擁有詳盡知識，知道如何用顧客能夠理解的方式與顧客進行交流。

上面列示了各種推銷員，每一種都需要有不同的專業技術和知識。當然，對他們都有著共同的要求：用有效的和有感情的方法與顧客或顧客群進行交流，面對顧客有形和無形的需要，提供有效的解決方法。

三、銷售人員的任務

傳統觀點認為，推銷員的唯一任務就是設法將產品賣出去。隨著市場經濟的發展，購買的組織趨於大型化，購買決策大權越來越集中在企業高層領導人手中，購買決策更加科學，而且買賣雙方更加注重建立長期關係。因此，對推銷員素質要求越來越高。今天，一名合格的推銷員，需要掌握更多的知識和技術，需要更加嚴格訓練，需要完成多方面的任務。這些任務包括：

（1）銷售活動。這是推銷員最基本的工作，包括傳遞信息、接近顧客、推薦產品、答覆意見、洽談交易、完成手續等。

（2）開拓活動。推銷員不能滿足已有的顧客，通常都需要尋找新買主，培養新客戶。這就要求推銷員要經常走訪預期用戶，廣交朋友，經常進行調查研究，才能開拓更廣闊的銷路。

（3）宣傳活動。推銷員還應負責許多宣傳任務，要經常將企業、產品及服務的新信息，向客戶宣傳，提供諮詢，使客戶建立對企業的好感和信賴。有的企業還專門訓練培養宣傳推銷員來從事這些工作，並不要求他們取得訂貨。

（4）服務活動。包括向客戶提供諮詢和技術協助，幫助解決服務問題，並及時辦理交貨等。

（5）情報活動。推銷員是企業人員中最接近目標用戶和市場的，他們能及時瞭解用戶需求變化和競爭者動向，他們提供的信息情報，對管理決策有重要意義。因此，及時提供市場信息或情報，是推銷員的一項重要任務。企業一般還要求推銷員定期寫出市場情況的報告書。

四、銷售人員的目標

銷售人員是公司最為寶貴的資源之一。公司通常都需要花費很長時間才能建立和發展一支優秀的銷售隊伍。一個通俗的比喻是，如果企業的全部活動是一場足球賽，那麼，推

銷人員就是球隊中完成「臨門一腳」任務的「前鋒」。

為了確定銷售人員的工作目標，必須滿足三個主要條件，這三個條件是衡量推銷業績的標準。

（1）可以量度。理想情況是，銷售人員應能完成每天分配的工作，並能根據定好的標準評估自己的工作績效。如果用銷售數量單位代表應實現目標的話，就很容易確定銷售人員每天或每週工作的目標是否達到。用銷售業績進行度量時，既可以直接衡量個人，也可衡量一個銷售團隊。管理者需要確定正確的和可計量的衡量標準。

（2）相關性。銷售人員的目標須與他們工作的性質相關、匹配。如果他們推銷的是大型工業設備，那麼，「每天打電話的次數」根本不能作為衡量效果的標準。為此，必須確定和定義與推銷任務最為相關的成功因素。相關但無法衡量的因素與可以衡量但不相關的因素一樣糟糕。必須同時滿足這兩個條件。

（3）公平性。必須保證為每一個銷售人員規定的目標都是公平的，通過良好訓練和努力工作是可以實現的。如果目標定得過高，當銷售人員意識到無論怎樣努力都無法實現時，他們會徹底失去積極性和推銷努力。

表11-5列出了為銷售人員制定目標需要考慮的項目。銷售經理可以從表中羅列的項目中選擇與本企業銷售業務有關的項目進行具體分解落實，作為銷售人員的目標和衡量工作績效的標準。

表11-5　　　　　　　　　　　銷售人員工作目標一覽表

```
1. 用銷售量衡量的目標
   A. 用價值量表示的每人的銷售量
   B. 用實物量表示的每人的銷售量
   C. 用銷售額數量表示的每人的銷售量
   D. 用新客戶與老客戶之比表示的每人的銷售量
2. 用對市場或顧客的滲透來衡量的目標
   A. 對新顧客的保有量
   B. 自己發展的顧客數量與主管分給的顧客（已發展）數量之比
   C. 自己發展的顧客數量與當地顧客總量之比
   D. 顧客流失數量
   E. 在當地實現的市場份額
   F. 有銷售的城市或未發展的城市
3. 用支出衡量的目標
   A. 與銷售額相關的工資（或總的薪水）
   B. 與銷售額相關的旅差費和管理費
   C. 每日成本
   D. 每次電話成本
   E. 銷售成本（或銷售成本率）
4. 活動的目標
   A. 每日打電話數量
   B. 每日拜訪顧客的數量
   C. 工作時間（天數）
   D. 計劃
   E. 利用銷售工具或設備
```

五、推銷過程（推銷術）

推銷過程由以下幾個步驟組成，其中每個步驟表示了推銷員需要為達成最終交易應該努力的方向和具體要完成的工作（如圖 11－13 所示）。

尋找預期顧客 → 事前準備 → 接近顧客 → 講解與示範 → 應付異議 → 達成交易 → 跟進與維持

圖 11－13　人員銷售過程

1. 尋找預期顧客

推銷人員可根據下列要點尋找和確定預期顧客：

一是確有這種需要的顧客（鑑別顧客資格）。如汽車產品顧客必須有較高收入；需要保險的顧客也一定是有較高收入且對風險敏感的人。

二是對特定的產品或服務有需要，又有可能引導到推銷的產品上面來（需求的指向性）的顧客。用汽車作為身分象徵的購買者對小型經濟車通常不會有興趣；強調「省油性」則是小型經濟型汽車最可能的購買者。

三是公司應盡量利用數據資料指導推銷人員尋找可能的顧客，而不是讓推銷人員自己去盲目尋找。用非常突兀敲門、攔截的方法尋找顧客，是容易引起顧客反感的。

一般情況下，一個顧客需要訪問 4 次以上，才能完成業務交易。

2. 事前準備

推銷人員在準備訪問顧客時，事先應做好一些準備工作。

對公司類顧客，需要瞭解公司的經營情況、購買決策程序、公司的文化風格等。

對個體顧客，如果能夠通過顧客資料庫進行基本情況瞭解最好。如果沒有顧客資料庫，可以按照過去接觸過的同類顧客的情況進行必要的準備。

準備工作還包括預約時間，必要的資料準備。最好是能預計要訪問的顧客可能要提出的問題，通過擬定回答提綱、查詢資料等提前做好準備。

3. 接近顧客

推銷人員在初次接觸顧客時，應考慮如何問候和找到將推銷訪談開展起來的話題。其主要的技巧有：

（1）儀表。一般研究認為推銷人員的著裝與訪談顧客著裝類似最好，這樣在初次接觸時的心理距離最近。

（2）開場白。如何進行開場白，是相當考驗推銷人員的功力的。所謂「話不投機半句多」，開場白不好，很難將談話繼續下去。好的開場白並非是追求「油嘴滑舌」的效果，而是達到能使顧客願意與推銷人員交談。

（3）隨後內容。推銷員要考慮開場白後的談話內容，最好的效果是引起顧客談話的

興趣。若然，將獲得更長推銷訪談時間，達成交易的可能性將大大增加。

4. 講解與示範

講解和示範是決定最後能否達成交易的關鍵，但不是唯一。過去，許多公司都是在這個環節上花費大量的時間對推銷人員培訓，認為能說服別人接受產品就是推銷的全部。但現在認為，講解示範只是其中的一個步驟，雖然這一步仍很關鍵。

推銷人員可以按照 Attention（爭取注意）、Interest（引起興趣）、Desire（激發慾望）、Action（見諸行動）向顧客介紹產品——AIDA 模式；也可以用 FABV 模式：Feature（特徵）、Advantages（優勢）、Benefit（利益）與 Value（價值）。推銷人員常用的講解方法主要有：

（1）固定法。將各個要點背熟，逐一講解。這對新手或是顧客難以提問的產品適用，但靈活性差，如果不能打動顧客，將使推銷失敗。

（2）公式化法。先瞭解潛在顧客可能的要求，然後用一套研究過的公式化的方法向該顧客推銷。比如保險推銷通過瞭解顧客最願意考慮的可能是有存儲收益的險種。於是保險推銷員就可以將能夠比某種存款收益更高的險種介紹給被推銷的顧客。此法的靈活性和針對性高於固定法，但要求推銷人員對顧客的要求有準確判斷力。對於超出公式涵蓋的內容，推銷人員難以臨時提供。

（3）滿足需要法。通過鼓勵和促使顧客多發言，從中瞭解顧客真正的需求，以此為起點，通過交互式的方法，不斷將顧客提出的疑問解決，達成交易。此法難度最高，耗時最長，要求推銷人員素質也最高，即要求推銷人員能夠熟練掌握公司所有產品品種並能準確結合顧客要求介紹。此法容易與顧客建立信任關係。

5. 應付異議

推銷過程中，被推銷對象經常會出現異議（反對、否定的意見）。這是正常的反應。尤其是推銷人員在推銷顧客過去從來沒有接觸過甚至聽說過的產品時，更是這樣。有些推銷人員往往在這方面會犯很初級的錯誤，就是對異議進行反駁、不屑、鄙視、挖苦、諷刺等等。

推銷人員應該知道：顧客出現異議，無論其初始動機如何，都提供了你繼續談話的機會。應付異議最好的辦法是給予推銷對象一些暗示、比喻，使推銷對象自己認為異議不合理，如果能夠這樣，達成交易的希望就非常大了！

6. 達成交易

如果異議都沒有了，推銷人員就可以開始考慮達成交易。推銷人員要辦理交易手續，告訴顧客付款方法、退貨方法、如何試驗或使用產品、如何聯繫推銷員本人或公司的相關機構、取貨方式等。最後一定不要忘記——應對購買的顧客表示真誠的感謝！

還有更重要的一點，如果沒有達成交易的話，絕不要對顧客有任何不滿意表示，因為你也許還有下次向其推銷的機會。生意場中那句話——生意不成仁義在，應作為推銷人員

的行為戒律！

7. 跟進與維持

即便是達成了交易，推銷人員至少還有兩個問題必須考慮：

一是顧客表示購買還不一定就真正會購買，因為他還可以猶豫，或者付款後還會要求退貨。因此，推銷人員除了履行交貨需要的各種手續外，還應真誠邀請顧客隨時聯絡自己，以表示一定負責到底。

二是考慮爭取再訂貨的機會。如果有優惠政策，可以告訴顧客。比如累積購買了多少數量，顧客就能享受什麼優惠待遇等。維持和跟進還包括定期回訪顧客，以瞭解顧客使用情況，對產品看法，同時通過維持與顧客的關係，在顧客再次購買時，能夠獲得新交易機會。

六、銷售人員的組織

銷售人員的組織，應根據銷售地區、產品性質和顧客組成來確定。同時還要考慮銷售人員的素質。幾種常見的組成形式有：

（1）按區域組織。這是普遍採用的一種形式，即按產品銷售的不同地區分派推銷員，每一銷售人員負責一個特定地區的全部銷售任務。這種形式的優點是有利於與客戶建立固定的持續性聯繫，易發現新顧客，並且責任明確，減少推銷員的流動性和費用。它主要適用於產品種類和品牌較少的企業採用。如果產品種類和品種較多，完成銷售任務就有不少困難。

（2）按產品組織。即每個推銷員負責一種或一類產品的銷售任務。當企業的產品繁多時，可採用這種形式，按不同的產品分派推銷員。這樣，推銷員可以深入掌握某一種產品的知識和推銷技術，有利於實現銷售。

（3）按顧客組織。即按照顧客類型分派推銷員。這種形式可使推銷員較深入掌握某一類顧客的工作特點和需要，並與之建立密切聯繫。

另外，企業也可採用上述基本形式的綜合性組織。如地區與產品結合；產品與顧客結合；地區與顧客結合等。

七、銷售人員的選擇與培訓

企業對合格（優秀）的推銷員應有明確的要求，這些要求或條件是挑選和培訓推銷員的標準。一般來講，合格的推銷員應具備以下條件：

（1）瞭解公司的歷史、目標、組織、財務及產品銷售情況。

（2）熟悉產品的製造過程、產品質量、性能、型號及各種用途。

（3）掌握用戶的需要、購買目的、購買習慣等。

（4）瞭解競爭者的產品特點、交易方式及行銷策略。

（5）具有較強的判斷能力。能通過觀察顧客的各種反應，準確判斷其真意何在。

（6）有較強的臨機應變能力。在沒有思想準備的情況下，能得體地應付突然出現的問題。

（7）良好的語言文字表達能力。推銷員的工作性質是說服他人，良好表達是接近和打動顧客的必要條件。當需要向顧客提供書面材料、擬定交易文件時，文字表達能力就非常重要了。

（8）社交能力。要擅長社交，有與人共事的本領，才能獲得很多朋友。

（9）熟練掌握各種銷售方法和程序。

當企業無法直接選擇到符合要求的推銷員時，就只能從挑選對象中擇其優者進行培訓。培訓的方法主要有：講課、討論、示範、實習和以老帶新等。

八、銷售人員的報酬和監督考核

報酬和監督考核都是調動推銷員積極性的有效方法。

銷售人員流動性大，工作艱苦，責任重大，富於挑戰性和創造性，他們的報酬一般應高於企業同級別的其他人員。報酬合理與否直接影響到銷售人員的積極性。

為吸引銷售人員，公司必須制定一個有吸引力的報酬計劃。銷售人員希望有固定的收入，也希望獲得與銷售業績相關的回報，他們還希望能對自己的經驗和工作年限給予公正考慮。不同的行業，銷售人員報酬水準差異很大，這種差異主要是銷售工作類型和所需能力決定的。但總的來講，報酬水準過低會導致銷售人員不足和質量不高，銷售隊伍穩定性差。

銷售人員的報酬組成應包括：固定和變動工資、出差津貼、福利補貼等。公司常常會因為對不同部分的重要性強調程度的不同，而出現有差異的報酬形式。

第六節　銷售促進與公共關係

一、銷售促進

銷售促進也稱促銷，英文名稱為 Sales Promotion[1]，所以一般簡稱 SP，其含義是指通過採用不屬於廣告，人員銷售及公共關係的那些短期性的刺激活動，用以刺激顧客或其他中間機構（如零售商）迅速和大量地購買某種特定產品或服務。

SP 作為促銷組合中的一個要素，因為其帶有短期刺激性質，需要與其他促銷工具或

---

[1] 在行銷學中，英文 Promotion 一般翻譯成促銷，比較準確的含義應是行銷促進；Sales Promotion 才是「促銷」的意思。但因為「Promotion」譯成促銷已約定俗成，因此，為了避免二者混淆，通常將後者譯為「銷售促進」。

要素相互協調與配合使用，才能達到企業的銷售活動的目的。

1. 銷售促進的類型及方法

SP 活動涉及企業、中間商、消費者三者之間的關係。涵蓋產品、勞務、信息等各個方面。因此，SP 的活動對象、活動內容必具多樣性。相應地，SP 活動的方法也是多種多樣的。

（1）對消費者的 SP。對消費者的 SP 是由生產企業或中間商進行的。在新產品進入市場和促使老產品恢復生機時經常採用。它也是對抗競爭者的銷售活動的有力措施，這種 SP 的關鍵在於如何喚起消費者的慾望和需求，促使其自動購買。

對消費者 SP 的工具主要有：

①樣品。免費分發樣品，供消費者試用。

②折價券。即對特定商品，限定期限折價出售。實踐證明，採用折價券，無論是在新產品導入期或產品成熟期，均能刺激銷售，效果顯著。

③特價包。即以低於常規價格出售商品的一種方法。具體形式有兩種：一是減價包，即將商品單獨包裝起來減價出售；二是組合包，即將兩件相關的商品（如牙膏、牙刷）並在一起減價銷售。這種 SP 對於刺激短期銷售效果較好。

④贈獎。即以相當低的費用出售或免費贈送商品作為購買另一特定產品的刺激。主要有兩種形式：一種叫隨附贈品，即附在商品內或包裝上的贈品；另一種叫免費郵寄贈品，就是消費者交出購買商品的憑證，商店就給他寄去一個商品。

⑤交易印花。即消費者購買商品後，將零售店所發的印花集到一定張數後，便可換取贈品。

⑥消費者競賽。即通過募集歌詞、歌譜、攝影比賽、企業或商品命名、徵求創意、廣告語等競爭活動，提高產品、服務或企業的知曉程度。

⑦講座。即有計劃有組織地長期進行商品講座活動，在提高消費者商品知識的同時，進一步刺激其更大的購買慾望。

（2）對中間商的 SP。對中間商的 SP 是由生產企業進行的，旨在促使中間商更加努力地推銷自己企業的產品。對中間商的 SP 主要採用下述工具：

①銷售店競賽。通過舉辦營業額、陳列、接待顧客等方式進行競爭，以獎金、獎品刺激中間商參加。

②銷售店贈品。在零售店進貨達一定數額時，或對特定商品進貨齊全時，發給贈品。

③銷售店援助。即對店鋪的場地布置、設備、裝潢等進行經營或財務診斷，以及提供 POP 援助等，以期直接強化銷售店，促使銷售額增加。

④特殊廣告。指向中間商提供附有企業名稱的贈品，用於加強企業與中間商的關係。

⑤進貨優待。對一定期間的進貨者提供價格折扣。

⑥代培銷售人員。對中間商的銷售人員進行培訓，提高其推銷企業產品的能力。

(3) 對企業內部銷售人員的 SP。對企業內部進行 SP 活動，旨在使銷售活動順利進行，明確銷售重點所在，制定最佳 SP 活動，提高銷售人員對產品特性的認識，瞭解 SP 計劃，促使有效地開展 SP 活動。

2. 銷售促進的特點

(1) 銷售促進是廣告和人員銷售的補充措施，只是一種輔助的促銷工具。

(2) 銷售促進是一種非正規、非經常性的促銷活動，而廣告和人員銷售則是連續的、常規的促銷活動。

(3) 銷售促進具有強烈的刺激性，可獲得顧客的快速反應，但是其作用短暫，屬於獲得快速反應的短期促銷工具。

恰當運用銷售促進，特別是與廣告或人員銷售配合應用，是非常有效的。但是，幾乎每一種銷售促進方法，都要在提供商品的同時，附加上一些有實際價值的東西，以誘發顧客的行動。所以，銷售促進費用較高。

3. 對銷售促進的管理

銷售促進的管理過程包括：明確活動的目標，選擇銷售促進的手段，確定活動的時機、強度和範圍等。

(1) 明確目標。銷售促進的目標要與促銷組合的其他方面結合起來考慮，相互協調配合。在目標中，要明確推廣的對象是誰，要達到什麼目的。例如，對象是青年人，目的是抗衡競爭對手，動員消費者更多地購買本企業產品，使銷售額增加 5%，這就是一種比較具體的目標。

(2) 選擇銷售促進方法（工具）。由於每一種方法對各類顧客的吸引力不同，達到目標的能力也有差別。因此，企業應根據目標對象的特點、產品的性質和市場地位、競爭對手的活動、費用限制等綜合分析選擇。

(3) 具體規劃。第一，要對發動銷售促進的時機作出判斷。第二，要對活動時間長短作出決定。時間過短，可能遺漏許多目標顧客；時間過長，開支的費用過大，還可能削弱推廣的效果。第三，刺激強度的決定。這個問題與選擇的手段有關，刺激過大，是一種浪費，短時間效果可能很好，但時間一長，效果會呈遞減趨勢，而且可能造成顧客對產品質量的懷疑；刺激過小，則不會引起顧客的興趣，達不到推廣目的。第四，對銷售促進的範圍和途徑作出決定。即要確定實施的範圍有多廣，在什麼地點和場所實施，通過什麼途徑傳送給目標顧客等問題。

(4) 評價。實施以後，可用銷售額的變化和推廣目標對比來評價銷售促進活動的效果。

二、公共關係

公共關係（Public Relation，PR）也叫公眾關係。以前在行銷中是公共宣傳，主要就

企業產品和服務與某些有關企業的商譽形象，在公眾媒體上獲得「免費」報導宣傳；而公共關係，遠比公共宣傳更能觸及到行銷活動的實質，即滿足顧客的需要和慾望。

公共關係是指企業或組織為了適應環境，爭取社會公眾的瞭解、信任、支持和合作，以樹立企業良好的形象和信譽而採取的有計劃的行動。

任何一個企業都不可避免地要與社會各界發生各種各樣的交往關係。諸如與政府機構、司法機構、社會團體、金融機構、新聞界、股東、經銷商和代理商、消費者、內部員工等。企業要在紛繁複雜的社會環境中求得生存和發展，就必須採用有計劃的政策和行動，處理好這些縱橫交錯的關係，樹立良好的社會形象，以贏得社會公眾的理解、好感和喜愛。創造性地建立起最佳的社會關係環境，是企業成功必不可少的條件，也是公共關係的根本任務。

公共關係不僅僅是一種促銷手段，而且包含著更為廣泛的管理職能，如參與處理各種問題和難題；幫助管理部門及時瞭解輿論並做出反應，使企業隨時掌握並有效利用變化的形勢；幫助預測發展趨勢等。就促銷來講，它只是一種間接的推廣工具。公共關係著眼於企業的長遠利益和戰略目標，而不是公司的短期效益和一時的銷售效果。公共關係不是企業的權宜之計，不能等到出現了問題，才披掛上陣。

公共關係的基本方法是雙向溝通，既要使企業瞭解社會公眾，也要使社會公眾瞭解企業，以便獲得相互理解。公共關係的準則是服從全社會的公共利益，這是創立企業良好社會形象的前提。公共關係活動的內容十分廣泛，常見的有以下幾種：

1. 編寫新聞

這是公關活動的一個重要環節，是由公司的公關人員對企業具有新聞價值的政策、背景、活動和事件撰寫新聞稿件，散發給有關的新聞傳播媒介或各有關公眾，爭取發表。這種由第三者發布的報導文章，可信度高，有利於提高公司的形象，而且一般不須付費。IBM的管理制度，可口可樂的行銷策略，常常成為管理類雜誌、報紙的熱門話題。公司內部的趣聞、歷史，只要故事性和趣味性強，也是報紙生活版、消閒雜誌、有關的電視或電臺節目樂於採用的。這種輕鬆有趣的公關報導，最能喚起人們的認知。

2. 舉辦記者招待會

也叫新聞發布會，這是搞好與新聞媒介關係的重要手段，也是傳播各類信息，爭取新聞界客觀報導的重要途徑。

3. 散發宣傳資料

宣傳資料包括與公司有關的所有刊物、小冊子、畫片、傳單、年報等。這些宣傳資料印刷精美，圖文並茂，在適當的時機，向有關公眾團體、政府機構和當地居民散發，可吸引他們認識和瞭解公司，以擴大公司的影響。公司一般都十分重視宣傳資料的策劃和研究。

4. 策劃企業領導人的演講或報告

演講或報告可以把信息傳播給較多的公眾，聽者常常為精彩、充滿感情色彩的演講所

鼓動。這對演講者內容安排、表達能力、動作以及儀表儀容提出了較高要求，因為平淡無奇、枯燥乏味的演講不會產生什麼積極作用。

5. 製造新聞事件

許多著名公司都善於製造新聞，而不只是被動地發現新聞。有目的地製造出來的新聞，常常能轟動新聞界，在公眾中引起強烈反響。如日本豐田汽車公司的破壞性試驗，在當時震動了新聞界，幾乎成為所有媒介的新聞焦點，這就是成功的事例。

6. 社會捐助活動

這是日益流行的公關活動，是贏得良好的社會關係，樹立「好公民」形象的重要途徑。例如捐助當地的文化活動、體育比賽，捐助當地的慈善事業、教育事業和重要的節目等。這些捐助活動影響較大，常常受到當時人民的關注和好評，也屬於製造出來的新聞。美國麥當勞快餐公司每年兒童節都在世界各地的連鎖店舉辦遊樂會、組織球隊，這一舉措很受各地兒童及家長的喜愛；豐田汽車公司為了改善美國人對日本汽車大量湧入的不滿情緒，利用各種機會向美國的各類消費者組織、福利組織捐贈，還為13個美國中學生提供在日本學習的獎學金。豐田對美國人的奉承，頗得了一些美國民心。

7. 維持和矯正性活動

公司不僅要樹立良好的企業形象，還要維繫這種形象。當出現不利於公司形象的事件時，要採取積極措施，挽回聲譽。這是一項經常性的活動，包括建立與公眾的聯繫制度；接待來信、來訪的工作；及時對公眾的意見作出反應等。這些工具是公司瞭解公眾對其行銷策略和經營作風的看法，並根據公眾的意見調整自己的行為，或消除誤解、澄清是非的重要手段，也是實現公司與公眾雙向溝通的重要途徑。日本松下電器公司讓下屬工廠都掛上「歡迎參觀」的牌子，各工廠設立專門的參觀課，培訓專門的接待員，恭恭敬敬地請大眾參觀工廠的生產設備、工廠流程、管理制度、質量要求。顧客通過參觀，深入瞭解松下先進的設備和嚴格的管理，對企業的信任度大大提高。飲譽世界的雀巢公司在20世紀70年代遇到了麻煩，輿論界傳出雀巢食品導致母親哺育率下降，以至於嬰兒死亡率上升，後來發展成一場世界性的抵制雀巢的運動。雀巢公司重金雇用了世界著名公關專家帕根，把工作重點放在抵制情緒最嚴重的美國，專心聽取社會批評，開展遊說活動，還成立了權威的聽證委員會審查雀巢的行銷行為。這一系列舉措逐漸挽回了雀巢的信譽，歷時數年的抵制運動終於煙消雲散。

本章小結

要完成既定的行銷目標，企業必須按照交換需要具備的條件，向目標顧客進行溝通，即開展行銷信息的傳播和促銷。因此，行銷傳播和促銷的基本任務為溝通信息和說服與激勵目標顧客購買本企業的產品。因為行銷信息的傳播必須符合信息有效傳播的原理，因此

應該使行銷傳播具備編譯碼匹配、傳送力大於干擾力和媒體的可接觸性要求。

完成行銷傳播要使用五種不同的行銷傳播工具，即廣告、銷售促進、公關宣傳與關係、人員推銷和直接行銷。

事實上，根據消費者的認知過程和購買準備階段論的原理與理論，目標顧客從接受開始並最終產生企業希望的有利反應，是一個通過企業開展的行銷傳播和促銷施加影響的過程，這個過程的特點就是使目標顧客的信念與態度逐漸而不是一次性就能發生轉變的過程。由此決定：①沒有任何一種傳播或促銷工具能夠適應全部傳播促銷過程，必須將其組合使用；②行銷傳播和促銷應該按照確定目標受眾→確定傳播目標→設計傳播信息→選擇傳播渠道→編製傳播預算→確定傳播組合→評測促銷效果七個步驟組織進行。

傳統的傳播和促銷理論認為，公司形象、品牌形象與產品形象是不同的傳播內容，因此往往將其分開對待。但是在信息化時代，這種理論的偏頗已顯露出來。因此提出了整合行銷傳播的觀點。所謂整合行銷傳播就是將公司形象、品牌形象和產品形象統一起來進行傳播，也就是說，整合行銷傳播要求作到傳播目標統一，公司、品牌產品形象的統一，傳播過程統一。

廣告主要是針對最終消費者的大眾傳播方式，它的作用是要把顧客「拉」進商店，購買產品，導致中間商的採購。廣告對工業用戶也有特殊作用，但運用不及消費品廣泛。我們還按照廣告的策劃和管理過程，分別闡述了廣告目標與預算的確定、廣告表現策略、廣告媒體以及廣告效果的評價。

人員銷售與廣告不一樣，它主要是面向中間商和工業用戶的促銷活動。推銷人員的推銷方法、選拔培訓方法、考核方法與報酬激勵方法，是銷售管理中的重要而複雜的管理問題。

銷售促進是一種不連續但經常使用的、短期刺激效果明顯的促銷工具。它是廣告和人員銷售的重要輔助措施，運用得好，可收到立竿見影的效果。

公共關係也是一種重要的促銷工具，但企業不易控制。公共關係具有多方面的功能和作用。

本章復習思考題

1. 什麼是行銷傳播？有哪些基本任務？
2. 信息有效傳播需要滿足什麼充要條件？試舉例說明如何在行銷傳播或促銷中應用。
3. 對比廣告與人員推銷的優缺點，並說明為什麼消費品要更多依賴於廣告進行行銷信息傳播和促銷；而產業用品則更多依賴的是人員推銷。
4. 行銷傳播基本步驟有哪七個？說明應按照這七個步驟組織行銷傳播的原因是什麼？
5. 設想一樣家電產品由你策劃或設計一個傳播計劃，應如何設計顧客印象分析問卷？

6. 試以一個你熟悉的產品為例，說明根據購買反應層次，顧客在各階段可能表現出什麼行為特點。

7. 分別採用理性訴求、感情訴求和道義訴求設計一個手機產品的廣告傳播文案，並說明你設計的特點。

8. 請用一個實例說明代言人的可信度。

9. 人員傳播與非人員傳播的優劣如何？應如何運用？

10. 促銷預算編製有幾種方法？其特點如何？

11. 「推」與「拉」戰略對促銷工具的要求各是什麼？

12. 什麼是整合行銷傳播？其「整合」思想和要求，主要表現在什麼方面？

13. 試說明為什麼保險業產品都是採用人員銷售，而日用百貨很少採用人員銷售？

第十二章　行銷演進

市場行銷的發展經歷了早期的實證市場分析、消費者測試技術與推銷技術研究階段，以及中期的行銷戰略、品牌、獨特銷售主張、定位、行銷組合、消費者行為和行銷調研等細分研究階段。進入 21 世紀，市場行銷在廣度和深度上進一步擴展，如全球、國家、區域以及城市行銷方興未艾，在學科交叉性與邊沿性方面，服務行銷、網絡行銷、關係行銷及顧客關係管理等成為新的熱點。

隨著服務經濟的發展，服務行銷作為專門研究服務產品和顧客服務的行銷行為科學，也從市場行銷中分離出來，成為一門獨立的學科發展方向。關係行銷與顧客關係管理是市場競爭發展到高級階段的必然產物，全方位關係和諧與持續發展日益成為行銷學界和實業界的熱門話題。以互聯網絡為基礎的現代信息技術使得交易方式發生了根本性改變，信息充分性與對稱性這一古典經濟學基本假設的逐步實現，大幅降低了市場交易成本並增加了顧客價值，這些都推動了網絡行銷學科的持續創新與發展。

第一節　服務行銷

一、服務的概念及特徵

（一）服務的概念

作為服務行銷基石的服務概念，行銷學者一般是從區別於有形的實物產品的角度來進行研究和界定的。菲利普·科特勒就把服務定義為「一方向另一方提供的基本上是無形的任何東西或利益，並且不導致任何所有權的產生。它的產生可能與某種有形產品聯繫在一起，也可能毫無關係」。

其他有代表性的定義還有：

美國市場行銷學會（AMA）：服務是用於出售或者是同產品一起進行出售的活動、利益或滿足感。

服務行銷學家格魯諾斯（Gronroos）認為：服務一般以無形的方式，在顧客與服務員工、有形資源商品或服務系統之間發生的、可以解決顧客問題的一種或一系列行為。

我們可以簡單地將服務概括為：服務是一種能夠有效地提供某種滿足或利益的活動過程。之所以這樣界定，是因為：①服務作為一種無形的商品，必須通過交換來滿足某種需

要和提供利益；②所謂的有效性是指能提供更多的滿足或利益，才能實現交換、實現產品的價值；③服務是一種無形的產品，它的產生必然伴隨一種活動過程。

(二) 服務的特徵

在實踐中，服務的定義並不像我們刻意追求的那麼重要，而服務的性質和特徵才是重要的，它們會對服務行銷產生重要的影響。服務有四個基本特徵：無形性（Intangibility）、不可分離性（Inseparability）、可變性（Variability）和易消失性（Perishability）。

1. 無形性

服務在本質上是一種活動或行為，它是無形的。服務在被購買之前是看不見、摸不著、無法感知的。購買者很難事先判斷和預知服務結果的好壞，即使顧客在購買服務產品後獲得的績效也很難被準確描述或者判斷。

2. 不可分離性

服務的不可分離性是指服務的生產過程與消費過程是同時進行的，生產與消費服務在時間上不可分離。提供服務的生產者和接受服務的顧客在這一過程中相互作用，並對服務結果產生影響。

服務的不可分離性要求服務消費者必須以積極的、合作的態度參與服務生產過程，才能得到滿意的服務。服務的這一特徵也顯示服務員工與顧客的互動是服務質量高低的重要影響因素。

3. 可變性

可變性反應服務質量的不穩定和差異性。影響服務的因素很多，如時間、地點、服務提供及消費人員等。由於服務的主體和對象均是人，服務質量就受到人員差異的影響而具有可變性，不同水準的服務人員會產生不同的服務效果；同一服務人員為不同素質的顧客服務，也會產生不同的服務效果。

4. 易消失性

服務的易消失性是指服務是不能儲存的。服務在時間上不可儲存，在空間上不可轉移，如不及時消費就會造成損失。服務的這種特性容易引起服務供求之間的矛盾。在供不應求時，顧客的需求不能得到很好的滿足；在供大於求時，會造成資源的閒置和浪費。

服務可以看成具有無形性、可變性、不可分離性、易消失性的傾向，或者說向這四個特徵變化的一種趨勢，任何服務都是綜合了這四種特徵的不同組合體。如，快餐服務具有相當高的有形性、高度標準化、顧客參與服務過程和不可儲存性；金融服務基本上是無形的、很高的變化性、顧客可以不參加服務過程和易消失的。

服務是無形性、可變性、不可分離性、易消失性的組合，每項具體的服務其基本特徵的組合是不同的，因此可以通過改變服務的基本特徵、調整基本特徵的組合，來改變服務，服務將具有更多的針對性和個性化。

服務的四個基本特徵，決定了服務與有形產品之間的區別，我們可以通過二者的對比

進行反應，如表 12-1 所示。

表 12-1　　　　　　　　　　服務與有形產品的特性對比

有形產品	服務產品
實體	非實體
形式相似	形式相異
生產、分銷不與消費同時發生	生產、分銷與消費同時發生
一種物品	一種行為或過程
核心價值在工廠被生產出來	核心價值在買賣雙方接觸中產生
顧客一般不參與生產過程	顧客參與生產過程
可以儲存	不可以儲存
有所有權轉讓	無所有權轉讓

　　服務與產品雖然存在上述差異，但是也不能將二者截然分開。我們在現實生活中接受的產品或者服務往往是表現為有形和無形程度上的差異，有形產品的提供常常帶有某些服務的特徵，無形服務也是需要有形產品支持的。所以說，從無形的服務到有形產品之間不是一種突然的變化，而是一個漸變的過渡過程，存在一個不間斷的連續圖譜，如圖 12-1 所示。

圖 12-1　無形和有形的連續圖譜

　　通過有形產品與無形服務的漸變連續圖譜，我們可以發現：服務和有形產品是有區別的，它們的區別反應在有形程度上的不同，但其劃分界限越來越模糊，有形產品有時也具有某些服務的特徵，服務不僅局限於服務業，而且也包含在製造業中，服務行銷的應用和研究領域幾乎涉及任何部門和企業。

二、服務行銷組合

　　對無形的服務進行行銷具有其特殊性，只是這方面的研究還遠遠不及有形產品。目前

關於服務行銷組合的理論主要包括服務行銷三角組合、7Ps 組合、7Ps + 3Rs 組合。

(一) 服務行銷三角組合

由於服務的無形性、可變性、生產消費不可分離性和不可存儲性，僅依靠以 4Ps 行銷為主的外部行銷是難以保證服務行銷的有效性和高質量的。服務行銷不僅包括外部行銷，還包括內部行銷和交互行銷，如圖 12-2 所示。

圖 12-2　服務行銷的組成

1. 內部行銷（Internal Marketing）

內部行銷就是企業通過對員工的選擇和聘用、培訓、指導、激勵和評價，使企業的每一個員工都樹立正確的指導思想，都具備能更好地為顧客服務的願望和能力。內部行銷作為一種全面的管理過程，主要包括態度管理和溝通管理。

(1) 態度管理。企業員工的顧客意識和服務的自覺性必須有效的激勵和管理，這是態度管理的基本內容，也是內部行銷的關鍵組成部分。企業的員工為了實現企業的經營目標，應該成為具有服務意識和顧客導向的「服務人員」。

(2) 溝通管理。企業的不同人員必須要有足夠的信息來完成其相應的工作，為內部和外部的顧客提供良好的服務。內部行銷管理溝通的內容包括：提供員工服務所需的各種信息，如各種規章制度、崗位責任制度、產品和服務的性能、企業對顧客的承諾等；以及促進信息在各部門的相互交流，如交流各自的需要和要求、對如何提高工作業績的看法、對如何界定顧客的需求的方法等。

內部行銷不但能夠讓員工具有良好的服務意識、顧客導向觀念與專業服務技能，也是企業吸引和保留住高素質的員工的主要手段，企業的內部行銷做得越好，對員工就越有吸引力。

2. 交互式行銷（Interactive Marketing）

交互行銷要求企業的員工不僅要具有良好的專業技術能力，而且還要具有與顧客進行有效溝通的能力，因為顧客評價服務的質量高低的標準，不僅包括服務過程中提供的技術質量，也包括服務過程中的功能質量。

3. 外部行銷（Marketing）

外部行銷，即傳統的市場行銷，就是企業滿足顧客需求的服務承諾以及提供的服務。

（二）服務行銷7Ps組合

鑒於服務行銷的性質，有學者認為，服務行銷組合在傳統的4Ps組合之上還應該增加新的組合要素，即人（People）、有形展示（Physical Evidence）和服務過程（Process），服務行銷組合就從傳統產品行銷的4Ps組合擴展到7Ps的服務行銷組合。

1. 人（People）

人是服務行銷中非常重要的一個組成要素，服務的提供是很難離開人而獨立的，包括服務的提供者和服務的接受者。服務四個特性就決定了人對服務和服務行銷的影響將是至關重要的，以至於格魯諾斯（Gronroos）認為「服務行銷學的4Ps就是人、人、人，最後還是人」。

2. 有形展示（Physical Evidence）

由於服務具有無形性，因此有形展示便顯得不可或缺。服務的無形與不確定性增加了市場交易的風險和難度，通過實物和外觀的展示可以在不同程度上展示服務質量和某些其他特徵，如提供理療健康服務的企業，往往通過展示其最新技術設備來對顧客或潛在的顧客進行服務質量保證，又如一家餐廳的外觀往往能體現餐廳的定位和風格，以吸引不同的顧客。

3. 過程（Process）

服務本身就表現為一種活動或過程，服務過程的不同組合將導致不同的服務。服務過程可以按服務過程的複雜程度和差異程度劃分為四類：

（1）複雜程度和差異程度都較高的服務過程，如外科醫生的手術過程；

（2）複雜程度高而差異程度低的服務過程，如酒店的服務過程；

（3）複雜程度低而差異程度高的服務過程，如理髮、美容等服務過程；

（4）複雜程度和差異程度都較低的服務過程，如一般的零售服務過程。

企業可以通過有目的的改變服務過程的複雜程度或差異程度，從而使得服務行銷組合產生預期的變化。

（三）服務行銷$3R_s+7P_s$組合

服務行銷大多是一種長期的關係行銷，不但需要提供優質的產品與服務、提高顧客滿意與忠誠度，還需要建立與保持長期的顧客關係，帶動相關服務的銷售，這可以用顧客保留（Retention）、相關產品銷售（Related Sales）和顧客推薦（Referrals）3個R來表示，這3個Rs與7Ps一起構成了（$3R_s+7P_s$）服務行銷組合模式。

1. 顧客保留（Retention）

企業可以與顧客之間建立長期的關係，從而維持與保留現有顧客，取得穩定收益。顧客保留關鍵在於首先取得顧客的滿意，顧客的滿意是維繫與發展顧客長期關係的基礎，是

建立顧客忠誠的先決條件。

顧客保留能夠降低企業行銷費用。實踐和研究表明，顧客的保留率每提高 5 個百分點，企業的利潤將提高 75%。

2. 相關銷售（Related Sales）

顧客的滿意和保留，將有助於企業新開發服務產品的銷售，由於服務的不確定性，顧客往往傾向於向原有供應商購買新產品，這樣，新產品推廣費用將大大降低，老顧客在接受企業新產品時，對價格也不太敏感。不僅能提高相關產品的銷售，而且能增加銷售利潤率。

3. 顧客推薦（Referrals）

滿意的顧客是企業的最好資源，是企業的最好廣告。滿意消費者的推薦和口碑的傳播將對企業潛在顧客產生深刻的影響，尤其是無形產品。

(四) 服務的行銷特徵

瞭解和掌握服務的行銷特徵是服務企業制定行銷策略、進行行銷管理的前提。服務行銷與一般產品的市場行銷沒有本質的區別，只是由於服務產品的特殊性，服務行銷比一般的行銷更強調和注重以下幾個方面：

服務行銷注重顧客的保留和維持現有顧客，追求顧客的滿意和顧客的忠誠；服務行銷強調與顧客建立一種長期的關係，注重長遠的利益；服務行銷強調對顧客的承諾，注重服務過程的質量保證；服務行銷強調與顧客的接觸和溝通，注重與顧客建立和維持一種相適應的關係；服務行銷注重服務的質量，服務質量受多種因素影響等。

此外，服務的性質決定了服務行銷有著比有形產品行銷還具有的如下不同特徵：

1. 促銷難以展示

有形產品促銷可以採用不同的手段，如產品陳列、展銷、演示等，消費者在購買產品之前就可以對產品的外觀、功能和效果有所瞭解。而服務是無形的，難以展示，消費者在購買服務前，很難客觀評價服務的功能和使用效果。

2. 分銷方式單一

有形產品可以根據產品、市場的特點採用不同的渠道形式和複合渠道進行分銷，以最大限度達到佔有市場的目標。而服務的生產和消費是同時進行的，大多只能採取直銷的形式，這限制了企業服務市場的規模和範圍，增加了市場開發的難度。網絡信息技術對服務行銷的渠道開發提供了更多的選擇。

3. 服務供求分散

在服務行銷的活動中，服務產品的供給和需求比較分散，提供服務的企業是廣泛分散的，而且需求服務的顧客更是涉及各類企業、社會團體和千家萬戶不同類型的消費者。服務供求的分散性，要求服務提供者的服務網點要廣泛而分散，盡可能地接近消費者。如銀行儲蓄所、加油站、汽車修理點等的分佈總是盡可能覆蓋更大的區域，為更多的人群提供

方便、快捷的服務。

4. 服務對象的複雜性

服務市場的購買者是多元的，購買行為受多種因素影響而更加複雜化；同一服務產品的購買者可能是各種不同的人，其購買動機差異很大，而且不同消費者對服務產品的需求種類、內容和方式經常變化。根據馬斯洛需求層次原理，人們的基本物質需求是一種原發需求，對這類需求人們易產生共性；而人們對精神文化消費的需求屬於繼發性需求，需求者會因各自所處的社會環境和各自具備的條件不同而形成較大的需求差異。

5. 服務需求彈性大

服務需求受到外界因素的影響較大，如季節的變化、氣候的變化、科技的發展等對信息服務、環保服務、旅遊服務、航運服務等的需求造成較大影響，最關鍵的問題是服務難以存儲。服務需求彈性大是服務行銷者最棘手的問題之一。

6. 對服務人員的技能和態度要求高

各種服務產品的提供都離不開人，服務人員的技能和態度直接關係著服務質量，這使得服務產品的質量很難控制，消費者對各種服務的質量要求也意味著對服務人員的技能和態度的要求。

三、服務質量管理

(一) 服務質量

服務質量是服務的效用及其對顧客需要滿足程度的綜合表現。與產品質量不同，服務質量沒有統一標準，顧客的素質，如文化修養、審美觀點、興趣愛好和價值取向等，直接影響著他們對服務的需求和評價。同一項服務，不同顧客可能會提出不同的要求，並得出不同的服務質量評價。

所以，服務質量既表現在服務者提供的服務本身的效用上，又表現在顧客對他們得到的服務的滿足程度上。也就是說，服務質量不僅與服務結果有關，也與服務過程有關，它包含兩方面內容：

（1）技術性質量。即服務結果的質量，反應服務本身的質量標準、環境條件、網點設置以及服務項目、服務時間、服務設備等是否適應和滿足顧客的需要。通常消費者能夠比較客觀地評估服務結果的技術性質量。

（2）功能性質量。即服務過程的質量。服務提供過程與消費過程同時發生，服務功能性質量反應服務人員的儀態儀表、服務態度、服務程序、服務行為是否滿足顧客需求。它也與顧客的個性、態度、知識、行為方式等因素有關，並且顧客對功能性質量的看法也會受其他顧客消費行為的影響。消費者對功能性質量的評估通常是一種比較主觀的判斷。

優質的服務質量應該是該項服務既符合企業制定的服務標準，又能滿足顧客的需要，這是由服務質量的技術性和功能性決定的，而服務標準的制定則應該以顧客滿意為指導。

（二）服務質量差距模型

美國的柏拉所羅門、塞登爾和貝利在1988年提出了一種服務質量模型（SERVQUAL）來評估企業的服務質量，該模型以顧客需求滿足為前提，逐次分析了造成服務失敗的五大差距，並提出了消除這些差距的策略。

（1）顧客期望值與管理人員認知之間的差距。管理人員常常並不知道消費者真正的需求是什麼。例如飯館的經理很可能認為顧客希望吃好一點，喝好一點，而顧客實際上可能更注意餐館的衛生條件和舒適的就餐環境。

（2）管理人員的認識與服務質量標準之間的差距。飯館的經理也許能夠正確地認識到顧客的需求，但並不知道滿足這一需求的服務標準是什麼，不知道怎樣把這種需求滿足制度化規範化。例如，飯館經理感知到顧客需要一種衛生、舒適的就餐環境，但他卻無法確定什麼樣的環境才是顧客真正需要的那種衛生和舒適。

（3）服務質量標準與提供服務之間的差距。出於訓練不當、能力不足或其他諸多的原因，服務人員無法按質量標準提供服務。而且有時，服務質量的各種具體標準是相互衝突的，如快速的服務與仔細周到的服務常常是兩個衝突的質量標準。

（4）提供服務與外部溝通之間的差距。顧客的期望值常常受公司廣告和行銷人員宣傳的影響，例如，飯館的經理在廣告時將其飯館的環境衛生說得很好，可當顧客來後發現並非如此，因而感到失望。這就是外部溝通造成了顧客期望值的扭曲，需要提供確切反應顧客需求的服務承諾。服務承諾，就是公布服務質量或服務效果的標準，並對顧客加以利益上的保證或擔保。

（5）認知的服務與期望的服務之間的差距。不同的環境下，顧客對服務質量的期待是不同的。如果服務人員不注意這種區別，刻板地運用通常的服務改進，就會使提供的標準服務與顧客所期望的服務之間產生差距。例如，一對熱戀中的情侶平時都忙於工作，難得相聚，週末到飯館用餐，期望有一個安靜舒適、沒有外人干擾的環境。可是服務人員沒注意到這一點，而是根據熱情周到的服務標準，不斷地詢問他們還需要什麼、對飯菜是否滿意等。可以想像，這種過分熱情的服務並不能帶來他們對服務的好評。

服務質量的好壞很大程度上取決於顧客在服務過程中得到的感受。因此服務質量不可能像製造業那樣，以產品的技術為標準，而必須找到另外的著力點。面向顧客提供真實可靠的服務承諾，就能成為服務行銷有效的著力點。

接下來，我們就可以根據上述的分析逐一消除以上五個層面的服務質量差距，比如加強服務人員的挑選和培訓，或者使用差距分析法來衡量顧客的期望，由服務業管理人員請顧客根據自己的期望值來評價其對某項服務的滿意程度。一般說來，顧客的期望會受到他人的意見、本人的需求、過去的經驗以及促銷活動的影響。

四、服務差異化與價格管理

(一) 服務差異化

服務差異化是指為顧客提供與眾不同的特色化、個性化服務。服務差異化具體表現在：服務內容的差異化，服務形式的差異化，服務人員的差異化，服務價值的差異化。服務差異化並不是輕易改變既定的服務標準，而是根據不同顧客群體甚至個人設計服務行銷組合，有針對性地開展服務行銷，從而最大限度地滿足顧客的需要。

具體的差異化手段包括：

（1）大規模定制：使用靈活的服務流程和組織結構，以標準化和大批量提供為特定的顧客群體定制的服務。例如，賓館為不同規格會議提供全套服務。

（2）個性化行銷：針對不同顧客提供特殊性服務。例如醫院開設家庭病房。

（3）開發特色服務項目：進行服務項目創新。例如餐館推出新的菜品；旅遊景區推出特色項目。

服務差異化策略是服務企業贏得競爭優勢的有效途徑。

(二) 服務價格管理

企業在實施服務價格管理時，需要考慮服務定價的主要影響因素，以及服務的對象和提供的服務產品的特徵。

1. 服務定價影響因素

服務定價影響因素主要包括服務的特徵、品牌影響力、消費者價格敏感度，以及服務產品生命週期。

服務業的特徵對服務產品的定價有很大的影響，這主要表現在以下方面：

（1）服務的無形性使服務產品的定價遠比有形產品困難。顧客在判斷價格是否合理時，更多的是受服務商品中實體因素的影響，從而在心目中形成一個價值概念，並將這個價值同價格進行比較，判斷是否物有所值。所以，企業定價時，所考慮的主要是顧客對服務商品價值的認識，而非成本。

（2）服務的時間性及服務的需求波動大，導致服務企業必須使用優惠價及降價等方式，以充分利用剩餘的生產能力，因而邊際定價政策得到了普遍應用。

（3）服務的同質性使價格競爭更激烈，不過，同業協會或政府管制部門往往規定收費標準，防止不正常的銷價。

（4）服務與提供服務的人的不可分性，使服務受地理因素或時間的限制。同樣，消費者也只能在一定的時間和區域內才能接受服務，這種限制不僅加劇了企業間的競爭，而且直接影響其定價水準。

正如等級越高的飯店收取的費用越高一樣，品牌影響力在服務市場的定價中起到了重要的甚至是決定性的作用。品牌影響力代表著服務產品的知名度、美譽度、服務產品所使

用的等級標準等，它與企業的市場定位和目標市場密切相關，進而決定了價格水準。

在服務定價時，消費者的價格敏感度是制定價格需要考慮的主要因素。在某些行業，價格成了一種競爭的武器，一家打折銷售，其餘的服務提供者會立刻跟進。但在有些行業，消費者對價格的敏感度就表現得比較低。

服務產品的價格也與其生命週期有關。例如，在引入一種新產品時，公司可用低價策略去滲透市場，並在短期內快速得到市場佔有率。另一種辦法是撇脂策略，即一開始就採用高價策略，以在短期之內盡量收回成本、攫取利潤。不過，這種策略只有在沒有直接競爭者以及存在大量需求的情況下才能採用。

2. 服務產品的定價方法

服務定價的基本方法與傳統定價方法類似，仍然主要是採用需求導向定價、成本導向定價和競爭導向定價。

需求導向定價法著眼於消費者的態度和行為，服務的質量和成本則為配合價格而進行相應的調整。

成本導向定價法是指企業依據其提供服務的成本決定服務的價格。這種方法的優點：一是比需求導向更簡單明了；二是在考慮生產合理的利潤前提下，當顧客需求量大時，能使服務企業維持在一個適當的盈利水準，並降低顧客的購買費用。

競爭導向定價法是指以競爭者各方面之間的實力對比和競爭者的價格作為定價的主要依據，以競爭環境中的生存和發展為目標的定價方法，主要包括通行價格定價和主動競爭型定價兩種。通行價格定價法即以服務的市場通行價格作為本企業的價格。主動競爭型定價，是指為了維持或增加市場佔有率而採取的進取性定價。

五、服務分銷與促銷管理

(一) 服務分銷管理

服務由於產銷同時進行，因此在大多數情況下是難以廣泛分銷的。

1. 服務選址

服務選址是企業做出的關於它在什麼地方向目標市場提供服務的決策。服務選址的重要性取決於服務提供者與消費者互動的類型和程度。服務提供者與消費者有三種互動方式：顧客上門來找服務提供者、服務提供者上門來找顧客以及服務提供者和顧客在隨手可及的範圍內交易。

當顧客不得不上門來找服務提供者並接受服務時，服務提供者的位置就變得特別重要，如餐館、零售店鋪等位置便利就是顧客光顧的主要理由之一。如果是服務提供者上門去找顧客，服務提供者的位置就變得不那麼重要了。如果服務提供者和顧客在隨手可及的便捷範圍內都可以進行交易，這時，位置變得無關緊要，在這種情況下，只要在某些地方裝備了有效的郵遞和電子通信系統，大可不必關心服務供應者的實際位置在什麼地方，如

電話、保險等。

2. 分銷渠道

分銷渠道是指服務從生產者移向消費者所涉及的一系列公司和中間商，服務渠道大多數是採用零渠道，即直銷，服務提供者直接將服務傳遞給顧客，實行面對面的服務。直銷大多是由於服務和服務提供者不可分割的原因，如法律服務、會計和家政服務等。

當然，服務提供者也可以選擇通過仲介機構銷售服務，服務業市場的仲介機構形態很多，常見的有下列幾種：

（1）代理。一般是在旅遊觀光、旅館、運輸、保險等服務市場出現。

（2）代銷。專門執行或提供一項服務，然後以特許權的方式銷售該服務。

（3）經紀。在某些市場，服務因傳統慣例的要求必須經由仲介機構提供才行，如股票市場和廣告服務等。

（4）批發商。在金融市場中的中間批發商等。

（5）零售商。包括照相館（婚紗影樓）和提供干洗服務的商店等。

(二) 服務促銷

服務也是需要與顧客進行價值溝通的，服務行銷的促銷目標與產品行銷大致相同。服務行銷主要的促銷目標是建立對該服務產品及服務公司的認知和興趣，使服務內容和服務公司本身與競爭者產生差異，溝通並描述所提供服務的種種利益，建立並維持服務公司的整體形象和信譽，說服顧客購買或使用該項服務。

因為服務業的特殊性，服務行銷溝通方式與策略在傳統的廣告、人員推銷和公共關係方面也有所不同。

服務業利用廣告進行促銷的趨勢在逐漸擴大，服務廣告正在努力實現無形服務的有形化，消除顧客的不確定性心理。服務廣告的指導原則包括：使用明確的信息；強調服務利益；只宣傳企業能提供或顧客能得到的允諾；提供有形線索；解除購買後的疑慮。

在服務行銷中，人員面對面的接觸的重要性和服務人員的影響力已被普遍認同。因此，人員銷售已成為服務行銷中最被重視的因素。在服務行銷的背景下，人員銷售有著許多指導原則，主要包括：發展與顧客的個人關係，採取專業化導向，建立並維持有利的形象，銷售多種服務，使採購簡單化。

公共關係為了樹立和維護服務企業的良好形象而採用各種交際技巧，提高企業的知名度。服務公關工作的三個重點決策包括：建立各種目標，選擇公關的信息與工具，評估效果。這三個重點決策對所有的服務業公司都是必要的。許多服務業都很重視公關工作，尤其對於行銷預算較少的小型服務公司。公關的功能在於它是獲得展露機會的花費較少的方法，而且公關更是建立市場知名度和偏好的有力工具。

第二節　關係行銷與顧客關係管理

一、關係行銷

(一) 關係行銷的定義

關係行銷出現以前的行銷理論主要是以交易為導向，並以 4Ps 行銷組合作為主要手段。關係行銷的思想可以溯源至 20 世紀 50 年代瑪格瑞（Magarry）提出的行銷六項功能，其中「契約功能」（Contractual Function）指的就是發展市場夥伴間相互依賴的合作關係。在此基礎上許多學者從不同的角度對關係行銷進行了研究，其中，具有代表性的研究學派有：諾地克學院派（Nordic school）從服務行銷的研究角度出發，研究企業如何進行流程再造和實施內部行銷，以對外部顧客提供良好的服務及價值讓度；IMP 學派（Industrial Marketing and Purchasing Group）重點研究產業市場關係及關係網絡；社會交換學派從社會交換的角度研究企業與顧客、供應商、競爭者、內部雇員以及政府等多方面的關係。

關於關係行銷的概念，有的學者將其局限於數據庫行銷範疇，也有學者將其外延擴大到「所有旨在建立、發展和保持成功的關係的一切活動」。我們認為，所謂關係行銷，就是識別、建立、維護和鞏固企業與顧客及其他利益相關人的關係的活動，並通過企業的努力，以成熟的交換及履行承諾的方式，使活動涉及的各方面的目標在關係行銷活動中實現。由此可見，關係行銷是由許多管理關係的一系列活動所構成的一個社會性過程，關係行銷的重點在於利益各方相互之間的交流，並形成一種穩定、相互信任的關係。

(二) 關係行銷涉及的市場

關係行銷將關係從顧客關係擴展到相關利益者的關係，從顧客市場拓展到利益相關者市場，這些市場分別是：

1. 顧客市場

顧客是企業存在和發展的基礎，市場競爭的實質是對顧客的爭奪。企業在爭取新顧客的同時，還必須重視留住原有顧客，培育和發展顧客忠誠。關係行銷關注的重心是如何保持顧客，高度重視顧客服務，並借顧客服務提高顧客滿意度，培育顧客忠誠。據估算，爭取一位新顧客的費用往往是留住一位老顧客費用的五倍。企業可以通過諸如數據庫行銷、會員俱樂部等多種方式，更好地滿足顧客需求，提高顧客滿意度，增加顧客信任，培養顧客忠誠，密切雙方關係。

2. 供應商市場

企業的資源交換過程中資源的構成是多方面的，包含人、財、物、技術和信息等多方面。所以供應商市場不僅包含了原材料市場，還包括了人才市場、技術市場等等。企業與供應商的關係決定了企業所能獲得資源的數量、質量、成本以及獲得的速度，企業與供應

商必須聯結成緊密的合作網絡，進行必要的資源交換，優勢互補，互通有無。某些情況下企業在市場上的聲譽也可能來自於與供應商所形成的關係，當 IBM 決定在其個人電腦上使用微軟公司的操作系統時，微軟公司在軟件行業的聲譽便急速上升。

3. 內部市場

關係行銷把員工看作是企業的內部市場。許多行銷專家都認為，在讓外部顧客滿意之前首先得讓內部員工滿意，只有對工作和公司感到滿意的員工，才可能更好地為外部顧客提供優質的服務，並最終讓外部顧客感到滿意。內部市場不只是企業行銷部門的行銷人員和直接為外部顧客提供服務的其他服務人員，它包括企業內部的所有員工。因為在為顧客創造價值的生產過程中，任何一個環節的低效率或低質量都會影響到最終的顧客價值。

4. 競爭者市場

競爭並不意味著你死我活，現代競爭已發展為協作競爭，在競爭中實現雙贏的結果才是最理想的戰略選擇。因此，需要處理好和競爭對手的關係，爭取那些擁有與自己具有互補性資源的競爭對手的協作，實現共同的市場開發、知識轉移和資源共享。特別是在技術密集型行業，越來越多的企業與其競爭對手進行協作研發和協同市場開發，以分擔巨額的新產品研發費用和行銷費用及其風險，實現雙贏。

5. 分銷商市場

渠道支持對於產品的成功至關重要。經銷商直接面對顧客，擁有寶貴的顧客信息和銷售經驗，能把企業的產品迅速的分銷到各個市場。對渠道的支持就是對顧客的支持。企業要保護和兼顧經銷商利益，提高他們的積極性，要認識到經銷商和企業是利益共同體，努力優化渠道結構，提高渠道效率。

6. 公眾影響者市場

金融機構、新聞媒體、政府、社區，以及諸如消費者權益保護組織、環保組織等各種各樣的社會團體，都會對企業的生存和發展產生重要的影響。因此，企業必須把他們作為一個市場來對待，利用公關等策略保持和發展跟這些影響者的關係。這些影響者的作用是隱含性的，不是時時都表現出來，但他們的潛在影響力不容忽視，尤其在企業陷於危機或是受到攻擊時，與這些影響者的關係就會發生作用。

（三）顧客關係行銷實施的步驟

上面是從橫向角度解析了企業關係行銷的六個市場。接下來，我們將從縱向角度，對企業顧客關係行銷的深度實施進行解析。

顧客關係行銷以市場細分、價值讓渡和感情投資構建起企業與顧客之間的關係網絡，具體實現步驟包括以下幾個方面：

1. 建立顧客數據庫

企業在每位顧客初次購買產品或服務時，通過數據庫，建立起詳細的顧客檔案，包括顧客的購買時間、購買頻率、產品偏好等一系列特徵。企業借此可準確找到目標顧客群，

降低行銷成本，提高行銷效率。另外，數據庫行銷能經常保持與消費者溝通和聯繫，強化消費者與企業的密切關係。這是實施關係行銷的基礎。

2. 制定顧客接觸計劃

企業各部門與顧客的每次接觸都有可能幫助企業發現潛在的市場機會。如果每一次接觸都有好的溝通和交流，企業就有可能發現顧客的潛在需求，可以提高顧客滿意度，從而與顧客建立和維持良好的關係。但是，如果其中的一些接觸效果不佳，反過來也會影響顧客忠誠度的建立和提高。顧客接觸計劃包括兩個方面的內容：一是要善於傾聽顧客意見，從中捕捉市場機會；二是要善於處理顧客投訴，這是一種負責任式的關係行銷。當前許多公司已開通了顧客免費服務電話，國內部分家電廠家已經開展了購後回訪活動等。

3. 頻繁市場行銷

頻繁市場行銷是指給予多次重複購買的顧客予以獎勵，其基本原理，體現了關係行銷的核心思想之一——留住老顧客比爭取新顧客更為容易與划算。通過重複購買，顧客對產品、用法及其競爭品牌產品的特點都累積了一定的知識。企業只需要較少的關注就可以再次贏得顧客。頻繁市場行銷計劃的成功來源於產品和服務的有價值，企業必須給顧客以足夠的理由再次選擇你的產品，如購買積分等。

4. 顧客組織化

成立顧客俱樂部，其成員主要是企業的現有顧客和潛在顧客，俱樂部為其會員提供各種特製服務，如新產品情報、優先銷售、優惠價格等。顧客俱樂部的形成可以加強企業與顧客之間的相互瞭解，培養顧客對企業的忠誠；並通過顧客的情報反饋系統，瞭解顧客潛在需求與新需求；還可以通過顧客俱樂部會員宣傳企業的產品和服務。

5. 顧客化行銷

顧客化行銷又稱定制行銷。企業根據每位顧客的不同要求提供不同的服務，滿足顧客的特殊需求。因為產品或服務的提供是一對一的，顧客化行銷有利於企業與顧客建立並發展長期關係。顧客化行銷的意義還體現在即便是標準化產品也可以對銷售服務進行定制，如送貨條件、培訓計劃、付款方式、技術服務等，這是一種高層次的夥伴式關係行銷。戴爾計算機公司首創電腦個人化定制銷售，並取得了巨大的成功。

6. 退出管理

退出指顧客不再購買企業的產品或服務，終止與企業的業務關係。退出管理則是企業分析顧客退出的原因，改進相應的產品和服務，以減少顧客退出。

二、顧客關係管理

(一) 顧客關係概念及特徵

1. 顧客關係概念

顧客關係是指存在於企業與顧客之間的，是與零散交易相區別的，建立在單次交易的

歷史延續及其對未來交易的持續影響基礎之上的交易狀態集合。顧客關係（Customer-firm Relationship）的實質在於它是介於企業內部組織與市場零散交易之間的中間交易狀態的集合，它包含企業與顧客發生持續交易關係之後的若干層級關係形態的集合。

2. 顧客關係的特徵

只有充分認識顧客關係和其特點才可能正確地建立、維護和發展長期、優質的顧客關係，顧客關係具有以下幾個特點：

第一，顧客關係具有排他性特徵。顧客關係對於企業與顧客交易雙方而言都具有或多或少的約束或吸引，所以這種關係有一定的排他性特徵。對於關係雙方而言，都需要投入相應的關係專用資源來建立與發展關係，任何退出關係的一方都必須承擔一定的轉換成本，顧客關係對關係雙方行為都存在約束。特別是對於企業來說，由於在一定市場範圍以內，顧客資源是有限的，關係資源具有稀缺性，顧客關係作為企業特有資源是企業獲得競爭優勢的關鍵，比之於其他資源如技術資源、物質資源等更具有專有資源的特徵。

第二，顧客關係中關係雙方的相互依賴性。依賴是關係主體間相互提供各自擁有的資源以達成共同目標的行為。相互依賴性是決定長期關係的重要因素，沒有企業與顧客的相互依賴，關係也就沒有存在的空間。

第三，顧客關係中行為的交互性。從某種意義上說，關係越使用則越具有價值，不使用則會造成價值的消滅和衰亡。從行為層面來看，顧客關係客觀上表現出來的是企業與顧客間的互動過程，這種互動既可能是重複的交易行為，也可能是雙方之間的信息交流過程。

第四，顧客關係的價值性。顧客關係的建立、維繫在於它能夠為關係雙方提供利益，使雙方都得到各自所需的價值。顧客資產是企業的一項可經營的資產。

（二）構建顧客價值和滿意

1. 顧客認知價值

現在的顧客比以前的顧客受過更多的教育，有著更多的信息，他們還用很多工具來鑑別公司所宣傳的內容，並會尋找更好的替代品。要讓顧客滿意和忠誠於企業，就必須讓顧客感知和欣賞到顧客關係中創造的價值。由於顧客關係是一個長期的過程，因此顧客價值需要在一個較長的時間內體現，我們將之稱為價值過程。

顧客感知價值（Customer Perceived Value，CPV）是指預期顧客評價一個供應品和認知價值的所有價值與所有成本之差。

顧客感知價值（CPV）＝（核心產品＋附加服務）／（價格＋關係成本）

在關係行銷中，顧客感知價值是隨時間發展和感知的。在公式中，價格是個短期概念，原則上在核心產品送貨時支付。然而，關係成本卻是隨著關係的發展而發生的，核心產品和附加服務的效用是在一系列的活動過程中經歷的。

總顧客價值（Total Customer Value）就是顧客從某一特定供應品中期望的一組經濟、

功能和心理利益組成的認知價值。總顧客成本（Total Customer Cost）是在評估、獲得、使用該市場供應品時引起的一組顧客預計成本。

顧客感知價值建立在顧客在可能的選擇中得到什麼和付出什麼的比較之上。顧客要對得到的利益和預計的成本進行比較。行銷者們可以通過提高功能或感情利益，或者減少花費來增加顧客的價值。消費者會在兩項價值之間作選擇。

2. 顧客滿意

購買者在購買後是否滿意取決於與這位購買者的期望值相聯繫的產品或服務的使用效果。滿意是指一個人通過對一個產品的可感知的效果與他或她的期望值相比較後，所形成的愉悅或失望的感覺狀態。如果效果低於期望，顧客就會不滿意。如果可感知的效果與期望匹配，顧客就滿意。如果感知的效果超過期望，顧客就會高度滿意。

影響顧客滿意的因素有三個層面：

（1）必須具備因素

此因素指的是顧客期望存在的並認為理所當然的那些特性。例如，顧客購買的桶裝水，肯定希望水是純淨的、水桶是整潔的、水送到家門口等。由於這些都是顧客預期應該有的，顧客就會特別注意它，因此當沒有時，就會感到不滿意。而即使這些都有了，甚至更好，顧客也只有中性的感覺。

（2）越多越好因素

顧客對於這種因素有一個較大的感覺範圍。如果顧客的需求沒有得到滿足，就會感到失望；如果得到合理的滿足，顧客不會有什麼感覺；但如果我們做得更好，顧客會增加滿意度。譬如，顧客電話訂購桶裝水，通常是6個小時後送到。如果我們拖延太久，就會遭抱怨；如果我們不快不慢，顧客不會有什麼反應；如果我們反應迅速，在很短時間內送達，顧客就會高興。

（3）期望之外因素

這裡指的是顧客未曾期望，以致會感到喜出望外的那些特性。因為是期待之外，所以缺少了不會引起任何消極影響，但如果具備，就會產生積極效果，提高顧客滿意度。如為長期訂戶定期免費清洗、消毒飲水機；為行動不便的顧客安裝水桶等等。

日本管理學家加納（Noriaki Kano）教授的顧客感知模型，清楚地說明了這三個因素對顧客滿意度的影響：

由圖12－3可見，企業做好必須具備因素，僅僅是避免了顧客的不滿，要真正獲得顧客的滿意，還要在其他兩個因素上下工夫。如我常去的一家餐館，用餐後照例會送上一份水果。但最近一次水果卻沒有了，我被告知如果要上水果需付費，這引起了我的不快。因為在我的心目中，這份水果已是必須具備因素了。

企業作為產品和服務的提供者，應把顧客期望和其實際感知之間的差距看做自身發展的動力，以尋求一種更有效的方法來激發顧客的興趣，獲得顧客的滿意。

图 12-3　顧客滿意因素

顧客滿意度已經成為企業衡量自身服務水準和能力的主要指標。有許多測試顧客滿意度的方法：企業可以通過定期調查直接測定顧客滿意狀況，收集有關顧客滿意的信息，瞭解顧客再購買的意圖，衡量顧客是否願意向其他人推薦本公司或品牌；公司可以監視顧客流失率，訪問那些停止購買公司產品的或者是轉向其他供應商的顧客，最終瞭解顧客流失的原因；公司也可以雇用一些人，裝扮成潛在顧客，報告他們在購買公司及競爭者的產品過程中發現的問題。

(三) 顧客關係管理

顧客關係管理首先是吸引、維持和增加顧客，減少顧客流失，並通過財務、情感和結構性關係紐帶強化顧客關係。

1. 吸引與維持顧客

企業發現，顧客越來越難以取悅，他們比以前更加聰明，對價格更加敏感，要求越來越多，並被越來越多的競爭者提供的相同或者更好的產品或者服務所吸引。

公司為了擴大市場往往花費大量的時間和資源來尋找新的顧客，廣泛促銷，通過廣告在媒體上的播放，希望能吸引更多的顧客；給新的顧客直接發送郵件或者打電話，派銷售人員參加貿易展示會等。然而，光有吸引新顧客的技巧是不夠的，公司必須留住他們。太多的公司都遭遇到了顧客流失 (Customer Churn) 問題，面臨太高的顧客流失率。

現在維持顧客主要有兩個方法，一是建立高的轉換成本，當顧客發現轉換品牌時會發生高的轉換成本，高的搜尋費用或者失去高額折扣收益時，他們就不會傾向於轉向另外一個供應商；另一個更加好的方法是傳遞高的顧客滿意，這使得對手更難用提供低價或者利益誘惑的手段來挖走顧客。

2. 減少顧客流失率的步驟

第一，公司必須確定和衡量一個客觀而且科學的顧客維繫率，想要百分之百的留住顧

客往往是難以企及的，比如一本雜誌的續訂率。

第二，公司必須區分導致顧客流失的不同原因，並找出那些可以改進的地方。例如顧客流失是因為服務差、產品次、價格太高等。

第三，公司應該估算一下當它失去這些不該失去的顧客時所導致的利潤損失。如果是一個顧客的話，損失的利潤可以被認為等於這個顧客的終身價值，也就是說，相當於這位顧客在正常年限內持續購買所產生的利潤。

第四，公司需要計算降低流失率所需要的費用。只要這些費用低於所損失的利潤，公司就應該花這筆錢把顧客留住。

最後，聆聽顧客的意見非常重要。一些公司已經制定出讓高級管理人員持久地從第一線聽取顧客反饋意見的機制。

3. 建立強大的顧客紐帶

貝利（Berry）和帕拉蘇拉曼（Parasuraman）建立了三種保持與建立顧客關係的方法，這些方法具有廣泛的實用性。

（1）增加財務利益

公司可用兩種方法來增加財務利益：頻繁計劃和俱樂部行銷計劃。頻繁計劃（Frequency Programs）就是向經常購買和大量購買的顧客提供獎勵。俱樂部行銷計劃（Club Membership）指顧客可以因其購買產品或服務，或者是交一定的會費而成為俱樂部會員，只有會員才能夠享有某些特別的利益和產品折扣。

（2）增加社交利益

公司的員工通過瞭解各種顧客的個人需求和愛好，將公司的服務個性化、私人化，從而增加顧客的社交利益。例如，蘭斯·恩德寶網站提供給訪問者一個與別的顧客交流的機會。

（3）增加結構性聯繫

公司可以向顧客提供某種特定設備或電腦聯網，以幫助顧客管理他們的訂單或者存貨等。例如著名的藥品批發商麥克森（Mckesson）公司就是一個很好的例子。該公司在電子數據交換方面投資了幾百萬美元，以幫助那些小藥店管理其存貨、訂單處理和貨架空間。

第三節　網絡行銷

一、網絡行銷概述

（一）網絡行銷的概念和特點

1. 網絡行銷概念

網絡行銷是在計算機技術、網絡通訊技術的互動發展中逐步產生，並隨著其廣泛普及

而迅速發展起來的一種低成本、高效率的全新行銷模式。儘管網絡行銷發展十分迅速,但時至今日,行銷界對其尚無一個統一定義。網絡行銷的英文表述就有多種形式,如互聯網行銷(Internet Marketing)、虛擬行銷(Cyber Marketing)、在線行銷(Online Marketing)以及電子行銷(Electronic Marketing),等等。下面是一些代表性的觀點:

拉菲‧默罕默德、羅伯特.菲謝爾等人合著的《網絡行銷》一書中定義的網絡行銷為:通過在線活動建立和維護顧客關係,以協調滿足公司與顧客之間交換概念、產品和服務的目標。

美國學者朱迪‧施特勞斯在《網絡行銷》中提出:「網絡行銷通過對信息技術的廣泛應用,達到以下目標:第一,通過更為有效的市場細分、目標定位、差異化、渠道策略等方式,轉換行銷戰略,為顧客創造更大價值;第二,對網絡行銷理念、分銷策略、促銷策略、產品價格、服務及創意等進行更為有效的規劃和實施;第三,創造滿足個人和組織顧客需求的交易。」

我們認為,網絡行銷是一種以 Internet 為基本經營環境,借助於信息技術和手段,並依託網上資源開展的行銷活動。作為一種新的行銷方式,網絡行銷是傳統行銷原理與互聯網特性相結合的產物,其目的是實現傳統市場與網上市場、傳統行銷手段與網絡化行銷手段的有機整合,以更好地滿足顧客需求和實現企業的經營目標。

2. 網絡行銷的特點

網絡行銷由於以互聯網絡為平臺,借助高科技手段,其特徵和互聯網有著緊密的聯繫。

(1)網絡行銷具有較強的瞄準能力。所謂瞄準能力就是行銷者在消費者購買前對其進行識別的能力。進入互聯網活動的人每一次活動都會留下記錄,他點擊了哪些網站,停留多久,瀏覽了哪些信息,搜索使用的是什麼關鍵詞等,這些都是行銷者可以利用的信息,計算機迅速、準確、低成本和大容量的存儲和交換能力使得企業逐個收集這些信息成為可能。因此行銷者可以利用它們分析顧客的需求、興趣和愛好等,並根據這些累積的數據傳遞極具針對性的行銷信息,做出高效率、高度個性化和瞄準力強的行銷刺激。許多網站要求訪問者註冊基本信息,如性別、年齡、職業等,就是為了收集基本的顧客信息。

(2)網絡行銷具有很強的交互性。網絡的交互性使得顧客與企業間的溝通渠道更為暢通,消費者可以迅速、低成本和主動地向企業反應他們的意見,向專業人員提出他們的疑問和建議,企業也可以通過雙向互動的網絡溝通更好地瞭解顧客需求,引導與培育顧客。以前大多數消費者感到不滿意不會向企業投訴,而是向朋友抱怨和不再購買,他們不願意投訴的部分原因是因為投訴成本很高,並且得不到所要求的回應。

(3)顧客具有主動控制性,能夠調整與控制媒介信息。在傳統媒體的信息傳遞過程中,顧客處於被動接收信息的地位,他們要麼接收,要麼不接收,不能主動控制信息的傳播內容。網絡的出現使顧客在信息的傳遞中處於主動地位,他們能自己決定是否接受信

息，接受什麼樣的信息，什麼時候接受信息，接受多少信息，接受信息的順序，在他們不願意的時候可以隨時中斷信息的接受。從這種意義上來說網絡是一個「拉動」式的媒體，因此在海量的網絡信息中如何獲得顧客的注意力顯得尤為重要。

(二) 網絡行銷環境

網絡行銷在中國的開展和普及，呈現「剃頭挑子一頭熱」的現象，總體而言，政府熱，企業冷；學術界熱，實業界冷。究其原因，與網絡行銷環境的不成熟密切相關，企業是逐利的組織，如果市場交易成本太高、環境不成熟、無利可圖，企業當然不會涉足。網絡行銷的開展，主要關注以下環境的制約因素：

1. 物流瓶頸

網絡行銷的商流與物流是高度分離的，商流在互聯網中完成，物流脫離網絡，由市場的另一部分力量完成。商流與物流越是高度分離，越是要求二者配合密切，相互適應。

中國的物流現狀與此要求還有很大差距。中國與發達國家在物流成本、週轉速度以及產業化方面存在較大差距，服務水準和效率比較低。例如，2002 年，中國物流相關支出達 1.9 萬億元，物流成本佔國內生產總值（GDP）的比重約為 20%，國外發達國家該指標一般只有 10% 左右。中國目前每萬元 GDP 產生的運輸量為 4,972 噸公里，而美國和日本的這一指標分別為 870 噸公里和 700 噸公里。

最近，物流產業發展已經受到了各地政府和業界的高度重視，以聯邦快遞、UPS 和敦豪為代表的跨國物流企業的進入，必將促進相關物流業的快速發展。

2. 安全瓶頸

網絡安全問題，如電子欺騙、偽裝和黑客入侵等都嚴重制約著網絡行銷的發展。中國從 20 世紀 90 年代中期至今，出抬了一批專門針對信息網絡安全的法律、法規及行政規章。2000 年 12 月，全國人大常委會通過的《關於維護互聯網安全的決定》，同年 9 月國務院頒布的《互聯網信息服務管理辦法》等政策及法規，初步確立了中國市場經濟條件下符合國際慣例的互聯網絡安全法制框架。但總體而言，中國互聯網絡的法制建設還相對滯後，特別是缺少有關電子商務的法律法規，尚未完全建立電子商務所需要的法制環境。據中國互聯網絡信息中心的中國互聯網發展狀況調查報告稱，「安全性得不到保障」仍然是用戶認為目前網上交易存在的最大問題。

3. 支付瓶頸

網上支付是指可隨時隨地通過互聯網進行直接轉帳結算的電子支付。網上付款系統也涉及到支付安全的問題，包括數據在傳輸過程中是否受到破壞、篡改、竊取；交易雙方身分辨認；數據加密的安全性等，這些問題都還需要通過加解密技術，網絡安全傳輸技術，數字簽名技術及密鑰管理體系等來解決。

4. 誠信文化瓶頸

網絡行銷使買賣雙方超越時空的限制，實現產權和信息的快速轉移，它需要交易雙方

相互信任和遵守承諾。買方假設賣方的商品服務合格，沒有缺陷，賣方假設買方有支付能力，雙方都會履行交易時達成的承諾。可現實卻是假冒偽劣商品屢禁不止，虛假廣告泛濫成災。在這樣一個缺乏信任的消費文化環境中，消費者只信物不信人，必須對商品實物作檢驗，才決定是否交易，因此對異地或者同地非面對面交易抱有很大戒心，這大大阻礙了網絡行銷的發展。只有盡力在整個社會樹立起以誠信為本的消費文化，恢復消費者的信心，網絡行銷才能獲得長足的發展。

(三) 網絡消費者特徵

由於網絡的獨特性，使得上網用戶具有與傳統顧客不同的性格、文化和消費特徵，這都和網絡高速互動的信息傳遞、開放空間和身分隱藏分不開。

首先，從性格特徵來看，網絡用戶具有極大的包容性。由於互聯網交流容納各種不同思想層面的交流，因此有更大的包容性；網絡用戶的好奇心很強，網絡上充滿了各種各樣的資訊，能極大的滿足人們求知的慾望。

網絡用戶具有強烈的自我意識。網絡的寬容和充分的信息交流提供了一個發表自己意見的平臺，他們不容易輕易被說服，具有強烈的自我主張，反權威，富有個性，自信，更注重自我。

網絡用戶缺乏耐心。網絡用戶對查詢的內容總是抱有「一步到位」的心理，惜時如金，若搜尋路徑繁瑣，連接和傳輸的速度不盡如人意，他們就會很快放棄，離開這個站點。對網絡消費者而言，速度、功能和便利性三者相加幾乎比價格因素更重要數倍，方便性比品牌聲譽或產品選擇多樣更為重要。

其次，從文化特徵來看，網絡用戶具有很強的創新意識。網絡用戶一般都比較早熟，網絡上的豐富信息讓正在成長的年輕一代比他們的上輩能接觸到更多的知識，具有更開闊的眼界。網絡用戶喜歡互動式溝通，數字媒體的及時互動功能讓他們圍繞某一個主題展開討論。

網絡用戶具有探索精神。幾乎只要鼠標輕輕一點就可以搜尋到世界上任何一條信息，他們尋找事物的深層原因，按照自己的意思加以改進，主動學習；網絡用戶喜歡尋求網絡樂趣，他們在網上尋求刺激、靈感，獲得知識，以及與人溝通。

網絡用戶強調遵守網絡禮儀。網絡是一個虛擬的社會，形成了一個大家默認的游戲規則，如果違反會受到大家的排斥。

最後，從消費特徵來看，網絡消費者消費的主動性增強。顧客要求主動表達對產品和服務的慾望，自己收集信息，做出選擇，而不是在強烈的廣告轟炸之下被動決策；網絡消費者要求要有選擇權，喜歡自己參與設計製作，而且網絡快捷價廉的數據處理為滿足這種需要提供了良好的基礎。

網絡消費者品牌忠誠度下降。網絡上的信息充分，使得品牌的忠誠面臨嚴峻的考驗，網絡消費者更趨於理性化；網絡消費者對新鮮事物保持著強大的好奇心和參與感，具有強

烈的成就慾望，肯利用機會，熱衷於各種嘗試，強調平等，傳統的等級觀念淡薄。

成功的網絡行銷，必須要充分發揮網絡工具的技術優勢，適應定制化時代的要求，提供個性化的顧客服務，充分發揮網絡互動性優勢，開展互動式行銷，利用網絡虛擬化特徵，降低行銷成本，增加顧客讓度價值。

二、網絡行銷組合策略

網絡行銷組合相對於傳統的4Ps有所不同，它的突出特點主要體現在如下幾方面：整合溝通處於核心地位，新型網絡廣告出現，渠道和促銷策略的交互運作與轉型，顧客定制，以及信息充分和對稱下的網絡定價。

（一）溝通策略

網絡行銷中溝通處於核心地位，無論在溝通的廣度、深度，以及溝通方式上都有較大的拓展。企業可以通過多種溝通媒介向顧客以及公眾傳播信息，形成了多種溝通內容和多種溝通工具交叉的溝通矩陣；同時，網絡作為一種新型廣告媒體，也體現出內容和形式的特殊性；由於網絡特有的雙向溝通特點，網絡也為市場調研提供了一些特殊的工具與方法。

1. 整合溝通

網絡行銷面臨海量信息，為了吸引衝浪者，公司必須要保持領先與獨特的吸引力，盡量利用特殊關係（如贊助）樹立品牌形象，形成難以模仿的獨特吸引力。下面我們將對網絡行銷的整合傳播內容做一個概要介紹。

（1）新聞報導。以往的新聞報導主要通過大眾媒體發布，如電視或報紙等，媒體仲介在發布的內容、時間和形式上不一定符合企業的要求。通過網絡，企業可以直接在自己的網頁發布新聞，第一時間直接與公眾溝通，及時取得公眾的瞭解和防止一些不必要的誤會。

（2）廣告。廣告向受眾傳遞產品和服務信息，吸引潛在消費者進一步瞭解詳細內容，進而獲得銷售。

（3）標誌。標誌的使用可以強化視覺形象，讓企業形象深入人心。Reykjavik Advertising是一個為冰島客戶收集各類網頁的網站，它使用愛知鳥作為標誌，如交通愛知鳥可以指揮層級網頁的翻動，可以向前、向後或是向上。用愛知鳥代替一般的瀏覽器箭頭給衝浪者留下了深刻的印象。

（4）口碑。在網絡行銷中口碑是應該引起行銷者極度重視的一個方面。傾聽正成為行銷者越來越重要的事，公司要時刻監視討論他們和競爭者的產品和服務的論壇，迅速瞭解出現的問題，及時做出解釋和澄清，態度客觀，分析要實事求是。

（5）公共關係。公共關係的目的是為了獲取公眾信任和好感，通過與大眾溝通，介紹企業的最新情況和動態，發表對某一事件的看法和立場，樹立良好的公眾形象。比如

IBM 接管 Lotus 時，在 IBM 網頁上刊登了給 IBM 雇員的內部備忘錄、新聞稿件、IBM 的 CEO（Louis Gerstner）解釋報價的有聲報告以及他的 45 分鐘發言。

（6）體驗。一些軟件產品可以通過網絡讓消費者進行試用，通過產品的試用，讓消費者親身體驗該產品的好處，這也是一種與顧客溝通的方式，同時也可以聽到對產品使用反饋的意見，幫助生產者改進產品。

以上各個方面內容需要互相配合，相互協調，以努力提高溝通的績效；並通過各種各樣互聯網技術，如音頻、視頻、同步傳輸、異步傳輸、虛擬現實等為表現整合溝通內容的各個方面服務，相互交叉使用，形成網絡溝通矩陣（如圖12-4所示）。

圖 12-4　網絡溝通矩陣

2. 網絡廣告策略

網絡廣告是廣告主以付費方式運用互聯網媒體對公眾進行勸說的一種信息傳播活動，實質上就是基於互聯網媒體發布和傳播的商業廣告，其獨特優勢及其特殊的表現形式如下：

（1）網絡廣告的獨特優勢

網絡廣告的獨特優勢是覆蓋面廣；通過網絡發布廣告，不受時間和空間的限制，包含的信息量大；而且表現形式較為靈活，方式多種多樣，如前面提到的音頻和視頻技術等均能用於增強廣告的表現力，廣告內容也易於更換和修改；網絡廣告還具有交互性，通過受眾的點擊，網絡廣告可以實現與顧客的互動溝通，顧客可以根據自己的意願來決定要不要看廣告；網絡廣告效果可以衡量，傳統廣告中，明知道有一半的廣告費都是浪費掉的，但並不知道是哪一半被浪費了，在網絡廣告中可通過即時準確的第三方監測和統計系統，衡量廣告效果；最後，網絡廣告成本相對低廉。

（2）網絡廣告的主要表現形式

現在使用得比較多的網絡廣告形式主要有以下幾種：

①旗幟廣告（Banner 廣告）是目前比較常見的廣告形式，它多以 JPG，GIF 等格式建立圖像文件，出現的地方為頁面上方首要位置或底部中央，著重表現一個具有吸引力的主題，吸引瀏覽者點擊進入廣告主的頁面以獲得更多信息。

②按鈕式廣告。製作方式和 Banner 廣告一樣，只是按鈕式廣告尺寸較小，表現手法簡單，只是一個標誌性圖案，多做提示性用途，表現力沒有旗幟廣告強。

③贊助式廣告。贊助能引起大眾關注的節目或者活動等以引起相關目標群體的注意，這種廣告放置的時間比較長，不需要和其他廣告滾動輪流播出，有利於增加表現機會，擴大公眾影響力。

④彈出式廣告。在連接網站或某網頁時彈出一個獨立的窗口顯示的廣告，比如打開新浪網主頁會彈出幾個其他的小窗口廣告，這種形式就是插播式廣告。這種廣告帶有一定的強迫性，受到瀏覽者的抵制，許多彈出式廣告在內容還沒彈出以前就被屏蔽程序關掉。

⑤關鍵字廣告。在瀏覽者輸入某一個關鍵字進行信息搜索的時候，搜索結果頁面中就會出現廣告，這種廣告內容大多與關鍵字有關，具有較強的針對性。

⑥郵件廣告。廣告發布者將廣告直接寄送到受眾的電子郵箱，在使用者打開郵箱後出現廣告郵件，廣告主可以向提供郵箱服務的網站購買這種服務。

隨著網絡技術和網絡行銷的不斷發展，還將出現越來越多的新的廣告形式，行銷者可以加以選擇的利用，以達到宣傳企業形象，促進產品銷售，保持顧客關係的目標。

（3）衡量網絡廣告成本的一些指標（目前幾種主要的收費形式）

①CPM（千人印象成本）。按載有廣告圖像的頁面在計算機上顯示 1,000 次為一個單位來收費，直接和網站的瀏覽人數掛勾。這種方式使得廣告主不得不為許多無效的瀏覽付費。

②CPC（千人連接成本）。按廣告被點擊並連結到廣告主的載有詳細內容的網頁 1,000 次為計費單位，雖然比 CPM 計費方式貴，但這種方式能更好地反應廣告的效果。

③CPA（千人行動成本）。按廣告產生的實際銷售單位為計費基礎來為廣告付費，這種方式的單位成本當然比前兩種更高，但更能直接反應廣告效果。

網絡廣告還有一些其他的收費方式，比如按點擊次數（HIT）等，這幾種是比較常用的。

關於網絡廣告效果的評估，傳統的廣告評估指標如 GRP（初點評）、Reach（到達率），Frequency（廣告頻率）等依然有效，一般可以看廣告的點擊率，當然，最直接的是銷售的增長情況以及顧客詢問增長情況等。網絡廣告效果的評估可以借助訪問統計軟件如 Access Watch 或者 Web Trends 進行，隨時檢測廣告的播放情況。

網絡廣告第三方評估機構在中國尚在探索之中。

3. 網絡調研

網上市場調查主要利用 Internet 的交互式的信息溝通來實施，它包括直接在網上進行

問卷調查和通過網絡收集二手資料。

利用網絡進行第一手資料的收集的優點在於它不受時空的限制；由於受訪者主動接受調查，減少了心理抵觸情緒；調查方便快捷，成本低廉；調研信息具有時效性強和準確客觀等優點，而且調查方式和內容可以及時調整。當然，網絡調研也有一些不足之處，比如，它的使用範圍有限，調查對象僅限於網絡使用者，由於不能面對面的調查，所以也無法準確瞭解被訪問者的特徵及其配合程度。

收集競爭對手的信息採用問卷調查一般是行不通的，只能通過其他途徑收集二手資料：

跟蹤訪問競爭對手的網站，競爭者的網站上有他們的產品信息，公司歷史。但是，行銷者可以從中獲得的信息往往有限，一方面，競爭對手出於保密的需要，對發布的信息一般是經過加工的；另一方面，公布的信息大多都是既成事實，信息價值不大。

訪問密切相關的網站，如行業協會、主管機構等。

參加行業聊天室，往往能從中發現很有價值的信息。有人發現，訪問 Linux 的 BBS 站點次數最多的竟是微軟的人。

跟蹤競爭對手的招聘廣告，從他們對招聘人員的要求可以看出公司對未來的設想和他們的發展方向，比如他們著重招聘行銷人員，表明他們準備在行銷方面有所加強。

查找專利數據庫，通過專利數據庫或委託專利事務所代理查詢追蹤對手的專利情況，可以瞭解其產品的開發方向。

(二) 產品策略

1. 網絡行銷提供的產品類別

網絡行銷可以為消費者提供三個層次的產品：

第一層為實體產品，包括工業產品、民用產品和農產品等。民用品，即居民的非生產性消費產品，網上銷售的一般都是些標準化的同質品，如圖書、CD、電腦等，當然，也包括一些異質型產品，如收藏品和手工工藝品等。

第二層為軟體產品，包括資訊和軟件產品。資訊產品如數據資料庫、電子新聞、電子圖書、電子期刊、研究報告和論文等。軟件產品如殺毒軟件、電子游戲等。軟體產品一般不需要實物轉移，產品可以通過網絡數據流進行交易。

第三個層次的產品就是在線服務。比如 Chinaren 提供的校友錄平臺，騰訊 QQ 提供的聊天工具，還有很多價格網站提供的價格比較服務，比如價格通網站 http://www.price007.com 提供各地各種產品的價格比較，美國的價格在線 http://www.priceline.com 還可以在線自動競價，出售最後一分鐘的飛機票。

2. 產品定制

顧客個性化的需求從來就有，互聯網的出現讓消費者的個性需求能夠得到極大的滿足，即可以實現產品大規模定制。而且隨著生產技術的發展，柔性製造和 JIT 的運用，產

品定制成為企業提高顧客滿意度，更好的滿足顧客需求的有力武器。

青島海爾在它的網站 http：//www.ehaier.com 上實現了洗衣機和冰箱的產品定制，為了保證顧客能購買到自己喜歡的富有個性化的波輪洗衣機，海爾針對用戶的需要，設計了多種可選擇的套餐，顧客可根據自己的需要選擇不同的套餐，進行個性化定制，顧客可以選配自己喜歡的波輪洗衣機組件，系統會進行自動報價，如果不滿意，還可重新定制，定制完成後，輸入顧客個人信息，就可以在家裡等待廠商送貨上門了。

海爾網上商城洗衣機定制在一定程度上實現了顧客根據自己的需要來定制產品，但顧客的自主選擇範圍還很有限，僅能在企業提供的幾個有限選項中進行選擇，這是中國企業進行產品定制化的有益探索。

(三) 價格策略

在網絡環境中，充分與對稱的信息以及雙向溝通讓消費者有更多的理性選擇，交易成本的下降和定價模式的創新使得傳統的價格和廣告誘導受到很大的挑戰。

1. 網絡對傳統定價理念的挑戰

傳統定價理念之一是，按照為公司創造價值大小把顧客分為ＡＢＣ三類，在頂端的Ａ類顧客占顧客總數中很小的一部分，但他們為公司創造的價值卻占了大多數，也就是20/80原則。Ｂ類顧客為公司創造的價值小於Ａ類顧客，但顧客數量卻比頂端的Ａ類顧客多，他們對公司較為忠誠，業務額較大，但對價格敏感。在底端的Ｃ類顧客數量很多，但創造的價值最少，有時甚至是負價值，他們的業務額小，對價格極端敏感。傳統行銷致力於把顧客從底端的Ｃ類往頂端的Ａ類推移。

傳統定價理念之二是，公司的行銷活動之所以能夠進行，之所以能對顧客形成誘導，是因為市場中信息不對稱，雖然市場上許多商品本質上都是同質化的，但行銷者通過品牌、包裝、外形、廣告、服務等手段來使其差異化，對顧客進行誘導。

網絡信息技術的發展使得傳統的定價理念受到嚴峻挑戰，它對企業定價的影響主要體現在以下三個方面：

首先是充分與對稱的信息。信息搜索是顧客進行購買決策前的基本步驟。信息搜索是要花費時間、金錢和精力的，有時候信息搜索的成本甚至可能高出決策錯誤付出的成本。許多傳統消費行為是基於有限信息基礎上的，在網絡行銷環境，消費者通過上網可以獲得大量的產品、服務以及消費信息，這有利於他們做出客觀的理想決策。

其次是下降的交易成本。消費者的購買成本包括了搜索成本，談判成本，決策成本和監控成本。搜索成本包括搜索供應商和相關產品信息的成本；談判成本則是指顧客與供應商討價還價的成本；決策成本是顧客為決定選擇哪個供應商而付出的成本，包括向朋友徵詢意見，詳細瞭解公司情況等付出的成本；監控成本則是顧客監控交易狀況，防止受到詐欺，以及在出現問題時尋求保護和獲得賠償的成本。我們不難理解在網絡行銷環境中這些交易成本都會有效地顯著下降。

最後是廠商定價模式的轉變。在傳統行銷中，大多數商品是供應商定價而顧客被動的接受價格，網絡正改變著這一現實。大量湧現的在線拍賣網站使網上購物者能夠自由競購各種各樣的產品，如手機、電腦、演出門票以及某地域的旅店等，這種方式下，消費者開始自己決定產品和服務的價格而不只是被動的接受。

所以，信息的充分使得行銷誘導越來越困難；同時，網絡信息的便捷和交易成本的大幅下降使得顧客基礎呈現出從 A-B-C 向下移動的態勢，消費者越來越理性，顧客忠誠度越來越低。

2. 網絡行銷的價格對策

行銷者認識到這種趨勢後，一方面要順應潮流，合理制定價格，創造廠商和顧客雙贏模式。另外，換一個角度來看，互聯網技術同時也為我們提供了許多條件使傳統價格策略更加有效，諸如在產品定制基礎上的差別定價。網絡既可以讓消費者買到更便宜的東西，同時也可以按照顧客特定需求提供高度個性化的定制產品，在此基礎上，差異定價是可行的，而且能夠得到更多的消費者剩餘與溢價。

另外，通過減少消費者的其他非貨幣成本支出也是可以維持原有價格與產生溢價的。消費者購買某種商品的成本不僅包含了用貨幣支付的價格成本，還包括他們所耗費的時間和精力成本等。激烈的競爭迫使產品價格不斷下降，但是供應商若能有效降低顧客購買成本中的非貨幣成本，便可有效阻止產品價格的下滑。比如其他供應商是三天內送貨上門，而你是 8 小時內送貨上門，急於使用產品或非常繁忙的顧客是樂意為此支付更高價格的。

(四) 渠道策略

1. 渠道的傳統作用以及互聯網對它的影響

製造商之所以願意把一部分價值剩餘讓渡給渠道中間商，就是因為中間商能夠支持規模經濟，有效降低交易成本，簡化交易手續以及提供流通便利。渠道的作用包括通過調整數量差別支持規模經濟，使交易過程程序化，降低流通成本，簡化生產者和消費者的信息搜索過程。

互聯網的出現對渠道功能產生了重大影響，網絡能夠跨越時空限制，使得時空距離消失，信息搜索更加便利，它對渠道功能的具體影響參見下表 12-2：

表 12-2　　　　　　　　　　互聯網對渠道的影響

	跨越空間	跨越時間
再搭配	不管消費者和供應商的位置在哪裡，網絡都可以為他們提供服務，將他們連接起來，商店的位置對消費者來說不再重要。	銀行在白天上班，顧客就不能在晚上辦理業務；老師上午上課，學生就不能在下午去聽課。網絡技術卻改變了這一切，學生可以在自己方便時候點擊老師的課程進行學習；顧客可以晚上在線核對帳單、進行銀行間轉帳。

表 12 – 2（續）

	跨越空間	跨越時間
程序化	程序化是為了節約交易成本，特別在需要經常面對面談判價格、質量和規格的情況下，顧客一般從熟悉或就近的供應商那裡購買。但網絡使交易成本大幅降低後，程序化帶來的成本節約越來越不明顯，消費者可以每次購買都重新談判和商討，尋找更為有利的交易，而不會導致成本的上升。	在線競價系統，價格比較網站 24 小時運行，當然不需要等到公司上班了才進行交易談判，大大提高了交易的效率，當然也就減少了交易的成本。
搜索	大多數購買者光顧較近的供應商，因為到更遠地方搜尋的成本可能會超過更低價格帶來的利益，網絡使得搜索快捷且經濟。	很多需求與供給的匹配都因為時間的原因而失敗，北半球的消費者需要供貨的時候，南半球的供應商卻還沒有上班。全天候在線自動控制將減少這種機會的錯失。

互聯網的發展和商業應用，使傳統行銷渠道中的位置第一寶典可能被互聯網的超時空性所取代，網絡將消費者與企業直接聯接在一起，給企業提供了一種全新的銷售渠道，這種新型渠道集銷售、售前售後服務、商品和顧客資料查詢的功能為一體，具有較大競爭優勢。

2. 傳統渠道的功能轉型

相比於傳統渠道，網絡使企業可以與最終用戶直接聯繫，中間商的重要性因此有所降低，由跨國公司所建立的傳統的國際分銷系統對小企業造成的進入障礙將明顯下降。

網絡行銷渠道結構如圖 12 – 5，商品所有權、資金和信息的傳遞在互聯網上完成，而實物的傳遞則由專業的物流渠道完成。

3. 物流（實體產品）

圖 12 – 5　網絡渠道結構

（1）物流的復興

20 世紀 50 年代以前物流並沒有得到重視，而 80 年代中期以來，物流逐漸成為各方關注的焦點，這主要得益於全球化的經濟帶來了全球化的資源配置，刺激了全球化的物流發展。同時，計算機的普遍使用，硬件質量性能不斷地提高，匹配以日益先進的軟件，使得數據管理更為快捷和方便，它可以把從採購、製造，到製成品的物流配送過程進行系統化統一管理。

物流得到重視的另一方面的重要驅動力就是全面質量管理的普遍採用，零缺陷概念使

廠家認識到，在其他方面表現出色的產品，一旦交付延遲或損壞，都是不可接受的，劣質的物流表現會毀滅產品的質量形象，因此對物流的要求日益提高。這時，企業也開始認識到聯盟與外包的重要性，越來越重視合作的潛力，減少重複勞動和浪費，這為物流的發展提出了新的要求和發展空間。

隨著電子商務與網絡行銷的發展，在網絡上面已經實現的商流、信息流和資金流需要物流的支撐，需要通過物流來完成實體產品的地理位置轉移，這為傳統的中間商與物流企業提供了一個轉型的巨大發展空間。

（2）傳統渠道商可以轉變為新型仲介，繼續在網絡上協調生產與消費

新型渠道仲介大多不直接參加生產者和消費者的交易活動，它們只是提供一個媒介和交易場所，提供產品和服務信息，促成交易的實現，產品和資金的交換則在生產者和消費者之間直接進行。

新型仲介可以提供的服務主要包括：

①產品和服務信息的搜索服務。

②虛擬商城。如新浪商城等。它在一個站點內連接兩個或兩個以上的商業站點，自己不出售商品，站點收入來源於其他商業站點對它的租用。這相當於提供一個市場，收取市場管理費，如中國商品交易市場（http://www.chinamarket.com.cn），買賣雙方的供求信息都在上面發布，給企業的商品提供展示和交易的平臺。

③網上商店。它不同於虛擬商城，它擁有自己的貨物清單，可以直接銷售產品給消費者，提供這種服務的站點可以是專業零售網站，也可以是生產廠家自己的直銷站點，還有一種拍賣網站也是屬於網上商店型。

④智能代理。通過使用特定的軟件根據用戶的要求搜索和評估出最優的產品和價格。比如前面提到的價格比較網站就是這種類型。

網絡行銷作為在互聯網上開展的行銷活動，它必將面臨許多傳統行銷活動沒有碰到的新問題，如網絡產品質量保證問題、消費者隱私保護問題以及信息安全與保護問題，等等，這些都是網絡行銷渠道必須重視的。信息的快速流動為渠道帶來了機遇，也隱含著危機，如果不能妥善地處理這對矛盾，網絡行銷效果會適得其反，甚至會產生很大的負面效應。

本章小結

服務行銷、網絡行銷、關係行銷及顧客關係管理等是市場行銷理論與實務新的熱點。

服務行銷圍繞服務的四個基本特徵展開，即服務的無形性、不可分離性、可變性和易消失性。相應的，對無形服務進行行銷需要新的、擴展的行銷理論與組合，不但需要外部行銷，還需要內部行銷和交互行銷，行銷組合也需要增加人、服務過程和物理設施3個Ps組合，建立與保持長期的顧客關係，帶動相關服務的銷售，即關注顧客保留、相關產品銷

售和顧客推薦 3 個 R。服務質量既表現在服務者提供的服務本身的效用上，又表現在顧客對他們得到的服務的滿足程度上。也就是說，服務質量不僅與服務結果有關，也與服務過程有關。

企業在實施服務價格管理時，需要考慮服務定價的主要影響因素，以及服務的對象和提供的服務產品的特徵。

服務由於產銷同時進行，因此在大多數情況下是難以廣泛分銷的。服務選址的重要性取決於服務提供者與消費者互動的類型和程度，在服務提供者與消費者之間的三種互動方式中，顧客上門來找服務提供者類型選址是至關重要的。

關係行銷是由許多管理「關係」的一系列活動所構成的一個社會性過程，關係行銷的重點在於利益各方相互之間的交流，並形成一種穩定、相互信任的關係。從橫向角度解析企業關係行銷的六個市場包括：內部市場、競爭者市場、顧客市場、供應商市場、公眾影響者市場和分銷商市場。從縱向角度，對企業顧客進行關係行銷需要建立顧客數據庫、制定顧客接觸計劃、頻繁市場行銷、顧客組織化、顧客化行銷和實施退出管理。

顧客關係管理首先是吸引、維持和增加顧客，減少顧客流失，並通過財務、情感和結構性關係紐帶強化顧客關係。

網絡行銷是一種以互聯網（Internet）為基本經營環境，借助於信息技術和手段，並依託網上資源開展的行銷活動。作為一種新的行銷方式，網絡行銷具有較強的瞄準能力，顧客具有主動控制性，能夠調整與控制媒介信息，而且網絡行銷具有很強的交互性。由於網絡的獨特性，使得上網用戶具有與傳統顧客不同的性格、文化和消費特徵。

網絡行銷中溝通處於核心地位，企業可以通過多種溝通媒介向顧客以及公眾傳播信息，形成了多種溝通內容和多種溝通工具交叉的溝通矩陣。

顧客個性化的需求從來就有，互聯網的出現讓消費者的個性需求能夠得到極大的滿足，可以實現產品大規模定制。互聯網的出現也對渠道功能產生了重大影響，網絡能夠跨越時空限制，使得時空距離消失，信息搜索更加便利。

本章復習思考題

1. 結合服務行銷的主要特徵，分析服務行銷管理的三角模型以及 4Ps + 3Rs 行銷組合。
2. 企業實施關係行銷，從橫向角度需要關注哪些相關市場？為什麼？
3. 企業如何實施顧客關係管理？
4. 結合實際談談網絡行銷環境發生了什麼樣的變化？網絡消費行為呈現出哪些特徵？
5. 分析網絡對企業傳統行銷渠道的影響。
6. 談談網絡行銷的新興溝通方式，簡述其優缺點。

國家圖書館出版品預行編目（CIP）資料

現代市場學 / 王誼, 于建原, 張劍渝 主編. -- 第三版.
-- 臺北市：財經錢線文化發行：崧博出版，2019.12
　　面；　公分
POD版

ISBN 978-957-735-958-2(平裝)

1.行銷學

496　　　　　　　　　　108018190

書　　名：現代市場學(第三版)
作　　者：王誼、于建原、張劍渝 主編
發 行 人：黃振庭
出 版 者：崧博出版事業有限公司
發 行 者：財經錢線文化事業有限公司
E - m a i l：sonbookservice@gmail.com
粉絲頁：　　　　網址：
地　　址：台北市中正區重慶南路一段六十一號八樓815室
8F.-815, No.61, Sec. 1, Chongqing S. Rd., Zhongzheng
Dist., Taipei City 100, Taiwan (R.O.C.)
電　　話：(02)2370-3310 傳　真：(02) 2388-1990
總 經 銷：紅螞蟻圖書有限公司
地　　址：台北市內湖區舊宗路二段121巷19號
電　　話：02-2795-3656 傳真:02-2795-4100　網址：
印　　刷：京峯彩色印刷有限公司（京峰數位）

本書版權為西南財經大學出版社所有授權崧博出版事業股份有限公司獨家發行電子書及繁體書繁體字版。若有其他相關權利及授權需求請與本公司聯繫。

定　　價：550元
發行日期：2019年12月第三版
◎ 本書以POD印製發行